Panorama of Mathematics

数学概览   19.2

U0174871

# Gromov
# 的数学世界（下册）

— M. 格罗莫夫　著
— 季理真　选文
— 梅加强　赵恩涛　马　辉　译

高等教育出版社·北京

**图书在版编目（CIP）数据**

Gromov 的数学世界 . 下册 /（俄罗斯）M. 格罗莫夫著；
季理真选文；梅加强，赵恩涛，马辉译 . -- 北京：高
等教育出版社，2020. 7
（数学概览 / 严加安，季理真主编）
ISBN 978-7-04-053885-4

Ⅰ . ① G… Ⅱ . ① M… ②季… ③梅… ④赵… ⑤马…
Ⅲ . ①数学 - 普及读物 Ⅳ . ① O1-49

中国版本图书馆 CIP 数据核字（2020）第 050153 号

| | | | |
|---|---|---|---|
| 策划编辑 和 静 | 责任编辑 和 静 | 封面设计 姜 磊 | 版式设计 徐艳妮 |
| 插图绘制 于 博 | 责任校对 胡美萍 | 责任印制 刁 毅 | |

| | | |
|---|---|---|
| 出版发行 | 高等教育出版社 | 网 址 http://www.hep.edu.cn |
| 社 址 | 北京市西城区德外大街4号 | http://www.hep.com.cn |
| 邮政编码 | 100120 | 网上订购 http://www.hepmall.com.cn |
| 印 刷 | 中农印务有限公司 | http://www.hepmall.com |
| 开 本 | 787mm×1092mm 1/16 | http://www.hepmall.cn |
| 印 张 | 20.75 | |
| 字 数 | 290千字 | 版 次 2020 年 7 月第 1 版 |
| 购书热线 | 010-58581118 | 印 次 2020 年 7 月第 1 次印刷 |
| 咨询电话 | 400-810-0598 | 定 价 69.00元 |

本书如有缺页、倒页、脱页等质量问题，请到所购图书销售部门联系调换
版权所有　侵权必究
物 料 号 53885-00

# 《数学概览》编委会

主编： 严加安　　季理真

编委： 丁　玖　　李文林

　　　林开亮　　曲安京

　　　王善平　　徐　佩

　　　姚一隽

# 《数学概览》序言

当你使用卫星定位系统 (GPS) 引导汽车在城市中行驶, 或对医院的计算机层析成像深信不疑时, 你是否意识到其中用到什么数学知识? 当你兴致勃勃地在网上购物时, 你是否意识到是数学保证了网上交易的安全性? 数学从来没有像现在这样与我们日常生活有如此密切的联系。的确, 数学无处不在, 但什么是数学, 一个貌似简单的问题, 却不易回答。伽利略说: "数学是上帝用来描述宇宙的语言。" 伽利略的话并没有解释什么是数学, 但他告诉我们, 解释自然界纷繁复杂的现象就要依赖数学。因此, 数学是人类文化的重要组成部分, 对数学本身以及对数学在人类文明发展中的角色的理解, 是我们每一个人应该接受的基本教育。

到 19 世纪中叶, 数学已经发展成为一门高深的理论。如今数学更是一门大学科, 每门子学科又包括很多分支。例如, 现代几何学就包括解析几何、微分几何、代数几何、射影几何、仿射几何、算术几何、谱几何、非交换几何、双曲几何、辛几何、复几何等众多分支。老的学科融入新学科, 新理论用来解决老问题。例如, 经典的费马大定理就是利用现代伽罗瓦表示论和自守形式得以攻破; 拓扑学领域中著名的庞加莱猜想就是用微分几何和硬分析得以证明。不同学科越来越相互交融, 2010 年国际数学家大会 4 个菲尔兹奖获得者的工作就是明证。

现代数学及其未来是那么神秘, 吸引我们不断地探索。借用希尔伯特的一句话: "有谁不想揭开数学未来的面纱, 探索新世纪里我们这门科学发展的前景和奥秘呢? 我们下一代的主要数学思潮将追求什么样的特殊目标? 在广阔而丰富的数学思想领域, 新世纪将会带来什么样的新方法和新成就? " 中国有句古话: 老马识途。为了探索这个复杂而又迷人的神秘数学世界, 我们需要数学大师们的经典论著来指点迷津。想象一下, 如果有机会倾听像希尔伯特或克莱因这样的大师们的报告是多么激动人心的事情。这样的机会当然不多, 但是我们可以通过阅读数学大师们的高端科普读物来提升自己的数学素养。

作为本丛书的前几卷, 我们精心挑选了一些数学大师写的经典著作。例如, 希尔伯特的《直观几何》成书于他正给数学建立现代公理化系统的时期; 克莱因的《数学讲座》是他在 19 世纪末访问美国芝加哥世界博览会时在西北大学所做的系列通俗报告基础上整理而成的, 他的报告与当时的数学前沿密切相关, 对美国数学的发展起了巨大的作用; 李特尔伍德的《数学随笔集》收集了他对数学的精辟见解; 拉普拉斯不仅对天体力学有很大的贡献, 而且还是分析概率论的奠基人, 他的《关于概率的哲学随笔》讲述了他对概率论的哲学思考。这些著作历久弥新, 写作风格堪称一流。我们希望这些著作能够传递这样一个重要观点, 良好的表述和沟通在数学中如同在人文学科中一样重要。

数学是一个整体, 数学的各个领域从来就是不可分割的, 我们要以整体的眼光看待数学的各个分支, 这样我们才能更好地理解数学的起源、发展和未来。除了大师们的经典的数学著作之外, 我们还将有计划地选择在数学重要领域有影响的现代数学专著翻译出版, 希望本译丛能够尽可能覆盖数学的各个领域。我们选书的唯一标准就是: 该书必须是对一些重要的理论或问题进行深入浅出的讨论, 具有历史价值, 有趣且易懂, 它们应当能够激发读者学习更多的数学知识。

作为人类文化一部分的数学, 它不仅具有科学性, 并且也具有艺术性。罗素说: "数学, 如果正确地看, 不但拥有真理, 而且也具有至高无上的美。" 数学家维纳认为 "数学是一门精美的艺术"。数学的美主要在于它的抽象性、简洁性、对称性和雅致性, 数学的美还表现在它内部的和谐和统一。最基本的数学美是和谐美、对称美和简洁美, 它应该可以而且能够被我们理解和欣赏。怎么来培养数学的美感? 阅读数学大师们的经典论著和现代数学精品是一个有效途径。我们希望这套数学概览译丛能够成为在我们学习和欣赏数学的旅途中的良师益友。

严加安、季理真

2012 年秋于北京

# 目录

---

## 上册

# 下册

# 主编推荐

Mikhail Gromov 是当代最伟大的数学家之一. 他充满活力、思想丰富, 许多想法具有高度的原创性, 非同寻常. 大约 20 年前, 已故的伟大数学家 Armand Borel 曾告诉我, 在他所认识的所有数学家中, Gromov 想法最多.

Gromov 的想法听起来往往简单直观, 然而却很玄奥. 它们通常直指问题的核心, 有时竟能引出出人意料的新领域, 如辛几何中的伪全纯曲线理论和几何群论. 在某些方面, 他经常使问题看起来简单易行, 他的方法具有 "软" 的表象. 人们喜欢说 Gromov 利用软性的几何方法破解困难的问题, 显露其本质属性. 其工作中软的一面包含拓扑和整体几何思想. 所谓整体几何的思想不仅是关于单个流形的整体微分几何性质, 而且是一族流形, 或是满足某些条件的流形集和流形间的映射, 如 Gromov-Hausdorff 拓扑和度量空间的 Gromov-Hausdorff 收敛这样简单而深刻的概念.

对比别的大数学家, Gromov 也更加富于哲学味, 读者由本书的自序可看出这点. 一个原因也许是 Gromov 对生物数学感兴趣, 因此他对大脑的结构和思维过程, 特别是科学观念的演变感兴趣. 也许 Gromov 这一哲学兴趣可以解释他解决数学问题时那简单自然而又务实的观念和手法, 以及对数学所采取的软性和整体方法.

这本书从开始策划到完成花了很长时间. 2015 年初我给 Gromov 写信提出了翻译他的数学以及相关课题的综述文章的想法, 他立即表示赞同. 我选取了一些文章列出清单, 他也立即表示同意, 并且又增加了一篇. 但是翻译是一个漫长痛苦的过程, 花费了我和王丽萍非比寻常的共同努力完成这本书. 我们感谢三位译者梅加强、赵恩涛、马辉的辛勤工作.

令人难过的是当我写这些时, 王丽萍已经离开了高等教育出版社乃至出版界. 鉴于 "数学概览" 丛书是我们从零开始建设成了如今的规模, 这尤其令人难过. 更多卷书仍然在准备中, 但是她却不能监督丛书的最终出版了. 这使人想起生活中什么是真正的永恒这个哲学问题. 如果遵照 Gromov 在自序中所写的 "深刻的哲学问题不是凡夫俗子所能回答的", 那么我应该什么也不说. 但是下面的回答无法控制地进出我的脑海: 思想和想法比有形的物质更重要, 但是只有把思想和想法清楚地表达出来, 写下来, 印刷出来, 它们才成为永恒不变的. 这也印证了这套 "数学概览" 丛书的初衷, 它包含若干大数学家很多成果丰富的想法.

Gromov 的数学世界丰富庞大, 它涵盖了许多不同的分支. 但是我们希望这一系列文章能传递他关于数学的本色、数学的用途以及如何学数学与做数学的独一无二的观点.

聆听 Gromov, 与 Gromov 交谈是宝贵的经历, 总令人感受到他的活力与热情. 对那些没有这样机会的读者, 这本书也许是不错的替代品! 请享受此书吧!

季理真

2019 年 4 月 3 日

# 自序

## 数学: 虚幻与现实的桥梁

当数学家处于哲学的情绪中时会提出这样的问题:

数学真理是被发现还是被发明的?

认真地着手回答这个问题实为对哲学的冒犯:

深刻的哲学问题不是凡夫俗子所能回答的。

一个数学家的大脑应该降到基态, 聚焦于那些更切合实际且预计是可回答的问题:

构成数学的思想网络是那些由人类心智产生的思想与来自现实世界中的观点缠绕而成, 它的数学表示或模型可能是什么?

为了感受他/她脚下坚实的地面, 人们可能倾向于从思想、数学、心智和现实世界的严格定义开始, 但是, 由内心深处对真理的感觉 —— 一种根深蒂固的东西, 个人思维的逻辑直觉 —— 而得出概念、定义和原理, 从而得到答案获取智力满足, 屈服于这种满足将是具有误导性的.

一个人需要接受的唯一事实是, 我们的问题不存在简单快速的解答: 就像尝试任何其他的数学难题那样, 我们必须一小步一小步地前进, 慢慢地对简单的例子 —— 大问题中的小碎片 —— 发展出数学 (而非逻辑上或哲学上) 的直觉.

　　但是由于上述问题并非内在的数学问题, 我们应该把数学考虑为自然现象, 在对这种现象建模时向自然科学家, 如物理学家和生物学家取经.

　　尽管囿于我数学知识上的局限和科学上的无知, 这就是我在这一文集的文章中尝试去做的事.

Misha Gromov

2019 年 4 月 2 日

# Preface

## Mathematics: a Bridge between Imagination and Reality

A mathematician, when in a philosophical mood, asks:

*are mathematical truths discovered or invented?*

It will be an insult to philosophy to start seriously responding to this:

*deep philosophical questions are not for anybody answering them.*

A mathematician's brain should return to the ground state and focus on the more pragmatic and conjecturally answerable question:

*what could be a mathematical representation/model for the network of ideas which constitute mathematics, as these are generated by the human mind and intertwine with ideas arriving from the real world?*

To feel the solid ground under his/her feet, one may be inclined to start with rigorous definitions of ideas, mathematics, mind and real world, but it would be misleading to succumb to the lure of intellectual comfort of the solution based on concepts, definitions and principles drawn from the depth of your internal feeling for truth–something deeply ingrained within yourself, the logical intuition of your personal mind.

The only truth one has to accept is that there is no easy fast solution to our problem: one must proceed in tiny steps slowly developing mathematical, as opposed to logical or philosophical, intuition on simple examples-small fragments of the big problem, as one does approaching any other difficult mathematical question.

But since the problem is not internally mathematical one, one should think of mathematics as of a natural phenomenon and borrow from the the experience by natural scientists-physysts, and biologists-in modelling such phenomena.

This is what I tried to do in the essays making this collections, with visible limitations set by insufficiency of my knowledge of mathematics and my ignorance in science.

Misha Gromov

April 2, 2019

# 第八章 人因结构、人因逻辑和通用学习问题: 第 1, 2 章*

## §1 结构和隐喻

> 我说的每一句话都应理解为一个问题, 而非断言.
>
> —— 尼尔斯·玻尔 (Niels Bohr)[1]

我们的终极目标是发展数学方法以描述/设计学习系统 $\mathcal{L}$, 使得其基本性质与人类以及某些动物的心灵相似.

**学习和结构.** 我们想要在一种我们称之为人因结构的语境中了解学习的过程, 例如学习母语或数学理论. 这种结构, 如我们所见, 存在于人类 (某些动物?) 心灵深处, 在自然语言中, 在不同数学分支的逻辑/组合结构中, 以及在欠成熟的生物系统中 —— 从活体细胞的调节网络或许直到生态网络[2].

---

\* 原文 Ergostuctures, Ergolodic and the Universal Learning Problem: Chapters 1, 2, 写于 2013 年 3 月 14 日. 本章由梅加强翻译.

[1] 我在网上找不到波尔在何时以及哪里说/写过此话. 但此处以及其他任何地方, 一个引述并不表示求助于权威, 而是确认某些事情已经被人讲过了.

[2] 生物结构, 从历史/演化以及逻辑上讲, 都是数学结构的先驱. 例如, 要找到 "写在" 宇宙 $\mathcal{U}$ 的某处 $u$ 的常数 $e = 2.718\cdots$ 的前 $10^9$ 位, 如果你在充分靠近 $u$ 的 $u'$ 处找到了以几乎无定型自由能量为食的细菌类机器, 那么找到前者的概率会增加 $10^{100}$ 倍.

从这个观点来看, 学习就是从输入信号流 $\mathcal{S}$ 的原始结构构建 $\mathcal{L}$ 的内部人因结构的动态过程, 其中 $\mathcal{S}$ 自身可以或可能不含人因结构或其要素.

这种与信号流进行交互的 $\mathcal{L}$ 类似于在光子流中生长而进行光合作用的植物, 或在化学营养和/或微生物海洋中游动的阿米巴: $\mathcal{L}$ 在这种流中识别以及选择对自身感兴趣的东西并用以构建自身结构.

(在交流科学想法时使用隐喻常使人感到迷惑和误解, 尤其是这些想法还没有在作者头脑中想清楚时. 但直到我们发展出关于我们所说的 "信号" "结构" 等是什么, 为什么不能期待 "严格定义" 的粗略图像, 我们将不得不使用隐喻. 我们希望这一切将启发读者的思考, 而不是制造一种理解了某种未经适当解释事物的误导性假象.)

### §1.1　普适性、自由和求知欲

上帝在混沌中创造了世界, 在强烈的激情中诞生了人类.

—— 拜伦 (Byron)

我们设计学习系统的灵感来自人类 (以及某些动物) 婴儿的大脑从其接收到的明显混乱的电/化信号中为外部世界构建连贯模型的这种看起来像是上帝一般的能力:

大脑海绵状网格中这种带电偏移点的跳动流体群与空间模式没有明显的相似之处……

以上是查尔斯·谢灵顿 (Charles Sherrington) 的原话. 我们猜想, 婴儿的学习过程遵循一套普适性的简单规则集, 使得它能从这些并非真正 "混乱" 的信号中提取结构性信息. 其中, 这些规则必须无差别地应用于完全不同种类的输入信号.

普适性是对我们的学习系统所提的最基本要求 —— 这是打开数学非表面化使用大门的钥匙; 反之, 如果成功的话, 数学将提供学习中的普适性.

此时, 为了支持普适性, 人们也许只能诉诸 "大自然演化的节约性" 以及 "大脑的可塑性". 最终, 我们想写下普适规则的简短列表, 它能让我们从一般 "信号流" 中 "提取" 数学结构. 这些信号流可能以多种不同的风味进来 —— 像经过良好组织和规划的数学演绎过程, 或谢灵顿所描述的那种杂乱无章.

当然, 学习系统 (不管是普适性的或专有的) 只能在 "有意义" 的信号流中才能发现非平凡的结构. 比如, 从完全随机或恒定流中提取不出任何东西. 但如果信号经过了 "真实世界" 中某些东西的调制, 我们想像人类婴儿的大脑那样能利用这些规则重构出这种东西的数学结构.

普适性使学习的非实用性特征成为必然. 实际上, 表述出每一实用目标本身就是特殊的 —— 在 "目标集" 上没有什么通用结构. 于是, 学习的基本机制就是无目标的并且与外部强化无关.

格奥尔格 · 康托 (Georg Cantor) 的话

数学的本质在于其自由

将数学替换为学习以后同样适用. 就我们所理解, 一个普适性的学习系统, 必须设计为自我驱动型学习者, 它对学习无须用途, 无须指示, 无须强化.

先天性地, 比如说, 这不比你的消化系统无需指令教导而工作, 或力学系统不受外力而在惯性下运动更反常. 外部的约束和力量虽然能改变这样的系统, 但它们不大可能被视为运动的源泉.

要想给出关于人类大脑的神经生理学是如何实现这些规则的猜测, 恐怕还不现实. 不过, 看上去似乎合理的是它们被纳入大脑信号处理过程的 "道路体系" 中. 但我们将通过从数学的角度考虑普适性学习问题来尽量猜测出这些规则.

作为内在驱动的求知欲. 我们称之为人因系统的想法与早先由欧代 (Oudeyer)、卡普兰 (Kaplan) 和哈夫纳 (Hafner)[1]在机器人语境下提出的内在动力的求知欲驱动的机器人相似.

这个 "动力" 由一类预测程序实施, 它依赖于与机器人行为相耦合 (例如以函数的形式) 的参数 $B$. 这些程序 $Pred = Pred(H, B)$ 基于历史 $H$ 以某种特定的形式对输入信号进行 "预测", 其中机器人 (也被设定为) 通过变更 $B$ 来 (以特定形式上定义的方法) 优化这种预测. 求知欲驱动的机器人正在欧代的实验中设计和建造.

极大化预测想法在我们关于人因系统的思考中占据中心地位; 不过, 我们强调 "有趣" 而非 "好奇", "结构" 而非 "行为".

---

① 见 [8].

关于普适性的 (非) 可行性. 多用途装置不在二十世纪最伟大的工程成就之列: 飞行潜艇, 即便成功, 也只存在于詹姆斯·邦德的电影中①. 另一方面, 二十世纪的机器计算已经趋于通用性; 基础学习或许在二十一世纪走上同样的道路.

### §1.2　自我和人因

人是一个如此复杂的机器, 以致不可能预先给出此机器的清晰观念, 因此也无法定义它.

　　—— 朱利安·奥弗雷·拉·美特利 (Julien Offray de La Mettrie), 《作为机器的人》, 1748

在我们的文章 [2]② 中, 我们收集了人类 (以及某些动物) 的基础学习机制之所以是普适性的, 逻辑上简单的, 以及无目标的证据. 这些机制有组织的整体就是我们称之为的人因脑 —— 人类心灵中的实质、尽管几乎不可见的 "部分" —— 在神经生理大脑和 (自我) 心智之间充当接口的一架精巧的精神机器.

通过将笛卡儿式的 "我思故我在" 重写为 "cogito ERGO sum", 我们将此 "不可见" 带到聚光灯下. "我思" 和 "我在" 都是我们称之为自我观念 —— 常识产生的结构上浅薄的产物. 但是 ERGO —— 一种精神转换, 具有优美组织的数学结构, 它将大脑接收到的看上去很混乱的电/化信号流转换为一个世界的连贯图像, 它定义了你关于存在性的个人想法.

显然, 心智包含两个很不相同的独立实体, 我们称之为自我心智和人因大脑.

自我心智是你所见的自身个性. 它包括一切你所察觉到的意识自我 —— 你所有的思考、感觉和激情, 潜意识是此自我的副产品. 大多数 (全部) 我们所了解的自我心智均可用常识语言来表述 —— 这种语言, 称之为自我推理, 即自我心智的映像, 既完全适应于我们的日常生活, 也适合开业心理学家的需要.

人因大脑是一种抽象的东西, 从自我的观点来看几乎不存在. 最

---

① 有些海鸟, 例如海鸬鹚和海鸦是 (相当) 好的飞行者, 它们有些也可以潜水 50 (150?) 米以上. 建造通用/适应性强的机器的技术在未来可能实现.

② 结构、学习和人因系统, 见 http://www.ihes.fr/~gromov/PDF/ergobrain.pdf.

终, 人因大脑将用我们称之为 (数学通用学习) 人因系统 的语言来描述. 但现在很难说清人因大脑到底是什么, 因为它几乎所有的一切对意识 (自我) 心智来说是不可见的. (这样一个 "不可见" 的例子就是条件反射的机制, 传统上它被认为是归属于大脑而不是心智.)

人因某些方面可从实验上观察到, 例如追踪快速眼球运动, 但对人因过程的直接访问还很有限 [1].

但我们头脑/心智中正在工作的人因的有些性质是明显的. 例如, 我们的人因大脑中无须经过结构整理而能操作的概念, 其最大数目 $N_o$ 等于 3 或 4 [2]. 这可从意识的层面上看到, 但这个界限似乎可适用于人因大脑的所有信号处理过程.

例如, 对国际象棋 (规则) 来说这个 $N_o$ 在 3 和 4 之间: 3 个未组织的概念是那些 "车" "象" 和 "马", 以及一个区分王/后的弱结构.

显然, 类似的约束在自然语言的结构中也出现了, 其中它们限制了为实现单个语句而容许生成语法进行操作的次数 [3].

### §1.3　人因思想和常识

常识是十八岁前获得的一系列偏见.

—— 爱因斯坦 (Einstein)

爱因斯坦说的这句话不是有意自相矛盾. 关于人类观念上的进步, 有一长串列表, 它们基于对常识思想的有力反驳. 这个列表上的第一项, 日心说, 曾被菲洛劳斯 (Philolaus) 在二十四个世纪以前预想过, 尽管与我们今天见到的不同. 启蒙运动以伽利略 (Galileo) 关于惯性运动的反直觉思想为标志, 而二十世纪贡献出了量子物理的 —— 从常识的观点看是荒谬的 —— 理查德·费曼 (Richard Feynman) 的话. (有趣的是, 在量子议题上爱因斯坦偏袒常识.)

你的人因心智及其实用性的人因推理 —— 常识以及你的情感自我, 是演化选择的产物. 这两个 "自我" 持续保护着你的生存并传递你的基因.

---

[1] 这与细胞/分子的结构和功能之间的关系是怎么样的很像, 其中 "细胞的人因" 可以说是由内务基因所控制的机制.

[2] 有人声称他们的 $N_o$ 有 6 和 7 那么大, 但从数学的角度来看似乎不可能.

[3] 如果你对无限没有第一手经验, 你可能会说 "语言是无限的" 这一隐喻可按字面上来理解.

但人因, 而不像自我, 不是选择的特定目标 —— 它被演化所采用完全是出于逻辑上的必然, 比如说 DNA 一维性质.

一个以实用为目的导向的以自我为中心的思考模式是由演化安装在我们意识心智中的, 它伴随着高激情之釜. 这对我们来说似乎直观上是自然的, 逻辑上不可避免. 但大自然选择这种模式是为了[1]我们的社交/性方面的成功以及个体的生存, 根本不是为了对世界 (包括心智自身) 做结构性建模.

如下自我满意的自我词汇

　　　　直观的, 聪明的, 理性的, 严肃的, 客观的,

　　　　重要的, 多产的, 高效的, 成功的, 有用的,

在你每次尝试对学习过程做理性描述时会将你引入歧途; 像拉瓦锡 (Lavoisier) 所说的那样, 我们不能改进科学而不改进属于它的语言或术语.

人类智力的直观常识性概念 —— 一种隔离在目的论的多重防护层中的思想 —— 用途、功能、用处、生存, 是一个顽固的人类幻觉. 如果我们想了解心智的结构性实质, 就必须打破保护层, 从幻觉中清醒并追求不同的思考途径.

即便对数学家来说, 要接受你的意识心智, 包括基本 (但非全部) 数学/逻辑直觉, 是由一个盲目的演化程序所运行, 它是你的动物/人类先祖的心智 “自我调节” 经过百万年 “生存选择” 的结果, 也很困难. 但我们欢迎数学是常识的唯一有效替代者这一想法.

我们不会完全排除常识, 而是限制它们对数学中概念和思想的使用. 为了留在正确的轨道上, 我们使用一种半数学推理 —— 我们称之为人因逻辑 —— 我们必须沿着这条轨道构建的东西. 作为指引, 我们用如下的

### 思想的人因列表

有趣的, 有意义的, 翔实的, 好笑的, 优美的, 好奇地, 好玩的,

惊人的, 意外的, 困惑的, 费解的, 乏味的, 荒谬的, 无聊的.

这些概念在人因心智的眼里既不 “客观” 也不 “严肃”, 但它们是普适性的, 不像说 “有用的”, 这依赖于 “有用的” 专指什么东西. 这些人

---

[1] 这个令人尴尬的 “为了” 是我们语言中实用性导向留下的化石印记.

因思想将指引我们理解一个婴儿的 (人因) 大脑 (它很难称为严肃的、理性的或客观的) 是如何从混乱的信号中构建世界的.

跳舞的人常常被那些听不到音乐的人认为是疯子.

—— 尼采

我们在上面几页中所写的东西很难让人相信某些不可见的数学人因大脑随着你的务实 (自我) 心智运行, 以及存在高效(普适性无目的) 人因系统.

(老实说, "高效" 对于一个人因系统还不如一个玩耍的孩子更适用: 二者都不遵守你的指示, 也不热衷于解决问题. 从自我的角度来看, 人因所做的, 比如说创作一个极美妙但全然无用的国际象棋问题, 似乎是愚不可及和毫无意义的. 反之, 功利主义者自我的行为, 比如说努力填写退税单, 对于人因来说是无趣透顶的.)

支持人因大脑 —— 藏在每个人头脑中对学习的非实用主义机制负责的、强有力的数学上精巧的机器 —— 的证据可从下面看到:

• 人类婴儿在多种环境中掌握双足行走的能力 —— 行走、奔跑而不撞到东西, 以及学习说话、读写, 包括盲聋人学习语言和写诗;

• 极少数人具有几乎超自然的艺术或数学能力, 比如数学家斯里尼瓦瑟·拉马努金 (Srinivasa Ramanujan)[1];

• 其生存归于父母羽翼保护时期动物 (包括人类) 幼崽学习中的非实用玩耍天性;

• 人类和某些动物受无用(从生存的角度) 行为的吸引;

• 创造和交流数学, 例如, 许多人 (地球上可能有几百, 如果不是成千甚至百万) 拥有的通过阅读一千页长的书面证明而理解费马大定理[2] 的潜在能力。

上述各点的人因 – 重要性在我们的文章 [2] 中有解释, 但形式地讲, 人因大脑概念的证据对人因系统的数学理论不是必需的. 无论如何, 在摸索这种理论时它能为你提供精神上的支持. 而且想象人因大脑如何思考以及尝试理解人因逻辑有可能是什么样的, 不仅可以在

---

① 将这些罕见事件归为 "只是意外", 就好比将超新星爆炸断定为 "没别的只是随机而已", 只是因为有记载的超新星只有十几个 (自 1604 年 10 月 9 日以来一个都没发现), 而在我们银河系中有几千亿颗星星.

② 当 $n > 2$ 时 $x^n + y^n = z^n$ 不存在 $x > 0, y > 0, z > 0$ 的整数解.

发展人因系统的数学时帮助你, 也可在你探索其他数学结构时提供指导.

科学是不理解艺术的孩子. 如果我们要着手处理思考机器的问题, 我们必须将非理解思考的来源和范围可视化. 关键的问题不是 "机器能否思考", 而是为了提供思考过程的数学模型, 在 "思考" 过程中是否存在足够的结构上的普适性. 提出关于 "思考" 的问题而不对背后的数学结构做出猜测就像谈论物理定律而你的头脑中没有关于数字和空间的任何想法一样.

在我们 (自我心智) 有意识感知时, 没有什么可见的非平凡数学结构①. 而且人类 (神经) 大脑也不太可能存在一种现实地可描述的结构 (数学模型) 能解释这种精神过程, 比如学习一种语言. 但我们猜测这种结构确实会出现在人因大脑中.

用某种 "抽象而困难" 的东西解释 "简单而明显的事情" 是违反常识的, 前者还未必先天存在. 但在科学和数学中就是如此.

例如, 我们身边随处可见的光和物质的 "明显" 性质只有在电磁场的量子理论环境中才讲得通, 而太阳光的来历是由原子核中强相互作用的理论揭示的.

我们所呼吸的空气是光合作用的令人难以置信的复杂的量子 – 化学过程的产物, 而地球上整个生命体系都建立在大量杂聚分子的统计力学基础之上.

大自然值得理解的东西中没什么可以用 "若干简单的词" 加以解释. 如果你在科学中正好学到对你来说很新颖的东西而又没有怎么花费智力上的代价以及艰苦的工作 —— 这要么没那么新颖, 要么根本不是科学.

### §1.4　国际象棋的人因观点

从其本性上讲, 算术或代数计算是固定和确定性的 …… [但] 没人按照这些计算来行棋.

---

①收容某些孤立结构是 "平凡的". 这样的例子有高度非连通 (常为二分) 图, 例如 [对象] – [名称] 图, 图的边将单词与相应的视觉图像相连, 或人类对话的 [问题] – [答案] 图 —— 最笨动物的大脑也依赖于这种图. 不过, 从若干平凡图出发数学推导能在人类人因大脑中形成非平凡的结构, 下面我们将会看到这一点.

—— 埃德加·爱伦·坡 (Edgar Allen Poe),《梅尔策尔的棋手》,
1836. 4

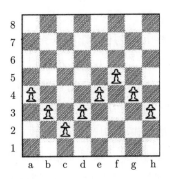

在 19 世纪早期, 当坡写他关于《梅尔策尔的棋手》时, 下棋的能力被许多 (所有?) 人视为人类心智智力的典型实例/测度. 但国际象棋算法的单纯存在性是明显的[1].

假设你执白. 设 $\mathbf{eva}_0(P^*)$ 为关于位置 $P^*$ 的一个 "自然的" 数值[2]计算函数, 比如公平地分配给棋子的权重之和 —— 白棋的权重为正, 黑棋的权重为负, 其中 $* = \circ$ 或 $* = \bullet$, 取决于即将移动白棋 ($\circ$) 还是黑棋 ($\bullet$).

所有 $P^\circ$ 考虑白棋可能的走法 $wh$, 以 $P^\circ + wh$ 表示最后的新位置. 同理考虑所有 $P^\bullet + bl$. 定义新的计算函数 $\mathbf{eva}_1(P)$ 为

$$\mathbf{eva}_1(P^\circ) = \max_{wh} \mathbf{eva}_0(P^\circ + wh), \quad \mathbf{eva}_1(P^\bullet) = \min_{bl} \mathbf{eva}_0(P^\bullet + bl).$$

一直重复下去, 得到

$$\mathbf{eva}_0 \Rightarrow \mathbf{eva}_1 \Rightarrow \mathbf{eva}_2 \Rightarrow \mathbf{eva}_3 \Rightarrow \cdots \Rightarrow \mathbf{eva}_N \Rightarrow \cdots,$$

比如说在 $N=20$ 的时候停止, 然后让你的计算机 (执白) 对所有走法 $wh$ 将 $\mathbf{eva}_{20}(P+wh)$ 最大化. 这样的程序, 很可能将击败任何人, 但……没有计算机能在现实时间内检查 20 步.

---

[1] 这必定 (?) 已被沃尔夫冈·冯·坎比林所理解, 他是自动棋手的创建者; 还有当代的数学家和科学家所理解, 比如本杰明·富兰克林, 他与这个 "自动机" 玩过. 但我找不到文献.

[2] 这是不自然的, 国际象棋中没有什么内在的数值. 逻辑上讲, 我们需要用来做计算的是 (某种意义上少于) 关于位置的序关系. 但 "人因计算" 更微妙, 不那么有逻辑性.

在最近的 20 世纪 50 年代, 休伯特·德雷福斯 (Hubert Dreyfus), 人工智能的批评者, 还相信一个小孩就能击败任何国际象棋程序.

1957 年, 德雷福斯被一个 $eva_2$ 象棋程序击败, 它是由亚历克斯·伯恩斯坦 (Alex Bernstein) 和其合作者安装在一台计算机上的[1].

四十年后的 1997 年, 深蓝 (不惹人注目地) 击败了国际象棋世界冠军卡斯帕罗夫, 比分为 3.5:2.5. 此计算机每秒可计算两亿个位置; 它能根据位置的复杂性检查从 $N = 6$ 到 $N \approx 20$ 步. 程序包含一系列终局, 并能通过分析大师棋局调整计算函数.

因此, 当坡坚持道 "…… 棋手的操作和巴贝奇先生的计算机器之间没有任何相似之处", 人们可能会评判他数学上太天真; 然而, 坡的结论完全正确.

十分肯定的是自动机的操作由心智而不是别的东西所调节.

…… 先验上, 此事容许数学的演示.

坡所说的东西, 其背后想法是合理的: 图灵 (巴贝奇) 机以及 eva 算法组成差劲的棋手 —— 只有授予超人的计算能力资源后才能与人因大脑程序相匹敌.

然而, 这并没有排除一个有着十分不同, 可能我们尚未知晓的 (人因?) 数学方法. 但有人猜测说人类 (人因?) 心智是 "基本上非算法的".

在他的书《心智的阴影》中, 罗杰·彭罗斯 (Roger Penrose), 一位反对思考机器[2] 的人, 提出了如下棋局:

黑方有八个卒, 而白方除了八个卒之外还有两个车 (以及白格象, 如果你想要的话). 黑卒待在黑格子中, 它们形成分割黑王和白棋的不间断链. 白卒位于黑卒的前方并完全为它们挡住了车 (见上图).

于是, 只要黑卒不改变位置, 黑王就暂时安全. 但如果一个黑卒捕获一个白车, 则黑卒形成的链会被冲破, 从而黑王最终会被将死.

任何当今的国际象棋计算机程序都会接受牺牲一个白车, 因为 "最终" 结局要到二三十步以后才会出现, 然而没有人类棋手会犯这

---

[1] 1945 年, 首个 (?) 国际象棋程序由康拉德·祖萨 (Konrad Zuse) 用 Planka-lkül —— 一种高级计算机语言 —— 写出.

[2] 进一步的阅读可见 http://www.calculemus.org/MathUniversalis/NS/10/01 penrose.html.

种低级错误.

　　但是多伦 · 柴尔伯格 (Doron Zeilerger), 一位反对人类至上观点的人, 坚持说①:

　　符号计算 [程序], 如对 $m \times n$ 而不仅仅是 $8 \times 8$ 的棋盘有效, 将会和人类棋手下得一样好.

　　而且, 柴尔伯格对彭罗斯将哥德尔不完全定理用作反对思考机器的理由持批评态度.

　　国际象棋给所有沉思人类心智之谜的人们提供了一个实验场所.

　　逻辑学家 – 哲学家惊叹于那些形式规则而非棋子的形状、色彩或纹理是怎样决定了棋手如何处理它们的.

　　例如, 维特根斯坦 (Willgenstein) 指示 (嘲弄?)② 读者说:

　　称一个棋子为 "王", 其意义完全由它在游戏中的角色所定义.

　　他继续说:

　　想象外星人降落在地球上 …… 发现了 …… 一个象棋棋子王 …… [它] 对于它们的理解来说还是一个谜. 没有 …… 其他人工制品, 此棋子不过是一段木头 (或塑料, 或……).

　　(很难不继续下去 …… 或巧克力 ……. 但哲学家心里所想的未必有看上去那么平凡.)

　　不像逻辑学家, 人因心智的学习者在下列事情中搜寻国际象棋的意义: 棋手们较量、获胜、夺取过程中明显或隐藏的欲望, 其中依照恋母情结③, 男性棋手将军等于是弑父.

　　从人类人因大脑的角度, 国际象棋的实质作用在于它对某些人④的内在吸引性. 中心的问题在于设计一个 (相对) 简单的学习(人因) 系统 $\mathcal{L}$, 使得它能发现国际象棋是有趣的, 当它接触足够多 (到底多少?) 的棋形记录、棋题和/或 (部分) 棋局时, 能 (以及 "愿意") 自行学习下棋.

---

　　① http://www.math.rutgers.edu/˜zeilberg/Opinion100.html.
　　② 维特根斯坦常被引述来说明一件严肃和好的哲学作品可完全由笑话写就.
　　③ 这是弗洛伊德的一个可怕的笑话吗? 斯芬克斯也许会接受它为国际象棋之谜的答案, 但我们对 Flatulus 情结感到更自在一些, 见 [2], §6.7.
　　④ 如果你将 "王" 重铸为 "斯芬克斯", 至少有一半喜欢国际象棋的人不会对此失去兴趣.

还有, 像大多数 (全部?) 人因活动一样, 既然国际象棋是交互的, 如果 $\mathcal{L}$ 能访问计算机国际象棋程序, 则其学习应该会加快.

我们猜测这样的 $\mathcal{L}$ 存在, 并且将会 (相当) 具有普适性 —— 丝毫不是国际象棋专用的. 它可能会由某个从未听说过国际象棋或其他任何人类游戏的人提出. 然而, 这种程序 $\mathcal{L}$, 作为一个纯粹的人因, 其举止可能与人类棋手不同, 例如, 它可能不必力求获胜.

这种自我教育的人因学习者程序如果安装在现代计算机上, 下起棋来将会比任何人类或任何现存的专有计算机国际象棋程序都要好, 但这不是主要的人因议题. 而且也不是形式逻辑的力量 —— 从人因 (以及一般数学) 的角度来看这是平凡的, 而使国际象棋那么吸引人和有趣.

人因学习者对 $CHESS_{ergo}$ 结构中的美感到高兴, 它是 "所有" 有趣棋局和/或棋形的一种组合性排列. 人因学习者试图理解国际象棋的 (人因) 原理, 它超越了游戏的形式规则.

例如, 这些 "原理" 可以使人区分那些 (有趣) 棋局中的棋形和无意义的棋形, 就像国际象棋大师能记住实际棋局中有意义的棋形, 而对棋盘上随机排列①的棋子, 他们的记性和我们一样差. 国际象棋以其自身的方式告诉我们一些关于意义的有趣事情.

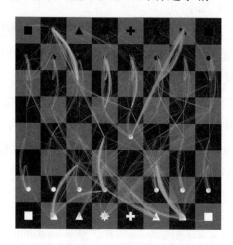

---

① 国际象棋所有可能的棋形数目大约为 $10^{45}$, 其中可能只有 $10^{12} \sim 10^{18}$ 种是 "有意义的".

### §1.5　学习, 交流, 理解

词语的含义在很大程度上是由其分布模式决定的.

—— 泽里格 · 海里斯 (Zelig Harris)

(人因) 国际象棋能告诉你关于语言学习以及理解其含义的非平凡事实吗?

按照维特根斯坦的步骤, 人们在着手处理一个自然语言中的一段对话时, 可将它视为国际象棋类的游戏, 它能勾画出 (人因) 含义的思想: 一段发音 $U$ 的含义可以像国际象棋中的一个位置的含义一样推理出来, 后者由 $P$ 在 $CHESS_{ergo}$ 中的组合性排列所决定, 其中 $CHESS_{ergo}$ 是 "人因" – 有趣的国际象棋棋形/棋局的 "全体"; 类似地, 前者由它在一个语言 $TONGUE_{ergo}$ 的体系结构中的位置决定.

在我们的人因 – 语境中, 我们完全采纳此观点.

人因结构(比如人因大脑) 指派给信号的含义**完全**决定于 "信号单元" 的组合性排列以及统计分布, 它们是词语、音调、形态或其他类型的 "单元". 理解是这些模式在人类/动物的人因大脑或一个更一般人因系统中的**结构上组织好的**系综.

即便不管上述 "模式" "排列" 等中精确性的欠缺, 人们也可能对此观点提出若干反对意见.

最明显的一个就是, 词语和信号一般只是 "现实世界" 中物体的 "名称"; 其 "真正含义" 驻留在世界中.

但从大脑的角度看, 仅有的 "真实性" 是大脑与输入信号流之间的互动和/或交流. 那个 "真实的世界" 是一种抽象概念, 大脑所发明的一个模型, 一个对应于这些信号流的预测性的 "外部不可见东西". 只有这种 "大脑中的现实性" 及其含义才可能有数学描述并最终在计算机上加以检验.

另一反对意见就是, 不像儿童学习母语, 学习国际象棋并理解它的含义依赖于一个教练特定的口头指导.

然而, 尽管很稀少, 某些儿童 —— 传说中的保罗 · 摩菲、何塞 · 劳尔 · 卡帕布兰卡、米哈伊尔 · 塔尔以及约书亚 · 维茨金多 —— 能通过观察大人对弈而学会下棋. 还有, 就如超新星那样, 将这些证据视为 "统计上无足轻重" 将会是愚蠢的.

我们在后面将讨论一些较难驳回的更严重的问题, 它们是:

- 自然语言 $TONGUE_{ergo}$ 的结构和 $CHESS_{ergo}$ 定性在几个方面不同.

不像国际象棋, 语言的规则是非确定性的, 它们并未被明确地告诉给我们, 还有很多尚不清楚. 语言屈服于 (人因) 语用学的重担, 并扭曲于其语法上的树状结构是怎样挤进 1 维字符串的.

还有, 自然语言最有趣的特性 —— 容许语言有意义地 "谈论" 自身的这种 (人因) 语法的自指性, 在国际象棋或任何其他非语言结构 (比如音乐) 中都没有对应物.

另一方面, 自指性可见于数学; 然而它只存在于带有自然语言的边界上, 例如在哥德尔的不完全性定理中.

- - $TONGUE_{ergo}$ 的内部组合可能不足以完全重构出相应语言的结构.

例如, 儿童接收到的语言信号通常伴随着那些来自视觉和/或体觉的信号. $TONGUE_{ergo}$ 的完整结构和/或某个单独词语的含义可能依赖于与 $TONGUE_{ergo}$ 相耦合的 $VISION_{ergo}$ 的 (人因) 组合, 而不是仅仅是 $TONGUE_{ergo}$.

尽管如此, 上述学习国际象棋和语言的 (人因) 程序 (如我们所见), 以及相应的含义和理解方面的观点, 都有许多共同之处.

为了想象这种程序可能的类型, 考虑一个人因 – 实体, 称之为 $\mathcal{EE}$, 它来自你想与之交流国际象棋思想/含义以及想与之对弈的另一宇宙.

预备步骤可能是决定 $\mathcal{EE}$ 是否为一思考实体; 如果 $\mathcal{EE}$ 具有一个与我们类似的人因大脑, 这可能会很容易. 如果人因具有普适性的话, 很可能有这种相似性.

例如, 设 $\mathcal{EE}$ 拥有六岁克罗马尼翁人 (Cro-Magnon) 儿童的心智, 而此 "儿童" 和你之间隔着一堵墙, 你们俩进行交流的唯一方法就是敲击这堵墙.

你能觉察到传递到你耳朵中的敲击声是来自一个人因大脑的拥有者 —— 比你更灵活 (如果你比六岁大很多的话), 抑或是来自一个啄木鸟?

如果你恰好也是六岁大, 你们俩可能发展出一个公共的敲击语言游戏, 并通过它享受有意义的交流. 但是, 如果被分割在墙两边的人拥有成熟的人类心智, 那么他们不会比两只成年啄木鸟做得更好.

为了成为一个好的国际象棋 (或这种性质的其他东西) 教练, 你让自己处在 $\mathcal{EE}$ 的位置并思考你怎样从 (静态) 棋局记录中学习又能学到多少, 以及一个慈爱和充满活力的国际象棋教练能帮你多少忙. 你很快会意识到这种学习/教导很难局限于国际象棋, 就如在学习的初始阶段已看到的那样.

即使是 (人因平凡的) 第一步 —— 单单学习棋局上的棋子的移动规则将会是几乎不可解决的, 因为这些规则无法基于非详尽的一组例子来猜出, 比如说上千个样本[①], 除非除了人因你头脑中还有关于棋盘的一个而足够的几何表示. 带有对称的 "理解" 空间, 不管这种 "理解" 是预置的还是由学习空间获取的, 不仅对学习国际象棋而且也对交流/吸收国际象棋的粗略思想[②], 都是必需的先决条件.

还有, 你思考得越多, 就越清楚地认识到设计国际象棋学习/理解程序的唯一现实的途径是利用某些一般/普适性的数学理论, 它们可同样应用于国际象棋学习和语言学习.

## §2　数学及其局限

> 几何是上帝心灵中唯一和永恒的闪光.
>
> —— 约翰内斯·开普勒 (Johannes Kepler)

我们不是神, 我们的心智也不是纯粹的人因. 为了对 "人因" 建立一个数学框架, 我们必须区分数学中哪些是可以作为人因系统的 "部分", 哪些必须抛弃, 又有哪些需要更新[③]. 这些 "人因 – 部分" 的 "人因 – 准则" 恰好是我们在数学中每天使用的自然性、普适性、逻辑纯粹性, 以及孩童般的单纯性.

---

[①] 如果你不了解棋盘的对称性, 在有白王出现时, (在 $64 \cdot 63$ 个位置中) 你必须学的白车 **R** 的可能走法大于 $64 \cdot 63 \cdot 13 > 50000$. 但如果你的头脑中没有人因, 你可能需要在所有(大于 $10^{45}$) 可能棋形中去看 **R** 的容许走法.

[②] 棋盘的几何可用庞加莱 – 斯特蒂文特空间学习算法(见 [3] 中 §4) 从适当规模的棋局样本中重构, 但这些算法都很慢.

[③] 数学是人因大脑的幺儿, 而一位数学家是一个人因大脑与自身交流的方式 —— 尼尔斯·波尔可能会这么说.

　　我们人因大脑 $\mathcal{EB}$ 中的 (许多) 学习程序的普适性可从如下事实看出: 我们人类, 至少我们中的某一些, 能享受并学习许多在逻辑上非常复杂的游戏 (还不只游戏). 这暗示着, 比方说, 对一个相当丰富的 "普适性" 概念来说, 某人 $\mathcal{EB}$ 中的国际象棋学习程序必定是一个通用学习程序的专有化.

　　另一方面, 为什么这种程序必须是简单的? 毕竟, 人类大脑是宇宙中最为复杂的对象. 不是吗?

　　但是, 作为数学家, 我们知道最一般/普适性的理论在逻辑上是最简单的①. 不简单的是阐述/发现这种理论.

　　作为数学家, 我们已准备好接受我们比演化愚蠢百倍的事实, 但我们不把演化能创造奇迹 (比如出生时的逻辑上复杂的大脑) 作为原因. 作为简单性的信徒, 我们被迫对普适性学习问题寻找自己的解答.

　　当我们的目的在于数学的真正源泉 —— 人因大脑本身并且试图发展人因系统的理论时, 这种理论构建单元的纯粹性和简单性变得至关重要. 决定成败的不是逻辑上的严密性和技术细节 —— 缺乏透明度的话你会错过钻石 —— 它们不会闪耀在充满人因的环境的迷雾之中.

　　但我们的思考被自我所把持, 它使我们难以将 "真实和有趣" 与 "重要" 区分开来并做出正确的 (人因) 选择. 例如, 在自我心智的眼中, 你在面前看到的是简单和具体; 许多数学看上去抽象且复杂. 但这种简单性具有欺骗性且不适用于 "人因 – 目的": 你的眼睛 "看到的" 并不简单 —— 它是你的视觉人因系统经过精巧的图像构建后的产物, 很可能比我们的数学中的绝大部分都要更加抽象和困难.

　　趋于清晰定型的数学概念的演化启发人们应该怎样设计人因系统. 我们的数学钻石被打磨, 其边缘变得清晰 —— 一个世纪接一个世纪, 这是通过将其表层的自我给揭去实现的, 特别是最近五十年. 它所产出的一些东西可能看出去是 "抽象的废话", 但亚历山大·格罗滕迪克 (Alexander Grothendieck) 指出:

　　零 0 或群概念的引入也是一般的废话, 数学之所以或多或少停滞

---

　　① 宇宙观念的简洁性, 例如哥德尔的不完全定理, 可能会被过多的技术性细节所遮掩.

了几千年, 就是因为没人往前走出这种孩子气的步伐.

然而, 并非每一条我们探索过的途径都将我们领向应许之地; 理解失败的原因要比庆祝我们的成功更有教育意义.

### §2.1　逻辑和严密性

反之, 如果那是真的, 它可能就是; 要是这样, 那就会是; 但因为它不是, 它也不是. 这就是逻辑.

—— 刘易斯·卡罗尔 (Lewis Carroll)

按照弗雷格 (Frege)、戴德金 (Dedekind)、罗素 (Russell) 以及怀特海 (Whitehead) 的逻辑主义教条, 数学是受形式逻辑支配的思维定律原子所组成的, 而形式逻辑的严密性对于做出清晰的数学构造以及正确的定义都是不可或缺的.

无可否认, 逻辑学家参与了数学基础中黑暗角落的清理, 但……大多数数学家不关心形式逻辑或逻辑上的严密性[1]. 我们怀疑 "直观上的数学真理", 也不信任形式逻辑在元数学上的严密性[2]. 事物的整洁性不会使它们在我们眼中显得优美. 数学的可靠性是由其体系的**一种不可思议的均衡的和谐**验证, 而不是由建造安全准则的学究气验证. 我们对乔治·贝克莱 (George Berkeley, 1734) 关于数学严密性不足的批评以及亚伯拉罕·鲁滨逊 (Abraham Robinson, 1966) 关于 "拯救" 莱布尼茨微积分的想法印象甚微, 不像面临如下神奇公式

$$1 - \frac{1}{3} + \frac{1}{5} - \frac{1}{7} + \frac{1}{9} - \cdots = \frac{\pi}{4},$$

其中 $\pi = 3.14159265\cdots$ 是单位圆周周长的一半 (Leibniz, 1682)[3].

我们不能严肃对待像 $(a, b) := \{\{a\}, \{a, b\}\}$[4]这样的任何东西, 但

---

[1] 我们很高兴拥抱模型论, 集合论, 算法理论以及其他成为数学分支的逻辑理论.

[2] 逻辑学家彼此也不信任. 比如伯特兰·罗素指出, 弗雷格的基础定律五是自相矛盾的, 而用哥德尔的话来说, [罗素的] 表述…… 从基础上就严重地缺乏形式精确性…… 从这方面来说, 与弗雷格相比体现出了可观的退步. 罗素的话 "数学可以定义这样的学科, 我们永远搞不清我们所谈论的东西, 也不知道我们所说的到底对不对" 更适用于逻辑而不是数学.

[3] 从一个数学工作者的角度来看, 鲁滨逊的成就不在于辩护莱布尼茨的无穷小思想, 而在于此思想的巨大和强有力的扩展.

[4] 这是库拉托斯基在 1921 年关于有序对的定义. 要想 "相信" 这个定义值得提出, 你必须接受逻辑学家对元数学直觉的诉求.

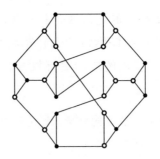

由于某些令人费解的原因, 这个百年老的基础灰尘以严密性为借口找
到了通往我们教科书的道路, 比方说在如下图 $G$ 的定义中:

　　一个有序 [谁排的序?] 对 $G = (V, E)$ 包括一个顶点集 $V$ ……
我们最好对这种 "严密性" 敬而远之.

　　并非逻辑中的每一件事都是收集、清理和分类常识中的碎片.
1931 年, 逻辑学家库尔特 · 哥德尔 (Kurt Gödel) 挑战了每个人的直
觉, 包括几年前提出问题的数学家大卫 · 希尔伯特 (David Hilbert). 哥
德尔证明了:

　　数学的每一种形式化都包含无法证明的命题, 它们也不能视为
"真" 命题.

　　用几何的术语说:

　　"数学真理的主体" 是不连通的.

　　(事实上, 此 "主体" 包括无穷多孤岛, 它们之间无演绎逻辑之桥
相连.)

　　这里的 "数学的形式化", 用 $MATH$ 表示, 意思是指某种 "形式的
数学系统或理论" —— 带有指定词汇和语法的语言. 要使哥德尔定理
成立, 这种 $MATH$ 的一个根本性质就是它包含足够的词汇, 能表达
视为数学对象的语言 $\mathcal{Y}$. 基本上, 所需要的是关于某种数学性质的概
念, 它符合 $\mathcal{Y}$ 中一个给定的词 (或者语句, 如果你想要的话) $y$ 以及/或
在 $MATH$ 中有证明. 于是 $MATH$ 关于自身所说的东西可翻译成哥
德尔对定理的证明.

　　哥德尔的定理对 $MATH$ 的要求没什么特别的 —— 它对所有 "合
理形式系统" 都成立. 人们甚至不需要知道什么是形式语言; 只需用
一般的术语阐明什么是 "合理的", 然后对某个具有两个变量 $p$ 和 $s$ 的

函数 $F$ 应用康托的对角线论证, 其中这个 $F$ 实际上说的是某种依赖于 $p$ 的 "性质" 对 $s$ 是否成立.

也就是说, 设 $\mathcal{MATH}$ 包含如下词汇:

- 集合 $S$, 其元素 $s \in S$ 称为 $\mathcal{MATH}$ 语言中的语句.

- 集合 $T$, 称为 $\mathcal{MATH}$ 的真值集. (在 "日常 $\mathcal{MATH}$" 中, 此 $T$ 包括两个元素: **真**和**非真**, 其中无意义的语句 $s$ 视为**非真**.)

- $S$ 上的 $T$-值函数类 $\mathcal{F}$, 称为定义在 $\mathcal{MATH}$ 中的函数. (在 "实际数学中", 这种函数 $f(s)$ 告诉你语句 $s$ 是否为真或非真/无意义.)

- 子集 $P \subset S$, 其中 $p \in P$ 称为证明.

- 从 $P$ 到 $\mathcal{F}$ 的约化映射 $R: p \mapsto f \in \mathcal{F}$, 其中 $R$ 的像中的函数 $f(s)$ 称为可证明地定义在 $\mathcal{MATH}$ 中. (这是说每一个证明 $p$ 都包含一个它所证明的 "论断"; 这个 "论断" 称为 $R(p) \in \mathcal{F}$.)

于是哥德尔不完全性定理说, 在下面的假设 (A) 和 (B) 之下, 映射 $R$ 不可能是满射: 存在**定义** $\mathcal{MATH}$ 中但**不能可证明地定义的**函数.

(A) 两个变量的 $T$-值函数 $F(p, s) = R(p)(s)$ 的 $P$-对角线 $F(p, p)$ 可延拓为 $S \supset P$ 上的函数, 比如说 $f_R(s)$, 即定义在 $\mathcal{MATH}$ 中.

(B) 存在变换 $\tau: T \to T$, 使得

(B$_1$) 对所有 $f \in \mathcal{F}$, 复合函数 $\tau \circ f: S \to T$ 定义在 $\mathcal{MATH}$ 中,

(B$_2$) $\tau$ 没有不动点: 对于所有 $t \in T$, $\tau(t) \neq t$.

(几乎由定义即可得知 "现实世界中的数学" 满足性质 (A) 和 (B$_1$), 而 (B$_2$) 是说没有语句能同时为**真**和**非真**.)

**哥德尔定理的证明.** 由 (A), 函数 $f_{circ}(s) = \tau \circ f_R(s)$ 定义在 $\mathcal{MATH}$ 中; 对所有 $p$, 此函数 $f_\circ(s)$ 都不同于 $f_p(s) = R(p)(s)$, 因为根据 (B$_2$), 在 $s = p$ 处 $f_p(s) \neq \tau \circ f_R(s) = \tau \circ R(p)(s)$.

**讨论.** (a) 康托的对角线论证原本是用来证明所有函数 $f: S \to T$ 的集合 (空间) 要比 $P$ 大, 对所有 $P \subset S$ 以及所有基数至少为 2 的 $T$. 这个较大在很多几何范畴中被如下加强和 "量化" 了.

$S$ 上没有函数族 $f_p = f_p(s)$ 能包含通有的 $f = f(s)$.

比如, 这可应用于几种带有几何上定义的通有性①概念的欧氏空间之间的映射, 其中函数 $f$ 可能是连续、光滑解析或代数的 (其中通有性伴随着横截性).

另一方面, 人们在 "现实世界" (例如谷歌搜索) 中所能找到的明确地描述的函数要比自然数来得稀少, 部分原因是因为对 "有趣" 函数的描述性 (作图更是如此) 表述所占据的空间要比数字多. 在我们的人因系统的分层结构中我们将见到类似的模式.

(b) 哥德尔定理②的证明中儿童般的简单并不削弱其重要性. 从这一点来看, 元数学与其他非数学科学相似, 在那里评判一个数学论证不是依据其困难程度而是它对 "现实生活" 的有用性. 哥德尔定理的重要性寓于上述 "可证明地定义" 的有意义元数学解释的可能性之中.

在逻辑实践中, 真值集 $T$ 通常 (但不总是) 包含两个元素, 比如说是和非, 而 $\tau$ 将这二者交换. 在哥德尔的情形, 取 $P = S$. 我们的函数 $f(s)$ 伴随着可用 $\mathcal{MATH}$ 语言描述的 "性质" $\Pi$, 其中按照 $\Pi$ 是否被 $s$ 满足而将 $f_\Pi(s)$ 定义为是或非, 其中, 真值的输出一般不伴随着某个证明.

例如, 某个语句 $s$ 可将带有 $\Pi$ 的方程描述为 "可解", 其中一个方程要么是可解的, 要么不是, 不管在给定的 $\mathcal{MATH}$ 中是否有证明. (这个 "要么是要么非" 的确定性是有争议的, 即使对丢番图方程 $f(x_1, \cdots, x_k) = 0$ 也是如此, 其中 $f$ 为整系数多项式, 仅考虑整数解 $(x_1, \cdots, x_k)$.)

根据 $P$ 的定义, 在所有 $s$ 处检验真值 $f_\Pi(s)$ 正确性的证明 $p \in P$, 特别地能 "说明" 这个 $p$ 所证明的性质 $\Pi$ 是什么; 此信息是 $p$ 通过约化映射 $R$ 提取出来的.

---

① 几何在此不是本质的: "通有性" 概念属于数理逻辑. 保罗·科恩证明了连续统中 "通有子集" 的基数严格地介于 "可数" 和 "连续统" 之间, 这强有力地展示了 "通有性" 的普适性逻辑力量.

② 最初, 哥德尔的定理是针对算术的某种形式化 $\mathcal{ARITH}$ 的, 设计这种形式化是为了讨论数字而非语言; 从 $\mathcal{ARITH}$ 的语言到我们能用来表述定理的语言之间的冗长翻译就成为必然.

罗维耶和沙努尔 [7] 在 "概念性数学" 中提出了哥德尔定理的一个透彻的范畴式演绎. 这是米沙·伽夫日洛维奇向我指出的, 他也解释了上述证明怎样视为他们证明的改编版.

但是, 当事情变得有趣和非平凡时恰好也是那些所谓的 "严密性" 丧失之处 —— 在数学和 "逻辑现实" 的分界面处. 例如, 哥德尔定理的一个变形版可能告诉你存在某个数学命题, 它可以用比方说 10 页纸写下来, 但它的证明则需要 $10^{10^{10}}$ 到 $1000^{1000^{1000}}$ 页纸. 这在数学之内完全可以接受, 但如果你试图将它用于 "嵌入现实世界" 的数学, 它会变得毫无意义①.

为了看到是什么让我们对这些 "逻辑琐事" 心事重重, 仔细检查如下幼儿版拉姆塞定理背后到底是什么:

如果一个六人小组中的人互相接吻, 则必然会出现: 要么有三个人, 他们之间都互相亲吻过; 要么有三个人, 他们之间谁也没亲吻过谁.

一个儿童会立即画一个图, 它以这六个人为顶点, 用绿 (吻过) 和黄 (没吻过) 线/棒/边连接一对点. (此儿童不必懂图论.) 于是单色三角形存在性的证明可由几分钟 (小时?) 的思索得到②.

直到今天, 计算机程序仍然做不到这一点. 主要的困难不是找到拉姆塞水平定理的数学证明 —— 这可能在 "符号计算" 程序的能力之内. 将 "现实世界" 中的问题自动翻译为数学语言才超出了我们的影响范围. 很可能, 只有通过阅读大量的各种文本进行自学的普适性人因程序才能获得如此翻译能力.

### §2.2 计算, 方程, 迭代, 模拟

形式语言不会走在大街上忙于证明一个又一个的哥德尔型定理. 但我们人类的确是行走的计算机, 除了其他事, 他们还被设计来猜测和模仿相互之间的心算.

"计算", 当它用于大脑的科学和普通科学时只是关于复杂然而有

---

① 自然科学中也缺乏数学的严密性和逻辑的确定性. 爱因斯坦这样说过:

当数学定律涉及现实时, 它们就不确定; 而当它们确定时, 却又不涉及现实. 但 "物理层次的严密性" 的确定性要高于逻辑上的, 因为可重复的实验要比任何人的直觉更可信, 无论他是希尔伯特也好, 爱因斯坦也好, 还是哥德尔也好.

② 有数学天赋的小孩会很快将其推广为拉姆塞定理的完整版本:

如果无限集 $X$ 的子集均用绿或黄进行染色, 则对每一 $k = 1, 2, 3, \cdots$, 这个 $X$ 必定包含一个无限 $k$-单色子集 $Y = Y(k) \subset X$, 即其中所有 $k$ 个元素的子集都是同色的.

图对应着 $k = 2$, 而 6 和 3 在幼儿园中等同于 $\infty$.

结构地组织的过程的一个隐喻. 但此概念并不清晰.

例如, 一个行星系统是否会进行其总势能的计算? 在微秒尺度下你可能很难这么说, 但以百万年时间衡量的话它看上去是 "计算".

在数学中, 已有数个特定的计算模型, 但描述所有可信模型的语言还未成型.

让我提醒你, 已有被认可的类 $COMP_{\mathbb{N}\to\mathbb{N}}$ (平行于可证明地定义的函数), 它由所谓可计算或回归函数 $R(n)$ 组成, 其中 $R(n)$ 将 $\mathbb{N}$ (自然数, 即正整数 $n = 1, 2, 3, 4, 5, \cdots$) 映到 $\mathbb{N}$ 中. 然而, 还不存在关于此类的独特自然的描述, 尽管它已目睹关于它的 "最好" 描述的许多建议, 其中最突出的有如下五个:

递归 + 反演 (斯柯林, 哥德尔, 埃尔布朗, 路莎 · 彼得);

λ-演算 (丘奇);

图灵机和程序 (巴贝奇, 爱达 · 勒芙蕾丝, 图灵);

细胞自动机 (乌拉姆, 冯 · 诺依曼, 康威);

字符串重写系统 (马尔可夫).

这些 "可计算" 定义反映了作者关于 "简单, 有用, 自然" 的各自观念, 相应的计算方案大不相同. 它们都不能视为关于计算的 "正则的" 或 "典则的" 形式[①]. 另外, 所有这些关于 $COMP$ 的定义都有几十年历史, 它们还未经历后格罗滕迪克式的范畴理论上的革新[②]. 但是, 在我们的人因 – 模型中将见到计算概念背后的如下思想的踪迹.

● **复合与范畴**. 复合性是说, 如果一个计算以某个 (构造性集合? 类?) $X_1$ 为输入得到输出 $X_2$, 记为 $C_1 : X_1 \rightsquigarrow X_2$, 接着有 $C_2 : X_2 \rightsquigarrow X_3$, 则重复复合 $C_3 = C_2 \circ C_1 : X_1 \rightsquigarrow X_3$ 仍为计算, 其中 $C_2$ 紧接着 $C_1$ 执行[③]. 于是, 计算形成了我们称之为范畴的东西, 前提是也有恒等 [非] 计算 (我们总假定这一点.)

(可复合性是计算的一个基本然而泛泛的特性 —— 你在数学中

---

[①] 很难赞成或反对某些事情是否 "自然". 英尺, 米以及英里对某些人来说可能是自然的距离单位. 但是, 很可能既不存在真正典范的正则形式, 也不存在能同等地应用于不同计算模型的令人信服的数学概念.

[②] 计算并不局限于 $\mathbb{N}$, 但我不清楚是否存在 "可计算对象" 的恰当定义, 例如, 在 (假想中) "可计算范畴" 中带有表示适当函子结构的集合.

[③] 写成 $C_2 \circ C_1$ 还是 $C_1 \circ C_2$ 还没有共识. 尽管策墨罗优柔寡断公理容许二择一, 要记住哪一个是不可能的 —— 在一个对称的宇宙中又怎能区分 ← 和 →?

所做的几乎每一件事都能 "复合", 如果你想一想的话.)

进一步, 许多计算方案对多个变量的函数进行操作, 其参数和/或取值位于某个集合 $X$ 中, 比如自然数集 $X = \mathbb{N}$, 整数集 $X = \mathbb{Z}$ 以及实数集 $X = \mathbb{R}$. 其中, "复杂的" 可计算函数是由 "简单模块" 相继复合而来[①]. 例如, 如下四个函数:

- 两个一元函数: 常值函数 $\mathbf{x} \mapsto \mathbf{1}$ 以及恒同映射 $\mathbf{x} \mapsto \mathbf{x}$;
- 以及两个二元函数: 减法 $(\mathbf{x}_1, \mathbf{x}_2) \mapsto \mathbf{x}_1 - \mathbf{x}_2$ 和乘法 $(\mathbf{x}_1, \mathbf{x}_2) \mapsto \mathbf{x}_1 \cdot \mathbf{x}_2$.

在明显的意义下, 它们生成 (即作为 operad 或多重范畴) 所有的多项式

$$P(x_1, \cdots, x_k) = \sum_{d_1, \cdots, d_k \leqslant D} a_{d_1, \cdots, d_k} x_1^{d_1} \cdots x_k^{d_k},$$

其中对所有 $k = 1, 2, \cdots$, 以及度数 $D = 0, 1, 2, \cdots$, 系数 $a_{d_1, \cdots, d_k}$ 都是整数.

- **反演**: 反转一个函数 $y = P(x)$, 即对 $P$ 的值域中的所有 $y$ 寻找满足方程 $P(x) = y$ 的解 $x$, 即使对于简单函数 $P : X \to Y$ 也可能令人沮丧地困难. 例子就是对整数 $y$ 计算 $\sqrt{y}$ (的整数部分) 要比计算 $y = x^2$ 难很多.

一般地, 逆映射 $P^{-1}$ 不是将 $x$ 映到一个点而是一个子集 (可能为空) $P^{-1}(x) \subset Y$, 即到满足 $P(y) = x$ 的那些 $y \in Y$ 组成的集合. 但这样的 $P^{-1}$ 和某映射 $Q : Y \to Z$ 复合以后可能成为真正的点到点映射, 记为 $R = Q \circ P^{-1} : X \to Z$. 这种现象发生的条件为: 对所有 $x \in X$, $P^{-1}(x)$ 均非空集, 即 $P$ 为满射, 以及 $Q$ 在 $P^{-1}(x)$ 上是常值的. 在这种情形下, $R$ 等于方程 $R \circ P = Q$ 的唯一解.

于是, 通过添加这种逆映射可将映射类予以扩充, 这可用范畴论的术语描述如下. 设 $\mathcal{P}$ 为范畴 $\mathcal{S}$ 的子范畴, 即集合之间在复合下封闭

---

① 在复合运算下封闭的多 $X$-变量函数集合的代数结构被命名为 "operads", 在此上下文下也称为 "叠加原理"; 更一般地, 如果映射的定义域和值域不假定重合, 则人们提及多重范畴. 类似于普通范畴, 这些可用几类 (多) 箭头表描述, 它们模仿函数叠加原理中的明显的结合类性质.

operad 结构在大脑的神经网络模型之下. 它们也会出现在我们的人因系统中, 在那里我们将坚持为 "多个" 和/或 "多重" 标题下的东西指定特定的结构. (新生的人因大脑不知道集合 $\{1, 2, \cdots, k\}$ 是什么, 它也不能对形如 $f(x_1, x_2, \cdots, x_k)$ 的函数进行操作).

的映射类 $p$.

按照定义, $\mathcal{P}$ 在 $\mathcal{S}$ 中的可逆扩充 $\mathcal{R}$ 是通过将方程 $R \circ P = Q$ 的解 $R \in \mathcal{S}$ (只要它存在且唯一) 添加到 $\mathcal{P}$ 得到的.

(这个 $\mathcal{S}$ 在态射的复合下未必封闭, 它可通过在 $\mathcal{S}$ 中生成一个子范畴来进一步扩大.)

这种扩充跟 $\mathcal{P}$ 比可能无比地大, 其中基本的例子为:

设 $\mathcal{S}$ 为函数 $\mathbb{N} \to \mathbb{N}$ 的范畴 (在这种情形下为半群), 其中 $\mathbb{N} = \{1, 2, 3, 4, 5, \cdots\}$. 设 $\mathcal{P}$ 包括原始递归函数. 则 $\mathcal{P}$ 在 $\mathcal{S}$ 中的扩充 $\mathcal{R}$ 等于所有递归 (即可计算) 函数 $\mathbb{N} \to \mathbb{N}$.

"原始递归" 是当前可接受的 "给定一个明确公式" 的形式化. 这种形式化及其 $\mathcal{P}$ 可能有所不同, 但相应的 $\mathcal{R}$ 都一样.

关于这个的一个令人信服的例子是:

DPRM 定理[1]多项式映射 $\mathbb{N}^k \to \mathbb{N}^l$ $(k, l = 1, 2, 3, 4, 5, \cdots)$ 构成的子范畴 $\mathcal{P}$ 在所有映射构成的范畴 $\mathcal{S}$ 中的可逆扩张 $\mathcal{R}$ 等于回归 (即可计算) 映射 $\mathbb{N}^k \to \mathbb{N}^l$ 构成的范畴.

换言之, 每一个可计算函数 $R : \mathbb{N} \to \mathbb{N}$ 均可分解为 $R = Q \circ P^{-1}$, 其中:

- $P, Q : \mathbb{N}^k \to \mathbb{N}$ 为数学多项式,
- 映射 $P : \mathbb{N}^k \to \mathbb{N}$ 为满射,
- 对所有 $n \in \mathbb{N}$, $Q$ 在子集 $P^{-1}(n) \subset \mathbb{N}^k$ 上均为常值映射. (进一步, $k$ 有一个万有的界限, 例如 $k = 20$ 就足够了.)

定理的证明方法可以提供多项式 $P$ 和 $Q$ 的明确构造 (对给定的 $R$), 例如在图灵机中 (稍后我们会定义). 比方说, 对于第 $n$ 个素数函数 $n \mapsto p_n$, 这些 $P$ 和 $Q$ 实际可以写出来.

然而, 此定理不会也不能为素数的结构提供任何线索[2]. 一切它所能说明的就是, 丢番图方程 —— 数学世界中的微小碎片 —— 却具有自身 "反映" 全部 $\mathcal{MATH}$ 的能力: 任何 (适当形式化的) 数学问题 II 可翻译为这种方程的可解性问题. 与哥德尔定理相结合, 这可告

---

[1] 20 世纪 40 年代由马丁·戴维斯 (埃米尔·普斯特?) 猜测, 戴维斯、普特南和鲁滨逊先后研究过并最终由蒂亚塞维奇在 1970 年证明.

[2] 很可能, 通过考虑这样的 $P$ 和 $Q$ 不能发现关于素数的任何已知结论, 甚至发现不了素数的无限性.

诉你:

一般方程 $P(x_1, x_2, \cdots, x_k) = n$ 的可解性是一个很难对付的问题.

对构成数学的所有类型的 (完全不是丢番图) "简单方程" 都有一大类类似的定理. 从某种角度, 看上去像是由无限多个 "哥德尔片段" 组成的一个分形, 其中每个 "片段" 作为弯曲分形镜子反射了 $\mathcal{MATH}$, 每一个 $\mathcal{MATH}$ 的反射图像通过选定的翻译将 $\mathcal{MATH}$ 变形为此 "片段" 的语言.

由 DPRM 型定理得到的从 "一般困难问题" II 到 "具体而简单" 方程的翻译无助于解决 II, 它不过表明相应 "方程" 的明显简洁性是幻觉[①]. 这些翻译将哥德尔定理提出来并防止你进入天真的可解性问题的死胡同. 但即使没有哥德尔, 任何像可解性问题那样容易表述的东西都使人警惕, 不管是那些丢番图还是其他类型的方程.

DPRM 定理本身是对大卫·希尔伯特提出来的第 10 问题的回答:

设计一个步骤, 使得用它能经过有限次操作判断一个方程是否能在有理整数中求解.[②]

此定理表明, 从字面上看希尔伯特的建议是不正确的. 如果要照做的话, 一定要与搜寻特定类型的方程相匹配, 它们的整数解具有很好的组织结构.

但希尔伯特未能完全弄清的是, "真正的丢番图美", 在我们今天看来, 不在于 $P(x_1, \cdots, x_k) = 0$ 的整数解, 而在于与整数多项式 $P$ 相关联的非交换高维 "互反律". 粗略地说, 这种定律可视为无限个数 $N_p(P)$ 之间的解析关系, 其中 $p = 2, 3, 5, 7, 11, 13, 17, \cdots$ 为所有素数, $N_p(P)$ 等于同余方程 $P = 0 \bmod p$ 解的个数.

---

[①] 例如, 丢番图方程 $P(x_1, \cdots, x_k) = 0$ 的可解性问题可用内建在 DPRM 定理的一个给定证明中的翻译算法 $ALG_{part}$ 变形为方程 $P_{new}(x_1, \cdots, x_l) = 0$ 的可解性问题, 其中 (整数) 多项式 $P_{new}$ 可能远比最初的多项式 $P$ 复杂 (即系数很大), 即使知道 $ALG_{part}$ 也几乎不可能从 $P_{neq}$ 出发将 $P$ 重构出来.

[②] 有可能存在某个关于所有丢番图问题的有效解决方案, 这种观点与希尔伯特的乐观性 (哥德尔之前) 相一致:

Wir müssen wissen–wir werden wissen! (我们必须知道 —— 我们必将知道!) 这种情况在他的第 2 个问题中也有表述:

算术公理之间相容性的证明需要一个直接的方法.

这种关系有望①推广黎曼的函数方程

$$\frac{\zeta(1-s)}{\zeta(s)} = \frac{\alpha(s)}{\alpha(1-s)},$$

其中

$$\zeta(s) = \prod_p \frac{1}{1-p^{-s}}, \quad \alpha(s) = \frac{1}{2}\pi^{-s/2}\int_0^\infty e^{-t}t^{s/2-1}\,dt, \quad s > 1.$$

这儿的两个函数, $\zeta$ (隐藏着素数最深的秘密) 和 $\alpha$ (分析傻子的不起眼小孩) 存在到整个复 $s$-平面的亚纯延拓, 因此将不同的 $s$ 应用于上述函数方程时, 可得素数 $p = N_p(P)$ 之间的无穷多个关系, 其中 $P(x_1, x_2) = x_2 - x_1$.

● **通过网络计算**. "复杂计算" 可以通过简单 (或不简单) "计算步骤" 组成的网络来实现, 就像现代计算机所做的那样. 我们的大脑很可能也是这么做的.

通用型可编程计算机由查尔斯·巴贝奇 (Charles Babbage) 在 19 世纪 00 年代中期设计, 其设计原理类似于图灵 (Alan Turing) 后来在 1936 年所陈述的那些.

图灵提出了通用计算的一个演示, 它是通过移动一只爬行在集合 $S$ (经常假定为无限集) 上 "头脑简单的虫子" 来实现, 其中 $S$ 由空间定位或位置 $s$ 组成, 虫子能从一个 $s$ 移动到邻近的位置 $s'$.

(直线上的单位线段 $[n, n+1]$, $n = 0, 1, 2, 3, 4, \cdots$, 或无边界的方格纸 $S$ 中的方格都是这种 $s$ 的例子.)

一到位置 $s$, 虫子就用气味 $\sigma$(经常假定为有限种) 对它进行标记, 或是改变/清除已有的气味 $\sigma = \sigma(s)$.

在一个给定时刻, 虫子的行动依赖于它的 "情绪" $b$. 从我们的角度看, 虫子只不过是 "一口袋情绪", 记为 $B$(经常假定它含有有限多个 $b$). 另一方面, 由 $B$ 所运行的计算系统, 其完整状态 $x$ 由下列变量给出:

(A) $S$ 上的气味函数 $\sigma(s)$. (它典型地携带了关于 $x$ 的大部分信息.)

---

① 为此目的, 已发现一系列不可思议的猜测和部分结果, 它们以朗兰兹纲领著称. 这是希尔伯特第 9 问题 (关于任意数域中最一般的互反律) 和第 12 问题 (关于这种域的交换扩张的描述) 的深远推广.

(B) 虫子的情绪 $b \in B$.

(C) 虫子的位置 $s_{\bullet} \in S$.

然而, 虫子的行为只依赖于在它当前位置的气味 $\sigma_{\bullet} = \sigma(s_{\bullet})$(而非位置本身) 以及它自身的情绪 $b$. 根据这些数据, 虫子

(A′) 修改、清除或保持当前位置的气味不变, $\sigma_{\bullet} \mapsto \sigma'_{\bullet} = \sigma'_{\bullet}(\sigma_{\bullet}, b)$;

(B′) 改变 (也可能不改变) 它的情绪, $b \mapsto b' = b'(b, \sigma_{\bullet})$;

(C′) 移动 (如果它这么做的话) 到邻近的位置 $s'_{\bullet}$, 其中移动 $s_{\bullet} \mapsto s'_{\bullet}$ 的方向 (比如方格纸上的上、下、右或左) 依赖于 $b$.

这些行动是根据设计者安装在虫子身上的特定规则 (例如, (B′) 由上述 $B$-值函数 $b'(b, \sigma_{\bullet})$ 所编码) 来进行的.

从计算机科学家的观点来看, 我们的虫子令人不安地抽象和通用, 难以变成计算机程序. 事实上, 原始 "图灵虫子" 爬行在集合 $S = \mathbb{N}$ (自然数) 上并且只拥有一种气味.

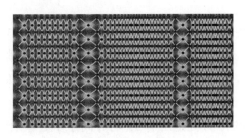

但我们想在一个 "最一般" 因而 "最简单①" 的数学环境中找到这种虫子的适当位置, 这种环境能容纳 "丰富的计算机群落", 并且只要有需求, 一个特殊的 "虫子生命故事" 可以以任意合理的精确度揭示出来.

下列所选的定义不是最一般的, 它们部分地受其人因 – 变种 (稍后将会遇到) 的启发.

位置和状态. 设 $S$ 为集合, 其元素 $s$ 称为位置. 当 $s \in S$ 时, 设 $\Xi_s$ 为集合 (常假定为有限集), 其元素称为 $s$ 的状态和/或 $S$ 在 $s$ 处的局

---

① 这不是工程师、建筑师以及计算机科学家所理解的 "简单" —— 他们更热衷于特定性而非一般性. 一位建筑学家会发现如果设计方形房屋之前先发展关于几何对称的抽象理论, 那将是可笑的; 而数学家会对基于一个个像素所展现出的详细房屋图像感到十分吃惊. 但是我们都不喜欢含有 "$\cdots$ 7 元组 $\langle Q, \Gamma, b, \Sigma, \cdots \rangle \cdots$" 字眼的定义.

部状态.

这种 $s$ 可以是原子或分子, $\chi \in \Xi_s$ 刻画其 "物理状态", 比如 (它可能发出的光的)颜色; 或者, $s$ 也可以是 "空位置", 此时可从 "字母表" $\Xi_s$ 书写信件 $\chi$.

$S$ 上的状态 $x = x(s)$ 定义为所有 $s$ 的状态列, 也就是函数 $x : s \mapsto x(s) \in \Xi_s$. ($S$ 上用信件 $\chi$ 写就的状态可称为 "信号".)

在出现充分多对称性的情况下, 位置 $s$ 可能是 "一样的", 即所有的 $\Xi_s$ 可 (通过对称群) 等同于单一集合 $\Xi$. 在这种情形下, 状态正好为函数 $x : S \to \Xi$, 有时称为 $S$ 上的 $\Xi$-态.

变换规则. 给定两个位置集, $(S, \Xi_s)$ 和 $(T, \Omega_t)$, 将 $T$ 上的状态 $y$ 指向 $S$ 上状态 $x$ 的变换规则[①], 用示意图表示为

$$S \overset{\frown}{\rightrightarrows} T,$$

由两类数据定义.

● 从 $S$ 到 $T$ 的一个有向二分图, 也就是从 $S$ 到 $T$ 的多值映射, 记为态射 $G : S \rightrightarrows T$. 这个 $G$ 用集合 $I_s$(一般假定为有限节) 描述, 其中 $I_s$ 包含所有从 $s \in S$ 出发终于某个 $t = t_i \in T$ $(i \in I_s)$ 的箭头边, 这些 $t$ 称为 $s$ 的邻居.

一个重要的特例就是所有 $I_s$ 均等同于单一集合 $I$; 此时 $G$ 称为 $I$-着色的. 这样的 $G$ 等于以某些映射 $g_i : S \to T$ $(i \in I)$ 为箭头的图之并.

● 对所有 $s \in S$, $\Xi_s$-值函数 $\chi = f_s(\omega_i)$, 其中 $\omega_i \in \Omega_{t_i}$, $i \in I_s$; 这些映射也可写成从 $\Omega_t$ 的笛卡儿乘积到 $\Xi_s$ 的映射,

$$f_s : \times_{i \in I_s} \Omega_{t_s} \to \Xi_s, \quad \forall \, s \in S.$$

当 $G$ 和 $f_s$ 确定时, 我们将它们包含进上面的示意图中, 成为

$$S \overset{\{f_s\}}{\underset{G}{\overset{\frown}{\rightrightarrows}}} T.$$

从 $T$ 上的状态 $y : t \mapsto y(t) \in \Omega_t$ 组成的空间 $X(T) = X_\Omega(T)$ 到 $T$ 上的状态 $x : s \mapsto x(s) \in \Xi_s$ 组成的空间 $X(S) = X_\Xi(S)$ 可以构造变换

---

① 也称为 "单层神经网络".

(映射) $F : X(T) \to X(S)$, 根据给定的规则 $(G, \{f_s\})$, 这是直接和自然的. 状态 $x = F(y)$ 在 $s$ 处的值 $\chi \in \Xi_s$ 只依赖于 $y = y(t)$ 在 $T$ 中位置 $t = t_{i|i \in I_s}$ (通过 $G$ 中的边与 $s$ 相邻) 处的值 $\omega_i \in \Omega_{t_i}$, 根据定义这个 $\chi$ 等于 $f(\omega_i)$. 因此, $x = F(y)$ 定义为

$$F(y)(s) = f_s(y(t_i))_{i \in I_s}, \quad \forall \, s \in S.$$

我们称如此定义的变换 $F$ 受 $(G, \{f_s\})$ 统治或指导.

平衡规则. 让我们着重于如下情形, 其中:

- $G$ 是 $I$-着色的,
- 所有 $\Xi_s$ 都等同于单一集合 $\Xi$,
- 所有 $\Omega_t$ 都等同于单一集合 $\Omega$,
- 所有 $f_s$ 都等于单个 $\Xi$-值函数 $f$, 其变量为 $\omega_i \in \Omega, i \in I$,

$$f : \Omega^I = \underbrace{\Omega \times \cdots \times \Omega} \to \Xi.$$

在这些条件下, $X(S) = X_\Xi(S)$ 等于函数 $S \to \Xi$ 组成的空间, $X(T) = X_\Omega(T)$ 等于函数 $T \to \Omega$ 组成的空间, 其中相应的由 $G$ 和 $f$ 指导的变换 $F$ 记为 $F = F_{G,f} : X(T) \to X(S)$.

尽管简单, 构造 $(G, \{f_s\}) \rightsquigarrow F$ 函子式地[1]变换 "规则的范畴"(由有限性组合对象很好地表示 (特别是在均衡的情形)) 到函数空间之间映射组成的 "相当超越性的" 范畴.

特别地, 如果图 $G$ 将 $S$ "映" 到自身, $G : S \rightrightarrows S$, 相应地 $F$ 将 $X(S)$ 变换回 $X(S)$, 则这种 "超越性" 出现在映射 $F : X(S) \to X(S)$ 的迭代的动力系统中.

( "图灵的虫子" 可用 $(G, \Xi, f_s)$ 如下描述. 回忆一个虫子是一袋气味的集合 $B$, 它有气味集 $\Sigma$ 可用. 定义 $\Xi$ 为 $\Sigma$ 和笛卡儿乘积 $\Sigma \times B$ 的不交并,

$$\Xi = \Sigma \sqcup (\Sigma \times B),$$

其中 $x(s) = (\sigma, b) \in \Sigma \times B$ 表明

---

① 此函子性有几个层次. 例如, 我们的范畴可自然地被图之间的复迭映射 $\tilde{G} \to G$ 所作用. 除了函子性, 此构造还 "与可计算性相容", 其中它的精确一般性表述比证明本身还要长一点.

●$_0$: 虫子在此位置 $s$,

●$_1$: 虫子的情绪为 $b$,

●$_2$: 位置 $s$ 处可闻到 $\sigma$,

而 $x(s) = \sigma \in \Sigma$ 告诉你

○$_0$: $s$ 处没有虫子,

○$_1$: $s$ 处可闻到 $\sigma$.

现在, 上述关于虫子的移动规则 (A′)–(B′)–(C′) (明显地) 指定了图 $G : S \rightrightarrows S$ 中的相邻箭头边集合 $I_s$ 以及函数 $f_s$, 使得相应的变换 $F : X(S) \to X(S)$ 描述了虫子的行为.

关于 "虫子气". "虫子气" 变换 $F : X(S) \to X(S)$ 的特性在于, $S$ 上的状态 $x$ 和 $y = F(x)$ 只在图 $G$ 的单条边的两个端点 (位置) 处有差别 (如果有的话):

$x = x(s)$ 和 $y = y(s) = F(x)(s)$ 在 $S$ 上处处相等, 可能除了 $S$ 中两个相邻位置 $s_\bullet$ 和 $s'_\bullet$ 以外.

非正式地说, "差" $x - F(x)$ 的支集位于 $G$ 的单条边上. )

终极化. 由 $(G, f)$ 指导的变换 $F_{G,f} : X \to X$(比如在均衡情形下) 看上去可能并不比背后的规则映射 $f : \Xi^I \to \Xi$ 复杂, 特别是如果 $F$ 有一个不起眼的虫子气出身. 但既然 $F$ 将 $X$ 变到自身, 它可以迭代,

$$F^{\circ N} = \underbrace{F \circ F \circ \cdots \circ F}_{N} : X \to X,$$

当 $N \to \infty$[①] 时迭代后的动力学图像可能出乎意料地丰富 (混乱的? ), 由 $F^{\circ N}$ 的渐近性引起的计算能力可变得异常强大和 (毫无意义地? ) 复杂.

如果 $F$ 在一个组合(而非解析或几何) 范畴中实现一个计算, 则 $F^{\circ N}$ 到 $F^{\circ \infty}$ 的收敛意味着最终的稳定性: 存在某个 $N_0$, 当 $N \geqslant N_0$ 时 $F^{\circ N}(x) = F^{\circ N_0}(x)$. 如果这种情况发生的话, 我们用 $F^{\circ \infty}(x)$ 表示 $F^{\circ N}(x)|_{N \geqslant N_0}$.

(只要它存在, $F^{\circ \infty}$ 就可纯代数 —— 半群理论术语地描述, 它具有 $F$-不变性, 即

$$F \circ F^{\circ \infty} = F^{\circ \infty} \circ F = F^{\circ \infty},$$

---

① 由迭代引起的复杂性可从曼德布罗特集以及类似极限集的图像中看到.

使得所有其他 $F$-不变的 $\Phi$ 也都是必须是 $F^{\circ\infty}$-不变的.)

通过添加 $F^{\circ\infty}$ (如果存在的话) 来扩大作用于 $X$ 的变换 $F$ (或常为这些 $F$ 在某个 $F$-不变子集 $U \subset X$ 上的限制) 组成的变换类 $\mathcal{F}$, 可能会极大地丰富 (弄乱) 这个 $\mathcal{F}$. 这类似于添加逆映射的情形 [1]. 例如, 我们有如下

**图灵定理**. 设 $G$ 为以 $\mathbb{N}$ 为顶点集的 (多重) 图, 其中 $|m-n| \leqslant 1$ 时有箭头边 $m \to n$, 此图由三个映射 $n \mapsto n+1, n \mapsto n$ 以及 $n \mapsto n-1$ 自然地着色 (除了不存在的边 $1 \to 1$).

则每一个可计算 (即回归) 函数 $R : \mathbb{N} \to \mathbb{N}$ 可由某 "虫子气" $F_{G,f}^{\circ\infty}$ 实现, 其中 $f = f_R : \Xi \times \Xi \times \Xi \to \Xi, \Xi = \Xi_R$ 为有限集, "虫子气" 是指 $\mathbb{N}$ 状态 $x = X(n)$ 的初始变换 $x \mapsto y = F(x)$ 对所有 $n \in \mathbb{N}$(可能除了某两个相邻的 $n_F$ 和 $n_F + 1$) 满足条件 $y(n) = x(n)$.

严肃的 (?) 注记. 此定理的证明并不比将一个计算机程序从一种语言重写为另一种语言更令人激动, 但在一个明显不起眼的地方定理的叙述中有某些令人困扰的东西.

即, 为了使 "实现" 有意义, 人们需要一种将数字 $n \in \mathbb{N}$ 以状态 $x(s) \in X(S)$(对 $S = \mathbb{N}$) 的途径, 然后从 $X$ 返回 $\mathbb{N}$.

我们很 "自然" 地用十进制或二进制展开去做这件事. 但是, 习惯于数字的位置表示以后, 我们没有意识到它对 "数字的真正本性" 扭曲了多少 [2].

但更令人不安的一点在于 $S$ 上的小数如何扩张为对所有 $s \in S$ 定义的状态 $x = x(s)$, 使得终极映射 $F^{\circ\infty}(x)$ 有定义.

当然, 对特殊类的 "图灵虫子"(或其他计算网络), 这很容易做到. 但看来很难以数学上可接受的方式说出我们对于这种编码 + 扩张所需要的东西, 即以最一般的同时又最简单的术语说出来 (使得上述 "能" 和 "实现" 对新生的人因大脑也可接受.)

---

[1] $F^{\circ\infty}$ 会带来 "令人难以置信的混乱" 的原因是, 一般来说, 几乎不可能确定何时何地可定义 $F^{\circ\infty}$, 即对什么 $F$ 和 $x$ 迭代映射 $F^{\circ\infty}$ 不依赖于充分大的 $N$; 这种 "不可能性" 称为图灵停机定理. 此定理可视为 "显然等价" 于哥德尔不完全性定理, 但此 "等价" 的可接受的数学表述 (如果有的话) 可能会比这些定理的证明还要复杂.

[2] 古希腊数学系不知道位置表示, 甚至阿基米德也是如此, 在他的 "数沙术" 中倒是很接近这一点.

编码 + 扩张问题也可用如下术语表达:

**程序和模拟.** 从数学上表述 "为了用另一 (包括自身) 系统模拟一个计算而编写一个计算系统" 到底意味着什么?

计算过程的相互 "模拟/实现" 有许多特定的例子, 但它没有一个简单的一般定义. 比如, 是否应该将 "写一个程序" 定义为一种特殊类型的计算?

**乌拉姆 – 冯·诺依曼、康威以及朗顿的细胞自动机.** 在一个局部有限空间对称组合环境 $G$ 中的计算过程 $F = F_{G,f}$ 如今被称为细胞自动机.

自图灵开始, 它们就被用来演示一个似乎很简单的变换经迭代后如何变成不具有任何数学/结构美的复杂性怪物.

例如, 冯·诺依曼 (van Neumann) 曾在 (2$D$ 格点) 群

$$S = \mathbb{Z}^2 = \mathbb{Z} \times \mathbb{Z} = \{n_1, n_2\}_{n_1, n_2 = \cdots -2, -1, 0, 1, 2, \cdots}$$

上实现了通用自我复制[1] (图灵通用计算机的对应物), 其中图 $G$ 由恒同映射 $id : S \to S$(即 $s$ 处的圈 $s \to s$) 以及四个单位平移 $g_i : S \to S$ 定义, 其中 $g_i$ 为

$$(n_1, n_2) \mapsto (n_1 \pm 1, n_2), \quad (n_1, n_2) \mapsto (n_1, n_2 \pm 1),$$

而冯·诺依曼所用的局部状态 "字母表" $\Xi$ 包含 29 个字母.

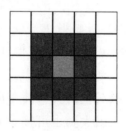

**另一个生命游戏.** 1970 年, 约翰·康威 (John Conway) 在这种怪物中找到了一个美人, 称为康威的生命游戏, 它在 "混乱" 和 "规则" 行为之间保持着令人惊叹的平衡, 就好像地球上的真正生命游戏.

---

[1] 将这表述为数学定理可能和给出 "相互模拟计算" 的一个数学定义一样困难.

康威的生命游戏 $F: X \to X$ 对 $S = \mathbb{Z}^2$ 上的状态 $x$ 进行操作, 其图 $G$ 由恒同映射 $id: S \to S$ 以及如下八个 $g_i$ 定义 (用上图中的八个红色方格示意),

$$(n_1, n_2) \mapsto (n_1 \pm 1, n_2), \quad (n_1, n_2) \mapsto (n_1, n_2 \pm 1),$$

$$以及 \ (n_1, n_2) \mapsto (n_1 \pm 1, n_2 \pm 1),$$

其中位置 $s \in S = \mathbb{Z}^2$ 只能有两种状态, 称之为[生]和 [死].

如果你认为通过暴力计算机搜索和/或试错就能很容易地找到一个此类 "有趣的细胞游戏", 想想得花多少时间从九变量二元函数

$$f: \{[生], [死]\}^9 \to [生], [死]$$

的 $2^{2^9} = 2^{512} > 10^{150}$ 种可能性中挑出一个 "有趣" 的来.

明显地, 人类 (人因) 大脑能通过对问题的严重性视而不见做出这种选择. 于是, 闭上眼睛, 康威选取 (规则) 函数 $f = f(\chi_i)$, $\chi_i \in \{[生], [死]\}$, 它依赖于变量 $\chi_i$ 的 [生]/[死] 状态 (其中 $g_i = id$ 对应于图中中心处的蓝方格), 并且只依赖于围绕 "中心" $s$ 的活着的细胞的个数 $j \in \{0, 1, 2, \cdots, 8\}$ (但不依赖于位置); 这将选择的个数下降为 $2 \cdot 2^9 \approx 1000$; 从这一点出发, 可能只剩下一种 "有趣的" 可能性. 通过从形如 $f = f(*, j)$ 的函数中做选择 (其中 $*$ 表示 "中心" $s$ 处的 [生] 或 [死]) 可进一步降低候选者的数目, 其中 "生命权" $j$ 的集合 (即 $f^{-1}([生]) \subset \{1, 2, \cdots, 8\}$) 没有间隔; 此时选择的个数小于 100. 最终, 康威找到了它, 他用如下两条规则定义他的游戏:

∘ 存在一个单一的 $j$, 即 $j = 3$, 使得 $f(死, j) = 生$; 否则, "中心" 态保持 "死亡".

• 存在相邻的两个 $j$, 即 $j = 2, 3$, 使得 $f(生, j) = 生$; 否则, "中心" 态 "死去".

人们知道任何计算都可用生命游戏 "模拟"[①], 但是 (数学的?) 美人却在别处. 究竟在哪里可能很难说, 就像真正的生命游戏一样, 为了得到简单优美的答案我们并不知道要问什么问题.

---

① 这可能蕴含冯 · 诺依曼的 "通用复制定理", 如果后者表述为数学定理的话.

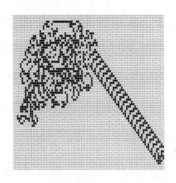

朗顿蚂蚁. 这个 "蚂蚁" 可能是数学上最吸引人的细胞自动机. 它爬行在 $S = \mathbb{Z}^2$ 上, 其中相应图 (其顶点/位置属于 $S$) 的边为一些箭头, 可以向 "上" "下" "左" 或 "右"(对应于四种移动 $(n_1, n_2) \mapsto (n_1 \pm 1, n_2)$, $(n_1, n_2) \mapsto (n_1, n_2 \pm 1)$), 并且与生命游戏类似, 位置 $s \in S$ 用 [黑] 或 [白] 进行着色.

当蚂蚁来到位置 $s$ 处时, 它

(a) 改变 $s$ 处的颜色,

然后

(b) 沿着与进入 $s$ 的方向相垂直的箭头移动到邻近的 $s'$; 于是, 要逆时针或顺时针转动 $90°$, 选择哪一个依赖于 $s$ 的颜色是白的还是黑的.

即便一开始 $S$ 的颜色都一样, $S$ 上蚂蚁的道路也可能令人惊奇地复杂. 但是, 据推测, 如果初始颜色函数 $color(s)$ 在无穷远处为常数 —— [黑] 或 [白], 则:

在 $N = 1, 2, 3, \cdots$ 时刻, 蚂蚁的位置 $s(N)$ 最终变成周期的: 存在 $N_0$ 和 $M$, 使得当 $N \geqslant N_0$ 时, $s(N + M) - s(N) \in S = \mathbb{Z}^2$ 不依赖于 $N$.

于是, 经过一段时间以后, 蚂蚁访问过的位置 $s(N_0)$, $s(N_0 + 1)$, $s(N_0 + 2)$, …… 都落在包含 $S = \mathbb{Z}^2$ 的平面上由两条平行线所夹的半个带子中 (称为蚂蚁高速公路, 见上图).

即使尚未得证, 这也是数学①.

## §2.3　数字和对称

*所有数学科学都基于物理定律和数字定律之间的关系.*

　　　　　　　　—— 詹姆斯 · 克拉克 · 麦克斯韦 (James Clerk Maxwell)

我们对数字的观念是如此习以为常, 以至于忘记了真实的数字的性质是多么的令人难以置信. 呈现在这单个概念中的几种不同结构 —— 连续性, 序, 加法, 乘法, 除法 —— 之间天衣无缝的相容性令人惊叹. 几何和物理中不可思议的完美对称性 —— 李群, 希尔伯特空间, 规范理论······ —— 产生于这些性质. 数学和理论物理是这些对称性的两个侧面, 它们都用本质上一样的数学语言表述.

如庞加莱所说,

······ 没有这种语言, 事物之间的大多数紧密类比可能永远不被我们了解; 而我们将对这个世界的内部和谐性一无所知, 我们将看到, 它是唯一真正的客观现实.

在 "严酷的现实世界" 中, 远离纯数学和理论物理, 数字的完全 "对称谱" 中的和谐只是非常偶然地出现. 看上去甚至会有几种不同的数字: 有些有利于按照尺寸对物体排序, 有些可能用于测量量的加法. 对有限的目的使用实数的全部力量可能会让你觉得浪费和不自然.

例如, 正数在经典物理中表示大块物质的质量, 而电荷表现为正数和负数. 这些数之间的相关操作为加法, 因为质量和电荷自然具有 (几乎完美的) 可加性: $(a,b) \mapsto a+b$ 相应于将两个物理对象合在一起, 从而从对应于 $a$ 和 $b$ 的对象中形成一个单一的 $(a+b)$-对象.

---

① 就像任何其他图灵虫子, 这个蚂蚁也可用康威的生命游戏模拟/仿真, 但没有 (?) 模型有能力将自己表示为爬行在平面上的蚂蚁, 使得它爬行的几何方式与原来的类似. 这种不足存在于大多数通用自动机: 明显的 (但非唯一的) 原因是 "一般建模" 忽视了隐含于数字 $N$ 的时间因素, 而这是 $N$ 次迭代 $F^{\circ N}$ 稳定下来的条件. (例如, 想象输出信号表示 $\pi = 3.141592653589 \cdots$ 的相继数字, 而信号之间的时间间隔是与 $e = 2.718281828459 \cdots$ 成比例的数字. 在这个情形是什么东西被模拟了呢?)

然而, 现实的生命游戏的确有此能力, 就如这个游戏的人类玩家设计的计算机仿真图像所目睹的那样.

现实游戏中是否存在数学上可辨别的东西而缺席康威的游戏?

　　但是, 像 $a \mapsto 2a$ 这样的操作就没有一个相对简单的实现 —— 你不能复制或倍增一个物理对象. 用 $a = b$ 将 $2a$ 写成 $a + b$ 也不行, 因为物理中不会自行出现互相相等的宏观物理对象.

　　与此相反, 倍增在日常生活中随处可见. 很有可能我们所有的人都是一个多核苷酸分子的后代, 它在大约四十亿年前成功地倍增自己. 生物组织通过倍增细胞来生长和传播. 演化由倍增基因组和整个基因组中重要的片段所驱动 (而非所谓的 "微小随机变化").

　　真实的数值加法在真正的生物学中可能十分少见 (根本见不到?), 但是, 比如说神经中电荷的可加性对大脑的运作是本质性的. 这是神经性大脑的大多数数学模型的基础, 即便是像神经网络这种最粗糙的也不例外. 但是, 人因大脑与可加性和线性之间没什么关系 ①.

　　用无限直线上的点表示的实数, 其明显的简洁性是一个幻觉, 就像我们面前的 "现实世界" 的视觉图像一样. 实数构造的戴德金分割方法 (依赖于序结构), 其被大家认可的详细阐述 (归功于爱德蒙 · 朗道) 需要花几百页. 在他的书《关于数字和游戏》中, 约翰 · 康威观察到 (我们信任他) 这样的阐述还需要另外两百页才算真正完整.

　　为了体会这个 "数字问题", 试着向一台计算机 "解释" 实数吧, 永远不要说 "显然", 也不要诉诸十进制/二进制展开之类的任何人为事物. 这种 "计算机解释程序" 将占据一页又一页, 每隔一页就会有小纰漏.

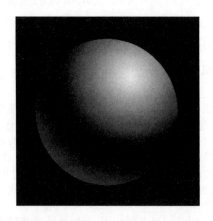

————————————
① "非线性" 传统应用于这样的系统, 其数字结构中的加法结构被任意地和不自然地扭曲过.

我们不应将实数的完整理论连同它的所有荣光都整合进我们的人因系统, 但某些 "数字的侧面" 可能会有用. 例如, 我们将给一个人因学习者提供分辨高频与罕见事件的能力, 就像年幼的动物学到不要害怕频繁出现的物体那样.

另一方面, 当描述和分析这种系统时, 我们将视需要尽量使用实数.

天堂的形状必然是球形的.

—— 亚里士多德 (Aristotle).

数字不在你的人因大脑中, 但对称的思想在那儿. 它的大部分关心着我们 (欧氏) 3 维空间的对称性, 其基本要素 —— 3 维李群 $O(3)$ (由 2 维圆球在自身内的旋转构成) —— 使数学家和哲学家着迷了千百年. 而且不仅是 "天堂", 你的眼睛以及某些与大脑 "交流" 的骨骼关节都必然是球形的, 因此是旋转对称的.

(不到两个世纪前才发现的非欧双曲平面的旋转群 $O(2,1)$ 在逻辑上比 $O(3)$ 更清晰, 因为它可以表示为一个日历的对称性 [8,§2.1]. 此群和 $O(3)$ 一起成为其他单李群 (基本几何对称性的代表) 的构造单元.)

学习空间的一个合理的 (人因) 大脑策略, 特别是为了从移动对象的视网膜图像重构空间对称性, 曾由庞加莱在《科学的假设》的 §IV 中提出. 其中庞加莱指出什么类型的数学可能会涉及我们视觉系统的学习空间. 我们的 "人因 – 途径" 的一个方面就是说出庞加莱心里可能想到的东西①.

我们的人因大脑对由素数引起的算术对称性也很敏感, 这可从描述有限 (伽罗瓦) 域 $\mathbb{Z}_5$ 的神奇五角星 的循环中看到, $20(= 5 \cdot (5 - 1))$ 个 (仿射) 变换作用于它, 形成了奇迹般的对称.

古代神秘主义者和中世纪的玄虚术士都想象不到的奇妙的愿景, 出现在算术对称性和代数方程的伽罗瓦对称性之间的朗兰兹对应中, 而它的大部分仍停留于猜测的云雾中. 追查人因大脑到达理解这种对称性所经过的路径会是十分诱人的.

---

① 类似的想法可在斯特蒂文特 1913 年对首张基因图的构造中看到, 就像我们在 [3], §4 中解释的那样.

## §2.4　语言、概率以及与定义有关的问题

这个世界真正的逻辑就是概率的计算.

—— 詹姆斯·克拉克·麦克斯韦

无论怎么解释这个术语, 某个语句的概率的概念是完全无用的.

—— 瑙姆·乔姆斯基 (Naum Chomsky)

人类的语言携带了人因大脑数学结构的印记, 同时, 学习一个自然 (以及数学①) 语言是人类人因大脑通用学习过程的基本例子. 除非我们对什么是语言有相当的认识, 否则几乎不可能理解这个过程怎样进行. 但是, 很难对此下定义, 使得此定义能捕捉语言思想的数学本质.

然而, 从数学的观点来看, 语言难道不就是

从一个给定字母表中选出的字母组成的一个字符串集合,

或, 更一般地,

这种字符串集合上的一个概率分布?

语言学家可能讨厌这种定义, 但如果你是数学家, 这些东西会毫不费劲地跑到你的头脑中. 矛盾的是, 这也是为什么我们要拒绝而不是接受它们:

数学由其基本概念的定义所塑造, 但不存在制造 "真正" 定义的秘诀. 它们不会轻易地出现在你的头脑中, 也不会被所有人迅速接受.

例如, 代数曲线是多项式方程 $P(x_1, x_2) = 0$ 在 $(x_1, x_2)$-平面解的几何表示 (比如椭圆), 它们源于费马 (Fermat) 和笛卡儿 (Descartes) 在 17 世纪 30 年代的工作, 自那以后这些曲线被一代又一代的数学家深入研究过. 但是现在所见的关于这种曲线最简单最自然的定义 —— 亚历山大·格罗滕迪克 (Alexander Grothendieck) 在 20 世纪 50 年代用

---

① 数学语言对我们来说是用于数学家之间进行交流的语言, 而不是形式逻辑的数学语言.

概形的语言所提出的 —— 对之前几十年的人看可能毫无意义, 即便能够理解.

一点也不奇怪, 定义 "语言" 和/或 "学习" 要比 "代数曲线" 困难得多, 因为前者既有非数学也有纯数学的部分. 在这方面它们与概率的概念相似, 而概率已是公认的数学概念.

看看 "随机" 是如何结晶为 "概率" 的, 在这 "结晶" 的过程中获得了什么又失去了什么, 这将是有益的.

而且, 我们想理解 (人因) 学习过程 (包括语言学习) 语言中的 "随机性" 在多大程度上符合麦克斯韦所说的 "概率的计算".

机会这个概念有几个世纪那么老, 它出现在亚里士多德 (公元前 384—前 322) 的一些短文以及犹太古代法典《塔木德》中①. 德谟克利特 (Democritus) 的追随者提多 · 卢克莱修 (Titus Lucretius) 在他的诗《物性论》中所描述的东西现在称为布朗运动的爱因斯坦－斯莫鲁霍夫斯基随机模型②.

但是关于 "随机" 的数学一开始是和赌博而不是科学相关联的.

我的骰子拥有科学和数字, 因此我很熟练.

瑞图帕那 (Rituparna), 阿约提亚的一位国王通过检查一条树枝上的树叶估计一棵树上树叶的数目后如此说道. (这来自《摩诃婆罗多》, 约 5000 年前; 在伊朗的一处考古遗址也发掘出了 5000 年前古老的骰子.)

随机投掷骰子对数学家的吸引以及对赌徒的吸引是随机对称性的两个互补的侧面.

随机性揭示并增强了骰子的立体对称(立方体有 $3! \times 2^3 = 48$ 个对称/旋转) —— 这是让数学家着迷的东西.

但随机性也破坏了对称: 要解决布丹驴问题, 驴子的人因大脑 (以及我们自己的) 的唯一方法就是随机地行走③. "随机那神奇的决定

--------

① 我们关于概率论历史的概述依靠 [9], [1], [10], [6], [5], [11], 另外关于概率学家和统计学家的年表可见梁明英的网页, http://www.math.utep.edu/Faculty/ mleung/mylprisem.htm

② 这是悬浮在液体或气体中颗粒的集体随机运动, 正确的称呼应该是英恩豪斯运动.

③ 没有一个决定性的算法能从 (空的) 三维空间中的两点中选定一点, 这可从莫比乌斯带的存在性推出. 而且一个能帮你忙的通用机器人, 比如对它说 "给我一把椅子"(不管几把可用的椅子是否是一样的), 需要其软件中有一个 "随机种子".

能力" 的释放陶醉了赌徒的人因[①].

　　概率计算的首个 (?) 被记载的例子 —— 某个欧洲人写的 "机会的测量"[②]出现于理查德 · 富尔尼瓦 (Richard de Fournival, 1200—1250) 写的一首诗中, 他列出了三个骰子下落方式的数目. ($n$ 个骰子的对称群的基数为 $n! \times (48)^n$, $n = 3$ 时它等于 664552.)

　　接着, 在 1400 年前后的一份手稿中, 一位不知名的作者正确地解决了分点问题 (即赌注分配) 中的一个实例.

　　1494 年, 分点问题的首个 (?) 处理方法以印刷的方式出版[③] 在卢卡 · 帕奇奥利 (Luca Paccioli) 的《算术、几何、比与比例等的总结》中[④].

　　帕奇奥利的解答被卡尔丹诺 (Cardano)[⑤]在 1539 年的《算术实践与个体测量》以及后来塔尔塔利亚在 1556 年的《论数字与度量》中批评/分析.

　　关于赌博中统计问题的首个 (?) 系统数学处理出现在卡尔丹诺写于 16 世纪 00 年代中期, 出版于 1663 年的《论机遇赌博》中.

　　在写于 1613 至 1623 年间的简短专著中, 伽利略 (Galileo) 应某人的请求, 轻易地解释了为何在投掷三个骰子时, 数字之和中 10 出现的

---

　　①同样地, 投掷硬币所输出的一个独立随机 ± 序列的绝对非对称性 互补于整个二进序列空间 $S$ 的庞大的对称性, 此空间被紧群 $\mathbb{Z}_2^{\mathbb{N}}$ 及其自同构群所作用.
　　②有些 "概率的计算" 能很显然地在 31 个世纪前写的《易经》中找到.
　　③用金属活字印刷的第一本书是 1455 年的《古腾堡圣经》.
　　④帕奇奥利后来以此书中描述的复式记账法而闻名.
　　⑤卡尔丹诺是继维萨里之后欧洲最有名的医生. 他提出了针对聋哑人和盲人的教学方法, 以及梅毒和斑疹伤寒的治疗方法. 另外, 他对数学、力学、流体力学以及地质学都有贡献. 他写了关于自然科学的两本百科全书, 发明了至今仍用于汽车的万向轴, 他还出版了关于代数的一本基础书. 他还写了关于赌博、哲学、宗教和音乐方面的书.

次数要比 9 (略) 多. 确实, 二者中

$$9 = 1+2+6 = 1+3+5 = 1+4+4 = 2+2+5 = 2+3+4 = 3+3+3$$

以及

$$10 = 1+3+6 = 1+4+5 = 2+2+6 = 2+3+5 = 2+4+4 = 3+3+4$$

都有六种分解, 但 $10 = 3+3+4 = 3+4+3 = 4+3+3$ 三倍于 $9 = 3+3+3$.

　　(如果你对解决不了如此初等问题的人的幼稚性一笑置之的话, 请立即回答如下问题:

　　拥有两个小孩的家庭, 在已知其中一个小孩为女孩的情况下, 另一个为女孩的概率是多少? [①])

　　概率论基本概念的形成通常归功于帕斯卡 (Pascal) 和费马 (他们在 1653—1654 年的几封信中讨论过赌博问题) 以及惠更斯 (Huygens, 他在 1657 年的书《论赌博中的推断》中引入了数学期望的观念).

　　但关键结果 —— 大数定律 (卡尔丹诺曾暗示过) 在 1713 年才被雅克布·伯努利 (Jacob Bernoulli) 证明.

　　此结果, 连同毕达哥拉斯定理以及二次互反律[②]位于有史以来最伟大的十 (±2) 个数学定理之列. 为了欣赏它的力量, 请看如下与某些 (人因) 学习算法相关的问题.

　　设 $X$ 为有限集, 例如, 由数字 $1, 2, 3, \cdots, N$ 组成的集合. 设 $\Theta$ 为一列 (检验) 子集 $T \subset X$. 我们称子集 $Y \subset X$ 是 $\Theta$-中位的, 如果 $Y$ 与 $\Theta$ 的成员交集的基数满足

$$\frac{1}{3}\mathrm{card}(T) \leqslant \mathrm{card}(T \cap Y) \leqslant \frac{2}{3}\mathrm{card}(T), \quad \forall\, T \in \Theta.$$

大数定律的一个轻微改良版意味着, 如果 $\Theta$ 包含至多 $2^{M/10}$ 个 (检验) 子集 $T \subset X$(其中 $M = \min_{T \in \Theta} \mathrm{card}(T)$), 即

$$\mathrm{card}(\Theta) \leqslant 2^{\mathrm{card}(T)/10}, \quad \forall\, T \in \Theta,$$

则对 "大的" $M$, "大多数" 满足 $\mathrm{card}(Y) = \frac{1}{2}\mathrm{card}(X)$ 的子集 $Y \subset X$ 都是 $\Theta$-中位的. (如果 $\mathrm{card}(Y)$ 正好是奇数, 让 $\mathrm{card}(Y) = \frac{1}{2}\mathrm{card}(X) + \frac{1}{2}$.)

---

① 这个问题伽利略只需花半秒时间 —— 答案是 1/3 ($\pm\varepsilon$).
② 设 $p, q$ 为奇素数, 记 $q^* = (-1)^{(q-1)/2}q$. 则对某个整数 $n$, $n^2 - p$ 可被 $q$ 整除, 当且仅当对某个 $m$, $m^2 - q^*$ 可被 $p$ 整除.

特别地, 如果 $M \geqslant 10$ 且 $\operatorname{card}(\Theta) \leqslant 2^{M/10}$, 则 $X$ 包含一个 $\Theta$-中位子集 $Y \subset X$.

有趣的是 (我们对此依然所知甚少), 即使 $\Theta$ 由 "简单明确规则" 定义, 比如在 $X = \{1, 2, 3, \cdots, N\}$ 的情形, 可能也没有关于任何 $\Theta$-中位集 $Y$ 的 "简单描述", 尽管我们确实知道这种 $Y$ 的确存在.

例子. 设 $X = X_N$ 等于整数 $1, 2, \cdots, N$ 组成的集合, $\Theta = \Theta_M$ 为 $X_N$ 中所有长度为 $M$ 的算术级数所组成.

如果 $M \geqslant 1000$, $N \leqslant 10^{20}$, 则 $\Theta$-中位子集 $Y \subset \{1, 2, \cdots, 10^N\}$ 存在. 但要找出它们中的任何一个, 比如对 $M = 1000$, $N = 10^{12}$, 似乎十分困难[①]. $\Theta$ 越诡异 (虽然明确地描述), 对 $\Theta$-中位子集 $Y \subset X = \{1, 2, \cdots, N\}$ 的有效描述就越困难.

1733 年, 布丰 (Buffon) 考虑了:

单位长度的针 (而非骰子) 随机地扔到平面上, 而此平面被划分为单位宽度的平行带子.

他证明了:

针横越两条带子之间的线的概率等于 $2/\pi$, 其中 $\pi = 3.14 \cdots$ 是单位圆周长度的一半.[②]

于是, "随机" 与具有所有 "计算" 力量的分析相融合. 这是麦克斯韦曾称颂过的, 也被一代又一代的数学家和物理学家利用[③].

但这种计算是要付出代价的: 概率是一种 "完整的数", 由加法/乘法表的全部力量所支撑. 但对 "现实生活" 中的 "随机事件" 赋以一

---

① 据猜测, 如果 $N \geqslant 10^M$, 则对这样的 $\Theta = \Theta_M$ (由长度为 $M$ 的算术级数构成), 不存在 $\Theta$-中位子集 $Y \subset \{1, 2, \cdots, N\}$. 但这只对很大的 $N$ 是已知的, 比如 $N \geqslant 2^{2^{2^{2^{2^N}}}}$ 时可由高尔斯对博代 – 舒尔 – 范德瓦尔登 – 谢梅列迪定理的改进版得出.

② 除了以此定理开启了几何概率论和积分几何这样的数学领域, 布丰还创立了生物地理学. 他还提出了演化生物学的主要前提 —— 所有动物的共同祖先(包括人类) 的概念, 以及现今公认的物种的概念. 他为灯塔和凹镜设计透镜, 之后被沿用了两个世纪. 布丰关于自然和生命的观点阐述在他的《一般和特殊博物学》的 36 卷中 (于 1749 年至 1789 年间出版). 在之后的数个世纪, 他的观点成为欧洲受教育群体的共同思考方法.

③ 从 21 世纪的角度来看, 19 世纪科学天空中最耀眼的超新星当属格雷戈里·孟德尔写于 1866 年的文章植物杂交实验, 通过对豌豆植物实验结果的统计分析, 他得出了基因(遗传单元) 的存在性. 在之后 30 多年, 世界对它的光芒仍视而不见.

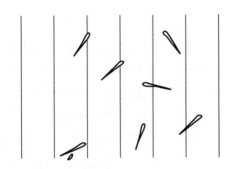

个精确特定的概率数值, 例如对一种语言中的某个语句, 并不总是可行.

显然, 数学和科学中概率模型的优雅和成功 (总是?) 依赖于 (常是心照不宣地假定的和/或隐藏的) 对称性.

(细菌大小的物质微粒可能含有 $N_{AT} = 10^{12} - 10^{14}$ 个原子和/或小分子, 生活在你的结肠中的细菌数目 $N_{BA}$ 大约为 $10^{12}$. 如果它们都有两种可能的状态 —— 不管是原子还是细菌 —— 则整个系统 $S$ 的可能状态的数目是骇人的

$$M = M(S) \geqslant 2^{10^{12}} > 10^{3000000000},$$

而它的倒数

$$\frac{1}{M} < 0.\underbrace{000\cdots0001}_{3000000000}$$

作为 $S$ 在某个特定状态的概率太小了, 以至于不产生任何实验/物理/生物意义.

然而, 将 $\frac{1}{M}$-概率赋予这些状态是合理的并且会导致有意义的结果, **如果**存在一种对称使得这些微小的毫无意义的状态 "在概率上等价", 其中这种对称的天性 (假使存在) 在物理和生物中将会有极大的不同之处.[1])

还有, 如果对称性不足, 人们无法对某些 "事件" 提出等概率假定 (和/或此类事情, 如独立性), 则经典计算的进展将会停止, 无论是数

---

[1] 数字 $N_{AT}$ 和 $N_{BA}$ 在数量级上一样, 这不完全是偶合. 假如原子小很多, 或者细胞大很多, 比如, 如果正常细胞不可能少于 $10^{20}$ 个原子 (比果蝇稍小), 则最有可能发生的是, 我们所知的生命将不可能在此宇宙中演化.

学, 物理, 生物, 语言, 还是赌博[①].

(但无论是概率那不切实际的微小性, 还是 "用数字计算" 的失败, 都不能排除将概率论用于语言和学习过程的研究. 如果你太胆小而不敢违反乔姆斯基, 不妨他的 "在此术语的任何解释下" 读为 "在此术语 '概率' 的任何 (你能找到的 20 世纪教科书中) 解释下".

语言中概率数字的缺失并不令人吃惊 —— 数字不是人因世界中的首要对象. 数字不在那儿, 但语言中不同语句的 "可信度" 之间存在的偏序关系是明显的. 这看上去好像没什么, 但稍后我们将看到对它的系统使用可揭示许多语言结构.)

另一个关于概率的问题是测量其概率的 "事件" 的数学定义.

现今视为正典的解决方法由柯尔莫哥洛夫 (Kolmogorov) 1933 年在《概率的基本概念》中提出, 它基本上是这样的:

世界上的任何随机性均可几何地表示 (模拟) 为平面上单位正方形 ■ 中的一个子域 $Y$. 你向 ■ 中丢下一个点, 你计算某个**事件**中落在 $Y$ 中的点, 并将此事件的概率定义为 $aera(Y)$.

无论这种集合理论式的框架有多精致, (以 ■ 表示一个通用概率测度空间) 它一定与安德烈 · 韦伊 (André Weil) 在他 1946 年的书《代数几何基础》中提出的通用域分享同样的信念. 乔治 · 康托 (Georg Cantor) 引入到数学中的集合理论式语言已经完美地服务了我们差不多 150 年, 它正被更通用的范畴和函子语言所代替. 安德烈 · 韦伊的簇已被格罗滕迪克的概形取代, 而柯尔莫哥洛夫的定义最终将经历类似的蜕变.

可遵循的一条特殊途径由玻尔兹曼 (Boltzmann) 思考统计力学的方式所指明 —— 他的观点要求利用非标准分析以及格罗滕迪克式的范畴理论语言. (如我们在 [4] 中解释的那样, 这在某些应用中简化了柯尔莫哥洛夫的 ■.) 但是语言和学习 中概率思想的数学解释需要这个 ■ 的更彻底的变形 (修正? 推广? ).

---

　　① "等概率" 的要点曾被卡尔丹诺强调过, 而以 "随机变量" 对随机系统做参数化一直就是概率理论的宗旨. 大多数 (全部?) 经典的数学概率理论建立在 (拟) 不变哈尔 (类) 测度的基础上, 而 2000 以最近 "对称概率" 的成功以标志 —— 在平面曲线 (以及黎曼曲面上的曲线) 组成的空间中发现了 (本质上) 共形不变概率测度, 这些曲线通过施拉姆 – 娄威纳演化方程以布朗过程的增量参数化.

卡尔丹诺, 伽利略, 布丰. 这些人物的存在性与人类心智中分割自我和人因的墙这样的图像形成了鲜明的反差, 它挑战了我们对人类精神作用范围所做的评估.

今天这种人又在哪里? 为什么我们再也没有看见过他们? 最近 200 年以来没人能够得上卡尔丹诺那结合卓越的生存直觉的智力强度, 哪怕是一小部分. 布丰之后没人对相距甚远的领域 (如纯数学和生命科学) 做出长期持久贡献. 需要做些什么才能将伽利略带回我们中间?

## §3 图书馆, 字典以及理解语言

### 参考文献

[1] J-P Cheng. The Origin of Probability and the Problem of Points, http://www.math.rutgers.edu/~cherlin/History/Papers2000/cheng.html.

[2] M. Gromov. Structures, Learning and Ergosystems: Chapters. 1—4, 6, http://www.ihes.fr/~gromov/.

[3] M. Gromov. Quotations and Ideas, http://www.ihes.fr/~gromov/.

[4] M. Gromov. In a Search for a Structure, Part 1: On Entropy, http://www.ihes.fr/~gromov/.

[5] G. Shafer and V. Vovk. The Sources of Kolmogorov's Grundbegriffe, Statist. Sci. Volume 21, Number 1 (2006), 70—98.

[6] A Hald. A History of Probability and Statistics and Their Applications before 1750, Wiley Series in Probability and Statistics, 1990.

[7] F. Lawvere and S. Schanuel. Conceptual Mathematics, Cambridge University Press, 1997.

[8] Oudeyer, P., Kaplan, F., Hafner, V. V. Intrinsic Motivation Systems for Autonomous Mental Development. IEEE Transactions on Evolutionary Computation 11:1, (2007) and [www.pyoudeyer.com].

[9] Review of Liber De Ludo Aleae (Book on Games of Chance) by Gerolamo Cardano, http://www.link.cs.cmu.edu/15859-s11/notes/Mcfadyen_review.pdf.

[10] 2 First probabilists: Galileo, Cardano, Fermat, Pascal, Huygens, https://www.google.fr/search?q = first probabilists&ie = utf-8&oe = utf-8&aq = t&rls=org.

[11] Sources in the History of Probability and Statistics, http://www.cs.xu.edu/math/Sources/.

# 第九章 结构搜寻，第一篇：关于熵*

**摘 要**

数学是关于 "有趣结构" 的学问. 使一个结构变得有趣的是大量的有趣问题; 我们通过解决这些问题来研究这种结构.

科学世界, 以及数学自身, 充满着简单优美思想的珍宝 (萌芽?). 这种思想在何时以及怎样才能将你引向美丽的数学?

我在本文中试图展现若干建设性的例子.

## §1 状态、空间、晶体和熵

某个 (经典而非量子) 系统 $\mathcal{S}$, 比如晶体, 它的 "状态的数目" 是什么?

一个 "天真物理学家" 的系统是由无穷小 "相互等价" 的 "状态" 组成的无限系综, 其中你对这些状态到底是什么一无所知, 但由于 $\mathcal{S}$ 的可观测对称性, 你相信它们是相等的. 尽管是无限的. 这些状态的

---

* 原文 In a Search for a Structure, Part 1: On Entropy, 写于 2013 年 6 月 25 日. 本章由梅加强翻译.

数目还是可以通过与另一视为 "单位熵" 的系统比较而赋以一个特定的数值; 进一步, 在可预料的误差范围内, 此数可通过实验测量.

此数的对数称为 $\mathcal{S}$ 的 (平均统计玻尔兹曼) 熵 [14].

什么是 $\mathcal{S}$ 的 "状态空间"? 根本不存在这种东西 —— 我们的物理学家可能这样回答 (除非他/她是一只薛定谔的猫). 即使是 "状态的数目" —— 熵的值 —— 也可能依赖于数据的准确性. 此 $\mathcal{S}$ 不是一个 "实在的事物", 亦非数学家的 "集合", 它是某种依赖于一类互相等价的想象中的实验方案的 "事物".

这对 19 世纪晚期的数学家来说很可能就是废话, 那时玻尔兹曼发展了熵的概念, 甚至到 20 世纪初也是如此, 那时勒贝格 (Lebesgue, 1902) 和柯尔莫哥洛夫 (1933) 用康托 (1873) 的集合论语言表述了测度和概率的思想.

但在今天, 这种 "废话" (几乎) 自动地翻译到了非标准分析的语言 (亚伯拉罕 · 罗宾逊 (Abraham Robinson), 1966) [15], [18], 甚至更容易地进入了范畴论 (艾伦贝格 – 麦克莱恩 – 斯廷罗德 – 嘉当 – 格罗滕迪克, 1945 — 1957) 中.

例如, 物理学家关于晶体的描述 (见后) 等于柯尔莫哥洛夫关于伯努利位移的动力学熵的定理 (原先是受香农 (Shannon) 信息论的启发, 1948). 为了看到这一点, 你只需注意到物理学的 "事物", 是从一个适当的 "方案的范畴" 到集合范畴的共变函子 —— 实验的结果. 然后你要做的只是遵循由范畴论的语法所描述的准则.

(有争议的是, 范畴论的语言 (有人称它 "抽象"), 反映了表面上作为我们 "直觉推理" 的思想暗流; 这种 "推理" 的全面描述将很可能比范畴和函子离 "真实世界" 还要远.)

将 $\mathcal{S}$ 想象为位于三维欧氏空间中某些位置/点处的分子所组成的 "系综", 位置集合记为 $S$, 比如 $S = \mathbb{Z}^3 \subset \mathbb{R}^3$ (即 $s = (n_1, n_2, n_3) \in S$, $n_1$, $n_2$, $n_3$ 均为整数). 其中每个分子可占据有限多个 (比如 $k_s$ 个) 不同的状态, 比如用 $k_s$ 种不同颜色刻画的能级. 将这样的一个分子表示为基数为 $k_s$ 的有限集, 并称这些有限集关于 $s \in S$ 的笛卡儿乘积为 $\mathcal{S}$ 的纯态空间; 相应地, 让数的乘积 $\prod\limits_{s \in S} k_s = \exp\left(\sum\limits_s \log k_s\right)$ (对无限 $\mathcal{S}$ 需

要做适当的规范化) 代表 $\mathcal{S}$ 的状态数.

然而, 如果分子极少改变纯态, 我们将只能看到一个状态, 感知的熵将会为零: 一个状态只有被分子以一定的频率访问, 而状态改变时能量的发射/吸收能被实验装置记录下来才算数.

如果所有位置的分子以相同的相对频率 $1/k_s$ 访问各自的状态, 则 $\sum_s \log k_s$ 的确是熵的合理衡量, 假如分子不相互作用. 然而, 如果它们的确相互作用, 比如, $\mathcal{S}$ 中的两个邻居只勉强地显示相同颜色, 则 $\mathcal{S}$ 将拥有更少的可观测状态. 怎样解释这一点?

还有, 记住, 你不能直接访问 "总状态空间", 你不观测单个分子, 你事先不了解分子怎样相互作用 (如果有的话), 而且你甚至不知道数字 $k_s$ 是什么.

你可以利用的是某些设备 —— "状态探测器", 称它们为 $P$, 它们也是 "物理系统", 只是拥有较少的 "纯态" (比如说 $n_P$ 个). 你可以将 $P$ 想成一个盘子, 它有一列 $n_P$ 个对不同的 "颜色" 敏感的窗口. 当你将 $P$ "附加" 至 $\mathcal{S}$ 时 (你无须了解这种 "附加" 的物理实质), 你可能会看到这些窗口的闪光. 但你自己是色盲, 预先不知道是否两个窗口有相同或不同的 "颜色". 你所能做的就是在不同的 (短或长) 时间间隔内数窗口中闪光的次数.

进一步, 给定两个 $P$, 你不知道它们相应的窗口是否有相同或不同的颜色; 然而, 如果一个窗口 $P_2$ 以某个对称 (即群的元素 $\gamma \in \Gamma = \mathbb{Z}^3$) 沿 $\mathcal{S}$ 移动, 则你假定 $P_2$ 与 $P_1$ 是一样的.

你对 "附加" 到 $\mathcal{S}$ 的 $P$ 的每一窗口 $p$ 都赋以值 $|p|$, 即 $P$ 中相对闪光的频率; 因而对所有窗口 $\sum_p |p| = 1$. 于是你假定 "$P$ 所感受到的 $\mathcal{S}$ 的熵" (记为 $ent(P)$) 由 $ent(P) = -\sum_{p \in P} |p| \log |p|$ 给出, 并且假设在连续时间段内在给定的窗口 $p_1, p_2, \cdots, p_N \in P$ 处观察到一列闪光 (对所有窗口序列 $p_1, p_2, \cdots, p_N$, 以此为顺序的闪光确实 "现实地发生") 的概率 (相对频率) 大体上是 $\exp(-N \cdot ent(P))$. (你不能在试验上验证这一点 —— 数目 $\exp(N \cdot ent(P))$ 可能比 $n_P^N$ 小, 但它仍然巨大无比.)

如果你附加分别有 $n_{P_1}$ 和 $n_{P_2}$ 个窗口的两个盘子 $P_1$ 和 $P_2$, 你可将这一对视为一个新盘子 (状态探测器), 记为 $P_1 \vee P_2$, 它有 $n_{P_1} \cdot n_{P_2}$ 个窗口. 你对窗口对 $(p_1 \in P_1, p_2 \in P_2)$ 中出现的闪光进行计数从而定义/确定熵 $ent(P_1 \vee P_2)$.

附加到 $\mathcal{S}$ 的 "状态探测器" $P$ 的一个可能的数学表示就是一个测度空间 $X = (X, \mu)$ 的有限可测分割 $\sqcup_p X_p$, 即 $X = \sqcup_p X_p$, 其中 $\mu(X) = |P|$, $\mu(X_p) = |p|$, 此时 $P_1 \vee P_2$ 成为 $\sqcup_{p_1, p_2} X_{p_1} \cap X_{p_2}$.

但是它的精确定义很难弄: $X$ 不完全是一个集合, 而是联系着它所有(比连续统还要多!) 子集的 $\sigma$-代数 $\Sigma$ 的 "东西"; 要想严格地表述这些, 你需要策麦罗 – 弗兰克尔集合理论的语言.

在数学实践中, 人们取定一个模型 $X$, 它是带有波莱尔测度的拓扑空间, 其中 $X$ 可用集合表示. 这类似于在带有坐标系的线性空间中将向量表示为一组数.

另一方面, 人们可以定义 "测度空间" 而无须引入特定的集合论模型.

有限测度空间. 一个有限测度空间 $P = \{p\}$ 是一个有限集连同一个正函数 $p \mapsto |p| > 0$. 我们将它视为关于原子 $p$ 的集合, 它们均为单点集并附以正质量 $|p|$. 我们用 $|P| = \sum\limits_p |p|$ 表示 $P$ 的 (总) 质量. 如果 $|P|=1$, 则称 $P$ 为概率空间.

我们像操作它背后的集合 $set(P)$ 那样操作 $P$, 到这里会产生混淆. 比如, 我们谈起子集 $P' \subset P$ 以及质量 $|P'| = \sum\limits_{p \in P'} |p|$, 还有映射 $P \to Q$ $(set(P) \to set(Q))$, 等等.

约化与 $\mathcal{P}$. 追随物理学家, 我们称映射 $P \xrightarrow{f} Q$ 为一个约化, 如果 $q$-纤维 $P_q = f^{-1}(q) \subset P$ 对所有 $q \in Q$ 均满足 $|P_q| = |q|$. 我们也将这说成 $Q$ 为 $P$ 的约化. (将 $Q$ 想成 "带有窗口的盘子", 通过窗口你可以 "观察"$P$. 你所看到的 $P$ 的状态是 $Q$ 的窗口 "过滤" 过来的.)

我们用记号 $\mathcal{P}$ 表示以 $P$ 为对象, 以约化为态射的范畴.

此范畴中的所有态射均为满射. $\mathcal{P}$ 看上去很像偏序集 ($P \succ Q$ 对应于约化 $f : P \to Q$, 在给定的 $P, Q$ 之间约化映射不多), 但我们暂时以一般范畴对待它.

为什么用范畴? 在写成 $P \succ Q$ 和 $P \xrightarrow{f} Q$ 之间有一个微妙但要紧

的概念性差别. 物理上说, 预先并不存在给定的 $Q$ 到 $P$ 的 "附加", 抽象的 "$\succ$" 没有意义, 它必须由一个特殊的操作 $f$ 来实现. (如果追踪记录 "将 $Q$ 附加到 $P$ 的方案", 将会得出 2-范畴的概念.)

$f$-记号, 除了更精确以外, 也更灵活. 比如我们可以写 $ent(f)$, 但 $ent(\succ)$ 不行 (记号中不出现 $P, Q$).

$\mathcal{P}$ 上的空间. 按定义, $\mathcal{P}$ 上的空间 $\mathcal{X}$ 是从 $\mathcal{P}$ 到集合范畴的一个共变函子, 其中 $\mathcal{X}$ 在 $P \in \mathcal{P}$ 处的值记为 $\mathcal{X}(P)$.

例如, 如果 $X$ 为普通测度空间, 则相应的 $\mathcal{X}$ 对所有 $P \in \mathcal{P}$ 赋以测度保持映射 $f : X \to P$ 的集合 (类).

一般地, 集合 $\mathcal{X}(P)$ 中的某个元素 $f$ 可视为范畴 $\mathcal{P}^{\backslash \mathcal{X}}$ 中的一个态射 $f : \mathcal{X} \to P$, 其中 $\mathcal{P}^{\backslash \mathcal{X}}$ 是 $\mathcal{P}$ 经过添加对象 $\mathcal{X}$ 以后的扩充范畴, 使得 $\mathcal{P}^{\backslash \mathcal{X}}$ 中的每一个对象收到最多一个 (可能没有) 从 $\mathcal{X}$ 过来的态射. 反之, 任何带有这样一个对象[①]的 $\mathcal{P}$ 的扩充定义了 $\mathcal{P}$ 上的一个空间.

∨-范畴与测度空间. 在一个范畴中给定态射 $f_i : x \to b_i$ 的集 $I$, $i \in I$, 我们称 $f_i$ 为 $\{b_i\}$ 上的 $x$-扇子. 我们说一个 $a$-扇子 $f_i' : a \to b_i$ 位于 $x$ 和 $\{b_i\}$ 之间, 如果存在态射 $g : x \to a$, 使得 $f_i' \circ g = f_i$ 对所有 $i \in I$ 成立. 为了省事我们可能说成 $a$ 在 $x$ 和 $\{b_i\}$ 之间.

称 $\mathcal{P}^{\backslash \mathcal{X}}$ 为一个 ∨-范畴, 如果每一个位于有限个 $P_i \in \mathcal{P}$ 之上的 $\mathcal{X}$-扇子容许一个 $Q \in \mathcal{P}$, 它在 $\mathcal{X}$ 和 $\{P_i\}$ 之间.

定义. 设 $P$ 为有限测度空间, 称范畴 $\mathcal{P}$ 上的空间 $\mathcal{X}$ 为一个测度空间, 如果 $\mathcal{P}^{\backslash \mathcal{X}}$ 为一个 ∨-范畴.

最小扇子与单射性. $\{b_i\}$ 上的一个 $x$-扇子称为最小的, 如果 $x$ 与 $\{b_i\}$ 之间的每一 $a$ 均与 $x$ 同构. (更准确地说, 实现了 "两者之间" 的箭头 $x \to a$ 为同构.)

显然, 在 $\mathcal{P}$ 上的一个 ∨-范畴中, 在有限个有限测度空间 $P_i \in \mathcal{P}$ 上的每一个 $x$-扇子都容许在 $\mathcal{X}$ 和 $\{P_i\}$ 之间的某个 $Q \in \mathcal{P}$, 使得相应的 $\{P_i\}$ 上的 $Q$-扇子是最小的. 此 $Q$ 作为 $\mathcal{P}$ 中的对象在同构的意义下是唯一的; 在相差一个典则同构下, 同样的 $Q$ 在 $\mathcal{P}^{\backslash \mathcal{X}}$ 中也是唯一的. 我们将它称为 $P_i$ 在 $\mathcal{P}^{\backslash \mathcal{X}}$ 中的 ∨- (上) 乘积, 记为 $Q = \vee_i P_i$.

———————————

[①] 托马斯·里贝向我指出, 这里写得不够仔细. 为了拥有 "最多一个" 性质, 每一个 $P \in \mathcal{P}$ 必须以 $\mathcal{X}(P)$ 为指标重复出现在范畴 $\mathcal{P}^{\backslash \mathcal{X}}$ 中.

此乘积可自然/函子式地扩展到 $\mathcal{P}^{\backslash \mathcal{X}}$ 中的态射 $g_i$ 上, 记为

$$\vee_i g_i : \vee_i P_i \to \vee_i P_i', \quad \text{对给定的约化 } g_i : P_i \to P_i'.$$

注意到 $\vee$-乘积 (只) 对 $\mathcal{P}^{\backslash \mathcal{X}}$ 中位于 $\mathcal{X}$ 之下的对象和态射定义.

最小扇子 (比如 $f_i : Q \to P_i$) 的一个基本特性 (不像 $\vee$-乘积本身, 它不依赖于 $\mathcal{X}$) 就是相应的从 $Q$ 到笛卡儿乘积 $\prod\limits_i P_i$ 的映射 (集合) 的单射性 (一般不是约化).

通过将伯努利大数定律 (1713) 以 $\mathcal{P}$ 的语言重新叙述, 我们可以用严格的术语表述 "状态数" 和/或熵 —— 此数的对数.

笛卡儿乘积: $P \times Q$ 是原子对 $(p, q)$ 的集合, 该原子对记为 $pq = (p, q)$, 其权重为 $|p| \cdot |q|$. (这对应于观测 $P, Q$ 中不相互作用的 "东西".) 映射 $pq \mapsto p$ 以及 $pq \mapsto q$ 称为笛卡儿投影 $P \times Q \to P, Q$.

注意到只有 $Q$ 是一个概率空间时才能说 $pq \mapsto p$ 为约化. 一般地, 可以重缩放/规范化这些空间使得这些映射成为约化. 这种重缩放, 作为一种非平凡的对称性, 本身就是一种重要的结构; 比如说, "缩放" 族构成的群为费舍尔度量带来令人惊讶的正交对称性 (见第二节); (你不应该说 "重缩放", 还是忘了它吧.)

均质空间. 一个有限测度空间 $P$ 称为均质的, 如果你的所有原子 $p \in P$ 都有相等的质量 $|p|$. (范畴式地说, 在 $P$ 的自同构群下不变的所有态射 $P \to Q$ 都能通过 $P \to \bullet$ 做分解, 其中 $\bullet \in \mathcal{P}$ 为终端对象, 这指单原子空间.)

均质空间 $P$ 的熵定义为集合 $set(P)$ 的基数的对数, 即 $ent(P) = \log |set(P)|$.

观察到均质空间之间的约化 $f : P \to Q$ (非典范地) 分裂, 即 $P$ 分解为笛卡儿乘积 $P = P' \times Q$, 其中投影 $P \to Q$ 等于 $f$.

$dist_\pi(P, Q)$ 与渐近等价. 设 $P$ 和 $Q$ 为有限概率空间, $\pi : P \to Q$ 为一个单射对应, 即一个部分定义的双射, 它定义在子集 $P' \subset P$ 上并一对一地映到 $Q' \subset Q$. 让我们引入衡量 $\pi$ 与同构之间差距的一个数值. 为了简单起见, 我们假定 $P, Q$ 均为概率空间, 即 $|P| = |Q| = 1$, 否则利用 $p \mapsto p/|P|$ 和 $q \mapsto q/|Q|$ 将它们归一化. 记

$$|p : q| = \max\{p/q, q/p\}, \quad M = \min\{|set(P)|, |set(Q)|\},$$

其中 $q = \pi(p)$. 令

$$|P - Q|_\pi = |P \backslash P'| + |Q \backslash Q'|, \quad |\log P : Q|_\pi = \sup_{p \in P'} \frac{\log|p:q|}{\log M}, \quad \text{其中 } 0/0 =_{def} 0,$$

以及

$$dist_\pi(P, Q) = |P - Q|_\pi + |\log P : Q|_\pi.$$

称一列单射对应 $\pi_N : P_N \to Q_N$ 为一个渐近等价, 如果

$$dist_{\pi_N}(P_N, Q_N) \to 0, \quad N \to \infty.$$

称两列有限测度空间 $P_N, Q_N$ 渐近等价, 如果存在一个渐近等价 $\pi_N : P_N \to Q_N$.

应用于 $P$ 上随机变量 $p \to \log p$ 的大数定律可叙述为:

**伯努利逼近定理.**[①] 每一个 $P \in \mathcal{P}$ 的笛卡儿幂 $P^N$ 的序列均容许一个由均质空间 $H_N$ 组成的渐近等价序列.

这种序列 $H_N$ 称为 $P^N$ 的一个均质伯努利逼近.

**伯努利熵.** 它定义为

$$ent(P) = \lim_{N \to \infty} N^{-1} \log|set(H_N)|,$$

其中 $H_N$ 是渐近等价于 $P^N$ 的均质空间序列.

也可以定义熵而不显式地用伯努利定理.

称概率空间 $P_1$ 和 $P_2$ 伯努利等价, 如果幂次序列 $P_1^N$ 和 $P_2^N$ 渐近等价. 在这个等价关系下, 概率空间 $P \in \mathcal{P}$ 的等价类的集合记为 $Ber(\mathcal{P})$, 它有对应于笛卡儿乘积 $P \times Q$ 的一个自然交换半群的结构, 同时也有由度量 $\limsup\limits_{N \to \infty} dist_{\pi_N}(P^N, Q^N)$ 所定义的拓扑.

**玻尔兹曼熵.** 按照定义, 这是 $P$ 在 $Ber(P)$ 中的伯努利等价类.

后验地说, 大数定律表明这等价于伯努利的定义:

两个概率空间 $P$ 和 $Q$ 伯努利等价当且仅当其伯努利熵相等.

更准确地说,

存在从伯努利 (格罗滕迪克) 半群 $Ber(\mathcal{P})$ 到乘积半群 $\mathbb{R}^\times_{\geqslant 1}$ (大于或等于 1 的实数) 上的拓扑同构, 它延拓了均质空间 $H \in \mathcal{P}$ 上的同态 $H \mapsto |set(H)|$.

---

① 这常称为渐近均分性质.

通过将此同构与 $\log : \mathbb{R}^{\times}_{\geqslant 1} \to \mathbb{R}$ 相复合, 我们可重新得到伯努利 – 玻尔兹曼熵. (这个对数函数的数学重要性不那么明显, 直到你仔细看看费舍尔度量.)

**玻尔兹曼公式**: 对所有有限概率空间 $P = \{p\} \in \mathcal{P}$, 有

$$ent(P) = -\sum_{p \in P} |p| \log |p|.$$

如果 $|P| \neq 1$, 则

$$ent(P) = -\sum_{p \in P} \frac{|p|}{|P|} \log \frac{|p|}{|P|} = |P|^{-1}\left(-\sum_{p \in P} |p| \log |p|\right) + \log|P|.$$

这对伯努利逼近定理是显然的, 但原始等式 $ent(P) = -K\sum_{p \in P} |p| \log |p|$ (其中 $K$ 为单位换算常数) 绝非显而易见: 它在 $10^{-9 \pm 1}$m 尺度的微观世界和我们肉眼所见的世界之间架起了桥梁.

伯努利 – 玻尔兹曼的定义 (不像 $-\sum_{p \in P} |p| \log |p|$) 完整和严格地表达了熵等于 "$P$ 所编码/探测的相互等价的状态数" 的对数的思想, 并且使熵的基本性质十分易懂. (玻尔兹曼的论述也有一个信息论式的演绎, 它常呈现为 "鲍勃和爱丽丝" 之间的 "比特谈判". 很可能, 它能被那些精通股票市场的人理解.) 比如, 我们可以立即看到如下

$(\log n)$-界限: $ent(P) \leqslant \log|set(P)|$, 等号仅对 $n$ 个原子的均质空间成立, 因为幂次 $P^N$ "伯努利收敛" 于子集 $S_N \subset set(P)^N$ 上具有 "近似相等" 原子的测度, 而基数 $|S_N| \leqslant |set(P)|^N$, 且 $\frac{1}{N} \log |S_N| \to ent(P)$.

(一般教科书上的证明利用了 $x \log x$ 的凸性, 在那里 $-\sum_{p \in P} |p| \log |p|$ 当作熵的定义. 事实上, 这种凸性来自大数定律, 但 $(\log n)$-界限的最佳性, 即如下推导

$$ent(P) = \log|set(P)| \Rightarrow P \text{ 是均质的},$$

用 $\sum_{p \in P} |p| \log |p|$ 看得更清楚, 这里是 $\log x$ 的实解析性蕴含了这个 $(\log n)$-不等式的最佳性. 还有, 玻尔兹曼公式意味着熵作为 $|p|$ 函数的连续性 ($|p| \geqslant 0, p \in P$).)

函子式伯努利. 大数定律不仅 (容易地) 推出 $\mathcal{P}$ 中对象 (有限测度空间) 的伯努利逼近, 而且可得出 $\mathcal{P}$ 中约化 (态射) 的逼近. 即

给定一个约化 $f : P_1 \to P_2$, 存在一列约化 $\phi_N : H_{1N} \to H_{2N}$, 其中 $H_{1N}$ 和 $H_{2N}$ 分别为 $P_1^N$ 和 $P_2^N$ 的均质伯努利逼近.

我们称之为 $f$ 的笛卡儿幂 $f^N : P_1^N \to P_2^N$ 的均质伯努利逼近.

作为例子, 这种逼近的存在性可立即得出:

在约化下熵单调递减: 如果 $P_2$ 为 $P_1$ 的约化, 则 $ent(P_2) \leqslant ent(P_1)$; 特别地, $ent(P \vee Q) \geqslant ent(P)$ 对 $\mathcal{X}$ 之下的 $\mathcal{P}^{\backslash \mathcal{X}}$ 中任何对象 $P, Q$ 均成立.

设 $\{f_i\}_{i \in I}$ 为 $\mathcal{P}$ 中某些对象之间的有限个约化. 理想情况下, 人们可能想得到所有 $f_i^N$ 的均质伯努利逼近 $\phi_{iN}$, 使得

$$[BA]_1 \qquad [f_i = f_j \circ f_k] \Rightarrow [\phi_{iN} = \phi_{jN} \circ \phi_{kN}],$$

以及所有扇子的单射性/最小性得以保持, 即

$$[BA]_2 \qquad f_{i_\nu} : P \to Q_\nu \text{ 的最小性} \Rightarrow \phi_{i_\nu N} : H_N \to H_{i_\nu N} \text{ 的最小性}.$$

很可能这并不总是可行 (我没有具体的反例), 但在降低逼近序列要求的如下情形, 这还是可以办到的.

称一列有限测度空间 $B_N = \{b_N\}$ 为伯努利型, 如果对某一列 $\varepsilon_N \to 0$ $(N \to \infty)$, 它是 $\varepsilon_N$-均质的, 即在所有 $B_N$ 的原子 $b_N$ 处, 成立

$$\frac{1}{N} |\log |b_N| + \log |set(B_N)|| \leqslant \varepsilon_N + \frac{1}{N} \log |B_N|.$$

$P^N$ 的一个伯努利逼近是渐近等价于 $P^N$ 的伯努利序列 $B_N$; 相应地, 也可定义约化 $f : P \to Q$ 的幂次 $f^N$ 的伯努利逼近 $\phi_N$.

现在容易看出 (如 [11] 中的切片移除引理那样) 上面的 $\{f_i\}$ 的确容许满足 $[BA]_1$ 和 $[BA]_2$ 的伯努利 (不一定均质) 逼近.

香农不等式. 如果均质空间之间的扇子 $\phi_i : H_0 \to H_i$ 是最小的/单射, 即笛卡儿乘积映射 $\times_i \phi_i : H_0 \to \times_i H_i$ 是单射, 则显然有

$$|set(H_0)| \leqslant \prod_i |set(H_i)|, \quad ent(H_0) \leqslant \sum_i ent(H_i).$$

将它应用于任意有限测度空间之间的最小/单射扇子 $P_0 \to P_i$ 的 ($\varepsilon_N$-均质) 伯努利逼近, 可得 $ent(P_0) \leqslant \sum\limits_i ent(P_i)$.

特别地, 如果 $P_i \in \mathcal{P}^{\setminus \mathcal{X}}$ 位于 $\mathcal{X}$ 之下 (例如, 普通测度空间 $X$ 的有限分割), 则有

$$ent(\vee_i P_i) \leqslant \sum_i ent(P_i).$$

追溯到玻尔兹曼和吉布斯 (Gibbs) 的上述论证是从一个天真物理学家的推理到数学语言的翻译. 事实上, 从物理上讲, 这个 $\vee$ 是某种求和, 它是所有 $P_i$ 统计的联合熵凑在一起的结果.

如果所有的 $P_i$ 都位于相距很远的地方 (比如说在你的晶体上), 则你假定 (观测?) 闪光 (基本上) 是相互独立的: $\vee_i P_i = \prod\limits_i P_i, ent(\vee_i P_i) = \sum\limits_i ent(P_i)$.

然而, 一般来说由于相互作用, 可观测状态可能相互约束; 此时能观测的状态较少, 于是 $ent(\vee_i P_i) < \sum\limits_i ent(P_i)$ 与实验相吻合.

相对熵. 因为均质空间之间的约化 $\phi : G \to H$ 的纤维 $G_h = \phi^{-1}(h) \subset G$ $(h \in H)$ 具有相同的基数, 我们可以定义 $\phi$ 的熵为 $ent(\phi) = \log |set(G_h)|$, 其中, 这个熵显然满足 $ent(\phi) = ent(G) - ent(H)$.

接着我们可以在任意两个有限测度空间之间约化映射 $f : P \to Q$ 的相对玻尔兹曼熵 $ent(f)$:

$$ent(f) = \lim_{N \to \infty} N^{-1} ent(\phi_N),$$

其中 $\phi_N : G_N \to H_N$ 是 $f^N$ 的伯努利逼近.

或者, 也利用相对 (格罗滕迪克) 伯努利半群 $\vec{Ber}(\mathcal{P})$ 以更抽象的方式做到这一点. 此半群由约化 $f \in \mathcal{P}$ 的渐近等价类 $[f]$ 生成, 其加法运算为 $[f_1 \circ f_2] = [f_1] + [f_2]$ (比较 [1], [16]).

相对香农不等式. 像纯粹情形一样, 利用伯努利逼近可清楚地看到, 对 $\mathcal{X}$ 之下的空间 $P_i$ 和 $Q_i$, 在 $\mathcal{P}^{\setminus \mathcal{X}}$ 中的约化 $f_i : P_i \vee Q_i \to Q_i$ 满足

$$ent(\vee_i f_i) \leqslant \sum_i ent(f_i).$$

既然 $ent(f_i) = ent(Q_i \vee P_i) - ent(Q_i)$, 上式等价于

$$ent(\vee_i(Q_i \vee P_i)) - ent(\vee_i Q_i) \leqslant \sum_i [ent(Q_i \vee P_i) - ent(Q_i)].$$

另外, 也可用最小/单射约化扇子 $P \to Q_i$ $(i = 1, 2, \cdots, n)$ 及其伴随约化 (余扇) $Q_i \to R$ 去表述这种不等式, 使得图表可交换明显成立:

$$ent(P) + (n-1)ent(R) \leqslant \sum_i ent(Q_i).$$

概率空间之间约化映射 $f : P \to Q$ 相对熵的另一吸引人的 (尽管对伯努利来说很明显) 性质就是 $ent(f)$ 可用 $q$-纤维 $P_q = f^{-1}(q) \subset P$ $(q \in Q)$ 的熵的凸组合表示.

求和公式: $ent(f) = \sum_q |q| \cdot ent(P_q)$.

注记. 上述 $ent(f)$ 的定义也适用于 $f : P \to Q$, 其中 $P$ 和 $Q$ 为可数概率 (有时是更一般的) 空间. 可能会出现 $ent(P) = \infty$ 和 $ent(Q) = \infty$ 的情形, 此时公式 $ent(f) = ent(P) - ent(Q)$ 可作为这两个无限之间差的定义.

无限空间 $\mathcal{X}$ 的解析. 设 $\mathcal{P}^{\backslash \mathcal{X}}$ 是联系着 $\mathcal{X}$ 的 $\vee$-范畴, 让我们用 $\mathcal{P}^{\backslash \mathcal{X}}$ 中有限对象 (即有限测度空间) 序列 $P_\infty = \{P_i\}$ 将物理学家的 "等价方案" 的概念进行形式化. 我们说 $P_\infty$ 解析了一个有限测度空间 $Q \in \mathcal{P}^{\backslash \mathcal{X}}$ (位于 $\mathcal{X}$ 之下), 如果将 $Q$ 包含进方案以后最终不会增加状态的探测值:

$$ent(Q \vee P_i) - ent(P_i) \leqslant \varepsilon_i \to 0, \quad i \to \infty.$$

按照定义, 如果 $P_\infty$ 解析所有的 $Q$, 则它是 $\mathcal{X}$ 的一个解析.

无穷乘积. 称 $\mathcal{X}$ 由 (经常是可数的) 笛卡儿乘积 $P_s \in \mathcal{P}^{\backslash \mathcal{X}}$ $(s \in S)$ 代表, 简单地说, $\mathcal{X}$ 是一个笛卡儿乘积 $\prod_{s \in S} P_s$, 如果对所有有限子集 $T \subset S$, 有限笛卡儿乘积 $\prod_T = \prod_{s \in T} P_s$ 都位于 $\mathcal{X}$ 之下, 并且这些 $\prod_T$ 解析 $\mathcal{X}$, 即是说某个序列 $\prod_{T_i}$ 解析 $\mathcal{X}$. (在此情形, 子集 $T_i \subset S$ 是 $S$ 的穷竭.)

例子. 称乘积 $\mathcal{X} = \prod_{s \in S} P_s$ 是最小的, 如果 $\mathcal{P}^{\backslash \mathcal{X}}$ 中 $Q$ 位于 $\mathcal{X}$ 之下 当且仅当它位于某个有限乘积 $\prod_{T}$ 之下. 例如, 位于最小笛卡儿幂次 $\left\{ \frac{1}{2}, \frac{1}{2} \right\}^S$ 之下的所有 $Q$ 均由二进原子组成的.

经典勒贝格 – 柯尔莫哥洛夫乘积 $X = \prod_{s \in S} P_s$ 在这个意义下也是 乘积, 其中解析性质是勒贝格密度定理 的另一表达形式, 其中翻译过 程

$$\text{勒贝格密度} \Rightarrow \text{解析}$$

与相对熵的下列明显性质一致:

设 $P \xleftarrow{f} R \to Q$ 为约化的最小 $R$-扇子, $P' \in P$ 为子空间, 用 $R_{p'} = f^{-1}(p') \subset R \, (p' \in P')$ 表示 $f$ 的 $p'$-纤维, 令 $M_{II}(p')$ 为 $R_{p'}$ 中第二 大的原子的质量.

如果 $|P \setminus P'| \leqslant \lambda \cdot |P|$, $M_{II}(p') \leqslant \lambda \cdot |R_{p'}|$ 对某个 (小的) $0 \leqslant \lambda < 1$ 以及所有 $p' \in P'$ 均成立, 则

$$ent(f) \leqslant (\lambda + \varepsilon) \cdot |set(Q)|, \quad \varepsilon = \varepsilon(\lambda) \underset{\lambda \to 0}{\to} 0.$$

(玻尔兹曼公式隐含着 $\varepsilon \leqslant \lambda \cdot (1 - \log(1 - \lambda))$.)

为了看到这一点, 观察到 $ent(R_p) \leqslant |set(R_p)| \leqslant |set(Q)|$ 对所有 $p \in P$ 均成立, 根据熵的连续性, 当 $M_{II}(p') \to 0$ 时 $ent(R_{p'}) \leqslant \varepsilon \underset{\lambda \to 0}{\to} 0$, 最后再用求和公式.

规范化和对称性. 有限空间熵的所有上述性质都在香农的信息论 中出现了. (很可能, 这对玻尔兹曼和吉布斯来说是已知的, 他们没有 以物理上明显的方式明确描述这些事.) 了解了这些以后, 我们现在就 可以理解那些 "天真的物理学家" 曾试图说些什么.

熵为无限的无限系统/空间 $\mathcal{X}$ 需要进行规范化. 比如, 用有限空 间 $P_N$ 对 $\mathcal{X}$ 做 "自然的" 逼近, 使得

$$\text{"}ent(\mathcal{X} : size)\text{"} = \lim_{N \to \infty} \frac{ent(P_N)}{size(P_N)}.$$

"size"(大小) 有意义的最简单情形就是你的状态探测器 $P_N$ 包含 $k$ 个 "相同的部分"; 此时可用 $k$ 表示 $P_N$ 的大小. 从物理上讲, "相同" 意

味着 "由对称性相关联" ($\mathcal{X}$ 以及附加的探测器的对称性, 比如 $\mathcal{X}$ 对应于一个晶体).

　　记住这一点以后, 取一个有限的 $P$, 将 $\mathcal{X}$ 的若干 (最终许多) 对称变换 $\delta$ 应用于 $P$ (假定这些对称存在), 这些变换的集合记为 $\Delta_N$, 用 $|\Delta_N|$ 表示其基数. 对 $|\Delta_N| \to \infty$ 的某个序列 $\Delta_N$ 令

$$ent_P(\mathcal{X} : \Delta_\infty) = \lim_{N \to \infty} |\Delta_N|^{-1} ent(\vee_{\delta \in \Delta_N} \delta(P)),$$

其中如果极限不存在则换成子列极限 (物理上无意义也可以). (小心: 范畴的变换是函子而非映射, 但你可以将它们定义为 $\mathcal{P}^{\backslash \mathcal{X}}$ 中的映射.) 最终的结果肯定将会依赖于 $\{\Delta_N\}$, 但当前我们关心的是它关于 $P$ 的依赖性. 单单一个 $P$, 甚至所有 $\vee_{\delta \in \Delta_N} \delta(P)$ 可能都不足以完全 "解析"$\mathcal{X}$. 于是我们取 $\mathcal{X}$ 的一个解析 $P_\infty = \{P_i\}$ (注意, 这与我们的变换无关) 并定义

$$ent(\mathcal{X} : \Delta_\infty) = ent_{P_\infty}(\mathcal{X} : \Delta_\infty) = \lim_{i \to \infty} ent_{P_i}(\mathcal{X}).$$

这实际上不依赖于 $P_\infty$. 如果 $Q_\infty = \{Q_i\}$ 为另一解析 (或这种性质的任何序列), 则每一个 $Q_j$ 对 $P_i$ 贡献的熵, 也就是差 $ent(P_i \vee Q_j) - ent(P_i)$ 小于 $\varepsilon_i = \varepsilon(j, i) \underset{i \to \infty}{\to} 0$, 这可由解析的定义得出.

　　因为 $\delta$ 为自同构, 在 $\delta$-位移下熵不变, 且

$$ent(\delta(P_i) \vee \delta(Q_j)) - ent(\delta(P_i)) = ent(P_i \vee Q_j) - ent(P_i) \leqslant \varepsilon_i;$$

于是, 当对 $\Delta_N$ "以大小进行规范化" 以后, 根据相对香农不等式, 相应的 $\vee$-乘积满足同样的不等式

$$|\Delta_N|^{-1}(ent[\vee_{\delta \in \Delta_N}(\delta(P_i) \vee \delta(Q_j))] - ent[\vee_{\delta \in \Delta_N} \delta(P_i)]) \leqslant \varepsilon_i \underset{i \to \infty}{\to} 0.$$

　　现在我们看到, 添加 $Q_1, Q_2, \cdots, Q_j$ 到 $P_\infty$ 不改变上述熵, 因为它是在 $i \to \infty$ 时定义的, 并且添加所有 $Q_\infty$ 也不改变它. 最后, 我们调转方向, 用 $Q_i$ 解析 $P_j$, 可得出表示 "等价实验方案" 的 $P_\infty$ 和 $Q_\infty$ 给出了相同的熵:

$$ent_{P_\infty}(\mathcal{X} : \Delta_\infty) = ent_{Q_\infty}(\mathcal{X} : \Delta_\infty),$$

物理学家早就一直这么说的.

　　伯努利系统的柯尔莫哥洛夫定理. 设 $P$ 为有限概率空间, $X = P^{\mathbb{Z}}$. 用我们的语言来说, 这意味着相应的 $\mathcal{X}$ 可用笛卡儿幂 $P^{\mathbb{Z}}$ 表示 ($\mathbb{Z}$ 显然地作用于它).

　　如果空间 $P^{\mathbb{Z}}$ 和 $Q^{\mathbb{Z}}$ 是 $\mathbb{Z}$-等变同构的, 则 $ent(P) = ent(Q)$.

　　证明. 用 $P_i$ 表示笛卡儿幂 $P^{-i,\cdots,0,\cdots,i}$, $\Delta_N = \{1,\cdots,N\} \subset \mathbb{Z}$, 注意到

$$\vee_{\delta \in \Delta_N} \delta(P_i) = P^{-i,\cdots,0,\cdots,i+N},$$

由此可知, 对所有 $i = 1, 2, \cdots$, 有

$$ent(\vee_{\delta \in \Delta_N} \delta(P_i)) = (N+i)ent(P).$$

因此,

$$\begin{aligned}
ent_{P_i}(\mathcal{X} : \Delta_\infty) &= \lim_{N\to\infty} N^{-1} ent(\vee_{\delta \in \Delta_N} \delta(P_i)) \\
&= \lim_{N\to\infty} \frac{N+i}{N} ent(P) = ent(P),
\end{aligned}$$

这说明

$$ent(\mathcal{X} : \Delta_\infty) = \lim_{i\to\infty} ent_{P_i}(\mathcal{X} : \Delta_\infty) = ent(P).$$

类似地, $ent(Q^{\mathbb{Z}} : \Delta_\infty) = ent(Q)$. 因为 $P^{\mathbb{Z}}$ 和 $Q^{\mathbb{Z}}$ 是 $\mathbb{Z}$-等变同构的, $ent(P^{\mathbb{Z}} : \Delta_\infty) = ent(Q^{\mathbb{Z}} : \Delta_\infty)$; 于是 $ent(P) = ent(Q)$. 证毕.

　　讨论. (A) 上述论证适用于所有顺从 (比如交换) 群 $\Gamma$ (要满足某个广义 $(N+i)/N \to 1$, $N \to \infty$ 性质), 同时也表明

　　　如果 $Q^{\Gamma}$ 为 $P^{\Gamma}$ 的一个 $\Gamma$-约化, 则 $ent(Q) \leqslant ent(P)$.

("约化" 意味着 $Q^{\Gamma}$ 从 $P^{\Gamma}$ 接受一个 $\Gamma$-等变的保测度映射, 它是由两个 $\Gamma$-空间表示的函子之间的自然变换.)

　　使我们的 "天真物理学家" 吃惊的是, "伯努利晶体" 熵的不变性被数学家认可的时间不是 1900 年前后, 而是 1958 年 (之后的事参见 [13]).

　　花费了这么长的时间, 难道是因为数学家灰心于物理学家推理中 "严密性" 的缺乏吗? 但严格与否, 物理学家早已了解吗? (一个相关的结果 —— 对物理上重要的一类系统, 其热力学极限的存在性, 由范·豪夫 (Van Hove) 在 1949 年发表. 但没有一个有自尊心的物理学家, 即

使他/她理解了, 会不关心/敢写下有关像 $P^{\mathbb{Z}}$ 这样无相互作用的一维系统的任何事情.)

可能, 柯尔莫哥洛夫证明的简洁性以及明显不可避免地与之相伴的从 "小玻尔兹曼" 到 "小格罗滕迪克" 的翻译只是一个幻觉. 通往观念性证明的道路上, 一个 "熵障碍"(不像围绕着 "困难证明" 的 "能量障碍") 还不为追随着探路者留下的标记的人所知, 那些标记让你留在通过 "熵之山" 下迷宫的轨道中.

所有这些都是历史. 熵所暗示的诱人可能性 —— 讲这个故事的主要原因 —— 在于我们周围可能还有其他 "小东西", 我们之所以还没有认识到它们的数学美是因为我们是在一种先入为主的曲面镜中看到它们的.

超极限与 Sofic 群. 1987 年, 奥恩斯坦 (Ornstein) 和魏斯 (Weiss) 对所有自由非循环群 $\Gamma$ 以及所有有限交换群 $A$ 构造了 $\Gamma$-等变的连续满同态, 因此保持测度的群同态 $A^\Gamma \to (A \times A)^\Gamma$.

一般地, 对给定的 $\Gamma$ 以及紧 (比如有限) 群 $A, B$, 并不知道何时存在连续的满 (单, 双) $\Gamma$-等变同态 $A^\Gamma \to B^\Gamma$, 但对非顺从群 $\Gamma$, "熵增加" $\Gamma$-约化的许多重要例子在 [2] 中已构造出来, 对包含自由子群的群 $\Gamma$, 此类一般结果可在 [7] 中找到. 比如,

如果 $\Gamma \supset F_2$, 则对所有有限概率空间 $P_1$ 和 $P_2$, 存在一个 $\Gamma$-约化 $P_1^\Gamma \to P_2^\Gamma$, 除了 $P_1$ 只含一个原子的平凡的情形. (由 [2] 看来, 这对所有非顺从群似乎都对.)

但是, 令人惊奇地是, 鲍恩在 2010 证明了:

对于一类非顺从群 $\Gamma$, 伯努利系统之间的 $\Gamma$-同构 $P_1^\Gamma \leftrightarrow P_2^\Gamma$ 意味着 $ent(P_1) = ent(P_2)$. 作为例子, 这些群包括所有剩余有限群 (比如自由群).

通过用非标准分析来实现 "天真物理学家的推理" (可能接近于玻尔兹曼心里所想), 人们可以得出这种群 (遵照魏斯 (2000), 它们称为 sofic 群), 即不用 "类投影极限空间" 对 $\mathcal{P}$ 进行完备化, 而是用 "非标准空间", 它们是非标准模型 $\mathcal{P}^*$ 中的对象. $\mathcal{P}^*$ 由 $\mathcal{P}$ 的 $\mathbb{R}$-值一阶语言组成, 它可表示为 $\mathcal{P}$ 的超极限 (或超乘积), 如皮斯多夫 (Pestov) 在 [19] 中所做的那样.

　　粗略地说, $\mathcal{P}^*$ 中的对象是一批权重为 $|p|$ 的 $N$ 原子, 其中 $N$ 为无限大非标准整数, $|p|$ 为正无穷小, 而和 $\sum_P |p|$ 是普通实数. 于是 sofic 群定义为这种空间自同构群的子群.

　　这些群看上去相当特殊, 但目前还没有一个可数的非 sofic 群. 很可能, 适当定义的随机群 [17] 是非 sofic 的. 另一方面, 可能存在一类有意义的 "随机 $\Gamma$-空间", 它像随机 $\Gamma$ 一样被相同的概率测度 (空间) 所参数化.

　　2010 年, 鲍恩引入了一系列 sofic 熵 (其性质使人想起冯 · 诺依曼熵). 特别地, 他证明了

　　对 sofic 群, 伯努利系统约化的最小/单的扇子 $P^{\Gamma} \to Q_i^{\Gamma} (i = 1, 2, \cdots, n)$ 满足香农不等式

$$ent(P) \leqslant \sum_{i=1}^{n} ent(Q_i).$$

　　进一步, 设 $n = 2$, $Q_1^{\Gamma} \to R^{\Gamma}$ 和 $Q_2^{\Gamma} \to R^{\Gamma}$ 为约化, 使得 "余扇" $Q_1^{\Gamma} \to R^{\Gamma} \leftarrow Q_2^{\Gamma}$ 是最小的 (即不存在位于 $Q_i^{\Gamma}$ 和 $R^{\Gamma}$ 之间的 $\Gamma$-空间 $R_0$), 且四个箭头的菱形图表 $P^{\Gamma} \rightrightarrows Q_i^{\Gamma} \rightrightarrows R^{\Gamma}$ $(i = 1, 2)$ 可交换. 则此菱形中的四个 $\Gamma$-系统满足相对香农不等式 (也称作强次可加性):

$$ent(P) + ent(R) \leqslant ent(Q_1) + ent(Q_2).$$

(这和其他有关 sofic 熵的一切都是刘易斯 · 鲍恩 (Lewis Bowen) 解释给我听的.)

　　香农不等式在 sofic $\Gamma$-空间范畴中持续出现可能不那么令人惊讶, 因为香农不等式是从 [$A$ 单映入 $B$] $\Rightarrow |A| \leqslant |B|$ 由伯努利逼近导出的, 而不是从 [$B$ 满映入 $A$] $\Rightarrow |A| \leqslant |B|$. 但不清楚对单个非 sofic 群 $\Gamma$ (假定它存在), 这些不等式是对还是错.

　　为了大概了解为什么 "单" 而不是 "满" 在 sofic 世界中起关键作用, 看看一个集合到自身的映射, 比如 $f : A \to A$. 如果 $A$ 有限, 则

$$[f \text{ 非单}] \Leftrightarrow [f \text{ 非满}],$$

但如果我们转向某种 (超) 极限时, 上式不再成立:

　　(i) 非单性是说, 方程 $f(a_1) = f(a_2)$ 确实存在非平凡解. 这在 (超) 极限下是稳定的, 被计数论证 (对在约化扇子下集合在一起的 "纯态对的数目") 所支持, 似乎暗含于某些鲍恩熵.

(ii) 非满性是说, 另一方程 $f(a_1) = b$ 并非总有解. 新的解可能会出现在 (超) 极限中.

(从计算上说, 你可能有一个简单的规则/算法去寻找 $f(a_1) = f(a_2)$ 的解, 使得 $a_1 \neq a_2$, 比方说对多项式. 即便 $\mathbb{F}_p$ 上向量空间自己到自己的线性映射, 可能也难以得到像集 $f(A) \subset A$ 的有效描述, 更不用说它的补集 $A \setminus f(A)$.)

问题. 是否存在 (某些) sofic 熵的范畴论术语式描述/定义?

更明确地讲, 给定可数群 $\Gamma$, 考虑勒贝格概率 $\Gamma$-空间 $\mathcal{X}$ 的范畴. 记 $[\mathcal{X} : \Gamma]$ 为格罗滕迪克 (半) 群, 它由 $\Gamma$-约化 $f$ 生成, 群的关系为 $[f_1 \circ f_2] = [f_1] + [f_2]$, 其中, 像通常一样, $\Gamma$-空间本身等同于到单点空间的约化. 此半群有多大? 它何时是非平凡的? 它的哪一部分是由伯努利位移生成的?

如果我们不要求任何连续性, 这个群可能会非常大; 某种连续性似乎是必要的, 例如, 在约化的投影极限下 (比如无限笛卡儿乘积). 但不清楚渐近等价的 $\Gamma$-对应部分是什么.

而且可能也需要某些额外条件, 比如对笛卡儿乘积的可加性: $[f_1 \times f_2] = [f_1] + [f_2]$, 或至少 $[f^N] = N[f]$ 要对笛卡儿幂成立.

另外, 半群 $[\mathcal{X} : \Gamma]$ 必定 (?) 携带一个偏序结构, 它要满足 $\mathcal{P}$ 中成立的 (至少某些) 不等式, 例如上面关于最小/单扇子的香农型不等式. (我不肯定是否存在关于 $\mathcal{P}$ 更复杂图/箭图的熵不等式, 它们并不形式上来自香农不等式, 但如果有的话, 它们也应该要求在 $[\mathcal{X} : \Gamma]$ 中成立.)

能用 $[\mathcal{X} : \Gamma]$ 表述的最单纯的熵不变量是生成分割的熵的下确界, 或者不如说 $(\log M)/N$ 的下确界, 使得笛卡儿幂 $(\mathcal{X}^N, \Gamma)$ 同构于 $\Gamma$ 在拓扑无限幂乘空间 $Y = \{1, 2, \cdots, M\}^\Gamma$ 上的伯努利作用, 而 $Y$ 上有某个 $\Gamma$-不变的波莱尔概率测度 (不必为笛卡儿积测度).

人们可能期望 (要求?) 此 (半) 群 $[\mathcal{X} : \Gamma]$ 关于 $\Gamma$ 是函子式的, 例如对关于同态 $\Gamma_1 \to \Gamma_2$ 的等变约化 $(\mathcal{X}_1, \Gamma_1) \to (\mathcal{X}_2, \Gamma_2)$, 和/或对几个群 $\Gamma_i$ 在一个 $\mathcal{X}$ 上的作用, 特别地, 对 $P^\Delta$ 上的伯努利位移, 其中 $\Gamma_i$ 可迁地作用在可数集 $\Delta$ 上.

## §2　费舍尔度量和冯 · 诺依曼熵

让我们思考一下玻尔兹曼的函数 $e(p) - \sum_i p_i \log p_i$. 我们所有关于熵的不等式都是此函数 $e(p)$ $(p = \{p_i\}, i \in I)$ 在正锥 $\mathbb{R}^I_+ \subset \mathbb{R}^I$ 中的单位单形 $\triangle(I) \left( \sum_i p_i = 1 \right)$ 上凸性的反映.

凸性可用微积分的语言翻译为海赛矩阵 $h = Hess(e)$ 在 $\triangle(I)$ 中的正定性; 遵照费舍尔 (Fisher, 1925), 我们将 $h$ 视为 $\triangle(I)$ 上的黎曼度量.

你能猜到黎曼空间 $(\triangle(I), h)$ 看上去是怎样的吗? 它是度量完备的吗? 以往你是否看到过任何类似的东西?

事实上, $\triangle(I)$ 上的黎曼度量 $h$ 具有常截面曲率, 其中, 在相差 1/4 因子的条件下, 实动能映射 $M_{\mathbb{R}} : \{x_i\} \to \{p_i = x_i^2\}$ 是从单位欧氏球面的正 "象限" 到 $(\triangle(I), h)$ 上的等距, 不可思议! 然而这很容易地从 $(p \log p)'' = 1/p$ 得出, 因为 $M_{\mathbb{R}}^{-1}$ 在 $\{p_i\}$ 处诱导的黎曼度量等于

$$\sum_i (d\sqrt{p_i})^2 = \sum_i dp_i^2 / 4p_i.$$

此 $M_{\mathbb{R}}$ 可延拓为 (完全) 动能映射

$$M : \mathbb{C}^I \to \mathbb{R}^I_+ = \mathbb{C}^I / \mathbb{T}^I, \quad M : z_i \mapsto z_i \bar{z}_i,$$

其中 $\mathbb{T}^I$ 是自然作用于 $\mathbb{C}^I$ 的 $|I|$-环面, 而 $M$ 在 $\mathbb{C}^I$ 中单位球面上的限制可通过复维数为 $|I| - 1$ 的复投影空间 $\mathbb{C}P(I)$ 分解 (球面到 $\mathbb{C}P(I)$, $\mathbb{C}P(I)$ 到 $\triangle(I)$).

这告诉了你一直以来你可能感觉到的: 锥 $\mathbb{R}^I_+$ 是丑陋的, 它破坏了 $\mathbb{R}^I$ 的欧氏/正交对称性 —— 此对称性在范畴 $\mathcal{P}$ 中不可见 (?), 除非我们写下并对玻尔兹曼的公式求导.

现在我们有了正交对称性, 甚至更好, $\mathbb{C}^I$ 的酉对称性, 可能会对发现了熵 "真正" 所处的新大陆而感到自豪. 不过 ⋯⋯ 它不是新的, 物理学家在我们之前早就来过, 他们称之为 "量子". 然而, 即使感到失望, 我们仍感到大自然的温暖, 她与我们分享数学美的思想.

　　定义熵的时候我们的手脚不再被一个特殊的正交基所束缚, 我们忘掉坐标空间 $\mathbb{C}^I$, 将其视为一个希尔伯特空间 $S$, 其中一组标准正交向量组成的基 $\{s\} \subset S$ 与另一组一样好.

　　一个 "原子测度", 或 $S$ 中一个纯态 $P$, 是 $S$ 中附加了实数 $|p|$ 的一条 (复) 线. 为了能将这些测度相加, 我们将 $P$ 视为秩为 1 的正定埃尔米特形式, 它在此线的正交补上为零, 在此线的单位向量上取值 $|p|$.

　　相应地, $S$ 上的 (非原子) 态 $P$ 定义纯态的凸组合. 换言之, 希尔伯特空间 $S$ 上的量子态 $P$ 是 $S$ 上的一个非零半正定埃尔米特形式 (习惯上表示为半正定自伴算子 $S \to S$), 我们视之为 $S$ 上实值二次函数, 它在 $\sqrt{-1}$ 的乘法作用下不变. (事实上, $S$ 中的 $\mathbb{C}$-结构可以忘掉, 而将所有非负二次函数 $P(s)$ 视为 $S$ 上的态.)

　　我们可将态 $P$ 想成子空间 $T \subset S$ 上的一个 "测度", 其中 $T$ 的 "$P$-质量"(记为 $P(T)$) 是和式 $\sum_t P(t)$, 其中求和对 $T$ 中的一组标正基 $\{t\}$ 进行. (根据毕达哥拉斯定理, 这不依赖于基的选取.) $P$ 的总质量记为 $|P| = P(S)$; 如果 $|P| = 1$, 则称 $P$ 为一个密度 (而非概率) 态.

　　注意到对 $S$ 中的正交子空间 $T_1$ 和 $T_2$, 成立 $P(T_1 \oplus T_2) = P(T_1) + P(T_2)$. 而 $S_1$ 上的态 $P_1$ 和 $S_2$ 上的态 $P_2$ 之间的张量积 $P = P_1 \otimes P_2$ ($S_1 \otimes S_2$ 上的态) 满足

$$P(T_1 \otimes T_2) = P_1(T_1) \cdot P_2(T_2), \quad \forall\, T_1 \subset S_1,\, T_2 \subset S_2.$$

如果 $\Sigma = \{s_i\}_{i \in I} \subset S(|I| = dim(S))$ 为 $S$ 中的一组标正基, 则集合 $\underline{P}(\Sigma) = \{P(s_i)\}$ 是质量为 $|\underline{P}(\Sigma)| = |P|$ 的有限测度空间. 于是, $P$ 定义了一个映射, 它将 $Fr_I(S)$ 映到集合 $I$ 上质量为 $|P|$ 的欧氏 $(|I| - 1)$-单形, 其中 $Fr_I(S)$ 由 $S$ 中完全标正 $I$-标架 $\Sigma$ 组成 (是关于酉群 $U(S)$ 的一个主齐性空间), 欧氏单形是指 $\{p_i\} \subset \mathbb{R}_+^I, \sum_i p_i = |P|$.

　　经典例子. 一个有限测度空间 $\underline{P} = \{\underline{p}\}$ 定义了希尔伯特空间 $S = \mathbb{C}^{set(\underline{P})}$ 上的一个量子态, 即对角形式 $P = \sum_{\underline{p} \in \underline{P}} |\underline{p}| z_{\underline{p}} \bar{z}_{\underline{p}}$.

　　注意, 在定义经典测度空间时我们从范畴 $\mathcal{P}$ 中排除了原子为零的空间, 这不 (?) 影响 $\mathcal{P}$ 的基本性质. 但在量子情形则必须留意这些 "零". 例如, $S$ 上有这样一个 (相差齐性伸缩变换下) 唯一的态 ($S$ 上的

希尔伯特形式), 但在它们支集 (与 0(S) 正交) 上具有齐性的态构成 S 中含有所有线性子空间的可观空间.

冯·诺依曼熵. 我们将交替使用几种等价的定义.

(1) "极简主义" 定义: 从 S 的完全标正标架空间上的经典熵函数中提取一个单一的数, 即取函数 $\Sigma \mapsto ent(\underline{P}(\Sigma))$ 在 $\Sigma \in Fr_I(S)$ 上的最小值 ($|I| = dim(S)$)

$$ent(P) = \inf_{\Sigma} ent(\underline{P}(\Sigma)).$$

($ent(\underline{P}(\Sigma))$) 的上确界等于 $\log dim(S)$. 事实上, 总存在完全标正标架 $\{s_i\}$, 使得 $P(s_i) = P(s_j)$ 对所有 $i, j \in I$ 成立, 这可由角谷 – 山部 – 佑乘坊定理推出, 此定理可应用于球面上的所有连续函数. 另外, 容易证明, 当 I 很大时 $ent(\underline{P}(\Sigma))$ 在 $Fr_I$ 上的平均值接近于 $\log dim(S)$.)

由此定义可立即得到

函数 $P \mapsto ent(P)$ 在密度态空间上是凹的:

$$ent\left(\frac{P_1 + P_2}{2}\right) \geqslant \frac{ent(P_1) + ent(P_2)}{2}.$$

实际上, 经典的熵是集合 I 上概率测度空间单形 (即 $\{p_i\} \subset \mathbb{R}_+^I, \sum_i p_i = 1$) 上的凹函数, 凹函数族的最小值也是凹的.

(2) 传统的 "谱式定义" 说 P 的冯·诺依曼熵等于 P 的谱测度的经典熵. 即对一个对角化埃尔米特形式 P 的标架 $\Sigma = \{s_i\}$ (即对所有 $i \neq j, s_i$ 与 $s_j$ 是 P-正交的), $ent(P)$ 等于 $\underline{P}(\Sigma)$.

等价地, "谱式熵" 可定义为玻尔兹曼熵从经典态子空间到量子态的 (明显唯一) 酉不变扩张, 其中 "酉不变" 是指对 S 的所有酉变换 g, 均有 $ent(g(P)) = ent(P)$.

如果熵的凹性在此定义下不明显的话, 倒是容易看出:

谱式定义的熵关于态的张量积具有可加性:

$$ent(\otimes_k P_k) = \prod_k ent(P_k),$$

且如果 $\sum_k |P_k| = 1$, 则 $P_k$ 的直和满足

$$ent(\oplus_k P_k) = \sum_{1 \leqslant k \leqslant n} |P_k| ent(P_k) + \sum_{1 \leqslant k \leqslant n} |P_k| \log |P_k|.$$

这可从经典熵的相应性质得出, 因为态的张量积对应于测度空间的笛卡儿乘积:

$$P_1 \otimes P_2 (\Sigma_1 \otimes \Sigma_2) = \underline{P}_1(\Sigma_1) \otimes \underline{P}_2(\Sigma_2),$$

并且直和对应于集合的不交并.

(3) 让我们给出另一定义, 它可以联合上面的两个定义.

记 $\mathcal{T}_\varepsilon = \mathcal{T}_\varepsilon(S)$ 为满足条件 $P(T) \geqslant (1-\varepsilon)P(S)$ 的线性子空间 $T \subset S$ 组成的集合, 定义

$$ent_\varepsilon(P) = \inf_{T \in \mathcal{T}_\varepsilon} \log dim(T).$$

根据魏尔变分原理, $P(T)$ 关于所有 $n$ 维子空间 $T \subset S$ 的上确界在某个子空间, 比如说 $S_+(n) \subset S$ 上达到, $S_+(n)$ 由 $n$ 个相互正交的谱向量 $s_j \in S$ 张成, 它们组成的基 $\Sigma = \{s_i\}$ 对角化 $P$. 即对 $j \in J \subset I, |J| = n$, 取 $s_j$ 使得 $P(s_j) \geqslant P(s_k)$ 对所有 $j \in J, k \in I \setminus J$ 成立.

(为了看出这一点, 将 $S$ 正交分解为 $S = S_+(n) \oplus S_-(n)$, 注意到每一个子空间 $T \subset S$ 的 $P$-质量在变换 $(s_+, s_-) \to (\lambda s_+, s_-)$ 下增加, 当 $\lambda \to +\infty$ 时最终使 $T$ 由谱向量张成.)

于是, 这个 $ent_\varepsilon$ 等于 $P$ 的谱测度的经典对应物.

为了得出实际的熵, 我们对 $S^{\otimes N}$ 中的张量幂 $P^{\otimes N}$ 计算 $ent_\varepsilon$, 然后对 $P$ 的谱测度空间的笛卡儿幂应用大数定律, 最后可得

极限

$$ent(P) = \lim_{N \to \infty} \frac{1}{N} ent_\varepsilon(P^{\otimes N})$$

存在且 $0 < \varepsilon < 1$ 时等于 $P$ 的谱熵. (如果愿意的话可以让 $\varepsilon \to 0$.)

从魏尔变分原理也可推出 $ent_\varepsilon$-定义与 "极简主义" 定义一致. (需要花一点额外的功夫去验证对于 $S$ 中所有非谱标架 $\Sigma$, $ent(\underline{P}(\Sigma))$ 严格小于 $\lim \frac{1}{N} ent_\varepsilon(P^{\otimes N})$, 但我们不需要这个.)

酉对称化与约化. 设 $d\mu$ 为 $S$ 上酉变换群 $U(S)$ 上的一个波莱尔概率测度, 比如说在紧子群 $G \subset U(S)$ 上的规范化哈尔测度 $dg$.

$S$ 上的态 $P$ 的 $\mu$-平均 (对 $d\mu = dg$ 称为 $G$-平均) 定义为

$$\mu * P = \int_G (g * P) \, d\mu, \quad \text{其中} \ (g * P)(s) =_{def} P(g(s)).$$

注意到根据熵的凹形可得 $ent(\mu * P) \geqslant ent(P)$, 且 $P$ 的 $G$-平均 (记为 $G * P$) 等于 $S$ 上 (明显唯一的) $G$-不变态, 使得它对所有 $G$-不变子空间 $T \subset S$ 均满足 $G * P(T) = P(T)$. 另外, $\mu$-平均算子与张量积可交换:

$$(\mu_1 \times \mu_2) * (P_1 \otimes P_2) = (\mu_1 * (P_1)) \otimes (\mu_2 * (P_2)).$$

如果 $S = S_1 \otimes S_2$, 且群 $G = G_1$ 等于自然作用于 $S_1$ 上的 $U(S_1)$ (或任何不可约地作用在 $S_1$ 上的群 $G$), 则在 $S$ 上的 $G_1$-不变态和 $S_2$ 上的态之间存在一一对应. $S_2$ 上对应于 $S$ 上 $G_2 * P$ 的态 $P_2$ 称为 $P$ 到 $S_2$ 的典则约化. 等价地, 也可用条件 $P_2(T_2) = P(S_1 \otimes T_2)$ (对所有 $T_2 \subset S_2$) 定义 $P_2$.

（习惯上, 我们将态视为 $S$ 上的自伴算子 $O$, 它定义为 $\langle O(s_1), s_2 \rangle = P(s_1, s_2)$. $S_1 \otimes S_2$ 上的算子 $O$ 到 $S_2$ 的约化定义为 $O$ 的 $S_1$-迹, 它不用 $S$ 中的希尔伯特结构.)

注意到 $|P_2| = P_2(S_2) = |P| = P(S)$, 以及

$$(*) \qquad ent(P_2) = ent(G * P) - \log dim(S_1),$$

张量积 $P^{\otimes N}$ 到 $S_2^{\otimes N}$ 的典则约化等于 $P_2^{\otimes N}$.

经典注记. 如果我们容许有限测度空间中的零原子, 则一个经典约化可表示为测度的前推, 即笛卡儿乘积 $\underline{S} = \underline{S_1} \times \underline{S_2}$ 上的测度 $\underline{P}$ 在坐标投影 $\underline{S} \to \underline{S_2}$ 下前推到 $\underline{S_2}$ 上的 $\underline{P_2}$. 因此, 典则约化推广了经典约化. (关于非紧群 (比如顺从群) $G$ 的 "$G$-对称化约化" 可能也对 $\Gamma$-动力空间/系统有用, 例如经典情形的 $P^\Gamma$ 以及量子情形的 $P^{\otimes \Gamma}$.)

"量子" 的一个新颖特性就是熵在约化下有可能增加 (这类似于当 $\Gamma$ 为非顺从群时经典 $\Gamma$-系统的 sofic 熵).

例如, 如果 $P$ 是 $S \otimes T$ 上的纯态 (熵为零), 其支集由向量 $\sum_i s_i \otimes t_i$ 生成 (其中 $\{s_i\}$ 和 $\{t_i\}$ 分别为 $S$ 和 $T$ 中的标正基, $dim(S) = dim(T)$), 则 $P$ 到 $T$ 的约化显然为一个齐性态, 其熵为 $\log dim(T)$. (事实上, 希尔伯特空间 $T$ 上的每一个态 $P$ 都是 $T \otimes S$ 上某个纯态的约化. 其中 $dim(S) \geqslant dim(T)$. 这是因为 $T$ 上的每一埃尔米特形式都可表示为 $T$ 与其埃尔米特对偶的张量积中的一个向量.)

于是一个表示为 $S \times T$ 中纯态的经典上不可见的 "原子" 对通过

$T$ 中万花筒式量子窗口观察的观测者来说像是多个 (对上述例子是等概率的) 粒子.

另一方面, 香农不等式在量子的情形仍成立, 它通常叙述为:

冯·诺依曼熵的次可加性 (兰福德 – 鲁滨孙, 1968). $S = S_1 \otimes S_2$ 上的态 $P$ 分别到 $S_1, S_2$ 上的典则约化 $P_1, P_2$ 的熵满足

$$ent(P_1) + ent(P_2) \geqslant ent(P).$$

证明. 设 $\Sigma_1, \Sigma_2$ 分别为 $S_1, S_2$ 中的标正基, $S = S_1 \times S_2$ 中相应的基为 $\Sigma_1 \times \Sigma_2$. 于是, 对于 $\Sigma$ 到 $\Sigma_1, \Sigma_2$ 的笛卡儿投影, 测度空间 $P_1(\Sigma_1)$, $P_2(\Sigma_2)$ 分别为 $P(\Sigma)$ 的经典约化. 由香农不等式,

$$ent(P(\Sigma_1 \times \Sigma_2)) \leqslant ent(P_1(\Sigma_1)) + ent(P_2(\Sigma_2)).$$

而根据冯·诺依曼熵的 "极简主义" 定义, $ent(P) \leqslant ent(P(\Sigma_1 \times \Sigma_2))$. 证毕.

或者, 也可利用 $ent_\varepsilon$-定义推出次可加性, 只要注意到当 $\varepsilon_{12} = \varepsilon_1 + \varepsilon_2 + \varepsilon_1\varepsilon_2$ 时

$$ent_{\varepsilon_1}(P_1) + ent_{\varepsilon_2}(P_2) \geqslant ent_{\varepsilon_{12}}(P),$$

对 $P^{\otimes N}$ 应用此式并令 $N \to \infty$ (比如取 $\varepsilon_1 = \varepsilon_2 = 1/3$).

熵的凹形与其次可加性的对比. 在这两个性质之间有一个简单的关联.

为了看到这一点, 设 $P_1, P_2$ 为 $S$ 上的密度态, 令 $Q = \frac{1}{2}P_1 \oplus \frac{1}{2}P_2$ 为它们在 $S \oplus S = S \otimes \mathbb{C}^2$ 上的直和. 显然 $ent(Q) = ent(P) + \log 2$.

另一方面, $Q$ 到 $S$ 的典则约化等于 $\frac{1}{2}(P_1 + P_2)$, 而 $Q$ 到 $\mathbb{C}^2 = \mathbb{C} \oplus \mathbb{C}$ 的约化为 $\frac{1}{2} \oplus \frac{1}{2}$.

于是, 凹形可由次可加性得出, 反之则是直接的.

设紧群 $G_1$ 和 $G_2$ 酉式作用于 $S$, 使得两个作用可交换, 且 $G_1 \times G_2$ 在 $S$ 上的作用是可约的, 则

$$(\star) \qquad ent(P) + ent((G_1 \times G_2) * P) \leqslant ent(G_1 * P) + ent(G_2 * P)$$

对 $S$ 上所有态 $P$ 均成立.

这可从 $S$ 等变地分解为张量积的直和看出:

$$S = \bigoplus (S_{1k} \otimes S_{2k}), \quad k = 1, 2, \cdots, n,$$

其中 $G_1$ 酉式作用于所有 $S_{1k}$, $G_2$ 酉式作用于所有 $S_{2k}$, 然后观察到 $(\star)$ 等价于 $P$ 在这些张量积上约化的次可加性.

强次可加性与伯努利态. 不等式 $(\star)$ 可推广如下.

设 $H$ 和 $G$ 为有限维希尔伯特空间 $S$ 上的酉变换紧群, $P$ 为 $S$ 上的一个态 (半正定埃尔米特形式). 如果 $H$ 和 $G$ 的作用可交换, 则 $P$ 的 $G$-和 $H$-平均冯·诺依曼熵满足

$$(\star\star) \qquad ent(G * (H * P)) - ent(G * P) \leqslant ent(H * P) - ent(P).$$

致谢. 在本文的早期版本中是对非交换作用叙述的, 并暗示了一个证明途径. 但迈克尔·沃尔特 (Michael Walter) 向我指出, 如果 $P$ 是 $G$-不变的话, 则事实上反过来的不等式成立:

$$ent(G * (H * P)) - ent(G * P) \geqslant ent(H * P) - ent(P).$$

同时, 他对非交换作用也提供了 $(\star\star)$ 的正确版本 (可用从次可加性推出凹性类似的办法证明):

$$ent(G * (H * P)) - \int_H ent(G * (h * P)) \, dh \leqslant ent(H * P) - ent(P).$$

对作用在 $S = S_1 \otimes S_2 \otimes S_3$ 上的酉群 $H = U(S_1)$ 和 $G = U(S_2)$, 由上面的 $(\star)$ 可知, 不等式 $(\star\star)$ 等价于如下:

冯·诺依曼熵的强次可加性 (利布-鲁斯凯, 1973). 设 $P = P_{123}$ 为 $S = S_1 \otimes S_2 \otimes S_3$ 上的态, $P_{23}, P_{13}$ 和 $P_3$ 分别为 $P_{123}$ 到 $S_2 \otimes S_3, S_1 \otimes S_3$ 和 $S_3$ 的约化, 则

$$ent(P_3) + ent(P_{123}) \leqslant ent(P_{23}) + ent(P_{13}).$$

注意, $U(S_1) \times U(S_2)$ 在 $S$ 上的作用是某个不可约表示的倍数, 即它等于 $U(S_1) \times U(S_2)$ 在 $S_1 \otimes S_2$ 上作用的 $N_3$-倍, $N_3 = dim(S_3)$. 这就是为什么证明中需要 $(\star\star)$ 不是 $(\star)$.

关于测度的相对香农不等式 (不完全平凡) 可用伯努利 – 吉布斯的论证约化为有限集合中子集的平凡相交性质. 让我们对冯·诺依曼熵做同样的事.

$S$ 上态 $P$ 的支集是零空间 $0(P) \subset S$ 的正交补 (零空间是半正定埃尔米特形式 $P$ 为零的子空间). 记此支集为 $0^{\perp}(P)$, 其维数用 $rank(P)$ 表示.

观察到

$$(\Leftrightarrow) \qquad P(T) = |P| \Leftrightarrow T \supset 0^{\perp}(P), \ \forall \text{ 线性子空间 } T \subset S.$$

一个态 $P$ 称为次齐次的, 如果对 $0^{\perp}(P)$ 中的单位向量 $s$, $P(s)$ 总为常数, 比如说等于 $\lambda(P)$. (这些态对应于经典情形的子集.)

如果除了是次齐次的以外, $P$ 还是密度态, 即 $|P| = 1$, 则显然有

$$ent(P) = -\log \lambda(P) = \log dim(0^{\perp}(P)).$$

此外还可观察到, 如果 $P_1$, $P_2$ 为次齐次态且 $0^{\perp}(P_1) \subset 0^{\perp}(P_2)$, 则

$$(/ \geqslant /) \qquad P_1(s)/P_2(s) \leqslant \lambda(P_1)/\lambda(P_2), \ \forall s \in S$$

(应用到 $s \in 0(P_2)$ 时, $0/0$ 按明显的习惯解释).

如果某个次齐次态 $Q$ 等于某个 (未必次齐次) 态 $P$ 的 $G$-平均, 则 $0^{\perp}(Q) \supset 0^{\perp}(P)$.

事实上, 根据平均的定义, $Q(T) = P(T)$ 对所有 $G$-不变子空间 $T \subset S$ 成立. 既然

$$Q(0^{\perp}(Q)) = Q(S) = P(S) = P(0^{\perp}(Q)),$$

我们就可以应用上述 $(\Leftrightarrow)$ 式.

平凡推论. 当所有四个态 $P$, $P_1 = H * P$, $P_2 = G * P$ 和 $P_{12} = G * (H * P)$ 均为次齐次的时候, 不等式 $(\star\star)$ 成立.

平凡证明. 在次齐次的情形不等式 $(\star\star)$ 可变为这些态在相应支集上的值之间的不等式:

$$\lambda_2/\lambda_{12} \leqslant \lambda/\lambda_1,$$

其中 $\lambda = \lambda(P)$, $\lambda_1 = \lambda(P_1)$, 等等. 次齐次情形的 $(\star\star)$ 证明归结于证明如下推断

$$(\leqslant \Rightarrow \leqslant) \qquad \lambda \leqslant c\lambda_1 \Rightarrow \lambda_2 \leqslant c\lambda_{12}, \ \forall c \geqslant 0.$$

因为 $0^\perp(P) \subset 0^\perp(P_1)$, 由上述 $(/ \geqslant /)$ 可知, $\lambda \leqslant c\lambda_1$ 意味着 $P(s) \leqslant cP_1(s)$, $\forall s$, 在 $G$ 上积分可得 $P_2(s) \leqslant cP_{12}(s)$, $\forall s \in S$.

因为 $0^\perp(P_2) \subset 0^\perp(P_{12})$, 存在至少一个非零向量 $s_0 \in 0^\perp(P_2) \cap 0^\perp(P_{12})$, 于是证明完成, 因为对这样的 $s_0$, $P_2(s_0)/P_{12}(s_0) = \lambda_2/\lambda_{12}$.

$(\star\star)$ 在一般情形的 "非标准" 证明. 根据伯努利定理, 所有态 $P$ 的张量幂 $P^{\otimes N}$ "收敛" 于 "理想次齐次态" $P^{\otimes \infty}$, 对 $P^{\otimes \infty}$ 应用上述 "平凡证明" 就可对所有 $P$ 得出 $(\star\star)$.

如果 "理想次齐次态" 理解为有限维希尔伯特空间范畴的一阶 $\mathbb{R}$-语言的非标准模型中的对象, 则平凡证明可应用于群 $G$ 和 $H$ 的作用可交换的情形, 其中 "交换" 的角色稍后解释.

实际上, 此证明不需要用到完整的 "非标准" 语言 —— 所有的事都可以用无限族普通态来表述; 然而, 这需要一点额外的术语, 我们介绍如下.

从现在开始, 我们的态定义在有限维希尔伯特空间 $S_N$ 上, 它们组成可数族, 记为 $S_* = \{S_N\}$, 其中 $N$ 为可数集 $\mathcal{N}$ 中的成员, 比如说 $\mathcal{N} = \mathbb{N}$ 连同它上面的非主要超滤子. 这本质上意味着我们对 $S_*$ 所说的事要对无限多个 $N$ 成立.

实数被替换为数族/列, 比如 $a_* = \{a_N\}$, 其中利用超滤子我们可假定极限 $a_N$, $N \to \infty$ 总存在 (可能等于 $\pm\infty$). 简单地说, 这意味着像我们常想的那样我们可以转到收敛子列. 如果相应序列的极限相等就记为 $a_* \sim b_*$.

设 $P_*$ 和 $Q_*$ 为 $S_*$ 上的态, 如果 $P_*(T_*) \sim Q_*(T_*)$ 对所有线性子空间 $T_* \subset S_*$ 均成立, 则记 $P_* \sim Q_*$. 此时 $\lim P_N(T_N) = \lim Q_N(T_N)$ 对所有 $T_N \subset S_N$ 和 $\{N\}$ 的某些子列成立.

让我们对次齐次密度态 $P_*$ 叙述并证明上述 $P(T) = |P| \Rightarrow T \supset 0^\perp(P)$ 的对应部分.

注意到 $P_*(T) \sim |P_*|$ 并不蕴含 $T_* \supset 0^\perp(P_*)$; 然而, 它的确蕴含着:
- 存在一个态 $P'_* \sim P_*$, 使得 $T_* \supset 0^\perp(P'_*)$.

证明. 设 $U_*$ 为 $P_*$ 的支集, $\Pi_* : U_* \to T_*$ 为法向投影. 则由一个平凡的推理可知支集为 $\Pi_*(U_*) \subset T_*$ 的次齐次密度态 $\Pi'_*$ 是所需要的那个 (只有一个这样的态).

为了完成 (⋆⋆) 证明的 "非标准" 翻译, 我们还需要更多一些定义.

乘性齐次性. 设 $Ent_* = \{Ent_N\} = \log dim(S_N)$, 将正 (乘积) 常数 (数量) $c = c_* = \{C_N \geqslant 0\}$ 规范如下

$$|c|_* = |c_*|^{\frac{1}{Ent_*}}.$$

在下面, 特别是有 "⋆" 出现时, 我们常省略 "*".

态 $B = B_* = \{B_N\}$ 称为 *-齐次的, 如果 $|B(s_1)|_* \sim |B(s_2)|_*$ 对所有谱向量 $s_1, s_2 \in 0^\perp(B) \subset S_*$ 成立, 或等价地, 如果满足 $0^\perp(B') = 0^\perp(B)$ 和 $|B'| = |B|$ 的 (唯一的) 次齐次态 $B'$ 也对所有单位向量 $s \in 0^\perp(B)$ 满足 $|B'(s)|_* \sim |B(s)|_*$.

因为数值 $|B'(s)|, s \in 0^\perp(B)$ 不依赖于 $s \in 0^\perp(A')$, 我们可记为 $|B|_*$.

设 $B$ 为具有支集 $T = 0^\perp(B)$ 的 ⋆-齐次密度态, $A$ 是具有支集 $U = 0^\perp(A)$ 的次齐次密度态.

如果 $A(T) \sim B(T) = 1$, 则存在线性子空间 $U' \subset U$, 使得

$$|dim(U')/dim(U)| \sim 1,$$

且对所有单位向量 $s \in U'$, 均有

$$|B(s)|_* \sim |B|_*.$$

证明. 设 $\Pi_T : U \to T$ 和 $\Pi_U : T \to U$ 分别为法向投影, $u_i$ 为 (自伴) 算子 $\Pi_U \circ \Pi_T : U \to U$ 的特征向量, 按照特征值大小排序: $\lambda_1 \leqslant \lambda_2 \leqslant \cdots \leqslant \lambda_i \cdots$. 根据毕达哥拉斯定理, $dim(U)^{-1} \sum_i \lambda_i = 1 - B(T)$; 因此, 对所有 $\varepsilon > 0$, 那些 $\lambda_i \geqslant 1 - \varepsilon$ 的 $u_i$ 所张成的 $U_\varepsilon$ 满足 $|dim(U_\varepsilon)/dim(U)| \sim 1$; 任何这样的 $U_\varepsilon$ 都可以取为 $U'$.

●● 推论. 设 $\mathcal{B}$ 为 $S_*$ 上 ⋆-齐次密度态 $B$ 组成的有限集, 使得对所有 $B \in \mathcal{B}$ 均有 $A(0^\perp(B)) \sim 1$. 则存在一个单位向量 $u \in U = 0^\perp(A)$, 使得 $|B(u)|_* \sim |B|_*$ 对所有 $B \in \mathcal{B}$ 成立.

这可对 $\mathcal{B}$ 的基数进行明显的归纳得出, 在每一步将 $U$ 换成 $U'$.

让我们将 $A_* = \{A_N\}$ 的熵规范化为

$$ent_*(A_*) = ent(A_*)/Ent_* = \left\{ \frac{ent(A_N)}{\log dim(S_N)} \right\}.$$

对 $S_*$ 上的密度态 $A_*$, 如果 $log|A(s)|_* \sim -ent_*(A)$, 则称向量 $s \in S_*$ 是伯努利的.

$S_*$ 上的密度态 $A$ 称为伯努利的, 如果存在子空间 $U$, 称为 $A$ 的伯努利核, 它由 $A$ 的某些谱伯努利向量张成, 且 $A(U) \sim 1$.

例如, 在一个 $\star$-齐次密度态 $A$ 的支集中的所有向量 $s$ 都是伯努利的.

更重要的是, 根据伯努利大数定律, 对 $S$ 上所有的密度态 $P$, $S_* = \{S^{\otimes N}\}$ 上的张量幂族 $A_* = \{P^{\otimes N}\}$ 都是伯努利的.

乘性等价与伯努利等价. 除了关系 $A \sim B$, 引入其乘性对应部分 $A \overset{*}{\sim} B$ (即对所有 $s \in S_*$, $|A(s)|_* \sim |B(s)|_*$) 也很方便.

伯努利等价关系. 在 $S_*$ 的密度态集合上, 它由 $A \sim B$ 和 $A \overset{*}{\sim} B$ 张成. 例如, 如果 $A \sim B$, $B \overset{*}{\sim} C$ 以及 $C \sim D$, 则 $A$ 伯努利等价于 $D$.

观察到: 在态的凸组合下, 伯努利等价关系是稳定的.

特别地, 如果 $A \overset{*}{\sim} B$, 则对 $S_*$ 的酉变换的所有紧群 $G$ (即对所有 $G_N$ 作用于 $S_N$ 的序列), 均有 $G * A \overset{*}{\sim} G * B$.

此伯努利等价类似于经典有限测度空间 (的序列), 由魏尔变分原理, 此等价的下列两条性质很容易从经典情形得出. (我们在下面用 "非标准" 术语解释这一点.)

(1) 如果 $A$ 为伯努利的, $B$ 伯努利等价于 $A$, 则 $B$ 也是伯努利的. 因此, $A$ 是伯努利的当且仅当它伯努利等价于 $S_*$ 上的某个次齐次态.

(2) 如果 $A$ 伯努利等价于 $B$, 则 $ent_*(A) = ent_*(B)$.

对 $a_N, b_N \in \mathbb{R}$, 如果 $a_* - b_* \sim c_* \geqslant 0$, 就记 $a_* \gtrsim b_*$.

设 $B$ 为 $S_*$ 上的伯努利态且 $A$ 为密度态, 如果 $B$ 容许一个伯努利核心 $T$ 使得 $A(T) \sim 1$, 就记 $A \prec B$.

此关系在等价关系 $A \sim A'$ 下不变, 但对 $B \sim B'$ 不成立. 它对伯努利态也不满足传递性.

主要例子. 如果对 $S_*$ 的某个紧酉变换群 $G$, $B$ 等于 $A$ 的 $G$-平均, 则 $A \prec B$.

事实上, 由平均的定义. $B(T) = A(T)$ 对所有 $G$-不变子空间 $T$ 成立. 另一方面, 如果一个 $G$-不变的 $B$ 是伯努利的, 则它容许一个 $G$-不变的核心, 因为谱伯努利向量集合是 $G$-不变的且谱伯努利向量张成的单位向量都是伯努利的.

**主要引理.** 设 $A, B, C, D$ 为 $S_*$ 上的伯努利态, 使得 $A \prec B, A \prec D$. 设 $G$ 为 $S_*$ 的紧酉变换群. 如果 $C \sim G * A, D = G * B$, 且 $A$ 为次齐次的, 则

$$ent_*(B) - ent_*(A) \gtrsim ent_*(C) - ent_*(D).$$

**证明.** 按照 ●, 存在一个态 $A' \sim A$, 使得其支集 $0^{\perp}(A')$ 包含于 $B$ 的某伯努利核心中. 因为我们的假设和结论都在等价关系 $A \sim A'$ 下不变, 我们可假定 $U = 0^{\perp}(A)$ 本身包含于 $B$ 的伯努利核心中.

于是有

$$A(s) \leqslant c^{Ent_*} B(u), \quad \forall c > \exp(ent(B) - ent(A)), \ s \in S_*.$$

另外, 我们也可假设 $C = G * A$, 因为平均和 $ent_*$ 在等价关系 $\sim$ 下不变.

此时 $C = G * A$ 和 $D = G * B$ 也满足

$$C(s) \leqslant c^{Ent_*} D(s), \quad \forall s \in S_*.$$

特别地, 对 $C$ 和 $D$ 的一个公共伯努利向量 $u$, 有

$$C(u) \leqslant c^{Ent_*} D(u),$$

其中 $u \in U$ 的存在性由 ●● 保证.

于是, 对所有 $c > \exp(ent_*(B) - ent_*(A))$, 均有 $|C(u)|_* \leqslant c|D(u)|_*$. 因为 $C$ 和 $D$ 是伯努利的, $ent_*(C) \sim -\log|C(u)|, ent_*(D) \sim -\log|D(u)|$; 从而有

$$ent_*(D) - ent_*(C) \leqslant c, \quad \forall c \leqslant ent_*(B) - ent_*(A).$$

这意味着 $ent_*(B) - ent_*(A) \gtrsim ent_*(C) - ent_*(D)$. 证毕.

(★★) 的证明. 设 $P$ 为希尔伯特空间 $S$ 上的密度态, $G, H$ 为作用于 $S$ 的酉群. 假定 $G$ 和 $H$ 可交换, 我们来证明

$$ent(G * (H * P)) - ent(G * P) \leqslant ent(H * P) - ent(P).$$

实际上, 我们所要的只是 $G*(H*P)$ 等于 $P$ 的 $K$-平均, $K$ 是某个群. 在交换的情形, 取 $K = G \times H$ 即可.

对 $S$ 上的所有 $P$, 回忆 $S_* = \{S_N = S^{\otimes N}\}$ 上的 $\{P^{\otimes N}\}$ 是伯努利族, 其平均自身也是张量积, 因此也是伯努利的.

设 $A_* = \{A_N\}$ 是 $S_*$ 上伯努利等价于 $P^{\otimes N}$ 的次齐次态, 由上可知它们的平均仍为伯努利的. (或者, 对 $M = 2^N$ 取 $A_N^{\otimes M}$ 代替 $A_N$.)

既然在交换情形, $B$ 和 $D$ 均为 $A$ 的平均, $A \prec B$ 以及 $A \prec D$; 于是可应用上面的引理, 从而完成证明.

关于上面的 (1) 和 (2). 在相差酉等价下, $S$ 上的态 $P$ 完全由其谱分布函数 $\Psi_P(t) \in [0,1]$, $t \in [0, dim(S)]$ 刻画, 它等于 $P(T)$ 在 $n$ 维线性子空间 $T \subset S$ 上的最大值, 然后线性插值到 $t \in [n, n+1]$.

由魏尔变分原理, 此 $\Psi$ 等于其经典版本, 那时最大值是在谱子空间 $T$ 上取的.

$\varepsilon$-熵以及伯努利性质可以很容易地从此函数得出, 因此性质 (1) 和 (2) 可从它们明显的经典版本得出, 我们在经典伯努利 – 玻尔兹曼熵的定义中已经用过了, 尽管比较隐晦.

非标准欧氏/希尔伯特几何. 当 $N \to \infty$ 时, 熵只构成了 $\Psi_{A_N}$ 在极限中编码的渐近信息的很小一部分, 其中传送给极限不成问题, 因为明显地 $\Psi$ 为凹函数. 然而, 在 "单纯极限" 下大多数这类信息都丢失了, 必须采用非标准分析意义下的极限才行.

另外, 单个 $\Psi$ 不会告诉你 $S_*$ 上不同态的相互位置: 多个态的联合希尔伯特几何由复值函数决定, 有点像 (散射) "矩阵", 比方说 $\Upsilon_{ij}$: $\underline{P}_i \times \underline{P}_j \to \mathbb{C}$, 其中 $\Upsilon_{ij}$ 的 "元素" 等于 $P_i$ 和 $P_j$ 的单位谱向量的数量积. (此定义中有一个相位歧义, 如果有多重特征值的话这会变得很重要.)

因为在一个明显的意义下这些 $\Upsilon_{ij}$ 都是酉 "矩阵", 相应的 $\Sigma_{ij} = |\Upsilon_{ij}|^2$ 定义了相应谱测度空间之间的双随机对应 (习惯上表示为矩阵).

(酉性质对这些矩阵施加了比单纯的随机性更强的限制. 只有一小部分随机矩阵, 称为酉随机的, 才有 "酉来源". 在物理中, 如果我的理解正确的话, 散射矩阵在实验上可观测的酉随机性可视为 "量子宇宙" 酉性质的证据. )

进一步, "矩阵" $\Upsilon_{ij}$ "元素" 的全体, 即所有 $P_i$ 的谱向量之间数量积的完全数组, 满足一个较强的正定性条件.

最终, 所有的东西都可用不同 $P_i$ 的单位谱向量之间的数量积以及 $P_i$ 在其谱向量上的值表达; 这些数组的非标准极限完全描述了非标准希尔伯特空间上非标准态的有限集合上的非标准几何.

**约化的重新表述.** 典则约化的熵不等式可以更加系统地用双线性型 $\Phi(s_1, s_2)$ ($s_i \in S_i$, $i = 1, 2$) 的熵来表述, 其中 $\Phi$ 的熵定义为 $S_1$ 上埃尔米特形式 $P_1$ 的熵, 它由线性映射 $\Phi'_1 : S_1 \to S'_2$ 从 $S'_2$ 中的希尔伯特形式诱导而来, 其中 $S'_2$ 是 $S_2$ 的线性对偶. 注意到此熵等于 $\Phi'_2 : S_2 \to S'_1$ 在 $S_2$ 上诱导的埃尔米特形式.

在此语言中, 例如, 次可加性翻译为:

**荒木–利布三角不等式 (1970).** 与给定 3-线性形式 $\Phi(s_1, s_2, s_3)$ 相关联的三个双线性形式的熵满足

$$ent(\Phi(s_1, s_2 \otimes s_3)) \leqslant ent(\Phi(s_2, s_1 \otimes s_3)) + ent(\Phi(s_3, s_1 \otimes s_2)).$$

**讨论.** 强次可加性是兰福德 (Lanford) 和鲁滨孙 (Robinson) 在 1968 年猜测的, 五年后由利布 (Lieb) 和鲁斯凯 (Ruskai) 利用算子凸性技术证明.

许多证明基于将强次可加性约化为算子函数 $e(x, y) = x \log x - x \log y$ 的迹凸性. 这个迹凸性的当今最短证明属于鲁斯凯 [21], 最清晰的证明属于埃弗罗斯 (Effros) [9].

另一方面, 玛丽·贝丝·鲁斯凯向我指出 (她还提供了其他注记, 其中两个出现在下面), 现在还有强次可加性的其他证明, 例如 [12], [20], 它们不用 $x \log x - x \log y$ 的迹凸性.

(1) 实际上, 强次可加性的两个原始证明中的一个也不用 $x \log x - x \log y$ 的迹凸性, 而是依赖于映射 $x \mapsto trace(e^{y + \log x})$ 的凹性, 这在 [22] 中解释了, 在那里爱泼斯坦 (H. Epstein) 给出了 $e^{y + \log x}$ 关于 $x$ 是迹凹函数的精巧证明.

(2) 从 $e^{y + \log x}$ 的迹凹性推出强次可加性的可能性由乌尔曼 (A. Uhlmann) 独立地在 1973 年观察到了, 他提出了利用群平均对强次可加性做另外的表述.

最近, 迈克尔·沃尔特向我解释说我们的 "伯努利式" 证明与 [20] 中的接近, 他也向我指出了文章 [8], 在那里作者们对置换群表示的张量积的再耦合系数建立了渐近性. 这改进了伯努利定理, 并且可直接推出强次可加性.

凸性不等式的最佳性在我们的 "软" 证明中被回避了, 它利用了伯努利定理的 "相等效应" 将求和 (积分) 约化为逐点估计. 其他有些算子凸性不等式也可用伯努利逼近推出, 但此方法仅限于 (?) 在张量化下稳定的情形, 似乎很难用于确认等号成立情形的那些态.

(我找不到算子函数 $x \log x - x \log y$ 的迹凸性的简单 "伯努利式证明", 而对 $x \log x - x \log y$ 的普通凸性的证明就像对 $x \log x$ 一样容易.)

有更强大的 "平均技术" 可用于 "经典" 几何不等式的证明以及椭圆型偏微分方程, 比如香农 – 卢米斯 – 惠特尼 – 希勒不等式的布拉斯坎普改进的证明中蒙日 – 康托诺维奇运输问题的解 (见 [3] 及其参考文献) 以及环凯勒流形上某些霍奇算子的可逆性, 像凸集混合体积的亚历山德罗夫 – 芬切尔不等式的科范斯基 – 泰西耶解析演绎式证明中那样 [10]. 找到这些证明的 "量子版本" 是很诱人的.

另外, 也希望找到几何 (单项?) 范畴中 "自然" 不等式的更加函子式和更翔实的证明 (要看到它是如何沿不同路线前进的, 见 [4], [23]).

关于代数不等式. 除了 "酉化", 某些香农不等式容许线性化, 其中第一个非平凡的例子是如下卢米斯 – 惠特尼 $3D$-等周不等式的线性化: 对与 4-线性形式 $\Phi = \Phi(s_1, s_2, s_3, s_4)$ 相关联的双线性形式的秩 (用 $|\cdots|$ 表示), 有

$$|\Phi(s_1, s_2 \otimes s_3 \otimes s_4)|^2 \leqslant |\Phi(s_1 \otimes s_2, s_3 \otimes s_4)| \cdot |\Phi(s_1 \otimes s_3, s_2 \otimes s_4)|$$
$$\cdot |\Phi(s_1 \otimes s_4, s_2 \otimes s_3)|.$$

它可用伯努利张量化直接证明, 并能很容易地约化为原始的卢米斯 – 惠特尼不等式 (见 [11]).

但对应于强次可加性的版本 —— 相对香农不等式 (对 $\exp ent(\cdots)$ 而不是 $|\cdots|$ 成立)

$$|\Phi(s_1, s_2 \otimes s_3 \otimes s_4)| \cdot |\Phi(s_4, s_1 \otimes s_2 \otimes s_3)| \leqslant |\Phi(s_1 \otimes s_2, s_3 \otimes s_4)|$$
$$\cdot |\Phi(s_1 \otimes s_4, s_2 \otimes s_3)|$$

对一般的 $\Phi$ 不成立. (明显的反例可用适当的伯努利类核心稳定秩处理, 但这很可能不适用于一般情形.)

这种 "秩不等式" 使人想起截面空间和正向量丛 (一般为上同调) 中的不等式, 例如科范斯基 – 泰西耶定理和改进的戴森 – 罗斯引理 的艾思诺 – 菲韦格证明, 但直接的联系还有待寻找.

**向读者致歉.** 最初, "结构" 的第一部分打算作为我在欧洲数学会克拉科夫演讲的主体内容前言中的一半, 其唯一的目的是推动 "生物学中数学" 的进一步发展. 但我花了几个月而不是原先指望的几天时间, 才能用适当简单的方式表述显然已很好理解了的简单事情.

不过, 我希望我勉强做到了信息传递: 到 20 世纪末所发展出的数学语言, 其表达能力已远远超过 20 世纪 60 年代以前所能想象的任何事. 来自科学的任何有意义的观念都可以用此语言完全展开. 好吧 …… 实际上我原计划给出一些需要新语言的例子, 并提供某些可能性. 我天真地相信这将花费我一两个月的时间, 但写作此 "前言" 部分的经历表明时间系数应乘以 30. 我决定暂缓进行.

## 参考文献

[1] J. Baez, T. Fritz, T. Leinster, A Characterization of Entropy in Terms of Information Loss, Entropy, 13, pp. 1945—1957 (2011).

[2] K. Ball, Factors of i.i.d. processes with nonamenable group actions, http://www.ima.umn.edu/~kball/factor.pdf (2003).

[3] F. Barthe, On a reverse form of the Brascamp-Lieb inequality, Invent. Math. 134, no. 2, 335—361 (1998).

[4] Philippe Biane, Luc Bouten, Fabio Cipriani, Quantum Potential Theory, Springer (2009).

[5] Lewis Bowen, A new measure conjugacy invariant for actions of free groups. Ann. of Math. 171, no. 2, 1387—1400 (2010).

[6] Lewis Bowen, Sofic entropy and amenable groups, to appear in Ergodic Theory and Dynam. Systems.

[7] Lewis Bowen, Weak isomorphisms between Bernoulli shifts, Israel J. of Math. 183, no. 1, 93—102 (2011).

[8] Matthias Cristandl, Mehmet Burak Sahinoglu, Michael Walter, Re-

coupling Coefficients and Quantum Entropies, arXiv:1210.0463 (2012).

[9]   Edward G. Effros, A matrix convexity approach to some celebrated quantum inequalities, PNAS, 106, no. 4, pp. 1006—1008 (2009).

[10]  M. Gromov, Convex sets and Kähler manifolds. Advances in Differential Geometry and Topology, ed. F. Tricerri, World Scientific, Singapore, pp. 1—38 (1990).

[11]  M. Gromov, Entropy and Isoperimetry for Linear and non-Linear Group Actions, Groups Geom. Dyn. 2, No. 4, 499—593 (2008).

[12]  Michal Horodecki, Jonathan Oppenheim, Andreas Winter, Quantum state merging and negative information, CMP 269, 107 (2007).

[13]  A. Katok, Fifty years of entropy in dynamics: 1958—2007, J. of Modern Dyn. 1 (2007), 545—596.

[14]  Oscar E. Lanford, Entropy and equilibrium states in classical statistical mechanics, Lecture Notes in Physics 20, pp. 1—113 (1973).

[15]  P.A. Loeb, Measure Spaces in Nonstandard Models Underlying Standard Stochastic Processes. Proc. Intern. Congr. Math. Warsaw, pp. 323—335 (1983).

[16]  M. Marcolli, R. Thorngren, Thermodynamic Semirings, arXiv:1108.2874.

[17]  Yann Ollivier, A January 2005 invitation to random groups. Ensaios Matemticos [Mathematical Surveys], 10. Sociedade Brasileira de Matemtica, Rio de Janeiro (2005).

[18]  A. Ostebee, P. Gambardella, M. Dresden, Nonstandard approach to the thermodynamic limit. I, Phys. Rev. A 13, pp. 878—881 (1976).

[19]  Vladimir G. Pestov, Hyperlinear and sofic groups: a brief guide. Bull. Symbolic Logic 14, Issue 4, 449—480 Bull (2008).

[20]  R. Renner, Security of Quantum Key Distribution. arXiv:quantph/0512258 (2005).

[21]  Mary Beth Ruskai, Another Short and Elementary Proof of Strong Subadditivity of Quantum Entropy, arXiv:quant-ph/0604206v1 (2006).

[22]  Mary Beth Ruskai, Inequalities for quantum entropy: A review with conditions for equality, Journal of Mathematical Physics, 43: 58, Issue 9 (2002).

[23] Erling Stormer, Entropy in operator algebras, In Etienne Blanchard; David Ellwood; Masoud Khalkhali; Mathilde Marcolli; Henri Moscovici Sorin Popa (ed.), Quanta of Maths. AMS and Clay Mathematics Institute (2010).

[24] B.Weiss, Sofic groups and dynamical systems, The Indian Journal of Statistics Special issue on Ergodic Theory and Harmonic Analysis 2000, Volume 62, Series A, Pt. 3, pp. 350—359.

# 第十章　大脑中的数学流*

我思故我在.

数学是什么，它是如何产生的?

数学思想之河流是从哪里流出来的?

大脑中数学的终极源头是什么?

这些问题使人想起古老问题:

"地球搁在什么东西上? "

直觉会向人们引向诸如 "搁在巨龟背上" 之类的答案.

如其急着说一些关于数学的俏皮话, 不如让我们在一般的语境中为上述问题找答案. 其中一个这样的候选者是一类通用学习过程的数学模型①, 我们称之为人因系统. 如果没有关于这种或类似 "系统" 的理论, 讨论 "数学的本质" 就变成自说自话了.

(在科学体系内部是无法解释清楚任何事情的: 特殊的记号、对象和现象几乎总是在更广的语境中定义和分析的. 如果你对诸如 "星系演化" "核聚变" "行星系统" "碳化学", "多聚合物" 之类的东西一

---

* 原文 Math Currents in the Brain, 写于 2014 年 6 月 13 日, 发表于 *Simplicity: Ideals of Practice in Mathematics and the Arts*, Mathematics, Culture, and the Arts, Springer, pp. 105–118 (2017). 本章由梅加强翻译.

① 这里 "数学模型" 按物理学家的意思理解, 其数学的严谨性是第二位的.

无所知的话, 你能说出哪些关于地球的有价值的话? [①])

　　这种系统的存在性可通过大脑的能力来证明, 大脑可以构建有条理的结构, 例如视觉图像, 还有从大脑接收到的看上去混乱的电化信号流中构建数学理论.

　　还有支持此类 "系统" 的进一步证据; 不过, 其存在性尚未证明[②].

　　对从数学上解决心灵问题的一个生动的异议由哈尔登[③]表述如下:

　　如果我的见解是我头脑中化学过程的结果, 它们就应由化学定律而不是逻辑所决定.

　　是这么回事吗? …… 除非你意识到上述 "决定" "化学定律" "逻辑" 的说服力依赖于这些术语在它们适当的语境之外的隐喻式使用.

　　但是, 以蚂蚁为例, 它们可不会犯这种方法论上的错误: 它们的集体意志利用 "化学定律" 在 "逻辑上确定" 了在崎岖不平的地带上不同位置之间的最短路径:

　　在蚁冢和食物来源之间的高速蚂蚁通道通常实现了近似最短路径.

　　(如果你猜不出这是怎么实现的, 别怪你的大脑. 与蚂蚁的大脑类似, 它的很大一部分是将可能以指数形式增长的生命之树的分支粗暴地砍去而形成的[④], 其中大自然修补人类基因组的时间和机会比昆虫少.[⑤])

　　解答. 蚂蚁们用信息素标记路径, 它们倾向于选择那些气味最重的路径. 一切都是均等的, 在同一条路径上来回的蚂蚁数目(比如一小时内)与该路径的长度成反比; 于是, 最短路径就是气味最重的那条,

---

　　① 不熟悉科学的人会发现这些比巨龟之类的想法还要强词夺理. 比如, 一个聪明的克罗马尼翁人中的游猎采集者会嘲笑一位博学的科学家, 如果后者试图教给他/她什么是他/她的地球.

　　② 我们在两篇关于 "人因论文" 的文章中解释这一点, 见文末.

　　③ J. B. S. 霍尔丹 (1892 — 1964), 具有数学头脑的进化论生物学家, 也是著名的科普作家.

　　④ 这种毁损过程, 委婉地称为自然选择, 是为了抑制而不是促进进化的多样性.

　　⑤ 很可能, 社会性昆虫的那些最复杂最有趣的行为模式, 其演化进程遵循的路径与无限制自然选择的 (随机) 梯度横截相交, 这与人类大脑很像.

那也成为蚂蚁的最佳选择.①

这个算法在演化中能实现是因为它的简洁性和普适性. 仅仅为了存在, 我们头脑中运行的基本程序一定是相对普适、简洁和优美的.

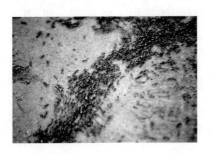

## §1  数学的哲学和哲学的数学

数学家, 以及地球上其他每一个人, 常对自身感到惊奇.

以亨利·庞加莱为例, 他说他头脑中随机跳动的朦胧微尘在 "我找到了" 的时刻聚结为数学思想.

潜意识自我盲目形成了大量组合, 其中绝大部分既无趣又无用. 但是, 正是出于这个理由, 它们没有对美的感受起作用; 意识也从不知道它们 ……

只有少数是协调的, 因而立刻变得有用和优美, 它们将能影响我所说的几何学者的特殊情感; 一旦被激发, 就会将我们的注意力导向它们, 它们也将得到了意识到的机会 ……

相反, 在潜意识自我之中, 有一种主宰, 我称之为自由, 如果可以用自由这个词表示仅仅缺乏纪律和偶然产生的紊乱. 不过, 正是这种紊乱才使耦合成为可能.②

雅克·阿达玛 (Jacques Hadamard) 在他的书中收集了科学家在心理体验方面富有诗意的若干故事, 其中包括庞加莱和爱因斯坦的:

---

① 理查德·费曼在解释路径积分中相位相消是如何导出最小作用量原理时, 曾开玩笑说粒子能通过 "闻" 相邻路径来找出它们是否有更多作用量.

② 一个相应的关于脑功能的神经进化模型曾由杰拉尔德·爱德曼提出, 他很可能受到了抗体蛋白的免疫选择机制的启发.

另一方面, 庞加莱的潜意识自我可作为我们称之为 "人因大脑" 的前身. 不过, 尽管 "人因" 具有随机性, 它还涉及高水平的结构性组织, 而不像 "自我" 那样.

数学家的心灵: 数学发明的心理学.[1]

与庞加莱一样, 阿达玛书中令人失望的结论是说基本的心理过程是无意识[2] 的并且沿几条线并行运行. (当然, 后者蕴含前者: 我们的显意识几乎完全按时间轴排列.) 所有这一切, 甚至是最杰出头脑的内省思考, 都无法阐明数学的本质.

(其实, 鱼能否发展出关于液体的理论? 饮食方面的巨大激情能否推动人理解新陈代谢?[3] 通过舞者内心对艺术感受的波动能否揭示机械运动的原理?)

不过, 不同于搜寻自己的心灵, 我们在构建复杂的数学/心智结构时的经验可能帮得上忙.

从另一角度来看, 心理学家已经试图在用数学去研究心理现象. 但这不包括高层次的学习模型, 例如儿童学习母语或数学家创造数学理论[4].

## §2 普适性和演化

每一个连通图均可分解为其核心和周边之并:

$$G = G_{core} \cup G_{peri},$$

其中 $G_{core}$ 是一个顶点的度均不为 1 的子图, $G_{peri}$ 为若干树的不交并, 每一个都和 $G_{core}$ 由一个顶点相连.

人类/动物的心灵就像这样的图 $G$, 其中 $G_{peri}$ 对应着可直接观察到的人类/动物行为以及/或人类显意识可接受的事.

---

[1] 也可参见: 威廉·伯斯的《数学家是如何思考的》, 戴维·吕埃勒的《数学家的头脑》, 斯坦尼斯·德阿纳的《数感》, 基思·德夫林的《数学直觉》, 乔治·莱可夫和拉斐尔·努涅斯的《数学从哪里来》.

[2] 这里不要与潜意识相混淆, 潜意识通常被理解为意识的一部分.

[3] 以吃糖果为例, 这不过是由一系列复杂的醋酸盐的氧化化学反应链组成的, 其中的生成物来源于碳水化合物分解为二氧化碳以及细胞间以三磷酸盐腺苷为形式的化学能.

[4] 我必须承认我只随机浏览了一些文献, 例如罗伯特·邓肯·卢斯的《数学心理学中的数学》, 尼古拉·马格诺的《逻辑和数学心理学》, 克莱德·哈密顿·库姆斯, 罗宾·道斯和阿莫斯·特沃斯基的《数学心理学: 基础入门》, 杰姆斯·T·汤森德 (2008) 的《数学心理学: 21 世纪展望》. 也可参见 http://www.indianna.edu/~psymodel/publications-all.shtml.

$G_{peri}$ 中的大部分反映了演化过程所选择的程序, 它们用来控制个体的行为以及他/她的意识思维. 这些程序保护个体生存以及保存群体中的相关基因.

我们所珍惜的那些关于我们自身, 关于我们的思考, 我们的智慧, 我们的直觉, 等等, 都是在我们头脑中运行的程序的产物.[1] 无可替代地有用? 不错; 但这些想法的实际用途既没有从科学上弄明白[2], 也没有对 $G_{peri}$ 带来结构上的优美、统一和普适性.

$G_{peri}$ 中的树缘于一系列生物/历史偶然, 探索和照看树之森林是政治家、教育家、心理学家以及心理小说作家的任务, 与我们数学家无关.

我们想理解和从数学上建模的是: 大脑的电化神经生理学和基础学习过程心理学之间的隐形界面.

这个隐形界面用记号 $G_{core}$ 表示. 我们希望它按照一般半 – 数学原理组织, 它所扮演的角色大体相似于

分子细胞生物学 + 胚胎学

在转换/翻译基因信息为活体组织的动态体系结构过程中的机制.[3]

与 $G_{peri}$ 不同, $G_{core}$ 中的大部分具有普适属性, 即不是由演化所选择的, 而是由纯逻辑上的必然性所选定. 这类似于

一维 + 三维折叠多肽[4]

怎样被大自然提升为生物细胞化学中的主体角色.

两个 "心理普适性" 的建设性例子为:

**1.** 幼年动物的铭记. 动物宝宝怎么知道谁是自己母亲? 该信任谁,

---

① 多数 "类人思想" 由核心行为程序所驱动, 它们源于 5 亿年前蠕虫状动物先驱的神经系统. 这些程序对内眼而言是隐形的.

② 比之运动系统上安装的运动感知来自牛顿力学定律, 这些想法要进一步从 "思考的真实定律" 中移除.

③ 胚胎发育仍为生命的谜题. 生长的机体组织是怎样实现编码在基因中的设计的呢?

④ 多肽是氨基酸的聚合链 (一般包含 100 — 300 个单位), 在合成到细胞中时, 折叠为特定的三维构型. (依照残基之间的吸引/排斥力, 这基本上是同时发生的. 然而, 迄今为止还没有数学理论能完全刻画蛋白质折叠的动力学, 蛋白折叠可视为胚胎发育的 "初级版本".) 折叠的构型称为蛋白质, 它们履行了细胞中的多数功能, 包括多肽合成自身 —— 这是宇宙间发生最多的化学过程.

该爱谁?

富有启发性的答案由道格拉斯 · 斯伯丁 (Douglas Spalding) 提出并检验, 见其短文关于直觉,《自然》, 1872 年第 6 卷, 第 485 — 486 页.[1]

第一个运动物体.

宝宝的大脑中没有母亲、爱、信任之类的想法, 仅仅操作 普适性数学概念:

第一次, 改变/运动, 物体

它们不限于演化选择.[2]

**2. 鹰/鹅效应.** 雏鸟的头脑中没有 "致命的鹰" 这样的内建图像, 但它能区分 "频繁" 地滑行在头顶的无害形状和那些很少出现的潜在威胁.

与 "第一次" 类似, "频繁" "很少" 属于普适性概念, 它们不是由演化过程所特别设计出来区分鹰和鹅的.

我们相信这种普适性推动着人类思考机制的隐藏之轮.

## §3　语言学习和数学学习

仅仅试图定义 "思考" 和 "智能" 也会适得其反, 但学习是另一码事. 学习显然是可观测的过程, 其中, 下列三种学习例子很可能由本质上一样的程序所运行.

1. 学习母语.

2. 学习国际象棋.

3. 学习数学.

就语言而言, 几乎每一个儿童都要学习一种, 这是 "深度结构化学习" 中最常见的例子. 关于它的底层是什么, 它又是怎样奏效的, 还没人能提出建设性的想法.

---

① 斯伯丁对基础心理学的贡献曾被遗忘多年, 最近有所复兴. 它仍被大量回答如下 "艰深" 问题的实验所笼罩:

如果免于处罚, 有多大比例的人会偷窃?

更多有趣的东西可参见 http://list25.com/25-intriguing-psychology-experiments/.
② 大自然不太可能尝试并拒绝 "第二次移动" "第三次移动"……

在数学领域, 一个卓越的例子就是斯里尼瓦瑟·拉马努金 (Srinivasa Ramanujan). 拉马努金在阅读一本含有 5000 个定理和公式的书时, 同时自己又写下了 4000 个新公式, 其中最初的一个是

$$\sqrt{1+2\sqrt{1+3\sqrt{1+4\sqrt{1+5\sqrt{1+\cdots}}}}}=3.$$

"学习" 以如下最纯粹的形式出现在这儿:

在大脑中 "构建" 一个 "算子" 的过程,

它明显地将一套公式变换为另一套.

没有一般性的学习理论值得严肃对待, 除非它能至少概要性地指出这种 "构建" 的通用规则.

(某位统计学的误用者可能会排斥拉马努金现象, 将之视为 "偶然的机遇". 不过, 实际上这一 "拉马努金式的奇迹" 强有力地指向了使得亿万儿童掌握母语的同样的通用原理.[①])

下国际象棋是一个思考模型. 它已经被哲学家、心理学家、计算机专家和数学家从不同的角度检查过.

根据弗洛伊德 (Freud), 人类男性下国际象棋的兴趣是受潜意识中弑父冲动的驱使[②]. 但维特根斯坦 (Wittgenstein) 主张国际象棋的思想在很大程度上受棋子之间的常规关系而不是它们的内部结构所支配. 他令人信服地论证说, 成熟的棋手不会将棋子当成食物吃掉, 即使它们是由巧克力做成的.[③]

1836 年, 爱伦·坡 (Allan Poe) 认为不会有像巴贝奇自动机[④]那样设计的自动机能下好国际象棋.

1957 年, 由亚历克斯·伯恩斯坦 (Alex Bernstein) 和其合作者在一

---

① 超新星似乎和缓慢燃烧的恒星决然不同. 它们有大量密集能量输出, 有些的亮度相当于 1000 亿个太阳的亮度. 他们在天空中的稀有程度就像拉马努金在地球上的稀有程度一样 —— 自 1604 年 10 月 9 号以来, 银河系的 3000 亿颗恒星中没有发现一个超新星. 然而两个过程依赖于同样的引力和核聚变的一般原理; 很有可能, 银河系中大约有 10 亿颗恒星最终将以超新星的形式爆炸.

② 在关于结构、学习和人因系统中我们对弗洛伊德情结做了前瞻性展望.

③ 这位哲学家并没有描述任何实验去验证他的想法.

④ 在坡的关于 1769 年由沃尔夫冈·坎比林设计的假玩国际象棋机器的文章梅尔策尔的棋手中, 很明显, 是指 1822 年查尔斯·巴贝奇描述的差分机, 而不是 1837 年提出的通用计算机 (分析机), 那比图灵早 99 年.

台计算机上开发的一个头脑简单的程序击败了休伯特 · 德雷福斯 —— 此类计算机程序在二十世纪的对手之一.

1997 年, 每秒可计算两亿步的深蓝击败了世界冠军卡斯帕罗夫 (Kasparov), 3.5 比 2.5.[①]

到 2014 年, 没人梦想着能在国际象棋上击败计算机了, 然而……如下 "国际象棋学习问题" 仍像两百年前一样没有头绪.

**水平 1.** 设计一个通用的算法/程序, 使得经过观察几千次 (而不是上亿次) 棋局后, 能重构国际象棋规则.

**水平 2.** 设计一个通用的算法/程序, 使得经过一段时间的学习后, 能区分高手和初学者所下的棋.

**水平 3.** 设计一个通用的算法/程序, 使得短时间接触国际象棋后, 能开始自己教自己下棋, 并且最终比任何可能的基于知识的国际象棋程序 (拥有可比较的计算资源, 和/或接触同样的初始国际象棋文献) 好一个数量级.

在所有的三种情形, "通用" 指的是相应的算法不应特别针对国际象棋, 而要能有意义地应用于一类 "输入信号流", 最好包括源于自然语言以及/或数学文本.[②] 例如, 一个具备水平 3 的通用程序应用于一串非正式表述的数学定理和公式时, 应该像数学家的大脑那样工作, 能产生一串新的数学定理和公式.

这种高水平的学习算法在地球上全人类的潜意识中运作着, 我们猜想当今数学的潜在资源能将这些算法予以开放, 并能用来设计相应的计算机程序.

另一方面, 如果你看看维基百科上关于学习的条目, 比如

教育心理学, 行为主义, 条件作用, 认识主义,

教学理论, 多媒体学习理论, 社会认识理论,

连接主义, 建构主义, 变革学习理论,

教育神经科学, 一种基于大脑的学习理论,

机器学习, 决策树学习, 关联规则学习,

---

① 坡的怀疑态度, 尽管不像德雷福斯的论断那样基于清晰的思考, 是合理的: 坡清楚地看到了十九世纪能做到/想象到的顺序计算设备的局限性.

② 没有算法能有效地应用到所有的信号流; 事实上, 我们的学习框架甚至不容许毫无限制的 "所有" 这个数学概念.

> 人工神经网络, 归纳逻辑规划,
>
> 支持向量机, 聚类, 贝叶斯网络,
>
> 强化学习, 表征学习,
>
> 相似度和度量学习, 稀疏字典学习.

你几乎找不到能指引你解决高水平学习问题的想法; 不过, 某些零零碎碎的东西可能有用.

我们关于自然和人工基础学习的指导原则为:

> 学习的核心过程是通用的, 无目标且基本与外部强化无关.

此想法几乎等价于由机器人专家尤尔根·施密德胡贝尔 (Jürgen Schmidhuber)、弗雷德里克·卡普兰 (Frédéric Kaplan) 和彼埃尔－伊夫·欧代 (Pierre-Yves Oudeyer) 建议的

> 好奇驱动的学习.

他们发展了机器人行为算法, 其依赖于机器人接收到的信息流[1]的信息/预测配置[2].

我们还可看到关于未来学习的另一要素, 即描述组合结构使得能模仿 "大脑中想法" 的多层建筑布局.

在我们看来, 这种建筑的本质的 (但不是唯一的) "原子之间" 构成要素有:

- 各种类等价关系及其增强, $x_1 \sim_\kappa x_2$;
- 各种可部分组合的分类/约化箭头, $x \to_\mu y$;
- 各种形式的协作、合作、结合, $x_1 \cup_\phi x_2$;
- 类 $\kappa, \mu, \phi$ 之间的相似关系, $\sim, \to, \cup$.

但是, 预先我们不清楚怎样适当地定义如此 "自参考标记的测试结构", 使得它能包含上述要素, 并与下列条款相容.

- 我们的测试仪必须同时吸收 $n$-范畴的某些特性 ($n = 2?, 3?$) 以及自相似分形集.

- 为了定义所期望的测试结构, 人们必须违反传统逻辑, 而在我们称为 "人因逻辑" 下运算; 特别地, 可能要重新思考 "存在" "所有" "等式" "数字" "集合" "无限" 之类的想法.

---

[1] 参见文末参考文献.

[2] 亦可参见杰夫·霍金斯关于大脑的演讲 https://www.youtube.com/watch?v=G6CVj5IQkzk.

● 建造测试仪的学习算法必须能处理大量数据, 其中在我们的情形可以应用的 "统计" 概念不再适合传统的概率论框架. 后者与 "集合" "数字" 一道加以调整.

目前, 我在与上述课题做斗争; 我已完成预期文章 "理解语言和编写字典" 的 20% ~ 30%.

## §4　评注, 链接, 文献

如果你是一位数学家, 你应该会用数学的眼光去看周围的一切, 包括数学本身. 但为了看到某些有趣的事物, 某些新事物, 某些你一点概念都没有的事物, 你必须远离想要考察的东西.

转向数学之前, 人们可能会想到科学. 我收集了多年来科学家们的想法, 在部分重复的两篇短文中指出数学家能从这些想法中得出什么:

《介绍神秘》(2012)

和

《引用的诱惑和思想的魔力》

(http://www.ihes.fr/~gromov/PDF/quotationsideas.pdf).

耀眼的有趣思想来自庞加莱. 例如, 在他的著作《科学和假设》(1905) 中, 除了别的东西, 你会找到数学家关于基础视觉问题的观点.[1]这是我们称之为 "人因思考" 的出发点.

我们称为 "人因" 的另一灵感来源来自生物学的总体结构, 特别是分子生物学:

相比于物理学家无生命的数学, 数学的数学离生活的数学更近.

数学家可读的一本有趣的书是尤金 · 昆 (Eugine Koonin) 的《机遇的逻辑》(2011). 此书是关于基因的演化和统计, 其中作者揭示了序列对比技术的放大威力是如何使人识别出 35 亿年前地球上生命的轮廓.[2]

在我们的文章中,《结构、学习和人因系统》(http://www.ihes.fr/~

---

[1] 直到最近, 相似的一般观点才被视觉科学界所发展.
[2] 阅读此书的某些章节需要分子生物学的最低预备知识. 我们相信这种预备知识对数学家们理解数学的本质也是必需的.

gromov/PDF/ergobrain.pdf), 以及《人因结构、人因逻辑和通用学习问题》(http://www.ihes.fr/~gromov/PDF/ergologic3.1.pdf), 我们提出了关于自然和人工学习的人因展望.

这与机器人学家早前理解的东西非常相近, 他们用的标题是

内在动机和/或求知欲驱动的学习.

《乐趣、内在动机和创造的形式理论》, 尤尔根 · 施密德胡贝尔 (1990 — 2010):

http://www.idsia.ch/~juergen/,

http://www.ece.uvic.ca/bctill/papers/ememcog/Schmidhuber_2010.pdf,

http://www.idsia.ch/~juergen/,

http://www.idsia.ch/~juergen/interest.html.

《自主心智发展的内在动机系统》, 彼埃尔 – 伊夫 · 欧代、弗雷德里克 · 卡普兰、维丽娜 · 哈夫纳:

http://www.pyoudeyer.com/ims.pdf,

https://owers.inria.fr/,

http://www.pyoudeyer.com/,

https://owers.inria.fr/ICDL12-MoulinFrier-Oudeyer.pdf,

https://owers.inria.fr/IMCleverWinterSchool-Oudeyer.pdf,

http://csl.sony.fr/publications.php?keyword=curiosity.

还有下面提倡人因思想的两本书:《稀疏分布记忆》, 彭蒂 · 卡内尔瓦 (1988), 此书是关于记忆的基于大数定律的随机均质模型;《言语的来源, 自组织和演化》, 彼埃尔 – 伊夫 · 欧代 (2013), 此书对不同种类语言的形成提出了一个简单的数学模型.

数学中的人因. 有些数学家在做数学时直觉地遵循了我们所称之为的人因逻辑, 其中亚历山大 · 格罗滕迪克 (Alexander Grothendieck) 将我们其余的这些人远远抛在身后.

我在数学中的人因方面做了一些尝试, 开始的文章是: 孟德尔动力学和斯特蒂文特范式 (2008),《当代数学》, 美国数学会, 469.

我的进展很慢, 很多项目还只是一个梦想. 在下面的文章中我做了一些解释:

《结构搜寻, 第一部分: 关于熵》,

http://www.ihes.fr/~gromov/PDF/structre-serch-entropy-july5-2012.pdf.

心理学, 科学, 人因. 我们的 "人因" 源于关于那些使数学家激动的人类心灵的思想. 心理学能被严肃对待吗? 它是真正的科学吗? 难道它不是太滑溜以至于数学家的心灵无法理解?

我们回答不了这些问题, 因为相比于数学, 我们人因预备知识不足以定义什么是科学. 还有, 从数学上说, 真正有意义的问题是对不同知识团体①的结构性组织的水平分类, 而不是给它们贴上褒扬或贬低之类的标签, 就像 "科学" 和 "伪科学" 那样.

尽管以 "心理学" 的名义倾泻到我们头脑中的许多东西能被数学家消化, 我们可能只欣赏其中的少数智慧.

历史上的第一 (?) 例是 1872 年斯伯丁所揭示的铭记的普适性; 下面是另一个重要的例子.

通感. 如果有人, 比如称之为 $X$, 声称他/她能观察到不同字形的不同颜色, 比如 5 和 7 颜色不同, 5 是黄色, 7 是红色. 你能辨别出这人说的是实话还是开你的玩笑?

这看上去不可能, 毕竟人头脑中的 "颜色" 不是那种具有 "客观存在" 状态的东西, 除非你相信有黄色感觉的红色精灵. 然而, 如下巧妙地实验② 表明 "逻辑直觉" 使你失误.

让 $X$ 在房间外面, 然后在黑板 $B$ 上随机写上一些 5 和 7. 除了一块区域 $D \subset B$, 其他地方以 50 : 50 的比例稠密地分布着, 而在 $D$ 中 7 的个数比 5 多 30% ∼ 60%.

如果 $X$ 确实能通过颜色看出数字, 那么一进入房间他/她就会立即注意到黑板上橙色背景下的红斑.

显然, 我们的视觉组织有系统性地教它自己从老的认知单元中制造新的.③ 但直到今天, 还没有通用的人造算法能想出像 "人因公式"

---

① 用网络 $G$ 来表示这些团体, 它可被归一化连通性刻画, 即比例:[$G$ 的第一贝蒂数]/[$G$ 的节点数].

② 如果你已经猜到怎样设计此实验, 那你一定听说过, 只是又忘记了.

③ 分离和/或创建这样的单元 是人因系统要面对的主要和最困难的任务.

$5 \times 18 \simeq 7$ 这样的任何东西:

$$7 \sim 55555555 = 5 \times 18.$$
$$5$$
$$5$$
$$5$$
$$5$$
$$5$$
$$5$$
$$5$$
$$5$$
$$5$$

# 第十一章 一些问题*

## 摘 要

直到正确地获得解决之前, 没什么事是已经解决的.
—— 鲁德亚德·吉卜林 (Rudyard Kipling)

在本文中, 我收集了一些曾经占据我数学生涯而仍未解决的问题. 不同小节中介绍了形形色色的问题; 我已尽了最大努力使得 "局部阅读" 处处可行: 只要有需要, 几乎在每一页上我都重复提醒相关定义和记号, 而不是参阅先前的小节. 而且我们经常在不同的小节中在不同的语境中讨论相同的问题.

尽管尚未解决, 我们在这儿介绍的许多问题多年来经过了发展和变化, 但某些老问题仍像我当初遇见的那样萦绕在我眼前[①], 而我对它们的看法仍然儿童般幼稚.

我不试图无所不包 —— 我向那些严肃和成功地解决了其中某些问题的人 (不像我自己) 致歉.

动机, 术语, 参考文献, 猜测. 大多数读者在这儿看到的是已知数学现象的阐述, 而我们的目的是展示它们是怎样浸入在常常是无形的未知海洋之中的.

我们试图以最一般的方式表达定理, 这将使这些定理中的 "自由参数" 变得易懂. 通过扩充和修正这些 "参数", 这也允许我们自动地推广问题.

---

* 原文 Number of Questions, 写于 2014 年 10 月 3 日. 本章由梅加强翻译.
① 我们都知道对以往思索的忠实回忆的感觉只不过是幻影.

我们的写作旨在成为从一个非专家作者到一个非专家读者之间所传递的信息. 我们从零开始解释数学对象的许多简单 "熟知的" 性质, 并且尽我们所能地让术语和记号不言自明.

为了便于参考, 我们也复述了传统术语以及概念和定理, 它们经常以其 (推测的) 发现者命名, 这些发现者在很大程度上不为相应领域之外的人了解.

我们引用来源的方式是使之容易在网上找到; 只有少数例外情形才参考那些不能自由访问的条目.

我们将某些问题表述为 "猜测", 这不是因为深信其正确性, 而是因为以肯定的方式叙述的话它们听起来会更好一些.

当前的文本会持续更新并张贴出来. 此时, 它包含了预想材料的约 15%. (只有 1.1 ~ 1.12 和 2.1 ~ 2.7 接近于最终阶段.)

我邀请读者们和我交流评论, 我会很高兴地将它们放在我的网页上[①].

## §1　舒尔, 拉姆塞, 博苏克 – 乌拉姆, 格罗滕迪克, 德沃勒茨基, 米尔曼

伊赛 · 舒尔 (Issai Schur) 在 1916 年猜测[②]并由范德瓦尔登 (Van der Waerden) 在 1927 年证明了如下

**单色级数定理**

整数集合的一个任意有限着色必定容许任意长的**单色**算术级数.

(这里以及下文中, 集合 $S$ 的有限着色是指将 $S$ 分划为有限个子集, 而单色是指 "包含于这些子集的某一个中".)

经由辛钦 (Khinchin) 1947 的书《数论中的三颗明珠》, 此定理在俄国得到了普及. 它常作为 ∗∗∗ 问题[③]向 "数学讨论会" 以及列宁格勒和莫斯科大学的一年级本科生提出[④].

---

① 如果评论来自 pdf 文件, 它会被作为单独条目包含进来. 如果是 latex 形式, 则会融合进当前文本并指明作者.

② 见本节参考文献 [44].

③ 这些 ∗∗∗ (标有三个星号的问题) 表示最高水平的难度. 在一群 20 ~ 30 个有数学天赋的青少年中只有一两个有望解决这样的问题.

④ 辛钦在前言中写到, 读此书可以促进年轻数学家的发展. 很难说他头脑里想的是哪些人. 不过, 几乎所有我那些参加过列宁格勒高中数学班的朋友最后都自己拼死完成了舒尔猜测的证明.

## 小 拉 姆 塞

在列宁格勒数学奥林匹克中常出现的另一相似但更容易的问题是:

*每个六人小组必定包含三个成员, 使得*

要么, 其中每两个都互相认识,

要么, 三个当中的任何两个都不认识.

如果你熟悉图的概念, 你很可能将此问题重述为六顶点的完全图[①] 的边的 2-着色问题. 记顶点为 $v_0, v_1, \cdots, v_5$.

用 ○ 和 ● 表示颜色, 取从同一顶点 (比如 $v_0$) 出发的三条同色边.

因为从 $v_0$ 出发有五条边, 其中 (至少)三条必定是同色的; 如有必要的话重新命名, 你可以假定它们是从 $v_0$ 到 $v_1, v_2$ 和 $v_3$ 的.

忘掉 $v_4$ 和 $v_5$, 假设边 $[v_0, v_1]$, $[v_0, v_2]$ 和 $[v_0, v_3]$ 的共同颜色为 ○. 观察到三角形 $\triangle(v_1, v_2, v_3)$ 的三条边的颜色模式有两种可能性, 它们都容许一个单色三角形.

▲ 要么三角形 $\triangle(v_1, v_2, v_3)$ 的三条边的颜色都是 ●;

△ 要么三个三角形 $\triangle(v_0, v_1, v_2)$, $\triangle(v_0, v_1, v_3)$, $\triangle(v_0, v_2, v_3)$ 中的某一个的边的颜色都是 ○.

这种通过集中注意一个点或一小群点处的不同颜色[②]的证明在许多一般的拉姆塞型问题中反复出现, 以下面的定理作为开端.

### 拉姆塞单色子单形定理

设 $G = G(V)$ 为顶点集 $V$ 上的完全图, 比如顶点个数为偶数, $card(V) = 2N$. 如果 $G$ 的边以两种颜色着色, 比如 ○ 和 ●, 则每一个顶点 $v_0 \in V$ 都有从它出发的 $N$ 条同色边.

于是, $G$ 中最大单色子图顶点数目 $n_○(G)$, $n_●(G)$ 之和与从 $v_0$ 出发的 $N$ 条同色边的第二个端点构成的完全图的相应和相比 (至少) 要大一个. 数值上即

$$n_○(2N) + n_●(2N) \geqslant n_○(N) + n_●(N) + 1,$$

因此有:

[①] "完全" 是指每两个顶点之间都有边相连.
[②] 这种相当新的 "带色术语" 在拉姆塞理论的许多流行的阐述中极大地帮助了读者.

　　顶点数为 $2^{2n}$, 边为 2-着色的完全图包含一个 $n$ 个顶点的完全单色子图.

　　于是一般 (有限) 情形的拉姆塞定理可从同样的论证得出:

　　$[\Delta]_d$　如果 $N$-单形 $\Delta^N$ 的 $d$ 维面的集合着以 $k$ 种颜色, 即分划为 $k$ 个子集, 则 $\Delta^N$ 包含一个单色 $n$-面 $\Delta^n \subset \Delta^N$(即它的所有 $d$ 维面都位于同一单色子集中), 只要 $N$ 与 $d, k$ 以及 $n$ 相比充分大.

　　证明. 设 $\Delta^M \subset \Delta^N$ 为包含一个给定顶点 $v$ 的最大单形, 使得它在 $\Delta^M$ 中以 $v$ 为顶点的所有 $d$-面都是同色的. 注意到, $[\Delta]_{d-1}$ 的成立 (对 $\Delta^M$ 中不包含 $v$ 的 $(d-1)$-面的集合应用它) 意味着当 $N \to \infty$ 时 $M \to \infty$.

　　用 $n_i(M, d)$ $(i = 1, 2, \cdots, k)$ 表示 $\Delta^M$ 中 $d$-面为第 $i$ 种颜色最大子单形的顶点个数, 注意到

$$n_1(N, d) + n_2(N, d) + \cdots + n_k(N, d) \geqslant n_1(M, d) + n_2(M, d) + \cdots + n_k(M, d) + 1.$$

既然我们已经知道当 $N \to \infty$ 时 $M \to \infty$, 通过对 $d$ 进行归纳, 证明可通过对 $n$ 归纳而完成, 并且还可以给出

　　$d$-面为 $k$-着色的单形 $\Delta^N$ 包含一个单色面 $\Delta^n$, 只要

$$N \geqslant \underbrace{f(f(f \cdots (f(nk)) \cdots))}_{d}, \quad \text{其中 } f(x) = x^x.$$

　　超图拉姆塞数的下界. 关于最大的 $N$ 使得单形 $\Delta^N$ 的某些 $d$-面 $k$-着色不容许单色$\triangle^n$, 其已知下界(如上面的那个) 和上界之间存在多重指数式的差异, 其中基本的上界

$$\binom{n+1}{d+1} < k^{\binom{n+1}{d+1}-1}$$

由厄尔多斯 (Erdös) 在 1947 年获得, 他指出 (一旦表述出来以后这是明显的):

　　当 $N$ 满足上述不等式时, $\Delta^N$ 的 $d$-面集合的一个随机选定的 $k$-着色不容许单色面 $\triangle^n$.[①]

---

　　[①] 诺佳·阿龙向我指出, 一个好很多的下界可用厄尔多斯–哈伊纳尔加强引理及其推广得到, 见 [10].

解释 (?). 关于 $N$ 的下界和上界之间差距的基本原因, 很可能是因为 "随机论证"(中的概率分布) 在 $\Delta^N$ 的 $d$-面集集合上的置换群作用下是完全对称的, 而从 $\Delta^N$ 中构造单色面 $\triangle^n$ 的上述方法从根本上依赖于打破这种对称.

将集合 $S$ 分为子集 $S_i$ $(i \in I)$ 的分划 $\Pi$ 可用相应的 (商) 映射 $f : S \to I = S/\Pi$ 来表示. 反之, $S$ 上的任意一个函数 $f(s)$ 都定义了 $S$ 到水平集 $S_c = f^{-1}(c) \subset S$ 的分划, 其中 $S_c = \{s \in S \mid f(s) = c\}$; 此时, 子集 $T \subset S$ 的单色性可翻译为 $f$ 在这种 $T$ 上的常值性.

现在, 下面的结果开始看上去很像拉姆塞定理.

**单色正交标架定理** (角谷 1942, 山部 – 佑乘坊 1950)

设 $f(s)$ 为单位球面 $S^n \subset \mathbb{R}^{n+1}$ 上的连续函数, 则存在一个**完全标准正交标架** $\{s_0, s_1, s_2, \cdots, s_n\}$ $(s_i \in S^n$ 为单位向量), 使得 $f$ 在此标架上是常值的:

$$f(s_0) = f(s_1) = f(s_2) = \cdots = f(s_n).$$

这伴随着如下纯拓扑结果 (用现代观点看是显然的).

**博苏克 – 乌拉姆单色 $\mathbb{Z}_p$-轨道定理**

(博苏克 1933, 鲁斯特尼克 – 施尼尔曼 1930, 布尔金 1955, 杨 1955)

设循环群 $\mathbb{Z}_p$ 连续地作用在一个 $m$-连通[①]流形 $S$(比如 $n$ 维球面 $S^n$, $n > m$, 其中 $p \neq 2$ 时 $n$ 必须是奇数, 我们要求此作用是自由的) 上, 设 $f : S \to \mathbb{R}^k$ 为连续映射. 则在下列两种情形下:

映射 $f$ 在此作用的某个轨道上为常数, 即 $f$ 将此轨道的所有点[②]都映到 $\mathbb{R}^k$ 中同一点.

(i) $p = 2$ 以及 $k \leqslant m - 1$ (博苏克 1933, 鲁斯特尼克 – 施尼尔曼 1930);

(ii) $p$ 为奇素数且 $2k(p-1) \leqslant m$ (布尔金 1955, 杨 1955).

例子. (a) 如果 $S = S^n$ 且 $k = n$, 则上述 (i) 就是原始的博苏克 – 乌

---

① 拓扑空间 $S$ 称为 $m$-连通的, 如果从所有 $m$-维多面体到它的映射都是可缩的, 其中 0-连通等于连通, 1-连通等于单连通.

② 我们可假设每一轨道中都有 $p$ 个点, 即作用是自由的, 否则我们想说的事就是平凡的.

拉姆, 它说每一连续映射 $S^n \to \mathbb{R}^n$ 都将某一对对径点映到同一点.[1]

(b) 设 $St_2(\mathbb{R}^{N+1})$ 为施蒂费尔流形, 它是从单位圆周 $S^1$ 到球面 $S^N \subset \mathbb{R}^{N+1}$ 的 (赤道) 等距映射的空间. 此流形自然地被 $S^1$(模为 1 的复数) 所作用, 因此被所有循环群 $\mathbb{Z}_p$ 所作用.

因为 $St_2(\mathbb{R}^{N+1})$ 是 $(N-2)$-连通的 (它是 $S^N$ 上的纤维丛, 纤维为 $S^{N-1}$), 上述 (ii) 可推出, 每一个连续映射都在这种 $\mathbb{Z}_p$-作用的某个轨道上为常值, 只要 $2(p-1) \leqslant N-2$.

实际上, 因为施蒂费尔流形到格拉斯曼 2-平面的典范 $S^1$-纤维化, $St_2(\mathbb{R}^{N+1}) \to Gr_2(\mathbb{R}^{N+1})$ 的欧拉类 $\chi$ 满足 $\chi^{N-1} \neq 0$, 不等式 $p \leqslant N+1$ 对这个 $St_2(\mathbb{R}^{N+1})$ 已足够. 特别地, 这蕴含了如下

$\bigcirc_p$-**着色定理.** 给定连续函数 $f: S^N \to \mathbb{R}$ 以及一个素数 $p \leqslant N+1$, 存在某个赤道 $S^1 \subset S^N$ 中的内接正 $p$ 边形 $\bigcirc_p$, 使得 $f$ 在此 $p$ 边形的顶点上为常值.[2]

拓扑单色定理证明中的逻辑很好地展示在下面简单但富有建设性的例子中.

**欧氏平移下的单形单色化.** 设

$$T = \{s_0, s_1, \cdots, s_n\} \subset S = \mathbb{R}^n$$

为 $(n+1)$ 个点形成的组, 其中 $n$ 个向量差 $r_i = s_i - s_0 \in \mathbb{R}^n$ $(i = 1, 2, \cdots, n)$ 线性无关. 设连续实函数 $f: \mathbb{R}^n \to \mathbb{R}$ 渐近于欧氏范数, 即

$$f(s) - \|s\| \to 0, \quad s \to \infty.$$

则存在一个向量 (平移) $r \in \mathbb{R}^n$, 使得

$$f(s_0 + r) = f(s_1 + r) = f(s_2 + r) = \cdots = f(s_n + r).$$

**证明.** 设 $H_i(f) \subset \mathbb{R}^{n+1} = \mathbb{R}^n \times \mathbb{R}$ $(i = 0, 1, \cdots, n+1)$ 为 $f$ 的图像 $H_0(f) \subset \mathbb{R}^{n+1}$ 的 $r_i$-平移, 其中 $r_i = s_i - s_0$. (向量 $r_i \in \mathbb{R}^n$ 在 $\mathbb{R}^n \times \mathbb{R}$ 上的作用为 $(s, r) \mapsto (s + r_i, r)$, 其中 $r_0$ 取为零.) 我们来证明

---

[1] 类似的结果对映射 $S^n \to R$ 也成立. 其中 $R$ 为 $n$ 维开流形, 见 [1]. 在这篇文中, 他们还讨论了霍普夫定理: 从闭流形 $X$ 出发的任何连续映射 $f: X \to \mathbb{R}^n$ 都容许 $X$ 中一个给定长度 $l$ 的测地线段, 使得 $f$ 将它的两端映为同一点.

[2] 此定理从现代标准来看是明显的, 它出现在布尔金的以及杨的 1955 年文章中, 但很可能在 1955 年前就是已知的. 另一方面, 我不肯定它对所有非素数 $p$ 是否已知 (正确?).

所有这些图像一定在 $\mathbb{R}^{n+1}$ 中交于一点.

这对 $f(s) = \|s\|$ 是清楚的; 实际上, 超曲面 $H_i(\|\cdots\|)$ 相交于唯一一个点, 因为以 $s_i$ 为顶点的 (非退化) $n$-单形容许唯一的外接球.

也容易得知这种相交是横截的; 于是:

$\mathbb{R}^{n+1}$ 中 $H_i(\|\cdots\|)$ (表示的无限 $n$-链) 之间的 (代数) 相交指数不会为零.

由于此指数对渐近于 $H_i(\|\cdots\|)$ 的所有超曲面都是相同的, 就有:

$\mathbb{R}^{n+1}$ 中渐近于 $H_i(\|\cdots\|)$ 的任意 $n+1$ 个超曲面 $H_i$ $(i = 0, 1, \cdots, n)$ 必定有交点.

如果这些超曲面 $H_i$ 恰为我们的图像 $H_i(f)$, 其交点为点对 $(s, r) \in \mathbb{R}^n \times \mathbb{R}$, 使得 $f(s + r_i) = r$. 因为 $s + r_i = s_i + s - s_0$, 平移 $r = s - s_0$ 使子集 $T = \{s_i\} \subset \mathbb{R}^n$ 单色化. 证明完毕.

另一惊人地相似于拉姆塞单形着色定理的著名结果是德沃雷茨基 (Dworetzky) 对格罗滕迪克所提问题的解答:

### 近乎圆截面定理

每一个无限维巴拿赫 (赋范) 空间 $X$ 都存在一列给定维数 (例如维数都是 $d$, 或维数为 $d_n = n$) 的子空间 (截面) $Y_n \subset X$, $n = 1, 2, 3, \cdots$, 使得 $n \to \infty$ 时它们具有近乎欧氏的几何.[1]

近乎欧氏几何是指在空间 $Y_n$ 上存在欧氏距离 $dist_{Eucl_n}$, 使得 $Y_n$ 上从 $X$ 的巴拿赫距离诱导而来距离 $dist_{Ban_n}$ 乘积地收敛于这些欧氏距离 $dist_{Eucl_n}$:

$$\frac{dist_{Ban_n}(y_1, y_2)}{dist_{Eucl_n}(y_1, y_2)} \to 1, \quad \forall\, y_1 \neq y_2 \in Y_n,\ n \to \infty,$$

而此收敛在点对 $y_1 \neq y_2 \in Y_n$ 上的收敛还是一致的, 即这些 $Y_n$(中不同点对) 比例的上确界和下确界收敛于 1.

(几乎圆的 2 维截面的存在性可容易地从 $\cap_p$-着色定理推出[2]但当 $n \geqslant 3$ 时没有格罗滕迪克问题的明显拓扑式解答.[3])

---

[1] 如果 $X = l_p$ 的范数为 $(\sum_i |x_i|^p)^{1/p}$, 则此结论可由希尔伯特对称化引理得出, 此引理用于他关于华林 – 赫维茨问题的解中, 我们将在 1.12 节中解释它.

[2] 米尔曼在 [35] 中向我指出, $\cap_p$ 所蕴含的 2D-截面的近似圆性比德沃雷茨基定理的其他证明给出的要好一些, 对高维截面的这种圆性估计仍是问题.

[3] 见 1.8 节以及 [9].

近乎圆截面定理与拉姆塞定理的下述几何推论尤为相近:

设 $\Delta^N \subset \mathbb{R}^N$ 为仿射单形, 各边的长度都在区间 $[a, \lambda a]$ 之中. 给定 $\varepsilon > 0$ 以及 $n = 1, 2, 3, \cdots$. 如果 $N$ 与 $\lambda, \varepsilon^{-1}$ 以及 $n$ 相比充分大, 则 $\Delta^N$ 包含一个 $\varepsilon$-正则的面 $\Delta^n$, 即各边的长度都在某区间 $[b, (1+\varepsilon)b]$ 之中.

## 通有问题①

在拉姆塞、角谷以及德沃雷茨基定理之间明显的相似性背后有更深的原因吗?

这些定理的终极推广② 是什么?

从一个给定的类拉姆塞结构出发, 有哪些构造/操作方法可提供新的类拉姆塞结构?

是否存在容纳这些定理的格罗滕迪克型框架?

是否存在这些定理的 "自然扩展", 使得它们的证明之间存在非平凡的交叉?

是否存在拉姆塞现象的有意义分类/集群化, 它基于固有的深层次隐藏结构?

是否存在拉姆塞型性质的 "转移/翻译规则" 的 "词典", 使得它可用于从组合到几何、拓扑以及反过来的转换?

自从遇到德沃雷茨基 (Dworetzky) 文章的 1964 年俄文翻译版 (原版发表于 1961 年) 以后, 我就思考着这些问题. 我自己没有什么进展, 难以理解后来的大批成果, 包括凸几何中围绕格罗滕迪克 – 德沃雷茨基定理的结果, 以及拉姆塞型组合问题到其他领域的投射, 包括遍历论、模型论以及非线性傅里叶分析.

但即使最近五十年这些领域都有大量的进展, 不同方向之间的思想交流还是不够③, 以至于获得上述问题的格罗滕迪克式满意解答愈加困难. 不过, 还是有些希望. 为了维持公平判断, 我们在下面的小节 1.1 — 1.12 中展现拉姆塞现象在组合、几何以及拓扑中的 (粗略的)

---

① 你在本文中遇到的一切, 而不仅仅是拉姆塞型问题, 都应按照此类问题来看.

② 这种推广, 除了扩大问题中对象的类别, 还可容许 "分划"(着色) 和/或 "单色" 概念的极大外延.

③ 组合学家关于拉姆塞理论的许多著述甚至不提角谷以及格罗滕迪克 – 德沃雷茨基定理. 但文章 [15] 的概念性设置中强调了拉姆塞以及德沃雷茨基 – 米尔曼型定理的统一观点, 文章 [40] 强调得更多.

概述.

### §1.1　组合范畴中的单色性、图表以及它们在集合上的作用

为了理解上述引用的单色性定理, 我们需要一种简单语言①, 它能为这些定理提供适当的语境, 在其中这些定理能被我们说成是 "有意义的". 下面是适合目前情况的这种语言的一个明显 (天真?) 候选者.

集合与映射的组合图表. 这种图表 $\mathcal{D} = (\mathcal{S}, \Sigma)$ 可理解为集合 $S$ 的一个类 $\mathcal{S}$ 以及集合之间的映射 $\sigma : S_1 \to S_2$, 而 "组合" 或 "局部有限" 是指这些集合 $S$ 都是有限的.

二分图. 按照定义, 这种图表由两个集合之间的一些映射给出, 比如从 $E$ 到 $V$; 例如, $E$ 为两点集时, 二分图可视为顶点集 $V$ 上的有向图.

在拉姆塞理论中的大部分 (所有 ?) 例子中, 这些图表 $(\mathcal{S}, \Sigma)$ 实际上是集合范畴, 即映射 $\sigma$ 的类 $\Sigma$ 包含恒同映射 $id_S : S \to S$, $\forall$ $S \in \mathcal{S}$, 并且 $\Sigma$ 关于复合运算是封闭的: 对所有 $S_1 \overset{\sigma_1}{\to} S_2 \overset{\sigma_2}{\to} S_3$ 均有 $\sigma_2 \circ \sigma_1 : S_1 \to S_2$.

范畴在集合上的作用. 将 $\sigma$ 想成某个抽象范畴中的态射经常是 (总是?) 方便的②, 通过集合之间以映射表示, 此抽象范畴作用于集合 $S \in \mathcal{S}$.

例如, 范畴 $\mathcal{S}$ 中的态射 $\sigma$ 以左右复合的方式作用在 $\mathcal{S}$ 中的态射集上:

$$\sigma_{left} : \phi \mapsto \sigma \circ \phi, \quad \sigma_{right} : \phi \mapsto \phi \circ \sigma.$$

齐性空间. 拉姆塞现象经常 (但不总是) 出现在一个高度对称的环境中, 其中图表 $(\mathcal{S}, \Sigma)$ 关联着另一集合 $R$ 的变换集 $G$(例如群或半群), 比如说以映射 $g : R \to R$ 的形式共同可迁地作用在 $R$ 上. 此时对 $\mathcal{S}$ 取 $R$ 的所有有限子集 $S$, 而子集之间的映射 $\sigma$ 是 $g$ 在这些子集上的限制. 相关的例子有

---

① "简单" 对我们来说意味着抽象和一般, 并且没有过去积累起来的沉重负担.

② 这里我们遵循索莱茨基对拉姆塞理论和自对偶拉姆塞定理的抽象处理办法.

- 集合 $F$ 到自己的所有双射组成的群 $G = aut(F)$, 它作用于 $F$ 中点的 $(d+1)$-元组组成的集合 $F_{[d+1]}$(拉姆塞);
- 实数 $\mathbb{R}$ 的仿射变换群 $G = aff(\mathbb{R})$ (舒尔 – 范德瓦尔登);
- 线性群 $G = GL_n$, 它作用于 $n$ 维线性空间中线性子 $d$-空间所组成的格拉斯曼流形 (罗塔 – 格雷厄姆 – 罗斯柴尔德).

如果一个集合 $S$ 着色 即分划为某些称为单色部分的子集, 则映射 $\sigma : T \to S$ 称为单色化, 如果它的像是单色的, 即包含于 $S$ 的某个单色部分之中.

类 $\mathcal{S}$ 的一个 (部分)着色定义为 (某些) $S \in \mathcal{S}$ 的着色; 这种着色称为有限的, 如果所有 (着色) $S$ 的单色部分的数目都被某个 $k < \infty$ 所界定.

注记. 拉姆塞理论中所有 (?) 图表 $\mathcal{D}$ 中的所有集合 $S$ 都处于同样的地位, "$\mathcal{S}$ 的一个着色" 表示对所有 $S \in \mathcal{S}$ 着色, 除非另有声明.

另一方面, 如果我们说起一个超图的着色, 例如由两点集 $\{\cdot\cdot\}$ 到图的顶点集 $V$ 的边映射组成的二分图 $\mathcal{D}$ 所表示的图, 则 $V$ 被着色而单色化适用于 $\{\cdot\cdot\}$.

### 拉姆塞图表与作用

**拉姆塞 $\Sigma$-单色化性质.** 集合和映射图表 $\mathcal{D} = (\mathcal{S}, \Sigma)$ 的一个着色具有此性质是说:

每一个集合 $S \in \mathcal{S}$ 都能被从 $S$ 到某个 $S' \in \mathcal{S}$ 的映射 $\sigma \in \Sigma$ 所单色化.

在有些情形容许无限集 $S \in \mathcal{S}$ 比较方便, 但只对 $S$ 的有限子集要求满足上述性质. 此时当我们说起有限集上的拉姆塞 $\Sigma$-单色化性质时, 是指对所有 $S \in \mathcal{S}$, 所有有限子集 $S_0 \subset S$ 都可通过映射 $\sigma : S \to S'$ 在 $S_0 \subset S$ 上的限制而被单色化.

依据一个图表 $\mathcal{D} = (\mathcal{S}, \Sigma)$, $\Sigma$ 在 $\mathcal{S}$ 上的作用以及/或图表自身 $\mathcal{D}$ 称为拉姆塞单色化, 如果 $\mathcal{S}$ 的所有有限着色满足拉姆塞 $\Sigma$-单色化性质, 以及相应地, 我们定义 $\mathcal{D}$ 在有限集上的单色化性质.

如果 $\mathcal{S}$ 为集合而不是类 (经常是可数集), 则可取所有 $S \in \mathcal{S}$ 的不交并, 记为

$$\mathcal{S}^{\sqcup} = \bigcup_{S \in \mathcal{S}} S,$$

并定义映射 $\mathcal{S}^{\sqcup} \to \mathcal{S}^{\sqcup}$ 的集合 $\Sigma^{\sqcup}$ 为相应映射 $\sigma \in \Sigma$ 的不交并.

有了这个集合 $\mathcal{S}^{\sqcup}$ 连同一组给定的自映射 $\Sigma^{\sqcup}$(常为半群), 集合 $\mathcal{S}^{\sqcup}$ 的着色的拉姆塞性质可表述为要求存在一个单色化映射 $\sigma : \mathcal{S}^{\sqcup} \to \mathcal{S}^{\sqcup}$, 其中 $\sigma \in \Sigma^{\sqcup}$.

**动力学解释.** $\mathcal{S}^{\sqcup}$ 的着色 $\kappa$ 可视作从 $\mathcal{S}^{\sqcup}$ 到一个颜色集合(记为 $K$) 的映射, 其中相应地, 着色空间记为 $K^{\mathcal{S}^{\sqcup}}$.

$\Sigma^{\sqcup}$ 在 $\mathcal{S}^{\sqcup}$ 上的作用诱导了 $K^{\mathcal{S}^{\sqcup}}$ 上的一个明显的 (位移) 作用, 其中一个着色 $\kappa_0$ 的单色化, 通过映射 $\sigma : \mathcal{S}^{\sqcup} \to \mathcal{S}^{\sqcup}$ 翻译为 $\sigma(\kappa_0) \in K^{\mathcal{S}^{\sqcup}}$, 成为 $\Sigma^{\sqcup}$ 在 $K^{\mathcal{S}^{\sqcup}}$ 上作用的不动点.

并且如果集合 $S \in \mathcal{S}$ 都是有限的, 而 $\Sigma^{\sqcup}$ 在 $K^{\mathcal{S}^{\sqcup}}$ 上的作用是可迁的 (这对拉姆塞而言是必要条件), 则单色化映射 $\mathcal{S}^{\sqcup} \to \mathcal{S}^{\sqcup}$ 的存在性等价于这种不动点在 $\Sigma^{\sqcup}$-轨道 $\Sigma^{\sqcup}(\kappa_0) \subset K^{\mathcal{S}^{\sqcup}}$ 的闭包中的存在性, 其中 "闭包" 是关于逐点稳定拓扑的, 在此拓扑下空间 $K^{\mathcal{S}^{\sqcup}}$ 是紧致的, 假定 (我们确实这样要求) $K$ 为有限集.

### 五个著名的例子

**1.** 集合之间的单射, $\sigma_{1,2} : F_1 \to F_2$, 自然地作用在集合 $S = S_{[d]}(F$ 中 $d+1$ 个元素子集的全体) 上, 因为 $\sigma_{1,2}$ 将 $S_{[d]}(F_1)$ 映到 $S_{[d]}(F_2)$ 中. 于是, 我们可以说

有限集 $F$ 和单射 $\sigma$ 组成的范畴 $\mathcal{F}_{inj}$(自然) 地作用在集合 $S = S_{[d]} = S_{[d]}(F)$ 形成的类 $\mathcal{S}_{[d]}$ 上.

前节中的拉姆塞定理现在可说成是

**拉姆塞单色子单形定理** (1930). 对所有 $d = 1, 2, 3, \cdots$, 此 $\mathcal{F}_{inj}$ 在 $\mathcal{S}_{[d]}$ 上的作用都是拉姆塞单色化.

这意味着

给定 $\mathcal{S}_{[d]}$ 的一个有限着色 (即所有集合 $S \in \mathcal{S}_{[d]}$ 都对某个 $k$ 而言是 $k$-着色的), 每一个集合 $S \in \mathcal{S}_{[d]}$ 都由代表某个态射 $\sigma \in \mathcal{F}_{inj}$ 的映射所单色化.

因为集合之间的单射可扩充为大一些的集合之间的双射, 我们可以将所有 $\mathcal{F}_{inj}$ 都 "装" 进一个无限集 $Q$ 中, 并将上述结果重新表达为 $Q$ 的双射变换群 $G$ 在集合 $R = Q_{[d+1]}$($Q$ 中点的 $(d+1)$-元组) 上自然作用的拉姆塞性质.

给定 $R$ 的有限着色, 每一个有限集 $S \subset R$ 都可用自然地作用在 $R = Q_{[d+1]}$ 上的双射变换 $g : Q \to Q$ 所单色化.

于是我们可以将 $Q$ 中点的 $(d+1)$-元组视为以 $Q$ 为顶点集的单形 $\Delta(Q)$ 的 $d$-面, 并将拉姆塞定理几何式地表述为:[①]

如果 $Q$ 是无限的, 则 $\Delta(Q)$ 的 $d$ 面的所有有限着色都容许单色 $n$-面 $\Delta^n \subset \Delta(Q)$, 只要 $n \geqslant d$.

这里, $\Delta^n$ 称为单色的, 如果 $\Delta^n$ 的所有 $d$-面的颜色都相同.

**无限可数拉姆塞.** 上节证明 $[\Delta]_d$ 所用的关注颜色式论证稍经修改后可给出一个无限维单色面 $\Delta^\infty \subset \Delta(Q)$, 于是可得

可数集和这些集合之间的单射 $\sigma$ 组成的范畴 $\mathcal{C}_{inj}$ 在类 $\mathcal{S}_{[d]}$ 上的作用是拉姆塞单色化的, 其中 $\mathcal{S}_{[d]}$ 由 $C \in \mathcal{C}$ 中点的 $d$-元组组成的集合 $S = \mathcal{S}_{[d]} = \mathcal{S}_{[d]}(C)$ 构成.

例如, 设 $d = 1$ 并让以无限集 $Q$ 为顶点的单形 $\Delta(Q)$ 的边有限着色. 取一个顶点, 比如 $q_1 \in Q_1 = Q$, 并注意补集 $Q \setminus \{q_1\}$ 包含一个无限子集 (记为 $Q_2$), 使得所有从 $q_1$ 到所有 $q \in Q_2$ 的边都是同色的. 对单形 $\Delta(Q_2)$ 和某个顶点 $q_2 \in Q_2$ 重复同样的步骤, 可得 $Q_3 \subset Q_2 \setminus \{q_2\}$, 如此继续.

这会给出无限子集的无限严格递降序列的 "望远镜"

$$Q = Q_1 \supset Q_1 \supset Q_2 \supset \cdots \supset Q_i \supset \cdots$$

以及一列点 $q_i \in Q_i \setminus Q_{i+1}$, 使得从 $q_i$ 到 $Q_{i+1}$ 的边构成的集合 $E_i$ 都是单色的, $i = 1, 2, 3, \cdots$.

因为颜色的数目有限, 其中一种一定对无限多个 $i$ 出现, 比如说对 $i_j, j = 1, 2, 3, \cdots$, 这意味着所有的边集 $E_{i_j}$ 都具有同样的颜色. 这说明以 $\{q_{i_j}\}_{j=1,2,3,\dots}$ 为顶点的单形 $\Delta^\infty$ 是单色的, 因为它的所有边都含于并集 $\cup_j E_{i_j}$.

**悲观注记.** 有人对此单色 $\Delta^\infty \subset \Delta(Q)$ 感到不安, 因为上述单色化映射 $\Delta^*_{[d+1]} \to \Delta^*_{[d+1]}$ 没有用自映射 $Q \to Q$ 的半群理论式语言加以定义; 这种感觉由帕里斯 – 哈林顿定理证实了:

---

①除了 "$d$-面" 对 "$d+1$ 个元素的子集" 或 "点的 $(d+1)$-元组" 在术语上的优越性以外, 此几何表述还可能将你导向与其他自然多面体相似的东西.

下面那个明显的无限拉姆塞的有限性推论 $[!]_{d,k,N}$ 不存在皮亚诺公理中的证明.

设 $N$-单形 $\Delta^N$ 的顶点线性排列着, 例如 $\Delta^N = \Delta(\{0,1,2,\cdots,N\})$. 我们称一个面 $\Delta \subset \Delta^N$ 是巨大的, 如果此 $\Delta$ 的顶点数目要大于 $\Delta^N$ 的最小顶点 $v \in \{1,2,\cdots,N\}$.

$[!]_{d,k,N}$ 如果 $N$ 与给定的 $d,k > 0$ 相比充分大, 则 $\Delta^k$ 的 $d$-面集的每一个 $k$-着色都容许一个巨大的单色面.

另一恼人的 (对我们中的某些人) 相关事实就是无限 (不像有限) 拉姆塞一般对 $\Delta(Q)$ 的所有有限维面的着色不再成立, 即对所有维数 $d = 0,1,2,\cdots$ 的面同时着色, 然后寻找 (最好是大的) 面 $\Delta \subset \Delta(Q)$, 使得其 $d$-面集是同色的 (不同的 $d$ 容许不同的颜色).

(我猜, 对于策麦罗 – 弗兰克尔集合论中具有大基数的集合 $Q$, 这种无限多单色面 $\Delta$ 的存在性对于集合理论组合学家是已知的, 但它的内在数学表示还不清楚.)

**2.** 设 $S$ 为实数域 $\mathbb{R}$(实际上任何一个特征为零[①] 的域都可以) 上的一个仿射空间, $H$ 是中心相似变换 $h : S \to S$ 组成的集合, 即平移 $s \mapsto s + s_0$ 接着一个伸缩 $s \mapsto \lambda s$, 其中 $S$ 中某点视为原点, $\lambda \in \Lambda \subset \mathbb{R}$, $\Lambda$ 为实数加群[②]的一个子半群, 比如 $\Lambda = \mathbb{N} = \{1,2,3,\cdots\}$.

**单色化中心相似定理**(范德瓦尔登, 1927).[③] $H$ 在 $S$ 上的作用具有有限拉姆塞单色化性质: $S$ 的每一种有限着色都在 $S$ 的有限子集上满足 $H$-单色化性质.

简单地讲,

给定仿射空间 $S$(比如平面 $S = \mathbb{R}^2$) 的有限分划以及一个有限子集 $S_0 \subset S$, 存在一个中心相似变换 $h : S \to S$, 使得像集 $h(S_0) \subset S$ 是单色的.

$(_\circ{}^*\!\bullet)_4$ 关注 "*". 为了把握 2 色平面 $\mathbb{R}^2$ 中单色三点对的存在性的证明, 请看如下构成四个相似三角形的 7 点构型, 其中颜色记为 $\circ$ 和 $\bullet$.

---

① 如果域的特征为 $p \neq 0$, 则我们下面要说的就是空话.

② 下面叙述的单色化中心相似定理对乘性子半群不成立, 例如 $\Lambda \subset \mathbb{N}$ 为奇数乘性半群时.

③ 这种形式有时归功于高洛伊.

无论 ∗ 处的颜色是 ○ 还是 ●, 其中一个三角形必定是单色的, 因为两种颜色在 ∗ 处聚焦.

我们将在下一节中解释怎样在此图中获得四点 "●-着色基"(这基本上是显然的), 以及这种颜色聚焦是怎样导出定理的一般情形的, 其中注意, 上述几何式叙述很容易地蕴含了舒尔 – 范德瓦尔登单色级数定理的更经典形式, 那是 $S$ 的角色由群 $\mathbb{Z}$ 所扮演.

**3. 笛卡儿图表**. 一个图表 $\mathcal{D} = (\mathcal{S}, \Sigma)$ 称为笛卡儿的, 如果

● 类 $\mathcal{S}$ 在集合的笛卡儿乘积下封闭: 如果 $S_1, S_2 \in \mathcal{S}$, 则 $S_1 \times S_2 \in \mathcal{S}$, 并且

● 类 $\Sigma$ 在映射的对角线和笛卡儿乘积下封闭: 如果 $\sigma_1 : T \to S_1$, $\sigma_2 : T \to S_2$ 属于 $\Sigma$, 则其 (显然定义的) 对角线 $(\sigma_1, \sigma_2) : T \to S_1 \times S_2$ 以及笛卡儿乘积 $\sigma_1 \times \sigma_2 : T \times T \to S_1 \times S_2$ 也属于 $\Sigma$.

(通常, 人们对映射 $T_i \to S_i (i = 1, 2)$ 的笛卡儿乘积提要求, 其中 $T_1 \neq T_2$, 并将笛卡儿条件应用于范畴.)

**仿射例子**. 某个域 $\mathbb{F}$ 上的线性空间 $L$ 以及它们之间仿射映射构成的范畴就是笛卡儿图表的例子.

**黑尔斯 – 朱厄特分块对角单色性定理**(1963). 设 $\mathcal{D} = (\mathcal{S}, \Sigma)$ 为局部有限 (所有集合 $S$ 都是有限的) 笛卡儿图表, 它对 $S \in \mathcal{S}$ 包含所有恒同映射 $id_S : S \to S$ 以及常值映射 $T \to s \in S$(对所有 $S, T \in \mathcal{S}$ 以及所有 $s \in S$).

则 $\mathcal{D}$ 中单射的子图表 $\mathcal{D}_{inj} = (\mathcal{S}, \Sigma_{inj})$ 是拉姆塞的: $(\mathcal{S}, \Sigma_{inj})$ 的每个有限着色都满足拉姆塞单色化性质.

(我们回忆, 这意味着每一个 $S \in \mathcal{S}$ 均容许一个单色化映射 $\sigma : S \to S'$, 其中 $S' \in \mathcal{S}$, $\sigma \in \Sigma$ 为单射.)

**最小例子**. 每一个集合 $F_0$ 均含于一个 (小) 范畴 $\mathcal{D}(F_0)$ 中, 它是由 $F_0$ 以及所有常值映射 $F_0 \to F_0$ 和恒同映射组成的半群 $\Sigma_0$ 所生成的笛卡儿范畴: 其中的集合为笛卡儿幂 $F_0^X$ ($X$ 到 $S$ 的函数集, $X$ 为有限集), 态射是 $\Sigma_0$ 中经过取对角线和笛卡儿乘积所得到的映射.①

**组合线和分块对角**. $F_0$ 在此范畴中非常值 (因此在目前的情形是

---

① 对两点集 $F_0 = \{0, 1\}$, "立方体" $F_0^{1, \cdots, N}$ 中的分块对角单色性性质早在 1892 年就已被希尔伯特发现. 关于拉姆塞理论的历史, 参见 [45].

单的) 映射 $F_0 \to F_0^X$ 下的像称为 $F_0^X$ 中的对角线或组合线, $F_0^Y \to F_0^X$ 的像有时称为分块对角的.

于是当用这些术语叙述的时候, 黑尔斯 – 朱厄特定理应用于

$$F_0^X \text{ 分划为 } k \text{ 个 (单色) 部分,}$$

从而得到

**单色组合线定理.** 如果数 $N = card(X)$ 相比 $k$ 和基数 $card(F_0)$ 非常大, 则 $F_0^X$ 包含一条单色组合线.

这很容易地推出了 **2** 中单色化中心相似变换的存在性, 因为 "对角" 映射的适当有限集可实现为 $H$ 中的中心相似变换.

为了具体起见, 设 $F_0 = \{0, 1, 2, \cdots, 9\}$. 则对所有 $N = 1, 2, \cdots$, 整数的十进制表示将第 $N$ 个笛卡儿幂 $F_0^N = F_0^{\{1,2,\cdots,N\}}$ (数字可以以零开头, 比如 $000322096 = 322096$) 等同于子集 $\{0, 1, 2, \cdots, 10^N - 1\} \subset \mathbb{Z}_+$, 即

$$\{0, 1, 2, \cdots, 9\}^{\{1,2,\cdots,9\}} = \{0, 1, 2, \cdots, 10^N - 1\},$$

其中 $F_0^{\{1,2\cdots,N\}}$ 中的组合线成为此整数子集中的 10-项算术级数.

(事实上, 范德瓦尔登定理的所有 "直接初等" 证明都常隐含地从组合线定理得出.)

**4.** 设 $\mathbb{F}$ 为域, $\Sigma$ 为 $\mathbb{F}$ 上线性空间和单线性映射构成的范畴. 此 $\Sigma$ 自然地作用在格拉斯曼空间 $Gr_d(L)$ (线性空间 $L$ 中 $d$ 维子空间的全体) 构成的类 $\mathcal{G}_{[d]}$ 上.

**格拉斯曼单色性定理.** (由吉安 – 卡洛 · 罗塔在 1967 左右猜测, 格雷厄姆和罗斯柴尔德在 1971 年证明.)

对 $d = 1, 2, \cdots$, $\Sigma$ 在 $\mathcal{G}_{[d]}$ 上的作用满足有限拉姆塞单色化性质.

此结果的一个基本的情形是当底域 $\mathbb{F}$ 为有限域时, 定理实际上说:
对一个无限维线性空间 $\overset{\infty}{L}$, 格拉斯曼 $Gr_d(\overset{\infty}{L})$ 的一个任意有限着色一定包含单色子格拉斯曼 $Gr_d(L_i) \subset Gr_d(\overset{\infty}{L})$, 其中 $L_i \subset \overset{\infty}{L}$ 是维数为 $i$ 的线性空间, $i = 1, 2, 3, \cdots$.

(如果 $\mathbb{F}$ 为无限域, 则此单色性定理很容易地从应用于仿射范畴 (而非投影空间) 的分块对角的拉姆塞性质得出.)

不会自动地约化到仿射空间的分块对角单色性质的首个新颖的情形是我们在 $\mathbb{F}$ 上的 $k$-着色投影空间 $P^N$ 中寻找单色投影线 $l$, 其中

$N$ 与 $k$ 比非常大.

根据仿射单色性, 一个超平面的补集, $P^N \setminus P^{N-1} = \mathbb{F}^N$ 包含一个反射单色子空间 $A = \mathbb{F}^M$, 其秩等于 $M \to \infty$ $(N \to \infty)$. 如果投影完备化 $P^M \supset A$ 中不存在与 $P^{M-1} = P^M \setminus A$ 交于一点的投影线 $l$, 则 $P^{M-1}$ 由 $k-1$ 中颜色着色, 可对 $k$ 应用明显的归纳法.

这种在舒伯特分解中的颜色聚焦可上升为关于格拉斯曼空间的罗塔猜测一般情形的证明, 类似于前节中它是怎样用于在 $[\Delta]_d$ 中找拉姆塞单色面. (1977 年, 我在和乔尔·斯宾塞的一次谈话中学到了这一点.)

问题. 除了 $GL(\infty)$ (它所用于 $Gr_d(\overset{\infty}{L})$) 以外, 还有什么线性 (典型?) 群 $G$, 以及在齐性空间 $S$ 上的哪些作用能单色化 $S$ 中的有限子集? 例如, 对正交变换群和/或辛变换群, 当作用于迷向子空间的空间上, 又或者 $O(\infty, 1)$ 作用于时间线空间 ($\mathbb{F} = \mathbb{R}$ 的情形) 时, 它是否成立?

旗着色问题. 拉姆塞单色化, 按照现状, 对线性子空间旗空间不成立, 也不清楚正确的表述 (不应该容易地从格拉斯曼的拉姆塞得到) 应该是什么样的.

**5.** 一个半群 $S$ 称为幂等的, 如果 $s \cdot s = s$ 对所有 $s \in S$ 成立. 这种 $S$ 称为自由可交换的, 如果它同构于某集合的有限子集连同集合的并作为乘积的半群.

注意到子集完全半群中一组互不相交子集所生成的子半群是自由的.

**辛德曼单色有限和定理** (1974). 自由交换幂等半群及其单同态构成的范畴是拉姆塞的. 进一步, 无限自由交换幂等半群的一个任意 $k$-着色都容许一个具有单色像的自同态.

那个出现了很多次, 但远未获得完全解答的自然问题就是:

有哪些其他半群和/或其他带有运算的代数对象构成的范畴具有拉姆塞 (或类似于拉姆塞) 性质?

### §1.2　乘积, 颜色, 焦点, 远望镜, 自相似性

让我们用语言写下 7 点构形 $(\underset{*}{\circ} \cdot)_4$ (四个三角形 "聚焦" 于一点 $*$) 所传递的信息并由此证明黑尔斯–朱厄特组合线定理以及分块对角单色性定理.

我们分两步走 (见下面的 **1** 和 **2**), 模仿 1927 年范德瓦尔登对舒尔单色级数猜测的解答, 它出现在大多数较新的阐述中.

(范德瓦尔登在他关于解决舒尔猜测[①]历史的叙述中强调了原始 1927 文章中的两步逻辑, 他在和阿廷 (E. Artin) 以及施赖埃尔 (O. Schreier) 的谈话中想到了这些.[②] 直到 1988 年谢拉赫 (Shelah) 的文章 [43] 出来后才有一个新颖的直接初等证明.)

拉姆塞图表. 回忆一个关于集合 $S \in \mathcal{S}$ 和映射 $\sigma : S_1 \to S_2$ 的图表 $\mathcal{D} = (\mathcal{S}, \Sigma)$ 是拉姆塞的, 如果 $\mathcal{S}$ 的所有有限着色 (即 $S \in \mathcal{S}$ 以 $k < \infty$ 种颜色着色) 都具有拉姆塞 $\Sigma$-单色化性质, 即每一个集合 $S \in \mathcal{S}$ 都可被某映射 $\Sigma : S \to T(\sigma \in \Sigma)$ 单色化.

## 笛卡儿式术语

两个集合类 $\mathcal{S}_1$ 和 $\mathcal{S}_2$ 的笛卡儿乘积 $\mathcal{S}_1 \times \mathcal{S}_2$ 是笛卡儿乘积 $S_1 \times S_2$ 组成的类, 其中构成集 $S_1 \in \mathcal{S}_1$, $S_2 \in \mathcal{S}_2$.

两个集合与映射的图表 $(\mathcal{S}_1, \Sigma_1)$ 和 $(\mathcal{S}_2, \Sigma_2)$ 的笛卡儿乘积 $\mathcal{D}_1 \times \mathcal{D}_2$ 由相应构成集的笛卡儿乘积以及映射的笛卡儿乘积组成, 比如 $\sigma_1 \times \sigma_2 : S_1 \times S_2 \to T_1 \times T_2$, 取所有 $\sigma_1 \in \Sigma_1$, $\sigma_2 \in \Sigma_2$.

### 1. 拉姆塞乘积性质[③]

局部有限拉姆塞集合与映射图表的笛卡儿乘积,

$$\mathcal{D}_1 \times \mathcal{D}_2 = (\mathcal{S}_1, \Sigma_1) \times (\mathcal{S}_2, \Sigma_2) = (\mathcal{S}_1 \times \mathcal{S}_2, \Sigma_1 \times \Sigma_2)$$

也是拉姆塞的.

(回忆, $\mathcal{S}$ "局部有限" 是指所有集合 $S \in \mathcal{S}$ 都是有限集.)

证明. 如果类 $\mathcal{S}_2$ 的一个任意 $k$-着色 ($k < \infty$) 中的有限集 $S_2$ 可被某映射 $\sigma_2 \in \Sigma_2$ 单色化, $\sigma_2$ 映入另一先验地依赖于着色的有限集 $T_2 \in \mathcal{S}_2$, 则利用一个明显的 "否则就假设" 论证可知, 存在一个单一的有限集 $T_2^* = T_2(\mathcal{S}_2) \in \mathcal{S}_2$, 使得类 $\mathcal{S}_2$ 的每一个 $k$-着色都容许一个从 $S_2$ 到 $T_2^*$ 的单色化映射 $\sigma_2^* \in \Sigma_2$.

因此, 由集合 $S_1^* = S_1 \times T_2^*$ ($S_1 \in \mathcal{S}_1$) 组成的类

$$\mathcal{S}_1^* =_{def} \mathcal{S}_1 \times T_2^* \subset \mathcal{S}_1 \times \mathcal{S}_2,$$

---

① 根据范德瓦尔登所说, 他是从 P.J.H. 博代那里知道此猜测的.
② 这再现在了 [45] 中.
③ 此性质是 1.1 节 $\left(\begin{smallmatrix} * \\ \circ \end{smallmatrix}\ \bullet\right)_4$ 中单色底边 $\bullet$ $\bullet_1$ $\bullet_2$ $\bullet_{1.2}$ 存在的原因.

其每一个有限着色 (比如 $k$-着色) 也在 $\mathcal{S}$ 上定义了一个有限着色, 即 $K^* = k^{card(T_2^*)}$-着色, 其中 "$T_2^*$-切片" $T_2^* = s_1 \times T_2^* \subset S_1 \times T_2^*$(坐标投影 $S = S_1 \times T_2^* \to S_1$ 的纤维) 的着色可作为其底下点 $s_1 \in S_1$ 处的着色.

于是, $K^*$-着色类 $\mathcal{S}_1$ 中集合的单色化映射 $\sigma_1 \in \Sigma_1$ 和上述 $\sigma_2^*$ 的笛卡儿乘积 $\sigma_1 \times \sigma_2^*$ 为乘积集合 $S_1 \times S_2 \in \mathcal{S} \times \mathcal{S}_2$ 提供了单色化.

注记. 上述证明可应用于所有集合 $S_2$ (可能是无限集); 于是两个图表的笛卡儿乘积的拉姆塞性质只需要其中一个因子是局部有限的.

进一步, 从楼文海因 – 斯科伦 – 德·布鲁伊 – 厄尔多斯紧性定理[1]来看, 如果 (有限) 集 $S_2 \in \mathcal{S}_2$ 的单色化映射的接收集 $T_2 \in \mathcal{S}_2$ 是无限集, 此证明仍有效. 这说明: (穆贝依, 罗德尔, 2004) 具有无限个色数的超图的笛卡儿乘积的色数也是无限的. (见 [35], http://www.math.cmu.edu/~mubayi/papers/bergesimon.pdf.)

在乘积性质证明中两个因子之间的不对称性似乎与超滤子张量积 (在 1.3 节中出现为 $S_1 \times S_2$ 上的 $u_1 \otimes u_2$) 的不对称性有关. 这种不对称性以及精确性的丧失一般是不可避免的; 不过, 在特定的例子中乘积性质或许可以对称性以及有效地定量地予以证明.

**2. 自相似焦点分解.**[2] 我们从下面的例子开始.

启发性例子. 设 $S$ 为某个域上的投影空间, $S' \subset S$ 为超平面, $S^- = S \setminus S'$ 为与之相补的仿射空间. 则 $S'$ 中的所有点都可以作为从 $S^-$ 出发的仿射线的 "终点" 或焦点; 或者说从 $S^-$ 出发的仿射线聚焦于 $S'$ 中所有点.

我们将这作为如下一般定义的模型, 它可应用在以集合 $S$ 以及它们之间映射 $\sigma$ 所构成的图表 $\mathcal{D} = (\mathcal{S}, \Sigma)$ 上.

• 设 $\mathcal{D}'$ 和 $\mathcal{D}^-$ 为 $\mathcal{D}$ 中两个子图.

这里, 根据定义, $\mathcal{D}$ 中的 "子图", 比如说 $\mathcal{E} = (\mathcal{T}, \Omega)$, 是一组 (类) 子集 $T \subset S \in \mathcal{S}$ 以及它们之间的映射 $\omega$ 所构成的, 要求

[·] 每一个 $S \in \mathcal{S}$ 包含至多一个 (也可能没有) $T \in \mathcal{T}$;

[··] $\Omega$ 中的每一个映射 $\omega : T_1 \to T_2$ ($T_i \subset S_i$, $i = 1, 2$) 都来自 $\mathcal{D}$, 即

---

① 这个本质上显然的定理是说, 一个良序集 $S$ 上能用一阶语言叙述的关系方面的性质在 $S$ 的有限子集上已然可以见到. 这常用于那些能在策麦罗 – 弗兰克尔集合论中良好排序的所有集合.

② 这种分解形式化了 1.1 节的 $\left(_{\circ}{}^{*}{}_{\bullet}\right)_4$ 中 $*$ 点处的颜色聚焦.

它等于 $\Sigma$ 中某映射 $\sigma : S_1 \to S_2$ 在子集 $T_1$ 上的限制 $(\sigma(T_1) \subset T_2)$.

• 设 $S_0 \in \mathcal{S}$ 为一个分解为两个非空子集的集合,

$$S_0 = S_0^- \cup S_0', \quad S_0^- \in \mathcal{S}^-, \; S_0' \in \mathcal{S}'.$$

聚焦和自相似性. 称子图表 $\mathcal{D}'$ 完全落在 $\mathcal{D}^-$ 的 $S_0$-焦点中以及/或 $\mathcal{D}^-$ 聚焦于 $\mathcal{D}'$, 如果对所有 $S' \in \mathcal{S}'$, 所有映射 $\sigma' : S_0' \to S'$ 均扩张为映射 $\sigma : S_0 \to S \supset S'$, 且将子集 $S_0^- \subset S$ 映入 $S^- \subset S$.

称 $\mathcal{D}$ 中一对子图表 $\mathcal{D}^-$ 和 $\mathcal{D}'$ 是 $\mathcal{D}$ 的自相似 $S_0$-焦点分解, 如果图表 $\mathcal{D}'$ 同构于 $\mathcal{D}$ 且它完全落在 $\mathcal{D}^-$ 的 $S_0$-焦点中. 其中, 为了术语的简洁性, 我们在此假设 $\mathcal{S}$ 为一个集合(而不是一个类), 这使得 $\mathcal{D}$ 和 $\mathcal{D}$ 之间的同构这种表述容易接受.

另外要注意, 尽管使用了 "分解" 这样的词, 我们并不要求 $S = S' \cup S^-$.

以下是这种分解的三个标准例子, 其中自相似性和焦点性质都可立即看出.

例 1. 域 $\mathbb{F}$ 上投影空间 $S$ 以及它们之间投影嵌入 $\sigma : S_1 \to S_2$ 构成的范畴的自相似焦点分解.

将每一个 $S$ 分解为 $S' \cup S^-$, 其中 $S' \subset S$ 为超平面, $S^- = S \setminus S'$. 取一些如此分解过的投影空间作为 $S_0$, 相应的 $\mathcal{D}^-$ 和 $\mathcal{D}'$ 通过投影嵌入 $S_1' \to S_2'$ 以及仿射映射 $S_1^- \to S_2^-$ 得到.

例 2. 集合 $S = \Delta(Q)_{[d]}$ (以 $Q$ 为顶点集的单形 $\Delta(Q)$ 中的 $(d-1)$-面) 连同映射 $\sigma : S_1 \to S_2$ (单射 $Q_1 \to Q_2$ 所诱导) 构成的范畴的自相似焦点分解.

在每一个集合 $Q$ 中取一点 $q \in Q$, 将每一 $S$ 分解为 $S^- \cup S'$, 其中 $S^-$ 是那些包含 $q$ 的 $(d-1)$-面, $S'$ 是不包含 $q$ 的那些面. 取一些如此分解过的面作为 $S_0$, 通过映射 $\sigma : S_1 \to S_2$ 的限制做出这些集合之间的图表.

例 3. 笛卡儿范畴的自相似焦点分解.

设 $S_0$ 为集合, $\mathcal{D} = \mathcal{D}(S_0)$ 为由常值映射 $S_0 \to s_0 \in S_0$ 以及恒同映射 $S_0 \to S_0$ 所生成的笛卡儿范畴.

这意味着 $\mathcal{D} = (\mathcal{S}, \Sigma)$, 其中 $\mathcal{S}$ 是 (笛卡儿幂) 集 $S = S_0^X$(对所有集合 $X$) 形成的类, 而 $\Sigma$ 是由 $S_0$ 分块对角地生成的 $S_1 \to S_2$ 映射类, 它

是包含 $\Sigma_0$ 且在对角映射 $S \to S^X$ 以及映射的笛卡儿乘积运算下封闭的最小映射类.

(回忆, $S_0^X$ 是函数 $X \to S_0$ 组成的空间, 对角映射 $S \to S^X$ 将点 $s_0 \in S_0$ 映为常值函数 $s(x) = s_0$.)

设 $S_0' \subset S_0$ 仅包含一个点, 比如说 $S_0' = \{s_*\}$, $s_* \in S_0$. 让 $S^-$ 等于补集 $S_0 \setminus S_0'$, $S^-$ 由笛卡儿幂 $S^- = (S_0^-)^X \subset S = S_0^X$ 构成.

最后, 为了定义 $S'$, 选择点 $x_* \in X$ —— 每一个集合 $X$ 中选一个 —— 取补集 $X' = X \setminus \{x_*\}$, 令 $S' = S_0^{X'}$, 其中每一这样的 $S'$ 通过将函数 $s(x)$ 从 $X'$ 扩张到 $X \supset X'$ $(s(x_*) = s_*)$ 而嵌入到 $S = S_0^X$ 中; 通过映射 $\sigma \in \Sigma$ 的限制最后完成 $\mathcal{D} = (\mathcal{S}, \Sigma)$ 中子图 $\mathcal{D}'$ 和 $\mathcal{D}^-$ 的描述.

让我们叙述并证明我们的分解的一个简单性质, 当应用于例 3 时, 它能给出黑尔斯 – 朱厄特线定理和分块对角单色性定理的 (标准) 证明.

望远镜分解. 设 $(\mathcal{D}', \mathcal{D}^-)$ 为图表 $\mathcal{D} = (\mathcal{S}, \Sigma)$ 的一个自相似 $S_0$-焦点分解, 设 $\Psi = \{\Psi_S : S \to S\}_{S \in \mathcal{S}}$ 是 $\mathcal{D}$ 的一个自同态, 它实现了同构 $\mathcal{D} \to \mathcal{D}'$. 于是, 对所有 $S \in \mathcal{S}$, 这些 $\Psi_S$ 单射地将 $S$ 映到 $S' \subset S$ 上.

在 $S \in \mathcal{S}$ 中定义一列递减子集序列

$$S^{(0)} = S \supset S^{(1)} \supset S^{(2)} \supset \cdots \supset S^{(i)} \cdots$$

为

$$S^{(1)} = S' = \Psi_S(S), \ S^{(2)} = S'' = \Psi_S(S'), \cdots, S^{(i)} = \Psi_S(S^{(i-1)}).$$

类似地, 定义 $S^{-i} \subset S^{(i)}$ 如下:

$$S^{-0} = S^- \subset S = S^{(0)}, \ S^{-1} = \Psi_S(S^{-0}) \subset S^{(1)}, \cdots, S^{-i}$$
$$= \Psi_S(S^{-i-1}) \subset S^{(i)}.$$

显然, $\mathcal{D}^{(j)}$ 中相应的子图表 $\mathcal{D}^{-j} = \Psi^{\circ j}(\mathcal{D}^-)$(其中 $\Psi^{\circ j}$ 表示第 $j$ 个迭代 $\Psi \circ \Psi \circ \cdots \circ \Psi$) 对所有 $i$ 以及 $j = 0, 1, \cdots, i-1$ 都是 $S_0$-聚焦的. 特别地, 对所有 $j < i$, $\mathcal{D}^{-i}$ 完全落在 $\mathcal{D}^{-j}$ 的 $S_0$-焦点中.

现在设 $\mathcal{S}$ 被有限着色, 设 $S^{-j}$ 为那些能被某些映射 $\sigma \in \Sigma$ 单色化的集合, 其中基本的例子就是 $\mathcal{D}^-$ 为拉姆塞时.

为了节省记号, 我们一开始假定这些集合都是单色的, 以及如果它们的个数大于颜色的数目 —— 对有限着色这总会出现 —— 则两个这样的集合, 比如 $S^{-j}$ 和 $S^{-i}$ $(i > j)$ 将会是同色的.

由此可知, 如果子集 $F_0' \subset F_0$ 容许一个映射 $\sigma' : F_0' \to S^{-i}$, $\sigma' \in \Sigma'$, 则根据焦点性质, 此 $\sigma'$ 可扩充为从 $F_0$ 到 $S^{-j} \cup S^{-i} \subset S^{(i)} \in S$ 的映射 $\sigma \in \Sigma$, 其中此 $\sigma$ 是单色化, 因为 $S^{-j}$ 和 $S^{-i}$ 是单色的并具有同样的颜色.

这可导出如下

引理. 设 $(\mathcal{D}', \mathcal{D}^-)$ 为图表 $\mathcal{D} = (S, \Sigma)$ 的一个自相似 $S_0$-焦点分解, 其中 $\mathcal{D}^-$ 是拉姆塞的.

如果子集 $S_0' \subset S_0 \in S$ 由一个点组成, 称之为 $s_* \in S_0$, 并且如果所有的点 $s' \in S'$ 都通过映射 $\sigma' \in \Sigma'$ 来自 $s_*$, 即对所有 $s' \in S'$ 和某个依赖于 $s'$ 的 $\sigma'$, $s' = \sigma'(s_*)$, 则 $F_0$ 可被某个映射 $\sigma \in \Sigma$ 单色化.

实际上, 在上述情形映射 $\sigma' : F_0' \to S^{-i}$ 的存在性很容易得出.

让我们将此应用于集合 $S_0$ 所 "生成" 的笛卡儿范畴, 像上面的例 3 中那样记为 $\mathcal{D} = \mathcal{D}(S_0) = (S = \{S_0^X\}, \Sigma)$, 由此得出:

笛卡儿范畴 $\mathcal{D}^- = \mathcal{D}(F_0^-)(F_0^- = F_0 \setminus \{s_*\}, s_* \in S_0)$ 的拉姆塞性质 —— 即黑尔斯 - 朱厄特分块对角单色性定理对 $\mathcal{D}^-$ 成立 —— 蕴含着 $S$ 的所有有限着色都存在单色组合线, 即 $\mathcal{D} = \mathcal{D}(S_0)$ 中单色组合线定理.

另一方面, 如果集合 $F_0$ 是有限的, 则根据拉姆塞乘积性质 (见上面的 1) $\mathcal{D}(F_0)$ 的拉姆塞 可由单色组合线的存在性推出. 于是 $\mathcal{D}(F_0)$ 的黑尔斯 - 朱厄特分块对角单色性定理可由对基数 $card(F_0)$ 归纳推出.

回忆和讨论. 1961 —— 1962 年前后, 我们三个, 艾米克·格洛文 (Emmik Gerlovin)[1]、尤拉·尤宁 (Yura Ionin)[2] 以及我自己 —— 彼时还是列宁格勒大学的本科生 —— 竞相寻找范德瓦尔登定理的最简单证明.

---

[1] 艾米克·格洛文, 从事计算机辅助产品设计的开发, 包括 Pro/ENGINEER 软件. 他曾任 Exa 几何软件副总裁以及美国参数技术公司高级设计资深副总裁. 他于 2012 年 8 月 16 日去世.

[2] 尤拉·尤宁花了生命中的 25 年时间在列宁格勒教育少年数学天才. 从 1990 年左右到 2007 年他在美国中密歇根大学拥有教授职位. 他和莫汉·施瑞克韩德合作撰写了《对称设计的组合》一书.

让我们吃惊的是, 我们各自看上去似乎不同的证明都趋于上述 $(\circ^{*}\bullet)_4$ 图像, 用语言可翻译为

笛卡儿乘积 + 颜色的望远镜聚焦.

我们对没人能找到保留舒尔问题固有对称性的证明 (比如通过密度计算论证①) 而感到失望.

我们进一步受挫于尤里·弗拉基米罗维奇·林尼克 (Yuri Vladimirovich Linnik) 周围的数论学家, 他们没被范德瓦尔登定理的如下 "丢番图逼近" 演绎所打动:

$(*)$ 设 $U \subset \mathbb{R}^n$ 为波莱尔子集, $S_0 \subset \mathbb{R}^n$ 为有限集. 如果 $U$ 和 $\mathbb{R}^n$ 中所有单位球的交集的测度均 $\geqslant \varepsilon > 0$, 则 $S_0$ 可通过 $\mathbb{R}^n$ 的一个整数中心相似移到 $U$ 中: 存在整数 $N > 0$ 以及向量 $t \in \mathbb{R}^n$, 使得 $N \cdot S_0 + t \in U$.

我们被告知, 这种结果在数论上不被认可, 除非它伴随着关于 $N = N(\varepsilon)$ 的一个好的有效估计 (相比于经典的狄利克雷的 $N \sim \dfrac{1}{\varepsilon}$, 其中 $U = U_\varepsilon \subset \mathbb{R}$ 为点集 $\{i + \delta\}$, $i$ 为所有整数, $0 \leqslant \delta \leqslant \varepsilon$, 而 $S_0$ 为一个两点集, 比如 $S_0 = \{0, \alpha\}$, $\alpha$ 为无理数).

但我们灰心地意识到, 拉姆塞性质的证明逻辑 (见上面的 1) 排除了得到有效估计的任何可能性.

关于 $N$ 的有效估计直到 1988 年才被赛哈容·谢拉赫 (Saharon Shelah) 找到, 他将上述证明中的重心从乘积转向了颜色聚焦. 事实上, 他建立了 $N = N(card(S_0), k)$ 的一个原始递归上界 (但它仍很骇人), 使得

笛卡儿幂 $S_0^{\{1, \cdots, N\}}$ 的每一个 $k$-着色都含有一条单色组合线.

问题. 是否能将谢拉赫的证明翻译为我们的语言, 将像索莱茨基 (Solecki) 在他的 "有限拉姆塞理论的抽象处理方法 ……" 中所做过的那样?

谢拉赫的上界在舒尔 – 范德瓦尔登的情形已被极大地改进了, 即对 $U \subset \mathbb{Z}$ 以及 $F_0 = \{1, 2, \cdots, n\}$, 蒂莫西·高尔斯 (Timothy Gowers) 在

---

① 正密度整数子集中任意长算术级数的存在性最终是谢梅列迪在 1975 年证明的, 之前的部分结果有: 罗特 (1954) 用傅里叶 – 哈代 – 利特伍德分析证明了三项级数的存在性, 长度为四的级数由谢梅列迪 (1969) 和罗特 (1972) 获得. 黑尔斯 – 朱厄特组合线定理的相应密度版本由弗斯滕伯格和卡茨内尔森在 1991 用遍历论方法证明, 组合方法则由普利茅斯在 2010 年给出.

2001 年利用傅里叶理论方法建立了估计 $N \sim \exp\exp C$, 其中 $C$ 适当地用 $1/\varepsilon$ 和 $n = card(F_0)$ 界定.

事实上, 高尔斯对渐近密度[①]至少为 $\varepsilon$ 的所有子集 $U \subset \mathbb{Z}$ 证明了这一点, 于是给出了谢梅列迪定理关于正密度整数子集中任意长算术级数存在性的有效改进.

### §1.3　图表构造与舒伯特分解

各种拉姆塞和类拉姆塞结构以及此类结构的一般构造可参见:

*Ramsey's Theorem for a Class of Categories*, Graham, Leeb and Rothschild, (1972),

*Some unifying principles in Ramsey theory*, Carlson (1988),

*Idempotents in compact semigroups and Ramsey theory*, Furstenberg and Katznelson (1989),

*Dynamics of infinite-dimensional groups and Ramsey-type phenomena*, Pestov (2005),

*Introduction to Ramsey Spaces*, Todorcevic (2010),

*Ultrafilters, IP sets, Dynamics, and Combinatorial Number Theory*, Bergelson (2010),

*Density Hales-Jewett Theorem for matroids*, Geelen and Nelson (2012),

*Abstract approach to finite Ramsey theory and a self-dual Ramsey theorem*, Solecki (2013),

*Some recent results in Ramsey Theory*, Dodos (2013),

......

下面我们用纯粹范畴式的语言展示一些这样的构造.

箭头上的作用. 每一范畴 $\mathcal{C}$ 都通过左右复合作用在它自己的态射上, 其中这两个作用可交换. 因此, $\mathcal{C}$ 在集合 $Hom(C_0 \to C)$ 上的右作用 (即对 $Hom(C_0 \to C)$ 中的态射 $C_0 \to C$ 用 $C \to C'$ 去复合) 通过 $C_0$ 的自同构群 $aut(C_0)$ 作分解而在集合类 $\mathcal{S}_{\uparrow C_0}$ 上定义了一个作用, 其中此集合类由集合 $Hom(C_0 \to C)/aut(C_0)$ 构成, $C \in \mathcal{C}$.

---

[①] 高尔斯的证明简洁地写了约 100 页, 而似乎相似的 $(*)$ 的详细证明只需要一页纸.

类似地, $\mathcal{C}$ 从左边作用在集合 $Hom(C \to C_0)/aut(C_0)$ 构成的类 $\mathcal{S}_{C_0\downarrow}$ 上.

例子. 标准的拉姆塞型定理可用这种语言重新表述如下.

**A:** 经典有限拉姆塞. 设 $\mathcal{C}$ 等于有限集和单射构成的范畴, 则

对所有 $C_0 \in \mathcal{C}$, $\mathcal{C}$ 在 $\mathcal{S}_{\uparrow C_0}$ 上的作用满足拉姆塞单色化性质.

**A\*:** 对偶拉姆塞 (格雷厄姆 – 罗斯柴尔德)[1]. 设 $\mathcal{C}$ 等于有限集和满射构成的范畴, 则

对所有 $C_0 \in \mathcal{C}$, $\mathcal{C}$ 在 $\mathcal{S}_{C_0\downarrow}$ 上的作用满足拉姆塞单色化性质.

**B:** 格雷厄姆 – 罗斯柴尔德格拉斯曼单色性定理. 设 $\mathcal{C}$ 等于有限域上有限维线性空间和单线性映射构成的范畴, 则

对所有 $C_0 \in \mathcal{C}$, $\mathcal{C}$ 在 $\mathcal{S}_{\uparrow C_0}$ 上的作用满足拉姆塞单色化性质.

**C:** 格雷厄姆 – 罗斯柴尔德关于分块对角格拉斯曼的单色性定理.[2] 设 $\mathcal{D}$ 为常值映射和有限集之间的恒同映射所生成的笛卡儿范畴, $\mathcal{C}$ 是 $\mathcal{D}$ 中单射形成的子范畴. 则

对所有 $C_0 \in \mathcal{C}$, $\mathcal{C}$ 在 $\mathcal{S}_{\uparrow C_0}$ 上的作用满足拉姆塞单色化性质.

问题. 上述 "箭头构造" 推广到图形图表, 也称为 $\mathcal{C}$ 中箭头的箭图 $\Gamma$, 其中有特殊的自然子范畴, 它们由态射的性质以及它们之间可能的交换关系所区分.

在这种构造下, "拉姆塞性质" 的行为是什么?

有些答案可在上面引述过的格雷厄姆 – 里博 – 罗斯柴尔德和/或索莱茨基的文章中找到.

例如, 索莱茨基对有限集范畴中的量箭头箭图 $C_0 \to C \to C_0$ 证明了自对偶拉姆塞定理, 其中这些箭头对满足额外的条件.

能否用一般范畴的术语表述这些性质?[3]

能将索莱茨基的其他构造的描述翻译为我们的图表 – 范畴式语言, 并类似地演绎他证明的众多拉姆塞定理吗?

关于这一点, 注意到拉姆塞单色子单形定理的标准证明中的基本要素可从图表 $\mathcal{D} = (\mathcal{S}, \Sigma)$ 的望远镜分解 (见前节) 中看到, 自同态

---

① 这出现在他们 1971 年文章 [19] 中, 连同米尔曼 1971 文章 [33], 它们为拉姆塞理论提供了新舞台.

② 在文献中, 它在 "参数集" 的标题之下.

③ 复合映射 $C_0 \to C_0$ 等于恒同映射, 但也有其他条件.

$\Psi = \{\Psi_S : S \to S\}_{S \in \mathcal{S}}$ 由子集 $S \in \mathcal{S}$ 的递降序列,

$$S^{(0)} = S \supset S^{(1)} \supset S^{(2)} \supset \cdots \supset S^{(i)} \cdots,$$

以及子集 $S^{-i} \subset S^{(i)}$ 给出, 其中 $S^{(i)} = \Psi_S(S^{(i-1)})$, $S^{-i} = \Psi_S(S^{-i-1}) \subset S^{(i)}$.

对这种分解, 拉姆塞定理所需要的相关性质为

$$\bigcup_{i=0,1,\cdots} S^{-i} = S, \ \forall \, S \in \mathcal{S}.$$

这可看成舒伯特分解的 (相当原始的) 一个对应, 真正的舒伯特分解是关于格拉斯曼空间的, 当以图表的形式叙述时, 给出了格拉斯曼空间的罗塔猜测的证明 (斯宾塞, 1979). 很可能, 对分块格拉斯曼空间的这种分解的适当图表式版本也能通过归纳法给出格雷厄姆 – 罗斯柴尔德的参数集定理, 其中这种 "舒伯特分解" 的组合排列可作为归纳过程逻辑方案的 "模板".

范畴的笛卡儿幂及其他. 我们在前面已注意到拉姆塞单色化性质在图表的笛卡儿乘积下得以保持[1]. 我们的证明关于两个因子不是对称的, 所得估计也是不有效的, 在特定的例子中或许可以加以改进, 比如对 "好而且简单" 的图表 $\mathcal{D}$ 以及所有有限 (无限?) 集 $X$ 所形成的笛卡儿幂 $\mathcal{D}^X$.

一般地, 什么是范畴的笛卡儿幂的 "拉姆塞行为"? 比如说 $\mathcal{D}^{\mathcal{C}}$, 其中 $\mathcal{D}$ 容许直 (笛卡儿类) 乘, $\mathcal{C}$ 是集合范畴, 其中人们想模拟的基本例子是笛卡儿幂 $\mathcal{D}(F_0) = (F_0^X, \Sigma_0^X)$ 的黑尔斯 – 朱厄特笛卡儿范畴 (图表) 的构造.

在马尔可夫符号范畴[2] $\mathcal{M}$ 中有拉姆塞之类东西吗? 其中的对象为 $\mathcal{D}^V$, $\mathcal{D}$ 为多重范畴, $V$ 为集合?

这里, 比如说, $V$ 可能为一个有向图的顶点集, 其边 $E \subset V \times V$, 而 $\mathcal{D}^V$ 中态射, 比如 $D^V \to D^E$, 通过双同态 $(D_{v_1}, D_{v_2}) \to D_e$, $e \in (v_1, v_2) \in E$, 以及更一般情形中与图之间的态射相复合定义.

---

[1] 见 §1.2 的 **1**, 标题为 **拉姆塞乘积性质**, 那里我们考虑了组合图表的笛卡儿乘积 $\mathcal{D}_1 \times \mathcal{D}_2$.

[2] 这些在我的其他文章中有所讨论: *流形: 我们来自何方?* …… (第 11 节) 以及 [20],[23].

半群和超滤子. 许多拉姆塞结果, 比如辛德曼单色有限和定理, 依赖于半群和/或超滤子方法, 它们围绕着如下

**埃利斯幂等定理.** 每一个紧 (经常是不可度量化的, 且典型地没有单位元) 左拓扑半群 $G$(例如有限的这种半群) 都有一个幂等元, 即存在 $g \in G$, 使得 $g \cdot g = g$.

特别地, 这可应用于超滤子半群, 其中我们回忆, 一个可数集 $S$ 上的超滤子[①] $u$ 是定义在所有子集 $T \subset S$ 上的 $\{0,1\}$-值有限可加测度 $u(T)$ (连同布尔型加法 $1 + 1 = 1$), 其中称为非主要超滤子的 "有趣的" $u$ 是那些对所有有限集 $T$ 均满足 $u(T) = 0$ 的超滤子.

也可以定义超滤子空间, 其拓扑为 $S$ 的斯通 – 切赫紧化, 即 $S$ 在其中稠密的最大紧空间 $U(S)$.

这里, "最大" 是指每一个从 $S$ 到一个任意紧空间 $X$ 的映射都可扩展为连续映射 $U(S) \to X$, 其中非主要超滤子子空间自然地等同于斯通 – 切赫理想边界 $\partial(S) = U(S) \setminus S$.

超滤子在许多方面的表现都类似于普通测度, 比如, 映射 $f : S_1 \to S_2$ 将 $S_1$ 上的超滤子 $u_1$ 变为 $S_2$ 上的超滤子 $u_2 = f_*(u_1)$. 还有, 集合的笛卡儿乘积, 比如 $S_1 \times S_2$, 容许一个典则超滤子 $v = u_1 \otimes u_2$, 使得 $v(T) = 1, T \subset S_1 \times S_2$, 当且仅当对 $u_1$-几乎所有 $s_1 \in S_1$, $u_2(s_1 \times S_2) = 1$.

关于这个 $u_1 \otimes u_2$ 的基本性质 (它不难证) 是结合性 $(u_1 \otimes u_2) \otimes u_3 = u_1 \otimes (u_2 \otimes u_3)$.

此性质, 连同可用佐恩引理的标准用法予以证明的非主要超滤子的存在性, 可以让我们用熟悉的 "测度论" 术语重新叙述 1.2 节无限拉姆塞证明中的望远镜式论证如下.

[⊗] 设 $Q$ 为一可数集, $u$ 为它上面的超滤子 (可想成测度). 如果 $u$ 是非主要的, 则笛卡儿积 $Q^d$ 中 $u^{\otimes d}$-几乎所有点 $(q_1, \cdots, q_i, \cdots, q_j, \cdots, q_d)$ 不会出现 $q_i = q_j$ 的情况.

通过在 $Q$ 上赋以与自然数集合 $\mathbb{N}$ 上通常的序同构的一个序结构可以打破对称性. $Q$ 中点的 $d$-元组的全体记为 $Q_{[d]}$, 它里面的点可等同于有序序列 $(q_1 < \cdots < q_i < \cdots < q_j < \cdots < q_d) \in Q^d$.

如果 $C$ 是 $Q_{[d]}$ 的一个有限着色, 则 $u^{[d]}$-几乎所有 $q_{[d]} \in Q_{[d]}$ 都具

---

① 此定义可追溯到亨利·嘉当的《滤子和超滤子》(1937).

有同样的颜色 $c$, 而 $u^{[n]}$-几乎所有 $n$-元组 $q_{[n]} \in Q_{[n]}$ $(n \geqslant d)$, 其所有子 $d$-元组 $q_{[d]} \subset q_{[n]}$ 也都具有相同颜色 $c$.

最后, 这些 "$u^{[n]}$-几乎所有" 对 $n = d, d+1, d+2, \cdots$ 一致性可以推出, 存在 $Q$ 的无限子集, 其所有 $d$-元组都具有同样颜色 $c$. 证毕.

如果 $S$ 具有半群结构, 则超滤子在乘积映射 $S \times S \to S$ 的前推定义了超滤子的卷积, 记为 $u_1 * u_2$, 它给 $S$ 的超滤子集合 $U = U(S)$ 赋予了一个半群结构, 其中左[①]乘在 $U$ 的斯通 – 切赫拓扑下是连续的; 于是可以应用埃利斯幂等定理.

所得到的满足 $u * u = u$ 的幂等超滤子 $u$ 可用于各种拉姆塞结果[②], 比如 (桑德斯 – 福克曼 –) 辛德曼单色化有限和定理, 它习惯上是这样叙述的: 自然数集 $\mathbb{N} = \{1, 2, 3, \cdots\}$ 的任意有限分划 (着色) 都容许一个单色 $IP$ 子集[③], 即它包含了 $\mathbb{N}$ 的某个无限子集的所有有限和.

证明. 设 $u$ 为 $\mathbb{N}$ 上的幂等超滤子. 则所给分划的一部分 (即最大单色子集), 比如说 $A \subset \mathbb{N}$, 是 $u$-普通的, 即 $u(A) = 1$, 且通过译解关系 $u * u = u$ 的含义, 可以看到此普遍性可使 $u^d$-几乎所有序列 $n_1 < n_2 < \cdots < n_d$ 中数字的和都属于 $A$.

这可得出有限情形的辛德曼定理. 而这种无限序列的存在性可从与上述 [⊗] 中类似的经典拉姆塞定理的超滤子证明推出.

利用半群结构以及埃利斯定理的另一不同途径由弗斯腾贝格 (Furstenberg) 和卡茨纳尔逊 (Katznelson) 在紧半群和拉姆塞理论中的幂等元中提出了. 特别地, 他们在文章中对有限 $F_0$ 和无限 $X$ 给出了 $F_0^X$ 中无限单色 (黑尔斯 – 朱厄特) 分块对角的存在性, 他们还得到了如下一般有限结果.

设 $\Gamma$ 为可数半群, $F$ 为有限集. $G \subset \Gamma^F$ 为笛卡儿幂 $\Gamma^F$ 中的子半群, 使得 $G$ 包含对角线 $\Gamma_\Delta \in \Gamma^F$.

---

① 没有 —— 也不可能有 —— "左" 的任何数学定义; 但 $CP$-对称性被破坏的宇宙中的居民能将 "左" 和 "右" 区分开.

② 参见综述 [4].

③ 单色三元组 $(x, y, z, z = x+y)$ 的存在性是舒尔证明的, 见 Über die Kongruenz $x^m + y^m = z^m (mod\ p)$, 1916.

则对 $\Gamma$ 的任何有限着色. $G$ 中每一个双边理想①都包含一个单色元素 $h = \{h_\phi\}_{\phi \in F}$, 即所有坐标 $h_\phi \in \Gamma$ 具有同样的颜色.

在下面的情形, 它可翻译为由有限集 $F_0$ "生成"的笛卡儿范畴 $\mathcal{D}(F_0)$ 上的黑尔斯 – 朱厄特单色组合线定理:

- 词语的自由半群取为 $\Gamma$, 其中字母取自集合 $F_0$;
- $\Gamma^{F_0}$ 中的对角线 $\Gamma_\Delta$ 以及 $F_0$ 中所有元素/字幕以某种次序相乘所得乘积所生成的子半群取为 $G$;
- 补集 $G \setminus \Gamma_\Delta$ 取为 $H$.

问题. 弗斯腾贝格 – 卡茨纳尔逊关于单色组合线定理的证明是否依赖于原始范德瓦尔登 – 黑尔斯 – 朱厄特证明中同样的组合信息?

埃利斯幂等定理是否恰当地反映了在大多数 (所有) 拉姆塞问题都可以看到的自相似性?

在其他自相似组合结构中是否有某种拉姆塞结果, 比如说像格里格查克群?

对群和半群的无限迭代圈积, 是否有高阶笛卡儿幂拉姆塞对应?

### §1.4　序和测度所破坏的对称性

一般地, 在拉姆塞型定理的证明中, 像超滤子、埃利斯型定理等所扮演的数学角色是什么?

它们是揭示了那些对初等/有限型手段无效的组合结构, 还是只作为逻辑上的记载设备?

下面的观察② 暗示了后一种可能.

设 $\mathcal{P}$ 为一个可数集合 $S$ 中的一类子集, 它们由某种性质 $\Pi$ 所区分. 则如下 [A] 和 [B] 是等价的.

[A] $S$ 的每一个分划的某部分必满足性质 $\Pi$ (例如包含任意长的算术级数, 就像 $S = \mathbb{N}$ 时的范德瓦尔登情形).

[B] $S$ 上存在一个超滤子 (视为一个 $\{0,1\}$-测度), 使得所有 $u$-普遍

---

①半群 $H$ 的子集 $H$ 称为双边理想, 如果它在所有 $g \in G$ 的左乘和右乘下均不变. 例如, $r \geqslant r_0 > 0$ 的数在正数半群中形成了一个理想.

②标准的参考文献是辛德曼的超滤子和组合数论, 1979. 但模型论专家在 1979 年前可能就知道这些.

子集 $P \subset S$ 都满足 $\Pi$, 即

$$u(P) = 1 \Rightarrow P \in \mathcal{P}.$$

在类似风格下, 简 – 伊夫·吉拉德对弗斯腾贝格 – 魏斯关于单色算术级数的存在性证明[1]做了逻辑上的解剖[2], 原先的证明在拓扑动力系统的框架下进行, 本质上用到了紧空间上群作用的非空最小闭不变子集的存在性.

吉拉德指出, 利用某种通用逻辑步骤, 主要是切割消去法, 弗斯腾贝格 – 魏斯的证明可变形为初等的范德瓦尔登形式.

显然, 拓扑动力学词汇用于将 2.2 节拉姆塞乘积性质证明 (算术级数情形) 中的数学归纳步骤 "浓缩" 为关于最小集存在性的单一陈述, 可行的原因是这些步骤的综合体中的 "逻辑同质性"; 通过赋以名称而将 "个性" 归还给这些步骤, 切割消去法逆转了这个 "浓缩" 过程.

吉拉德型的分析已应用于许多其他的拉姆塞型定理的证明 (我必须承认我没有仔细阅读相关文献), 但我们想揭示与所有这些证明相关的下列数学(而非逻辑) 问题.

在许多 (所有?) 情形, 拉姆塞结构出现在一个对称 —— 不管是群论的或范畴论 —— 环境中. 然而, 组合拉姆塞型定理的所有已知证明都未能利用此对称性.

矛盾 (遗憾?) 的是所有的证明都依赖于对称性的彻底破坏.

当拉姆塞型定理叙述的对称性与它们出现时一样时这一点能看得最清楚; 于是可以看到通过证明被打破的是什么.

例如, 在 1.1 节通过 "无限拉姆塞望远镜" 构造单形 $\Delta^N = \Delta(Q)$ 中的单色 $n$-面时, 任意选取了点 $q_i \in Q_i \setminus Q_{i+1}$, 而没有分析这种选择的整体性, 也没有试图对这种选择做优化.

不奇怪的是, 大多数 (所有) 非初等组合拉姆塞证明依赖于策麦罗选择公理[3], 它常以佐恩引理或康托良序定理的形式出现. 确实, 此

[1] 拓扑动力系统与组合数论[16], 1978.
[2] 见 [14].
[3] 马丁公理有时也会出现, 见 [27].

公理对于系统性的对称破缺是不可或缺的, 自布丹驴[①]的厄运以来大家就已经知道这一点.

特别地, 超滤子, 不像经典的测度[②], 不具有非平凡的对称性. 即, 如果集合 $S$ 上的一个超滤子 $u$ 在某个变换 $g: S \to S$ 下不变, 则 $u$ 在 $g$ 的支集上的值, 即在 $g(s) \neq s$ 的那些 $s$ 组成的子集上等于零.

于是, 比方说, 在笛卡儿乘积 $S_1 \times S_2$ 上不存在超滤子的对称积, 即 $u_1 \otimes u_2$ 不等于 $u_1 \otimes u_2$. 这是因为 $S \times S$ 上没有超滤子能在两个因子的置换下具有对称性, 除非它的支集位于对角线上.

这种对称破缺也可以在弗斯腾贝格 – 卡茨纳尔逊对单色组合线定理的那个叙述中看到, 其中他们利用 $N$-字符串 $\{\phi_i\}$ 集表示笛卡儿幂 $F_0^X$, 其中 $i = 1, 2, \cdots, card(F_0)$, $N = card(X)$. 这自动地在集合 $F_0$ 和 $X$ 上强加了序结构, 因此从问题中消除了这些集合的自同构 (置换) 群. ($\phi_i$-词语的半群结构中固有的对称性要比笛卡儿/分块对角映射 $F_0^X \to F_0^X$ 中的弱很多.)

除了序, 某些拉姆塞定理的证明, 特别是围绕着格罗滕迪克 – 德沃雷茨基 – 米尔曼近乎圆截面定理的那些, 受益于通过赋以辅助 (有时是随意的) 测度或类测度结构 (比如超滤子) 而对研究对象的刚性化.

但通过手工进行对称破缺使初等证明长得不自然; 这导致了对称破缺逻辑系统的使用.

(组合学家有自己的一套方法去浓缩证明. 他们只与有序集打交道, 这些有序集自动地等同于整数片段, 记为 $[n]$, $n = card[n]$. 这种记号抵消了某些组合构造中选择的任意性. 于是, 比方说格雷厄姆和罗斯柴尔德设法将关于算术级数的范德瓦尔登定理的简短证明写在仅仅一张纸上[③].)

---

[①] 一个逻辑学家可能会讥笑那个不能在两个东西中挑选出一个的天真驴子, 但现代数学家支持驴子而不是策麦罗: 意识到这种选择的不可能性持续地给我们带来伽罗瓦理论以及伴随着规范理论的纤维丛的代数拓扑. 实际上, 以对合对空间染色的博苏克 – 乌拉姆定理可视为驴子在选择干草堆时犹豫不决的直接辩护.

[②] 数学和数学物理中的大多数 (所有) 有意思的测度都来源于哈尔测度.

[③] 此定理的最短证明, 按照柯尔莫哥洛夫的复杂性理论, 可能会与一套随机符号串无法区分, 还等着有人将它写下来.

拉姆塞理论是否将实现相关组合结构的深层次理解, 类似于在拓扑学和代数几何中所揭示的这些结构一样, 还是它将会被设计来避免这种理解的一系列聪明的把戏所主导?

在这一点上, 注意到罗斯和高尔斯的非初等傅里叶证明 (迄今只在算术环境中取得了成功) 充分利用了所研究 (算术类) 对象的对称性 (的某些相关方面), 最终将导致对结构的更深层次的理解. 毫不奇怪, 这些方法能得到其他任何手段都无法获得的结果.

然而, 这并没有排除一种 (可悲的?) 可能性, 就是纯组合拉姆塞结构中明显的对称性只是幻觉, 而证明中的非对称性是不可避免的.

进一步的问题. (a) 在类似于良序集范畴的某些东西中, 什么是 "完全非对称" 拉姆塞理论?

(b) 在一个着色的集合图表/范畴中, 单色化映射组成了 $\mathcal{D}$ 中 "右理想". 能从这种 "理想" 中提出基本性质, 使得它们可应用于 "非集合" 范畴吗?

颜色聚焦论证以及应用于从拉姆塞理论中出现的超图 $G$ 的相似方法提供了具有大颜色数目的见证子超图 $H$, 以及关于 $H$ 大小的某种上界.

能否有效地描述这种 "见证"(类) $H$ 而不直接提及 $G$?

给定一个 (大) 数 $R$, 什么是 "具体和有效的"(很大的) 超图 $G$, 使得它有大的颜色数目 $N_{col}(G)$, 但其所有 $size(H) \leqslant R$ 的子超图 $H$(有点像 $G$ 中 $R$-球) 的颜色数比 $N_{col}(G)$ 小很多?[①]

### §1.5　$\varepsilon$-单色性、几乎相等性和函数的几乎常值性

$\varepsilon$-单色化和 $\varepsilon$-均衡. 回忆度量空间 $S$ 中子集 $T$ 的 $\varepsilon$-邻域 (记为 $U_\varepsilon(T)$, 有时也称 $T$ 的 $\varepsilon$-加厚) 的定义, 它是 $S$ 中与 $T$ 的距离不超过 $\varepsilon$ 的点组成的集合, 即 $S$ 中心属于 $T$ 的 $\varepsilon$ 开球的并集.

注意到

$$U_\varepsilon(T_1 \cup T_2) = U_\varepsilon(T_1) \cup U_\varepsilon(T_2), \quad U_\varepsilon(T_1 \cap T_2) \subset U_\varepsilon(T_1) \cap U_\varepsilon(T_2),$$

其中, 一般来说交集 $U_\varepsilon(T_1) \cap U_\varepsilon(T_2)$ 可能会相当大 (比如等于整个 $S$),

---

① 拉马努金图 $G$ 具有这种性质, 这暗示了拉姆塞和超图 "谱性质" 之间的相似性.

而 $T_1 \cap T_2$ 乃至 $U_\varepsilon(T_1 \cap T_2)$ 为空集.

给定一个着色, 即一个分划, 或更一般地 $S$ 的一个覆盖, 比如 $S = \cup_i U_i$. 子集 $T \subset S$ 称为是 $\varepsilon$-单色的, 如果它包含于某单色子集 $U_i \subset S$ 的 $\varepsilon$-邻域中.

映射 $\sigma: S_0 \to S$ 称为 $\varepsilon$-单色化, 如果它将 $S_0$ 映入某单色子集的 $\varepsilon$-邻域中.

◊ 离散化. 如果空间 $S \in \mathcal{S}$ 都是紧的, 且映射 $\sigma \in \Sigma$ 都同时一致连续 (比如对某个 $\lambda$ 都是 $\lambda$-利普希茨的), 则对所有 $\varepsilon > 0$, 可用 (局部有限) 组合图表 $\mathcal{D}_\varepsilon$ 逼近 $\mathcal{D}$: 对所有 $S \in \mathcal{S}$ 取有限 $\varepsilon'$-网 $S_\varepsilon$(比如说 $\varepsilon' = \varepsilon/10$), 然后相应地用 $\sigma_\varepsilon: S_{1,\varepsilon} \to S_{2,\varepsilon}$ 逼近映射 $\sigma: S_1 \to S_2$.

于是, 拓扑图表的 $\varepsilon$-单色化概念约化为组合图的通常单色化.

但是注意到, 即使 $\mathcal{D}$ 为范畴, 哪一个 $\mathcal{D}_\varepsilon$ 也未必如此, 因为 $\varepsilon$-映射的复合, $S_{1,\varepsilon} \to S_{2,\varepsilon} \to S_{3,\varepsilon}$, 比如 $\sigma_{23,\varepsilon} \circ \sigma_{12,\varepsilon}$ 事先不是一个 $\varepsilon$-映射, 而只是一个 $2\varepsilon$-映射 $\sigma_{13,2\varepsilon}$.

$\varepsilon$-单色化的概念可应用于连续映射 $f: S \to R$ 所伴随的连续 $R$-着色 (即点 $r \in R$ 的 $f$-拉回组成 $S$ 分划). 其中, 在度量空间 $R$ 的情形, 还有如下 $\varepsilon$-均衡的概念.

映射 $\sigma: S_0 \to S$ 称为 $\varepsilon$-均衡, 如果复合映射 $f \circ \sigma: S_0 \to R$ 的像的直径不超过 $\varepsilon$.

注意, 如果 $f: S \to R$ 是 1-利普希茨的, 因而是距离减少的, 则显然有:

设 $\sigma: S_0 \to S$ 是 $f$ 伴随的连续 $R$-着色的 $\varepsilon$-单色化, 则它是 $f$ 的 $2\varepsilon$-均衡. 如果 $f$ 是 $\lambda$-利普希茨的, 则将此 2 换成 $2\lambda$.

度量空间 $S$ 以及它们之间映射 $\sigma: S_1 \to S_2$ 构成的图表 $\mathcal{D} = (\mathcal{S}, \Sigma)$ (比如一个范畴), 它的一个着色 (即所有 $S \in \mathcal{S}$ 均被着色) 称为由 $\Sigma$ 所几乎单色化, 如果

给定一个集合 $S_0 \in \mathcal{S}$ 以及 $\varepsilon > 0$, 存在另一 $S \in \mathcal{S}$ 以及一个 $\varepsilon$-单色化映射 $\sigma: S_0 \to S$, $\sigma \in \Sigma$.

设 $\mathcal{R}$ 是度量空间 $R$ 构成的类. 按照定义, 图表 $\mathcal{D} = (\mathcal{S}, \Sigma)$ 在 $\mathcal{R}$ 上的一个 $\mathcal{F}$-着色是由映射 $f: S \to R$ 给出的 (对所有或某些 $S \in \mathcal{S}$). 这种着色称为几乎可被 $\Sigma$ 均衡化, 如果

给定一个集合 $S_0 \in \mathcal{S}$ 以及 $\varepsilon > 0$, 存在另一 $S \in \mathcal{S}$ 以及一个映射 $\sigma : S_0 \to S$, 使得 $\sigma \in \Sigma$ $\varepsilon$-均衡映射 $f : S \to R, f \in \mathcal{F}$.

($\mathcal{R}$ 可能只包含一个空间 $R$, 但即便如此, 对不同的均衡化 $\sigma$, 几乎常值函数 $f \circ \sigma$ 在 $S_0$ 上的值也可能变化很大.)

一致收敛性与利普希茨. 几乎均衡化可能性中一个基本的角色常由族 $\mathcal{F}$ 的一致连续性所扮演 (下面将会看到这一点), 即所有映射 $f \in \mathcal{F}$ 都同时一致连续, 例如对某个 $\lambda < \infty$ 都是 $\lambda$-利普希茨的.

利普希茨的似乎很特殊, 但……

如果 $S$ 为黎曼流形, 或更一般地是长度空间, 则每一个一致连续函数 $f : S \to \mathbb{R}$ 都可用 $\lambda$-利普希茨函数 $f_\varepsilon$ 一致 $\varepsilon$-逼近, 即 $|f - f_\varepsilon| \leqslant \varepsilon$, 其中 $\lambda$ 可能依赖于 $f$ 的连续性模以及 $\varepsilon$.

证明. 设 $T \subset S$ 为 $S$ 中一个最大 $\delta$-分离子集, 令

$$d_t(s) = \lambda \cdot dist(t, s) + f(t), \quad f_\varepsilon(s) = \inf_{t \in T} d_t(s).$$

如果 $\lambda$ 很大 (依赖于 $f$ 的连续性模以及 $\varepsilon$) 并且 $\delta \leqslant \varepsilon/10\lambda$, 则函数 $f_\varepsilon(s)$ 提供了所求 $f$ 的逼近.

⊞ 从 $(k+1)$-着色到 $\mathbb{R}^k$-值利普希茨 $\mathcal{F}$-着色. 给定度量空间 $S$ 的 $k+1$ 子集覆盖,

$$S = \bigcup_{i=0,1,\cdots,k} U_i,$$

可以与之关联一个利普希茨映射 $f : S \to \mathbb{R}^k = \mathbb{R}^{k+1}/$对角线, 它由距离函数 $s \mapsto dist(s, U_i), i = 0, 1, \cdots, k$ 给出 (可相差一个公共常数).

显然, 如果 $f$ 被某个 $\sigma : S_0 \to S$ 所 $\varepsilon$-均衡化, 则它的像落在某 $U_i$ 的 $\varepsilon$-邻域中; 于是 $\sigma$ 可作为此覆盖 (作为一个着色) 的 $\varepsilon$-单色化.

在我们称为拉姆塞 – 米尔曼理论(见下面) 中的大多数 (所有?) 图表都有齐性的来源, 其中会有一个 (常为无限维的) 着色度量空间 $S_*$, 它被 (经常是等距) 群 $G$ 所作用, 其中涉及变换 $g \in G$ 的个单色化和均衡化可应用于 $S_*$ 中的所有紧子集.

上述几乎单色化以及均衡化定义的主要目的是将下面的定理嵌入在一般的语境中.

**球面 $S^\infty$ 上函数的几乎常值切片.** (米尔曼, 1969, 1971).[①] 设 $S^\infty$ 为无限维欧氏 (例如希尔伯特) 空间 $\mathbb{R}^\infty$ 中的单位球面, 则一致连续函数 $f : S^\infty \to \mathbb{R}$ 在紧子集 $S_0 \subset S^\infty$ 上由此球面的等距 (群) $\sigma$ 所几乎均衡化: 通过适当地选择等距 $\sigma : S^\infty \to S^\infty$, 复合映射像 $f(\sigma(S_0))$ (的直径) 可任意地小.

等价地,

单位欧氏球面 $S^n \subset \mathbb{R}^{n+1}$ ($n = 1, 2, \cdots$) 以及 (必然是赤道的) 等距嵌入 $\sigma : S^n \to S^N$ 构成的范畴的每一个一致连续 $\mathbb{R}$-值 $\mathcal{F}$-着色都是几乎均衡化的.

实际上, 米尔曼建立了下列版本所需的相应 $\varepsilon_{n,N}$-均衡化的定量版本.

**凸体的近乎圆截面定理.** 设 $\|x\| = \|x\|_N$ 是欧氏空间 $\mathbb{R}^{N+1}$ 上的某个 (闵可夫斯基 – 巴拿赫) 范数, $\mathcal{F}_{conv}$ 为 $N$-球面上的下列函数族 $f = F_N$,

$$f(s) = \log \|s\|, \quad s \in S^N \subset \mathbb{R}^{N+1}.$$

则此 $\mathcal{F}_{conv}$ 由此球面之间的等距嵌入 (映射) 所几乎均衡化.

换言之,

给定 $n = 1, 2, \cdots$ 以及 $\varepsilon > 0$, 则对充分大的 $N \geqslant N_0(n, \varepsilon)$, $\mathbb{R}^{N+1}$ 中任何给定范数 $\|\cdots\|$ 到某赤道球面 $S^n \subset S^N \subset \mathbb{R}^{N+1}$ 的限制满足

$$\frac{\sup_{s \in S^n} \|s\|}{\inf_{s \in S^n} \|s\|} \leqslant 1 + \varepsilon.$$

注意到 "凸" 族 $\mathcal{F}_{conv}$ 一般不是一致连续的, 即使是以定量的形式, 几乎常值切片定理的应用也绝不是自动的; 不过, 米尔曼的证明能保证 $N_0 \leqslant \exp const(\varepsilon) N$.

**"几乎常值切片" 定理的两个证明.** 此定理的最简单证明 (我猜是相应于德沃勒茨基 (Dworetzky) 1961 文章中的证明) 是由流形之间光滑映射空间 (比如 $S^n \to S^N$) 上的积分得出, 其中毕达哥拉斯定理本质性地用于这些映射的微分的范数平方. 第二个证明是米尔曼 (Milman)

---

① 最初, 米尔曼从德沃勒茨基的定理得出了这样的结果. 但由于某些专家对德沃勒茨基证明的完整性有所怀疑, 他在 1971 年提出了自己关于格罗滕迪克猜测的证明 (基于集中), 他的证明最终成了标准 (至于我自己, 我只仔细地读过米尔曼的证明).

在 1971 年提出的, 它是从球面等周不等式推出的, 中间用到了保罗·列维集中.

我们展示这些证明如下, 然后转向它们的形式化版本, 它们尽管较长, 却提供了推广的途径.

1. 毕达哥拉斯式证明. 设 $ds$, $dS$ 以及 $d\sigma$ 分别为球面 $S^n$, $S^N$ 以及等距 (赤道) 嵌入 $S^n \to S^N$ 空间 $\Sigma = \Sigma_{n,N}$ 上的归一化 (即总测度为 1)哈尔测度, 其中 "哈尔" 意味着在相应的等距群下不变, 这些群对 $S^n$ 来说是 $O(n+1)$, $S^N$ 是 $O(N+1)$, $\Sigma$ 是 $O(n+1) \times O(N+1)$.

设 $f : S^N \to \mathbb{R}$ 为 $\lambda$-利普希茨函数 (例如它是 $C^1$-可微的, 且其微分 $Df$ 满足 $|Df| \leqslant \lambda$), 则其微分范数的平方满足

$$\int_{S^N} \|Df(S)\|^2 \, dS = \frac{N}{n} \int_\Sigma d\sigma \int_{S^n} |Df(\sigma(s))|^2 \, ds,$$

这可对切空间 $T_S(S^N) = \mathbb{R}^N$ 以及 $T_s(S^n) = \mathbb{R}^n$ 中的向量应用毕达哥拉斯定理而得出.

由此可知, 如果一族函数 $f = f_N : S^N \to \mathbb{R}$ $(N = 1, 2, \cdots)$ 一致连续, 从而可用 $\lambda$-利普希茨函数逼近, 其中 $\lambda$ 不依赖于 $N$, 则当 $N \to \infty$ 时, 对某些 (其实是大多数) $\sigma = \sigma(N) \in \Sigma = \Sigma_{n,N}$, 积分 $\int_{S^n} |Df(\sigma(s))|^2 \, ds$ 会变得任意小.

最后, 因为函数族 $f = f_N(S)$ 一致连续, $S^n$ 上的复合函数族 $f_N(\sigma(s))$ 也一致连续, 并且这些函数积分的界也给出了它们总振幅的界,

$$\int_{S^n} |Df_N(\sigma(s))|^2 \, ds \underset{N \to \infty}{\to} 0, \quad \Rightarrow \quad diam(f_N(\sigma(S^n))) \underset{N \to \infty}{\to} 0.$$

证毕.

2. 集中式证明. 如果 $f : S^N \to \mathbb{R}$ 为连续函数, 则某些水平集 $S_r = f^{-1}(r) \subset S^N$, $r \in \mathbb{R}$ 可作为 $f$ 的列维平均, 即它将 $S^N$ 的球面体积分为 "基本相等" 的两半; 更准确地说,

$$vol_N(f^{-1}(-\infty, r]) \geqslant \frac{1}{2} vol(S^N), \quad vol_N(f^{-1}(r, +\infty]) \geqslant \frac{1}{2} vol(S^N).$$

当然, 除了一个明显的 "反常", 对此 $r$ 应有

$$vol_N(f^{-1}(-\infty, r]) = vol_N(f^{-1}(r, +\infty]) = vol(S^N)/2.$$

根据球面等周不等式——这是此证明唯一的非平凡技术性要点——$S_r$ 的 $\varepsilon$-邻域 $U_\varepsilon(S_r) \subset S^N$ 的体积要比赤道 $S^{N-1} \subset S^N$ 相应邻域的体积大.

于是——这一点是保罗·列维指出的——当 $N \to \infty$ 时, 这些邻域几乎包含了球面 $S^N$ 的所有体积,

$$\frac{vol_N(U_\varepsilon(S_r))}{vol_N(S^N \setminus U_\varepsilon(S_r))} \underset{N\to\infty}{\to} \infty, \ \forall \varepsilon > 0,$$

这可从赤道带 $U_\varepsilon(S^{N-1}) \subset S^N$ 相应的基本、然而 (至少对麦克斯韦, 如果不是对伯努利的话) 明显的性质推出.

于是, 根据布丰 - 克罗夫顿公式, $N \to \infty$ 时, 对大多数 $\sigma \in \Sigma = \Sigma_{n,N}$, 子球面 $S^n = \sigma(S^n) \subset S^N$ 的几乎所有 $n$-体积都包含于 $U_\varepsilon(S_r)$, 即

$$\frac{vol_n(\sigma(S^n) \cap U_\varepsilon(S_r))}{vol_n(\sigma(S^n) \setminus U_\varepsilon(S_r))} \underset{N\to\infty}{\to} \infty, \ \forall \varepsilon > 0,$$

因为当 $N \to \infty$ 时 $n$ 是固定的, 根据 $f = f_N$ 的一致连续性, 我们就有

$$diam(f_N(\sigma(S^n))) \underset{N\to\infty}{\to} 0.$$

证毕.

### §1.6　毕达哥拉斯图表上的普遍常值函数

我们让使证明 **1** 得以成功的东西更可见一点.

按照定义, 图表 $\mathcal{D} = (\mathcal{S}, \Sigma)$ 上的一个测度 $\mathcal{M}$ 由映射 $\sigma : S_1 \to S_2$ $(S_1, S_2 \in \mathcal{S})$ 组成的集合 $\Sigma_{12}$ 上的测度 $\mu = \mu_{12} \in \mathcal{M}$ 给出, 其中我们无需坚持要求复合映射 $\Sigma_{12} \times \Sigma_{23} \to \Sigma_{13}$ 保持测度, 而不像范畴论语境中常见的那样.

普遍常值性. $\mathcal{R}$ 上 $\mathcal{D}$ 的一个 $\mathcal{F}$-着色 (回忆, 它是从集合 $S \in \mathcal{S}$ 到度量空间 $R \in \mathcal{R}$ 的一族映射 $f$) 称为关于 $\mathcal{D} = (\mathcal{S}, \Sigma)$ 上的一个测度 $\mathcal{M}$ 是 (几乎)$\mathcal{M}$-普遍常值的, 如果

对大多数映射 $\sigma : S_0 \to S$, 复合映射 $f \circ \sigma : S_0 \to R$ 在 $S_0$ 上是几乎常值的.

也就是说,

给定 $S_0 \in \mathcal{S}$ 以及数 $\varepsilon, \epsilon > 0$, 存在 $S \in \mathcal{S}$, 使得那些满足 $diam(\sigma(S_0)) \geq \varepsilon$ 的映射 $\sigma : S_0 \to S$ 的相对测度至多为 $\epsilon$.

换句话说, $S_0$ 到 $S$ 的映射空间 $\Sigma_0$ 上函数 $d(\sigma) = diam(\sigma(S_0))$ 关于测度 $\mu$ 集中在 $0$ 处:

$$\frac{d^{-1}[\varepsilon, \infty)}{d^{-1}[0, \varepsilon]} \leqslant \epsilon.$$

证明 **1** 和 **2** 均可推出 "几乎常值切片" 定理的如下改进.

[*] 普遍常值性定理. 设 $\mathcal{D}$ 为单位欧氏球面 $S^n \subset \mathbb{R}^{n+1}$ $(n = 1, 2, 3, \cdots)$ 以及等距 (赤道) 嵌入 $\sigma : S^n \to S^N$ 构成的范畴, 则 $\mathcal{D}$ 上的每一个一致连续 $\mathbb{R}$-值 $\mathcal{F}$-着色是 $\mathcal{M}$-普遍常值的, 其中 $\mathcal{M}$ 是球面之间等距映射空间上的波莱尔 (哈尔) 概率测度族, 在这些球面的等距群作用下不变.[①]

简单说来, 如果 $\mathcal{F} = \{f_N : S^N \to \mathbb{R}\}_{N=1,2,\cdots}$ 为一族一致连续函数族, 则

对每一个 $n$ 以及大多数等距嵌入 $\sigma = \sigma_N : S^n \to S^N$, 其中 $N \to \infty$, 复合函数 $f_N(\sigma_N(s))$ 在 $S^n$ 上的振幅趋于零.

让我们从以上 [*] 的证明中提取空间和映射的基本性质.

毕达哥拉斯测度. 欧氏空间 $\mathbb{R}^N$ 上的波莱尔测度 $\nu$(也写成 $\nu(x)$) 称为毕达哥拉斯的, 如果下列两个 (明显) 等价条件之一成立:

(i) 每一线性函数 $l : \mathbb{R}^N \to \mathbb{R}$ 的平方的 $\nu$-积分满足

$$\int_{\mathbb{R}^N} l^2(x)\, d\nu(x) = \frac{\nu(\mathbb{R}^N)}{N} \cdot \sup_{\|x\|=1} l^2(x).$$

(ii) 每一个二次函数 (形式) $Q$ 的 $\nu$-积分等于 $const \cdot trace(Q)$, 其中 $const = const(\nu)$ 不依赖于 $Q$.

于是, 毕达哥拉斯测度在 $\mathbb{R}^N$ 的所有测度组成的空间中形成了余维数为 $\frac{N(N+1)}{2}$ 的凸锥.

例子. (a) 标准正交标架 $\{x_1, \cdots, x_N \in \mathbb{R}^N\}$ 组成的空间上的等分布测度是毕达哥拉斯测度, 这可由毕达哥拉斯定理得出.

(b) $\mathbb{R}^N$ 上在一个正交群 $G$ 作用下不变的测度 (明显) 是毕达哥拉斯的, 如果此 $G$ 在 $\mathbb{R}^N$ 中无非平凡不变子空间.

---

① 与组合环境中不同, 在紧齐性空间中 (比如等距映射 $S^n \to S^N$ 的空间) 似乎几乎不可能对 "几乎某事" 定位, 除非此事是几乎普遍的, 比如证明具有某性质的映射的存在性而不证明此类映射的几乎普遍性.

格拉斯曼空间 $Gr_n(\mathbb{R}^N)$ ($\mathbb{R}^N$ 中 $n$ 维子线性空间全体) 上的测度 $\nu = \nu(g)$ 是毕达哥拉斯的, 如果 $\mathbb{R}^N$ 上任意二次形式 $Q$ 在 $n$ 维子线性空间 $\mathbb{R}_g^n \subset \mathbb{R}^N (g \in Gr_n(\mathbb{R}^N))$ 上的限制的迹满足

$$\int_{Gr_n(\mathbb{R}^N)} trace(Q|\mathbb{R}_g^n) \, d\nu(g) = \frac{n \cdot \nu(Gr_n(\mathbb{R}^N))}{N} trace(Q).$$

设 $S$ 为 $N$ 维黎曼流形, 其切空间中 $n$ 维子空间 $T^n$ 组成的格拉斯曼流形记为 $Gr_n(S)$. $Gr_n(S)$ 上的测度 $\nu$ 称为毕达哥拉斯的, 如果它在 $\nu$-几乎所有格拉斯曼纤维 $Gr_n(T_s(S) = \mathbb{R}^N)$ 上的 "限制" 都是毕达哥拉斯的.

现在, 黎曼流形之间映射族 $\Sigma = \Sigma_N$ (比如 $\sigma : S_0 \to S = S_N$, 其中 $dim(S_0) = n, dim(S_N) = N$) 的基本毕达哥拉斯性质可如下看出.

存在 $S_0$ 上的测度 $\nu_N$ 以及 $\Sigma_N$ 上的测度 $\mu_N$, 使得几乎所有映射 $\sigma : S_0 \to S_N$ 的微分 $D\sigma : T(S_0) \to T(S_N)$ 在 $S_0$ 上几乎处处是单射, 且测度 $\nu_N \otimes \mu_N$ 从 $S_0 \times \Sigma_N$ 到 $Gr_n(S_N)$ 在映射

$$(s, \sigma) \mapsto T^n = D\sigma(T_s(S)) \subset T(S)$$

下的前推 $\nu_*$ 是毕达哥拉斯的.

### 限制和推广

**(A)** 关于 $S_0$ 上的测度 $\nu_n$ 的一致正性. 毕达哥拉斯性质自身蕴含着

$$\int_{S_0} \|Df_N(\sigma_N(s))\|^2 \, d\nu_0(s) \underset{N \to \infty}{\to} 0,$$

其中 $f_N(\sigma_N)$ 为 $S_n$ 上的一致利普希茨函数 (映射) 族. 但推导复合函数 $f_N(\sigma_N(s))$ 的普遍常值性需要测度 $\nu_n$ 的某种假设条件. 比如, 如果 $S_0$ 是紧的, 则要求这些测度在非空开子集 $U_0 \subset S_0$ 上的一致正性就足够了. 一致正性是指对所有 $N$ 和所有 $U_0$, $\nu_N(U_0) \geqslant \delta(U_0) > 0$.

**(B)** 关于映射 $F = F_N : S_N \to R, m = dim(R) \geqslant 2$. 如果 $R = \mathbb{R}^m$ 以及 $F = (f_1, \cdots, f_m)$, 则所有 $m$ 个函数 $f_1, \cdots, f_m$ 各自均为普遍常值的 (明显) 蕴含着 $F$ 的普遍常值性.

直接用毕达哥拉斯定理甚至可以做得更好一些, 它可推出, 普遍地, 即对大多数 $\sigma_N$, 收敛

$$\int_{S_0} \|DF_N(\sigma_N(s))\|^2 \, d\nu_0(s) \underset{N \to \infty}{\to} 0$$

对 λ-利普希茨映射 $F = F_N : S_N \to R$ 仍然成立, 只要这些映射的微分的秩几乎处处满足

$$\frac{rank(DF)}{dim(S)} \underset{N\to\infty}{\to} 0,$$

其中 $R = R_N$ 可以是任意黎曼流形, 而这些映射的利普希茨常数 λ 必须与 $N$ 无关.

**(C)** 具有无限测度的顺从空间上的普遍常值性. 关系

$$\int_{S_0} \|DF_N(\sigma_N(s))\|^2 \, d\nu_0(s) = o(N)$$

的毕达哥拉斯式证明不怎么依赖于空间 $S_N$ 上的积分, 而是依赖于取平均. 后者在毕达哥拉斯测度成问题的某些情形还是可行的, 即格拉斯曼流形 $Gr_n(S_N)$ 上的 $\nu_*$ 是无限的, 其中相关条件是 $\nu_*$ 从 $Gr_n(S_N)$ 到 $S = S_N$ 的前推测度 $\nu_*$ 满足富勒顺从性:

存在 $S$ 的一个由相对紧域构成的穷竭, 比如 $V_1 \subset V_2 \subset \cdots \subset V_i \subset \cdots \subset S$, 使得它们的 $\rho$-邻域满足

$$\nu_*(U_\rho(V_i))/\nu_*(V_i) \underset{i\to\infty}{\to} 1, \quad \forall \, \rho > 0.$$

[○] 欧氏例子. 设 $\mathbb{R}^\infty$ 为无限希尔伯特空间, $R$ 为有限维局部紧度量空间, 比如黎曼流形.

设 $f : \mathbb{R}^\infty \to R$ 为一致连续 (例如 λ-利普希茨) 映射, $S_0 \subset \mathbb{R}^\infty$ 为紧子集. 因为 $S_0$ 可用它与欧氏子空间 $\mathbb{R}^N \subset \mathbb{R}^\infty$ 之间交集逼近, 加上欧氏空间均为顺从的, 我们就有

存在一列等距变换 $\sigma_N : \mathbb{R}^\infty \to \mathbb{R}^\infty$ 使得 $S_0$ 经变换后其 $f$-像的直径满足

$$\lim_{N\to\infty} diam(f(\sigma_N(S_0))) = 0.$$

范畴式注记. 这可以用图表 $\mathcal{D}_{r,N}$ 重新叙述, 其中 $\mathcal{D}_{r,N}$ 由欧氏球 $B^N(r) \subset \mathbb{R}^N$ (对所有半径, 尤其是 $r \to \infty$, $N \to \infty$) 之间的等距映射构成的, 它其实是一个范畴.

问题. 能给出类似于 $\mathcal{D}_{r,N}$ 的范畴式毕达哥拉斯图表的完全列表吗?

[⋈] 顺从双曲例子.① 设 $H^\infty$ 为双曲空间 $H^N$(曲率为 $-1$) 的递增并, $N \to \infty$, 即 $H^\infty = \cup_n H^n$. 设 $G = \cup_n G_n$ 为 $H^N$ 的余顺从等距群的并, $\Gamma = \cup_N \Gamma_N$ 为等距作用于 $H^\infty$ 的离散群, 其中 "余顺从" 是指商空间 $H^N/\Gamma_N$ 都是顺从的.

设 $f : H^n \to \mathbb{R}^m$ 为在 $\Gamma$ 作用下不变的一致连续映射, $S_0 \subset H^\infty$ 为紧子集.

则存在一列等距变换 $\sigma_N : H^\infty \to H^\infty$, 使得 $S_0$ 经变换后其 $f$-像的直径满足

$$\lim_{N \to \infty} diam(f(\sigma_N(S_0))) = 0.$$

使 [⋈] 拟范畴化. 这个例子从内在上讲不是范畴式的, 因为 $H^N$ 和 $S_0$ 内在性质不同, 其中空间 $H^N$ 不能换成它里面的大球, 因为 $\Gamma$ 的出现是不可或缺的: 到某个固定点 $x_0$ 的双曲距离函数 $f(x) = dist(x, x_0)$ $(x, x_0 \in H^\infty)$ 将 $H^\infty$ 中所有单位测地线段映为 $\mathbb{R}$ 中长度 $> 0.1$ 的线段.

另一方面, 对某些无挠 (此限制用来避免轨形的概念) 群 $\Gamma_N$, 双曲 (商) 流形 $S_N = H^N/\Gamma_N$ 满足

给定 $\lambda$-利普希茨映射 $f_N : S_N \to \mathbb{R}^m$ 以及数 $p \geqslant 1$, 存在双曲 $n$ 维子流形 $S_{n,N} \subset S_N$, 使得映射微分的 $L_p$-范数的平均值满足

$$\frac{\int_{S_{n,N}} \|df_N(s)\|^p \, ds}{vol_n(S_{n,N})} \leqslant c_{n_N} \lambda^p,$$

其中 $c_{n_N} \underset{N \to \infty}{\to} 0$.

事实上, 对许多算术群 $\Gamma_N$, 这种 $S_{n,N}$ 存在. 例如对 $\Gamma_N = O(n, 1; \mathbb{Z})$, 理由是算术 $n$-子流形在这些 $S_N = H^N/\Gamma_N$ 中的一致分布性.

**(D)** 关于奇性以及关于树. 上述讨论均可应用于分片光滑空间 $S_0$ 和 $S_N$, 其中特别地, 我们有从树到黎曼流形的映射构成的空间上的毕达哥拉斯刘维尔测度. 设 $T \subset S_0$ 为有限长度的子树, 即总长度有限的有限或可数个测度线段之并, 要求是可缩集. 映射 $\sigma : T \to S$ 称为近乎等距, 如果 $\sigma$ 局部等距地将 $T$ 的每一条边映为 $S$ 中一条测地线段, 使得线段之间的夹角等于 $S_0$ 中相应的角.

---

① 关于其他对称空间的类似例子可见本人的文章填充黎曼流形 9.3 节.

则近乎等距映射 $\sigma : T \to S$ 构成的空间 $\Sigma$(其维数可随 $T$ 的组合尺寸而增加) 上携带了一个自然的测度 $\mu$, 使得它在 $T$ 的所有边上的限制都是刘维尔测度. 显然, 测度 $dt \otimes \mu$ 是毕达哥拉斯的.

通过映射 $T \to S$($T$ 是 $S_0$ 中适当地 "稠密" 的树), 它可用于证明映射 $S_0 \to S$ 的均衡性质.

一致连续性和凸性. 上述讨论不能直接导出德沃勒茨基的近乎圆截面定理, 因为凸函数 (范数) 从 $\mathbb{R}^{N+1}$ 到 $S^N \subset \mathbb{R}^{N+1}$ 上的限制不是一致连续的. 这带来了如下问题.

在球面 $S^N$ 上是否有自然的函数类 $f(s) = f_N(s)$, 它既包含一致连续函数也包含凸函数 (来自 $\mathbb{R}^{N+1} \supset S^N$ 上的齐性凸函数), 使得 $f$ 的几乎常值性仍成立?

(回忆, 从 $N$ 维球面 $S^N$ 到一个度量空间 $R$ 的一组映射 $f_N$ 称为几乎常值的, 如果对每一个给定的 $n$, 都存在等距嵌入 $\sigma : S^n \to S^N$, 使得 $N \to \infty$ 时 $diam(f \circ \sigma(S^n)) \to 0$.)

可以从在 $S^n$ 上定义某类函数 $\mathcal{C}_n$ 开始, 然后看 $S^N$ 上的函数, 使得这些函数在所有 $n$ 为赤道上的限制均属于 $\mathcal{C}_n$. 注意到 $S^N$ 上的凸函数和一致连续函数 (比如 $\lambda$-利普希茨, $\lambda$ 给定) 都可这样得到, 其中 $n = 1$.

另外注意到 $S^n$ 上凸范数函数类在 $\mathbb{R}^{n+1} \supset S^n$ 的线性变换下不变, 其中球面 $S^n$ 上的函数视为外围欧氏空间 $\mathbb{R}^{n+1} \supset S^n$ 上的一次齐次函数.

将 "凸" 换成 "$\lambda$-利普希茨" 会发生什么?

即, 设 $\mathcal{C}_{n,\lambda}$ 为 $S^n$ 上包含所有 $\lambda$-利普希茨函数 (对某个 $\lambda$) 并在 $\mathbb{R}^{n+1} \supset S^n$ 的线性变换下不变的最小函数类, $\mathcal{C}$ 为 $S^N$ 上函数 $f$ 构成的类, 使得 $f$ 在所有 $n$ 维赤道上的限制均属于 $\mathcal{C}_{n,\lambda}$.

这种函数族 $f = f_N$ 满足几乎常值性性质吗?

这些问题也在其他空间族 $S_N$ 中出现, 其中几乎常值性对一致连续函数类 $\mathcal{C}_{unif}$ 成立, 但甚至没有 (?) 凸函数的对应物.

比如,

在欧氏和/或顺从双曲例子 (见上述 $[\bigcirc]$ 和 $[\bowtie]$) 中, 函数类 $\mathcal{C}_{unif}$ 是否有重要的扩展, 使得几乎常值性仍成立?

· 440 · Gromov 的数学世界 (下册)

类似地, 人们想知道, 对利普希茨 (以及更一般的) 映射 $S \to R$, 复合映射 $f \circ \sigma : S_0 \to R$ 的几乎/普遍常值性的毕达哥拉斯式证明在多大程度上可以推广到非黎曼 "局部一致地集中" 的空间 $S$, 例如芬斯勒空间(比如在小球中有一致凸条件), 卡诺 – 卡拉氏空间以及或许分形空间.

另外, 在目标空间 $R$ 上加一定的条件, 还可改进几乎/普遍常值性估计, 就像对到 $CAT(k)$ 空间的映射的集中所做过的那样 (曲率 $k < 0$).

### §1.7　集中 ABC

回忆一个度量测度空间是其上有一个波莱尔测度的度量空间.

我们说度量测度空间中的一族子集 $T_N \subset S_N$ 是几乎普遍的, 如果 $\varepsilon$-邻域 $U_\varepsilon(T_N) \subset S_N$ 在 $S_N$ 中是 "最终满测度的",

$$\frac{\mu_N(U_\varepsilon(T_N))}{\mu_N(S_N \setminus U_\varepsilon(T_N))} \underset{N \to \infty}{\to} \infty, \ \forall \varepsilon > 0.$$

下面的两个 (基本上显然的) 携带着与正规分布的大数定律相同信息的例子与麦克斯韦 (欧拉? 伯努利?) 和庞加莱的名字相关联.

[○] $S^N$ 中赤道的普遍性. 如果赤道子球面 $S^M \subset S^N$ 的维数满足

$$\liminf_{N \to \infty} \frac{M}{N} > 0,$$

则这些 $S^M$ 在 $S^N$ 中是几乎普遍的.

[●] 球在单位球面 $S^N \subset \mathbb{R}^{N+1}$ 中的普遍性. (a) 如果度量球 $B^N = B^N(r) \subset S^N$ 满足条件

$$\liminf_{N \to \infty} \frac{\mu_N(B^N)}{\mu_N(S^N)} > 0,$$

则这些 $B^N$ 在 $S^N$ 中是几乎普遍的.

注意到 [●] 对半球面基本上和 [○] 对 $M = N - 1$ 一样.

扩张. 一组度量测度空间 $S_N$ ($N = 1, 2, 3, \cdots$) 称为列维扩张或列维扩张子, 如果对所有波莱尔子集族 $T_N \subset S_N$, 条件

$$\liminf_{N \to \infty} \frac{\mu_N(T_N)}{\mu_N(S_N)} > 0$$

蕴含着子集 $T_N$ 在 $S_N$ 中几乎普遍:

$$\frac{\mu_N(U_\varepsilon(T_N))}{\mu_N(S_N \setminus U_\varepsilon(T_N))} \underset{N \to \infty}{\to} \infty, \ \forall \varepsilon > 0.$$

保罗·列维在他的书[1]中证明了球面族 $S^N$ 为列维扩张子.

他观察到此结论可从 [●] 得出, 通过如下

球面等周不等式. 在给定测度 $\mu_0$ 的所有波莱尔子集 $T \subset S^N$ 中, 其 $\varepsilon$-邻域 $U_\varepsilon \subset S^N$ 的体积最小者为度量球.[2]

关于保罗·列维等周不等式. 列维给出了关于一般凸超曲面 $S \subset \mathbb{R}^{N+1}$ 的一个类似不等式的证明概要, 它依赖于测度 $\mu(U_\varepsilon(T))$ 在条件 $T \subset S,\ \mu(T) = \mu_0$ 下取最小值的解, 而且用了超曲面 $H^{n-1} \subset S$ 的 $\varepsilon$-邻域的体积 (测度) 的界, 此界可用这些 $H^{n-1}$ 的平均曲率表示. 这个证明需要极值 $T$ 的边界 $H^{n-1}$ 具有某种正则性, 这种正则性仍然存在疑问.

另一方面, 阿尔姆格伦 – 阿拉德正则性定理(对列维是未知的) 证明经微小修改后的列维论证是正确的, 这给出了里奇曲率有下界的黎曼流形中的等周不等式.

单色集中. 一族度量测度空间 $S_N\ (N = 1, 2, 3, \cdots)$ 称为单色地集中的, 如果

$S_N$ 经过 $k$-着色以后, 当 $N \to \infty$ 时, 它的几乎所有测度最终都集中在一种颜色附近.

写下来的话, 如果

$$S_N = \cup_{i=1,\cdots,k} T_{N,i},$$

则存在单色子集 $T_N = T_{N,i_0=i_0(N)} \subset S_N$, 且它是几乎普遍的.

连续集中. 一族度量测度空间 $S_N\ (N = 1, 2, 3, \cdots)$ 称为连续地集中在拓扑空间 $R$ 上, 如果

给定连续映射 $f_N : S_N \to R$, 存在点 $r_N \in \mathbb{R}$, 使得这些函数的 $r_N$-水平集 (即拉回 $T_N = f_N^{-1}(r_N)$) 是几乎普遍的:

$$\frac{\mu_N(U_\varepsilon(T_N))}{\mu_N(S_N \setminus U_\varepsilon(T_N))} \underset{N\to\infty}{\to} \infty,\ \forall\, \varepsilon > 0.$$

基本上可以明显地看到

列维扩张子既是单色地也是函数式地集中在 $\mathbb{R}$ 上 (其中只需测

---

[1]《泛函分析中的具体问题》, 1951.
[2] 证明 (施瓦兹对称化的练习) 可见 [42].

度为一半的子集具有扩张性质), 而且依照列维, 这包括了球面 $S^N$ 以及更一般的闭流形族, 其里奇曲率的下界为 $cont_N \to \infty$.

另外, 注意到 $\mathbb{R}$ 上的连续集中蕴含了单色集中.

事实上, 如果 $S$ 是 2-着色的, 即被两个子集 $U_1$ 和 $U_2$ 所覆盖. 我们对到这些子集的距离函数进行处理, 这类似于我们从均衡化推导单色化 (见前节 田). 于是 $k$-着色的情形可容易地由关于 $k$ 从 $k=2$ 开始的归纳法得出.

关于定量普遍性和集中. 上述一切都有明显的 (几乎最佳的) 定量版本. 这结合约翰 – 德沃勒茨基 – 罗杰斯椭球/立方体三明治定理①应用到 (不那么直接地) 球面 $S^N \subset \mathbb{R}^{N+1}$ 上 "有点凸的" 函数 $f$ 上, 刻画了 $\mathbb{R}^{N+1}$ 在巴拿赫范数下的单位球面; 于是米尔曼 (1971) 得到了自己关于近乎圆截面定理的定量版本.

连续集中相比于函数的普遍常值性. 连续集中是远比普遍常值性强的性质. 例如, 在顺从双曲例子 (见前节 [⋈]) 中, 空间 $H^N/\Gamma$ 上的利普希茨可能是普遍常值的, 但显然不可能是几乎集中的.

$\mathbb{R}^k$ 上的连续集中. $\mathbb{R}^k$ 映射的连续集中性质, 不像普遍常值性那样 (它与一致连续函数族 $f: S \to \mathbb{R}^k$ 的复合映射 $f \circ \sigma$ 有关, 其中测度定义在映射 $\sigma: S_0 \to S$ 的空间上, 而不是 $S$ 自身), 它不能从 $\mathbb{R}$-值函数的这种性质得出②. 不过, 球面族 $S^N(N \to \infty)$ 对所有 $k$ 在 $\mathbb{R}^k$ 上都是函数式集中的; 进一步, 只要 $N/k \to \infty$ 这就是对的, 这可从下面的结果得出

**球面腰定理**. 每一个连续映射 $f: S^N \to \mathbb{R}^k$ 都有一个水平集 $S_r = f^{-1}(r) \subset S^N$ $(r \in \mathbb{R}^k)$, 使得它所有 $\varepsilon$-邻域 $U_\varepsilon(S_r) \subset S^N$ 的体积都从下方被 $S^N$ 中余维为 $k$ 的赤道球面的相应量所界定.

这可从博苏克 – 乌拉姆定理的一种版本连同施瓦兹对称化的某高余维对应物推出.③

**诱导集中**. 显然, 连续集中性质可从度量测度空间 $S_N$ 族传递到

---

① 见 [3] 以及 [49].

② 要是我的话会去找那些具有大的正里奇曲率和小的截面曲率的流形作为特定的例子.

③ 见本人关于腰的等周问题 [24] 的文章.

"最终满测度" 子集族 $U_N \subset S_N$, 即这些子集的测度满足

$$\frac{\nu(U_N)}{\nu(S_N \setminus U_N)} \underset{N \to \infty}{\to} \infty.$$

集中性质在一族满射 $P: U_N \to V_N$ 下可从 $U_N$ "下降" 到 $V_N$ 上, 只要这些映射是一致连续的(例如都是 $\lambda$-利普希茨的, $\lambda$ 与 $N$ 无关) 以及 $V_N$ 上相关的测度是 $U_N$ 上测度的前推.

这可应用于 $N$ 维球面 $S^N$ 中 "温和地扭曲过的" 子流形普遍族, 比如 $T_N \subset S^N$, 其中所有的 $\varepsilon$-邻域 $U_\varepsilon(T_N) \subset S^N$ 都是最终完全球面测度的, 而且法向投影 $U_\varepsilon(T_N) \to T_N$ 都是良定的且一致连续. 于是, 例如, 米尔曼证明了施蒂费尔流形 $St_{M,N}$(赤等距映射 $S^{M-1} \to S^{N-1}$ 空间) 在 $\mathbb{R}$ 上的集中性质. 这些流形可自然地嵌入球面 $S^{MN-1}$, 其余维数约为 $M^2/2$, 其中只要 $M = o(N)$ $(N \to \infty)$ 它们就是普遍的.

事实上, 由保罗 · 列维不等式, $St_{M,N}$ 在 $\mathbb{R}$ 上的这个连续集中性质对所有 $M \leqslant N$ 仍成立. 但对 $k \geqslant 2$, 在 $\mathbb{R}^k$ 上的这种集中性质还没有别的证明, 至少目前还没有.

$\varepsilon$-单色性与乘积空间的集中. 组合逼近 (见 1.5 中 $\diamond$) 容许拉姆塞乘积性质 (见 1.2 中 **1**) 扩展到紧空间上的 $\varepsilon$-单色化图表.

这种逼近给乘积空间的拉姆塞性质带来非对称性和非有效性, 而笛卡儿乘积 (例如几何毕达哥拉斯图表的乘积) 下普遍常值性的稳定性没有这些缺点, 它可毫不费力地用一个直接 (且明显) 的证明得出.

集中和等周性在乘积下也是有效稳定的,[1] 但这种稳定性背后的机制要更为复杂.[2]

问题. 有没有连续图表和组合图表之间笛卡儿乘积的有意思的例子?

对由几何图表 (比如球面之间的等距嵌入) 生成的笛卡儿图表/范畴[3], 其 (黑尔斯 – 朱厄特) 单色分块对角定理的连续版本是否存在价值?

---

① 乘积空间中的集中曾被伯努利在大数定律的名义下培育过, 但它繁荣于具有吉布斯半乘积测度的 "物理" 空间中.

② 见 [47] 以及本人的文章 [24].

③ 这种图表 (定义在 1.1 节的 **3** 中) 包括空间和映射的笛卡儿乘积以及对角线映射.

关于集中的展望. 从多参数系统到单个点 (由概率论中的大数定律所支配), 集中现象中不可思议的丰富几何从艾米尔 · 波莱尔、保罗 · 列维以及维塔利 · 米尔曼的工作中脱颖而出. (见勒杜 (M. Ledoux) 的专著《测度的集中现象》[30].)

从统计系综微观状态的 (大) 空间到低维 "宏观可观测量屏幕" 上 "投影" 的一般集中现象在拙著《黎曼和非黎曼空间中的度量结构》$3\frac{1}{2}$ 节中用几何术语描述了, 但对它们的理解还不够.

在我的综述性文章空间和问题中, 我指出了关于集中现象的另一视角, 它是以无限维叶状空间上的庞加莱不等式描述的.

### §1.8　重叠、退纠缠以及德沃勒茨基定理的傅里叶分析途径

一个拓扑二分图 $\mathcal{D} = (\{S, T\}, \Sigma)$(其中 $S$ 和 $T$ 是拓扑 (常为度量) 空间, $\Sigma$ 为连续 (经常是等距) 映射 $\sigma : S_0 \to S$ 组成的空间) 称为是退纠缠的, 如果映射 $\sigma$ 的像不重叠, 即如果 $\sigma_1(T)$ 和 $\sigma_2(T)$ 在 $S$ 中相交, 则 $\sigma_1(T) = \sigma_2(T)$. 换句话说, $S$ 被这些像所分划(纤维化).

注意, 我们总是可以将任何 $\mathcal{D}$ 退纠缠, 这只要将 $S$ 换成 $\tilde{S} = \{(V, s) \mid V = \sigma(T) \subset S, s \in V\}$, 而映射 $\sigma \in \Sigma$ 通过 $t \mapsto (\sigma(T), \sigma(t))$ 将 $T$ 映到 $\tilde{S}$.

例子: 轨道图表. 如果 $S$ 被群 $\Gamma$ 作用, 则它可配上轨道图表 $\mathcal{D} = (\{S, \Gamma\}, \Sigma)$, 其中 $\Sigma$ 为等变 (轨道) 映射 $\Gamma \to S$ 构成的空间.

拓扑二分图 $\mathcal{D} = (\{S, T\}, \Sigma)$ 的拓扑单色数是最小数 $k$, 使得 $S$ 能被 $k$ 个开子集覆盖, 且不存在单色化映射 $\sigma : T \to S, \sigma \in \Sigma$. (如果空间 $S$ 是离散的, 则这会约化为超图的组合单色数.)

组合退纠缠图表 (比如 $S$ 离散) 的单色数没有非平凡的下界, 但这种下界在拓扑中是基本的.

例如, 第 1 节中叙述的博苏克 – 乌拉姆单色 $\mathbb{Z}_p$-轨道定理有如下明显的推论.

设 $S$ 为拓扑 $k$-连通[①]流形, 群 $\mathbb{Z}_p$ 作用在它上面. 则相应的轨道图表 $\mathcal{D} = (\{S, \mathbb{Z}_p\}, \Sigma)$ 的拓扑单色数满足 ($p$ 为素数)

$$chr_{top}(\mathcal{D}) \geqslant k + 2, \ p = 2; \quad chr_{top}(\mathcal{D}) \geqslant k/2, \ p \neq 2.$$

------

① 即同伦群 $\pi_i(S) = 0, i = 0, 1, \cdots, k$.

这有如下 (明显和众所周知的) 组合解释.[1]

设 $\Sigma_\varepsilon$ 为上述 $\Sigma$ 在 (所有) 连续映射 $Z_p \to S$ 构成的空间中的一个 (任意小) 邻域. 则相应的 $\varepsilon$-轨道图表 $\mathcal{D}_\varepsilon = (\{S, \mathbb{Z}_p\}, \Sigma_\varepsilon)$ 的组合单色数下方有界:

$$chr_{comb}(\mathcal{D}) \geqslant chr_{top}(\mathcal{D}).$$

它的一个有趣特性可从 $\mathbb{Z}_2$ 在球面 $S^N$ 上的标准 $\pm 1$-作用这样一个简单情形中看出, 此时相应的图表是以 $S = S^N$ 为顶点集的图, 记为 $G_\varepsilon$, 其中当 $dist(s_1, -s_2) \leqslant \varepsilon$ 时 $s_1$ 与 $s_2$ 有一条边相连, 而由博苏克 – 乌拉姆定理可得

$$chr_{comb}(G_\varepsilon) \geqslant N + 1.$$

从一般 (以今天的标准来看是显然的) 原则[2]可知, 对所有 $\varepsilon > 0$, $G_\varepsilon$ 都包含一个有限子图 $F_\varepsilon$, 使得 $chr_{comb}(F_\varepsilon) = N + 1$. 事实上, 在现在的情形下, 也可直接在 $S$ 中取一个 $\delta$-稠密 ($\delta \leqslant \varepsilon/n$) 子集 (其基数约为 $\exp(n\delta^{-1})$) 作为 $F_\varepsilon$ 的顶点集.

还有, 很清楚, 以 $S = S^n$ 中 $N < 1/\varepsilon$ 个点为顶点集的所有 (子) 图 $F$, 如果边的两端之间的距离都 $\geqslant \pi - \varepsilon$, 则它可以被 2-着色.

关于这一点, 注意到无论你取什么数 $N$, 适当修改过的随机图可能有很大的单色数, 而其所有 $N$-顶点的子图都是无环的 (厄尔多斯, 1959).

但具有这种性质的非随机图[3], 甚至是其单色数比其适当大小的子图的单色数要大很多的图, 它们的 "特定的自然类" 都很少.

去纠缠图表, 特别是轨道图表在代数拓扑的框架下研究, 但下面的问题有某种组合味道.

[I] 能通过系统地移除某些边而清除上述图 $G_\varepsilon$ 中长度 $\leqslant N$ 的环, 而保持它们的单色数不变吗?

[II] 设 $\Gamma = \mathbb{Z}_p \times \mathbb{Z}_q$, 其中 $p \neq q$ 为素数. $A$ 为 $\Gamma$ 在紧流形 $S$ 上的连续作用, 与之伴随的 $\varepsilon$-轨道图表为 $\mathcal{D}_\varepsilon$. 人们猜测, 存在 $\varepsilon(S, A) > 0$ 以

---

① 更多内容可参见 [32], [8], 以及 [5].

② 最一般的这种原则是模型论中的楼文海因 – 斯科伦紧性定理 (1915), 相关的组合版本是德 · 布鲁伊 – 厄尔多斯定理 (1951).

③ 有限非随机图的自然无限族的大多数 (所有?) 有意思的例子都有群论或算术来源, 参见 [11].

及常数 $const(\Gamma)$, 当 $\varepsilon \leqslant \varepsilon(S, A)$ 时其单色数总被 $const(\Gamma)$ 所界定.

(这必定从这些群 $\Gamma$ 在可缩流形上无不动点的作用的存在性推出, 而且可以扩展到所有非史密斯型群, 见 [2].)

使 [II] 在组合上吸引人的是, 根据拉姆塞乘积性质 (见 1.2 节中 1), $\Gamma = \mathbb{Z}_p \times \mathbb{Z}_q$ 在无限维球面乘积 $S = S^\infty \times S^\infty$ $(S^\infty \subset \mathbb{C}^\infty)$ 上的笛卡儿乘积作用有无限的单色数, 而上述猜测中的界暗示了具有有界单色数超图乘积的或然性例子的 “有效” 版本.[①]

一般地, 仍不清楚, 对图表进行退纠缠化时其单色数可能会如何减少. 其中, 对角谷 – 山部 – 佑乘坊图表人们期望会有大幅度的减少, 此图表从 $S^N \subset \mathbb{R}^{N+1}$ 中的标准正交 $(N+1)$-标架的等距映射生成, 比如 $N + 1 = p \cdot q, p \neq q$ 为素数. 令人惊奇的是 (对于拓扑学家来说), 单色标准正交标架的存在性不是从退纠缠图表的相应性质而是从一个初等的连续性论证得出的.

但这似乎是一个例外而不是常规现象, 特别是考虑到最近关于 Knaster 猜测的反例[②]. 然而, 总体的图像仍不清楚.

对 $S = G/H$ 和 $T$ 加什么条件才能使得当退纠缠化时, 拓扑图表 $\mathcal{D} = (\{S, T\}, \Sigma = G)$(即 $\Sigma$ 包含所有应用于 $T \subset S$ 的 $g \in G$) 的拓扑单色数不变 (或反之, 大幅度减少)?

问题也有一个连续版本, 它是关于连续映射 $S \to R$ 对于点 $r \in R$ 的拉回所形成的 “连续着色”, 其中 $R$ 的维数 $k$(例如 $R = \mathbb{R}^k$) 扮演了颜色数目的角色.

### 德沃勒茨基近乎圆截面定理的退纠缠

德沃勒茨基定理针对球面之间的等距嵌入构成的图表, 比如 $S^n \to S = S^N$, 其中 $N$ 可取为 $\infty$, 相应的退纠缠图表的空间 $\tilde{S}$ 成为格拉斯曼流形 $Gr_{n+1}(\mathbb{R}^N)$ 上的 $n$-球面丛. 当 $N = \infty$ 时此丛式是万有的, 因为 $Gr_{n+1}(\mathbb{R}^\infty)$ 上相应的主 $O(n+1)$-丛的总空间是可缩的.

关于函数 $\tilde{S} \to \mathbb{R}$ 能说些什么? 这些函数是被 $g \in Gr_{n+1}(\mathbb{R}^\infty)$ 参数化的 $n$-球面上的连续函数.

---

① 见 [36], http://www.math.cmu.edu/~mubayi/papers/bergesimon.pdf.

② 完整的猜测被卡辛和萨雷克所否定, 它的弱形式是说每一个连续函数 $f: S^\infty \to \mathbb{R}$ $(S^\infty$ 为无限维希尔伯特空间中的单位球面) 都能被一个给定有限子集 $T \subset S^\infty$ 的等距运动单色化, 这很可能也不成立. (参见 [8].)

按照彼得 – 魏尔定理, $S^n$ 上的 $L_2$ 空间可分解为正交直和

$$L_2(S^n) = \oplus_i L_i,$$

其中 $L_i$ 为 $L_2(S^n)$ 中的有限维线性子空间, 它们在球面 $S^n$ 的正交 (等距) 群 $O(n+1)$ 作用下不变, 而 $L_0$ 表示 $S^n$ 上的常值函数组成的 1 维子空间, 而在 $\oplus_{i \neq 0} L_i$ 中没有非零不变向量, 即在 $O(n+1)$ 作用下不动.

在所有 $S^n = S_g^n (g \in Gr_{n+1}(\mathbb{R}^\infty))$ 上的 $L_i$ 族定义了一个向量丛 $\mathcal{L}_i \to Gr_{n+1}(\mathbb{R}^\infty)$, 它是 $Gr_{n+1}(\mathbb{R}^\infty)$ 上主 $O(n+1)$-丛的伴随丛, $O(n+1)$ 作用 (线性表示) 在 $L_i$ 上.

因为 $L_i$ 没有不变向量, 丛 $\mathcal{L}_i$ 没有 "自然的" 非零截面. 由于丛 $\mathcal{L}_i \to Gr_{n+1}(\mathbb{R}^\infty)$ 的万有性, 可倾向于假设它根本就没有连续非零截面.

最简单的判别标准可能是 $\mathcal{L}_i$ 的欧拉类 $\chi$ 非零, 这对环面 $\mathbb{T}^n$ 恰好是对的:

如果 $\mathbb{T}^n$ 的一个线性表示没有不变非零向量, 则伴随着万有环面丛的相应向量丛 $\tilde{L}$ 满足 $\chi(\tilde{L}) \neq 0$ (如果知道一点示性类的话, 这是明显的); 于是, $\tilde{L}$ 的每一个连续截面都有零点.

但如果此 $\tilde{L}$ 是某个万有 $U(n)$-丛 (对应用来说, $U(n)$ 和 $O(n+1)$ 一样好) 的伴随丛, 则对 $U(n)$ 的解析和反解析表示 $L$, 有 $\chi(\tilde{L}) \neq 0$, 但对它们的张量积不成立.

现在, 给定 $\tilde{S}$ 上的一个连续函数, 对所有 $g \in Gr_{n+1}(\mathbb{R}^\infty)$, 将其限制 $f|_{S_g^n}$ 正交地投影到空间 $L_i$ 中, 从而得到了连续截面 $\tilde{P}_i(f)$: $Gr_{n+1}(\mathbb{R}^\infty) \to \mathcal{L}_i$.

如果已知对所有表示 $L = L_i$ 这样的截面都有零点, 则可立即得出非完整(布拉格和伊万诺夫这么称呼过) 德沃勒茨基定理, 这是因为 $S^n$ 上一个 "凸" 函数中的许多初始球面调和函数如果消失, 则此函数就几乎是常值的. 但此 "非完整德沃勒茨基" 被布拉格和伊万诺夫证

明并不成立, 见 [9](2009).[1]

注记和问题. (a) 等距映射 $S^n \to S^N$ 的原始图表中的重叠如何影响截面 $\tilde{P}_i(f)$?

例如, 设 $L$ 为 $S^n$ 上 $L_2$ 空间中一个有限维线性子空间, 它在 $O(n+1)$ 作用下不变且与常值函数正交. 设 $f$ 为球面 $S^\infty$ 上的有界连续函数, 给定 $\varepsilon > 0$.

是否总存在一个赤道子球面 $S^n = S^n_g \subset S^\infty$, $g \in Gr_{n+1}(\mathbb{R}^\infty)$, 使得此函数 $f$ 的法向投影 $P_g(f) \in L = L_g$ 限制在 $S^n_g$ 上满足 $\|P_g(f)\| \leqslant \varepsilon$?

(b) 消没论证的确可应用于 $Gr_2(\mathbb{R}^\infty)$ 上的伴随向量丛 $\mathcal{L}$ 的截面, 其中相关的群为圆周 $\mathbb{T}$. 这给出了赤道圆周 $S^1 \subset S^N$ 在格拉斯曼流形 $Gr_2(\mathbb{R}^{N+1})$ 中 "同调上大的" 子集 $H_N$, 使得 $S^N$ 上一个给定的 "凸" 函数 $f$ 在这 $H_N$ 中的圆周上近乎常值.

$N \to \infty$ 时, 可证明子集 $H_N$ 在 $Gr_2(\mathbb{R}^{N+1})$ 中是普遍的. 这给出了一致连续函数普遍常值性定理的又一证明,[2] 但不清楚这是否对凸的情形有用.

(c) 德沃勒茨基定理的傅里叶分析途径与罗斯和高尔斯关于单色算术级数的处理办法有什么联系吗?

### §1.9 集合与测度的投影以及克罗夫顿度量在笛沙格空间中的格罗滕迪克 – 德沃勒茨基问题

根据对偶性, 德沃勒茨基定理可得出伴随着高维凸体的几乎圆截面的几乎圆投影. 因为取凸包与投影可交换, 这对任意有界开集族 $U_N \subset \mathbb{R}^N$ 也蕴含了类似的结果:

存在满的仿射 $\sigma_{n,N_n} : \mathbb{R}^N \to \mathbb{R}^n$, $n = 1, 2, 3, \cdots$, 使得 $U$ 的像到

---

[1] 我曾试图证明 $\mathcal{L}_i$ 的截面的消没性质, 后来意识到这会与无不动点自由群作用的弗洛伊德例子相冲突. 我以为可以通过面对格拉斯曼流形 $Gr_{n+1}(\mathbb{R}^\infty)$ 不同部分 ($n$ 可变) 上的几个主酉丛来回避这一点, 甚至曾在 1966 年莫斯科数学家大会上向德沃勒茨基解释过我的 "证明". 德沃勒茨基没被打动, 相反, 他建议我去找一个完全仿射的证明.

在大会期间, 我待在迪马·卡兹丹的住所. 一天晚上, 他忽然从床上跳起来并开始向我解释关于 $T$-性质的想法. 之后过了 20 年我才明白是什么使他如此之激动.

[2] 事实上, $\mathcal{L}_i$ 中的单位球丛没有一致连续截面, 我和米尔曼在 [26] 中证明了这一点.

$\mathbb{R}^n$ 中单位球的豪斯道夫距离满足

$$dist_{Hau}(\sigma_{n,N_n}(U), B^n(1)) \underset{n\to\infty}{\to} 0.$$

现在, 函子式地想一想, 你摒弃集合的投影并注意测度的前推, 其中最自然的期望是如下结果.

设 $\mu_N$, $N = 1, 2, \cdots$, 为 $\mathbb{R}^N$ 上的概率测度, 使得对所有仿射超平面 $H \subset \mathbb{R}^N$, 均有 $\mu_N(H) = 0.$[1] 则存在满的仿射 $\sigma_{n,N_n} : \mathbb{R}^N \to \mathbb{R}^n$, 使得这些测度的前推是 $\varepsilon_n$-径向的, 其中当 $n \to \infty$ 时 $\varepsilon_n \to 0$.

这里, $\mathbb{R}^n$ 中的测度 $\mu$ 称为径向的, 如果它是 $O(n)$-不变的, $\varepsilon_n$-径向是指在关于蒙日 – 康托洛维奇运输度量(能在测度空间中定义弱拓扑的任何度量都可以) 的弱拓扑下相差 $\varepsilon$ 的意义下不变, 其中此 "相差" 以明显的方式加以安排, 使得它在 $\mathbb{R}^n$ 的放缩 $x \mapsto \lambda x$ 下不变.

我在 "维数、非线性谱和宽度" [22] 一文中提出了这些, 它作为德沃勒茨基定理的 "明显推论" 发表在 1988 年《几何泛函分析》杂志上; 由于其平凡性, 几何泛函分析学界对此不感兴趣.

但当 20 年后, 在 "奇性, 扩张子, ……" 的第二部分 [26] 中, 我试图将它用于构造 $\mathbb{R}^n$ 中穿过许多 $k$-单形的 $(n-k)$-平面时, 我意识到这个 "平凡的论证" 原来不行.

在那时, 波阿斯 · 卡拉特格 (Bo'az Klartag) 正在访问柯朗研究所, 他几乎立刻提供了一个证明 [2], 他的证明依赖于同一期《几何泛函分析》杂志上布尔甘 (Bourgain)、林登施特劳斯 (Lindenstrauss) 和米尔曼 (Milman) 的文章中的一个引理.

问题. 卡拉特格的定理是否可扩展到向量空间 $\mathbb{F}^N$ 中的测度上? 这里 $\mathbb{F}$ 是局部紧非阿基米德域 (其中 $O(N)$ 的角色由 $GL_N(\mathbb{F})$ 中的极大紧子群扮演).

卡拉特格的定理在组合中的对应是什么? 这里函数 $f = f(s)$ 取值在交换半群中, 在适当的图表中, 这些函数在 (满?) 映射 $\sigma : S \to T$ 下的前推为

$$(\sigma_* f)(t) = \sum_{\sigma(s)=t} f(s).$$

---

[1] 此条件并非真正必要.
[2] 见 [29].

能否将德沃勒茨基定理视为某个广义卡拉特格定理的极限情形 [1]?

### 测度、度量以及凸性的笛沙格观点

让我们在如下环境中将卡拉特格定理与德沃勒茨基定理拉近一点.

球面区域 $U \subset S^N$ 中的距离 $dist = dist(s_1, s_2)$ 称为笛沙格的, 如果 $U$ 中包含在 $S^N$ 中赤道半圆内的作为子线段的简单曲线对此 $dist$ 是距离最短的, 就像标准球面距离在 $U$ 中的限制那样.

例子. 欧氏空间 $\mathbb{R}^N$ 上的闵可夫斯基 – 巴拿赫度量 (由半球面的投影所实现) 是笛沙格的. 它们由其伸缩不变所区分, 连同三角不等式, 这可推出这些空间中的度量球的凸性.

注意到笛沙格度量 $dist_i$ 的线性组合 $dist = \sum_i c_i dist_i$ 仍是笛沙格的, 只要此 "$dist$" 是度量 (即是正的且满足三角不等式). 特别地, 笛沙格度量的正组合仍为笛沙格度量; 于是, 在 $N$-球面 $S^N$ 上线性变换群 $GL(N+1)$ 的投影作用下不变的度量形成的空间中, 笛沙格度量构成一个凸锥, 记为 $\mathcal{D}es = \mathcal{D}es_N$.

希尔伯特在他的第四问题 [2] 中通过类比于仿射空间中凸体的闵可夫斯基而挑选出了笛沙格度量. 尽管经过大量的努力, 人们对于笛沙格度量的理解还是落后于闵可夫斯基 (– 巴拿赫) 以及凯勒情形. [3]

最简单的笛沙格空间与测度联系如下.

流形 $S$ 上余维为 1 的克罗夫顿几何由 $S$ 中超曲面 $H$ 组成的空间 $\mathcal{H}_{-1}$ 上的测度 $\nu$ 给出. 根据庞加莱 – 克罗夫顿对偶, 通过对超曲面与曲线的相交数进行积分, 这种测度定义了曲线 $l \subset S$ 的长度函数

$$length_{\nu^\perp}(l) = \int_{\mathcal{H}_{-1}} card(l \cap H)\, d\nu.$$

于是 $S$ 上的相应度量 [4] $dist_{\nu^\perp}$ 像通常那样定义为连接 $S$ 中一对点的

---

[1] 这可能是某种拉东变换的热带极限, 类似于热带几何中与傅里叶 – 拉普拉斯变换的相伴的勒让德变换. (见 [31].)

[2] 见综述 [38] 以及其中的参考文献.

[3] 凯勒度量极小化复流形中全纯曲线的面积, 因此可视为笛沙格度量的复版本.

[4] 先验上, 此 $dist_{\nu^\perp}$ 可能为零或无穷大. 这可通过对 $\nu$ 施加温和的正则性/有限性条件而加以排除.

曲线的 $\nu^\perp$-长度的最小值.[①]

明显而且重要的是, 如果 $\nu$ 的支集位于 $S^N$ 的赤道 $(N-1)$-球面 $S_\perp \subset \mathcal{H}_{-1}$ 中, 则度量 $dist_{\nu^\perp}$ 是笛沙格的. 我们称之为 $S^N$ 上的克罗夫顿 – 笛沙格度量.

例子. 设 $B \subset S^N$ 为 $S^N$ 中严格地含于某半球面内的开球. 则 $B$ 中曲率为负常数的标准双曲黎曼度量对一个无限测度 $\nu$ 是其 $dist_{\nu^\perp}$, 该测度的支集在 $S^N$ 中与 $B$ 相交的赤道中, 且在 $S^N$ 中保持 $B$ 的投影变换下不变.

波戈列洛夫 (Pogorelov) 曾证明:

2-球面上的所有笛沙格度量都是克罗夫顿的.

但维数 $\geqslant 3$ 时有许多非克罗夫顿的笛沙格度量. 克罗夫顿 – 笛沙格度量在笛沙格度量锥空间中组成了一个闭的凸不变子锥 ($N \geqslant 3$ 时是真子集), 比如说是 $\mathbb{CD} \subset \mathbb{D}es$, 它等于 (容易证明) $S^N$ 上标准球面距离 $dist_\circ$ 的 $GL(N+1)$-轨道的闭凸锥包.

设 $dist$ 为 $S^N$ 上的笛沙格度量, 使得

$$diam(S, dist) =_{def} \sup_{s_1, s_2 \in S} dist(s_1, s_2) = \pi.$$

猜测. 存在赤道子球面 $S^n \subset S = S^N$, 使得度量空间 $(S^n, dist|_{S^n})$ $\varepsilon$-接近于标准球面 $S^n$, 其中 $\varepsilon \leqslant \varepsilon_{n,N}$, $N \to \infty$ 时 $\varepsilon_{n,N} \to 0$.

为了准确化, 需要具体说明度量空间之间 $\varepsilon$-接近是表示什么意思.

最弱 (?) 和最安全的定义会是度量空间 $S_1$ 和 $S_2$ 之间的豪斯道夫距离, 它等于存在一个 $S_1 \leftrightarrow S_2$ 对应的最小的 $\varepsilon$, 即子集 $H_\varepsilon \subset S_1 \times S_2$, 它能满射地投影到 $S_1$ 和 $S_2$, 且

$$|dist_1(s_1, s_1') - dist_2(s_2, s_2')| \leqslant \varepsilon$$

对所有 $H_\varepsilon$ 对应点对 $(s_1 \leftrightarrow s_2, s_1' \leftrightarrow s_2')$ 均成立, 其中 $s_1 \leftrightarrow s_2$ 表示这些点在投影 $H_\varepsilon \to S_1, S_2$ 下来自 $H_\varepsilon$ 中同样的点.

最强 (?) 的条件可能是利用 $S = S^N$ 上标准的球面度量 $dist_\circ$. 即要求 $|dist - dist_\circ|$ (作为两个变量的函数) 在 $S^n$ 上被 $\varepsilon$ 所界定.

---

[①] 最重要的克罗夫顿几何由定义了凯勒度量 (或可能是奇异的闭正 $(1,1)$-流) 的复代数流形中超曲面 (实余维数为 2) 空间中的测度给出.

注意到这个关于克罗夫顿 – 笛沙格度量的猜测 (本质上) 等价于卡拉特格定理, 它的一般形式很可能蕴含着德沃勒茨基定理.

在后面我们将回到克罗夫顿几何以及笛沙格空间. 作为小结, 我们叙述米尔曼的如下典型的凸理论定理[1], 它的定量形式携带了尚未被发现的 (以我的观点看来) 定性 (拉姆塞式?) 信息.

存在正函数 $c = c(\varepsilon)$, 使得每一维数为 $N$ 的闵可夫斯基 – 巴拿赫空间 $S$ 都有一个子空间 $S' \subset S$, 使得 $S'$ 的商空间 $S''$ 的维数为 $n \geqslant c \cdot N$, 且在巴拿赫空间之间的自然 (巴拿赫 – 马祖尔) 距离下, $S''$ $\varepsilon$-接近于欧氏空间 $\mathbb{R}^n$.

### §1.10　巴拿赫与双纤维化的拓扑

巴拿赫曾猜测说如果维数为 $n$ 的巴拿赫空间 $X$ 中的所有 $k$-维 $(n > k \geqslant 2)$ 子空间均互相等距同构, 则 $X$ 等距同构于欧氏/希尔伯特空间.

德沃勒茨基在其文章[2]中指出, $k = 2$ 情形的解, 依据巴拿赫, 是马祖尔获得的. 当 $dim(X) = n = \infty$ 时, 对所有 $k < \infty$, 这可 (很容易地) 从德沃勒茨基的近乎圆截面定理推出.

马祖尔从庞加莱的 "毛球" 定理得出了他的解, 他指出:

在 $\mathbb{R}^3$ 中 2-平面上的一族互相等距[3]的**连续非欧**范数将给出球面 $S^2$ 上一个**处处非零的连续**向量场.

类似地, 设 $Gr_k(L^n)$ 为线性 $n$-空间 $L^n = \mathbb{R}^n$ 中定向线性 $k$-子空间 $L_g^k$ 构成的格拉斯曼流形, $g \in Gr_k(L^n)$. 设 $\|\cdots\|$ 为空间中一族连续范数.

如果巴拿赫空间 $(L_g^k, \|\cdots\|)$ 互相等距, 比如都等距同构于巴拿赫空间 $Y = (L^k, \|\cdots\|_Y)$, 则显然有

$Gr_k(\mathbb{R}^n)$ 上典则 $k$-向量丛的结构群可约化为等距群 $Iso(Y) \subset GL(n, \mathbb{R})$.

现在, 纤维丛的初等拓扑学告诉你:

---

① 见 [34]. 有趣的是, 米尔曼告诉我这个四页长的文章曾被 BAMS 杂志拒绝, 其中一个审稿人说它 "没有意义".

② 我是在这篇文章中学到此猜测的, 但我没有读过巴拿赫.

③ "等距" 在这里是指存在这些空间之间的线性等距.

(a) 如果 $k$ 为偶数且 $n > k$, 则群 $Iso(Y)$ 在 $Y$ 中的单位球面上是可迁的; 于是, $Y$ 以及 $X$ 都等距同构于欧氏空间;

(b) 如果 $n \geqslant 3k - 2$, 则 $Iso(Y)$ 等于完全特殊正交群 $SO(k)$; 于是, $X$ 还是等距同构于欧氏空间.

进一步, 当 $n \neq 2, 4, 8$ 时球面 $S^{n-1}$ 不可平行化, 这可推出如下:

(c) 如果 $n \neq 4, 8$, $k = n - 1$, 巴拿赫空间 $(L_g^k, \|\cdots\|_g)$ 存在非平凡的单参数线性变换群.

猜测. 如果巴拿赫空间 $X$ 中所有 $k$ 维子空间都有非平凡的等距, 则 $X$ 等距同构于欧氏空间. (这和 (c) 一起给出了 $\dim(X) \neq 4, 8$ 情形的巴拿赫猜测.)

上述 (a)(b)(c) 不依赖于 "重叠"(即相交) 子空间 $L^k \subset L^n$ 之间的 "相互作用", 但这些重叠可用来对奇数 $n$ 以及 $k = n - 2$ 的情形给出巴拿赫猜测的如下证明.

设 $C = St_4(\mathbb{R}^n)$ 为标准正交向量 $a_1, a_2, b_1, b_2 \in \mathbb{R}^n (n \geqslant 4)$ 的 4-元组构成的施蒂费尔流形. 分别定义映射

$$C \to A = St_2(\mathbb{R}^n), \quad C \to B = St_2(\mathbb{R}^n)$$

如下

$$p_A : c = (a_1, a_2, b_1, b_2) \mapsto (a_1, a_2), \quad p_B : c = (a_1, a_2, b_1, b_2) \mapsto (b_1, b_2),$$

其中, 注意到这些映射都是纤维为 $D = St_2(\mathbb{R}^{n-2})$ 的纤维化.

如果 $n$ 为奇数, 则 —— 这是教科书式拓扑 —— 空间 $A, B$ 和 $D$ 都是 $\mathbb{Q}$-同调地 (实际上, $\mathbb{Q}$-同伦地) 等价于球面,

$$A = B \sim_{\mathbb{Q}} S^M, \ M = 2n - 3, \ D \sim_{\mathbb{Q}} S^m, \ m = 2n - 7,$$

而

$$C \sim_{\mathbb{Q}} S^M \times S^m,$$

映射 $p_A : C \to A$ 以及 $p_B : C \to B$ 都 $\mathbb{Q}$-等价于投影 $S^M \times S^m \to S^M$.

设 $L_b^{n-2} \subset \mathbb{R}^n \ (b \in B)$ 表示与标架 $b = (b_1, b_2) \ (b_1, b_2 \in \mathbb{R}^n)$ 垂直的线性子空间, $A_b \in A$ 表示包含于此子空间中的标架 $a$ 形成的子集, 其中注意到

$$A_b = St_2(L_b^{n-2} = \mathbb{R}^{n-2}) = D \sim_{\mathbb{Q}} S^m.$$

引理. 设 $U \subset A$ 为非空子集, 使得交集 $U \cap A_b \subset A$ 作为 $b \in B$ 的函数是 "同伦常值的", 这是指映射 $p_B : C \to B$ 在拉回 $X = p_A^{-1}(X) \to B$ 上的限制 (记为 $p_B|\tilde{U} : \tilde{U} \to B$) 为赛尔纤维化. 则实际上, 子集 $U \subset A$ 等于整个 $A$.

证明. 因为 $U$ 非空, $\tilde{U}$ 包含映射 $p_B : C \to B$ 的某个纤维 $D \sim_{\mathbb{Q}} S^m$, 其中 $C \sim_{\mathbb{Q}} S^M \times S^m$; 于是 $\mathbb{Q}$-同调包含映射

$$[\neq 0] \qquad H_m(\tilde{U}; \mathbb{Q}) \to H_m(\tilde{C}; \mathbb{Q}) = \mathbb{Q}$$

不为零.

但如果 $U \neq A$, 则对某个 $b \in B$, $X \cap A_b \neq A_b$, 由同伦常值性, 所有的交集 $U \cap A_b$ $(b \in B)$, 其 $\mathbb{Q}$-同调

$$H_m(U \cap A_b; \mathbb{Q}) = 0.$$

因为 $B \sim_{\mathbb{Q}} S^M$, $M > m$, 对所有 $i = 1, 2, \cdots, m$, $H_i(B; \mathbb{Q})$ 均为零. 于是

$$[= 0] \qquad H_m(\tilde{U}; \mathbb{Q}) = 0,$$

因为 $\tilde{X} \to B$ 为赛尔纤维化, 纤维为 $\tilde{X}_b = U \cap A_b$. 根据矛盾就完成了引理的证明.

现在, $k = n - 2$, $n$ 为奇数情形, 赋范空间 $X = (\mathbb{R}^n, \|\cdots\|_X)$ 的巴拿赫猜测可如下从马祖尔的 $k = 2$ 情形推出.

取一个 2-平面, 比如 $L_0^2 \subset X$, 令 $U = A = St_2(\mathbb{R}^n)$ 为 $X$ 中标准正交向量 2 元组集合, 要求它们张成的 2-平面 $L^2 \subset X$ 等距同构于范数从 $X$ 诱导的 $L_0^2$.

如果两个 $(n-2)$ 维子空间 $L_1^{n-2}, L_2^{n-2} \subset X$ 是等距的, 则对正交于 $L_1^{n-2}$ 和 $L_2^{n-2}$ 的两个标架 $b_1, b_2 \in B = St_2(\mathbb{R}^n)$, 交集

$$U \cap A_{b_1} \subset A_{b_1} = St_2(L_1^{m-2}), \quad \text{以及} \quad U \cap A_{b_2} \subset A_{b_2} = St_2(L_2^{m-2})$$

互相线性等价; 于是, "同伦常值". 根据引理, $U = A$, 这说明 $X$ 中所有 2-平面都等距于 $L_0^2$, 从而可以应用马祖尔定理.

这留下了 $n$ 维巴拿赫空间 $X$ 中 $(n-1)$ 维子空间互相等距的情形, 其中 $n \geqslant 4$ 为偶数时巴拿赫猜测还未得到解决.

注记和问题. 巴拿赫问题的一个潜在的解法, 比如说 $n = 4$, 是首先试着理解这样的情形: 即存在 2 维子空间 $L_0^2 \subset X = (L^4, \|\cdots\|_X)$, 使得这个 $L_0^2$ 的等距拷贝空间 $V_0 \subset Gr_2(L^3)$ 在所有 (互相等距) 子空间 $L^3 \subset X$ 中是拓扑 0 维的, 即此集 $V_0$ 是有限的. 则所有 $X$ 是由其 3 维子空间绕着这些 2 维子空间作 "仿射旋转" 得到的. 这似乎意味着这个 $X$ 必须 "无法想象地圆".

一般地, 线性空间 $L^n$ 上的巴拿赫范数 $\|\cdots\|_X$ 定义了格拉斯曼流形 $Gr_k(L^n)$ $(k < n)$ 的分划 $\Pi_k = \Pi_k(X)$, 即分为 $k$ 维子空间 $L_g^k \subset L^n$ $(g \in Gr_k(L^n))$ 的 $\|\cdots\|_X$-等距类, 其中 $\Pi_k(X)$ 的大多数性质仍属未知, 即使是 $k = 2$ 的情形也是如此.

例如:

1. 对什么样的巴拿赫空间 $X = (L^n, \|\cdots\|_X)$, 商空间 $Gr_k(L^n)/\Pi_k(X)$ 是 "小的", 比如 $dim_{top}(Gr_k(L^n)/\Pi_k(X))$?

2. 设 $\|\cdots\|_1$ 和 $\|\cdots\|_2$ 为 $L^n$ 上的两个范数, 使得巴拿赫空间 $(L^n, \|\cdots\|_1)$ 和 $(L^n, \|\cdots\|_2)$ 中的每一个 $k$ 维子空间 $L^k \subset L^n$ 都等距同构 (比如, 对 $L^n$ 上的欧氏范数对). 这是否意味着 $(L^n, \|\cdots\|_1)$ 和 $(L^n, \|\cdots\|_2)$ 等距 (其中这种等距必须由 $L^n$ 的某线性变换给出, 它将 $\|\cdots\|_1$ 变为 $\|\cdots\|_2$)?

3. 上述讨论在多大程度上可以推广到无限维巴拿赫空间 $X$ 中, 其中要求给定有限余维数的所有子空间互相同构?

4. 在上述拓扑框架下能否重新证明布尔甘关于巴拿赫空间中渐近等距子空间[①]的定理?

双纤维化. 回忆, 两个空间 $A$ 和 $B$ 之间的一个对应, 即子集 $C \subset A \times B$. 称为一个 (光滑)双纤维化, 如果投影 $C$ 到 $A$ 和 $B$ 的投影 $p_A$ 和 $p_B$ 均为 (光滑) 纤维化.

这也可以想成以 $b \in B$ 为参数的一族子集 $A_b \in A$, 其中 $C$ 起因于使得 $a \in A_b$ 的点对 $(a, b)$.

称一个子集 $U \subset A$ 是拓扑上双纤维的, 如果交集 $U \cap A_b$ 作为 $b \in B$ 的函数是 "拓扑上常值的", 即提升 $\tilde{U} = p_A^{-1} \subset C$ 到 $B$ 的投影是拓扑纤维化.

---

① 见 [6].

齐性双纤维化. 设 $G$ 为拓扑群, $G_1$, $G_2$, $G_3 \subset G$ 为闭子群, 其中 $G_3 = G_1 \cap G_2$. 令

$$A = G/G_1, \quad B = G/G_2, \quad C = G/G_3.$$

则明显的映射 $C \to A$ 和 $C \to B$ 定义了一个双纤维化. 因为它们是纤维化且将 $C$ 嵌入 $A \times B$.

关于这个的常见例子来自经典线性群及其经典子群, 例如线性空间 $L^n$ 中的 $(k_1, k_2)$-旗空间 $C = Fl_{k_1 < k_2}(L^n)$, 它由自然地投影带格拉斯曼流形 $A = Gr_{k_1}(L^n)$ 和 $B = Gr_{k_2}(L^n)$ 上的线性子空间对 $L^{k_1} \subset L^{k_2} \subset L^n$ 构成.

猜测. 设 $A \leftarrow C \to B$ 为经典的纤维化. 则所有拓扑双纤维的子集 $U \subset A$ 等于某 "经典" $U_0 \subset A$ 的形变, 该形变与 $A \leftarrow C \to B$ 的自同构群的某子群相关.

例子. 如果 $C = Fl_{2,2m-1}(\mathbb{R}^{2m} = \mathbb{C}^m)$, 则 $U(m)$-不变子空间 $U \subset A = Gr_2(\mathbb{R}^{2m})$ 是 "经典子双纤维化" 的例子, 它们伴随着复投影空间 $U_o = \mathbb{C}P^{m-1} \subset Gr_2(\mathbb{R}^{2m})$.

具有常值不变量 $inv(g) = inv(L_g^k, \| \cdots \|_X)$ 的空间 $X = X^n$. 要求 $X = (L^n, \| \cdots \|_X)$ 中所有 $k$ 维子空间均互相同构的条件与函数在双纤维化的积分几何语境中类似的 (线性) 条件相比是严重过定的.

例如, 如果 $f$ 是 $S^{n-1}$ 上的中心对称连续函数, 则为了使得它是常值的, 只需要它在所有赤道子球面 $S_1^{n-2}$, $S_2^{n-2} \subset S^{n-1}$ 上的积分互相相等, 这比要求存在等距 $S_1^{n-2} \leftrightarrow S_2^{n-2}$ 使得 $f|_{S_1^{n-2}}$ 与 $f|_{S_2^{n-2}}$ 相等要弱很多.

是否存在巴拿赫空间 $Y = (L^k, \| \cdots \|_Y)$ 的数值不变量, 使得它们和这些积分具有可比的表现力?

对有限维巴拿赫空间的同构类构造 "好和自然的" 不变量的明显困难来自这样的事实: 这些同构类是通过群 $GL(k)$ 在 $L^k$ 的范数空间上的作用定义的, 没有办法通过积分补偿 $GL(k)$-不确定性, 因为此群是非紧的, 甚至是非顺从的.[①]

---

①有限维巴拿赫空间的渐近几何在很大程度上依赖于 $GL(k)$-对称的破缺, 这是通过在 $GL(k)$ 中选择一个极大紧子群 (同构于 $O(k)$) 实现的.

有时, 例如在布龙 – 闵可夫斯基定理的克诺特证明中, 也可利用 $GL(k)$ 中上三角矩阵构成的 (极大顺从) 子群.

作为双纤维化的组合图表. 一个单射的二分图可以视为图表 $A \overset{p_A}{\rightarrow} C \overset{p_B}{\rightarrow} B$, 其中 $C \subset A \times B$, $A_b = p_A(p_B^{-1}(b)) \subset A$, $b \in B$, 在图表的术语中这些子集是某一个子集 (比如 $T$) 的单射像.

这儿处理的是 $A$ 的 $R$-着色, 即从 $A$ 到某个集合 $R$ 的 $R$-值映射 $f$, 考察这些映射到 $C$ 的提升 $\tilde{f} = \tilde{f}(c) = f(p_A(c))$, 其中这些 $\tilde{f}(c)$ 在 $p_A$-纤维 $C_a = p_A^{-1}(a) \subset C$ 上为常数.

问题. 这些 $C$ 到相应于子集 $A_b \in A$ 的 $p_B$-纤维 $p_B^{-1}(b) \subset C$ 的限制有哪一些可能性?

我们想对先前遇到的各种有限图表来理解此问题, 其中, 注意到拉姆塞和巴拿赫问题位于可能探究的两个极端.

某些特定的问题可以用拉东变换来表述 (研究?), 当 $R$ 为交换半群时这是有意义的:

拉东变换将 $A$ 上的 $R$-值函数 $f(a)$ 变换为 $B$ 上的函数 $\psi(B)$,

$$\psi(b) = \sum_{a \in A_b} f(a) = \sum_{a \int p_B^{-1}(c)} \tilde{f}(c), \quad \tilde{f}(c) = f(p_A(c)).$$

例如, 如果 $R$ 等于循环群 $\mathbb{Z}_m = \mathbb{Z}/m\mathbb{Z}$, 其中 $m = card(A_b) = card(T)$, 则子集 $A_b \subset A$ 的单色性成为在 $b \in B$ 处 $\psi(b)$ 的消没性. 而一个密切相关的问题, 即描述 $\{0,1\}$-函数 $f(a)$, 使得其 $\mathbb{Z}$-值拉东变换 $\psi(b)$ 在 $B$ 上为常值, 有巴拿赫猜测的某种味道.

如果图表/双纤维化具有大的对称群, 如旗空间 $C = Fl_{k_1 < k_2}(L^n)$ ($L^n$ 是有限域 $\mathbb{F}$ 上的向量空间), 则这种巴拿赫型的问题容易求解, 因为用初等表示理论可实现拉东变换的完全描述.

更有意思的是 (至少更具有挑战性) 对有限集 $T$ 去理解笛卡儿幂 $A = T^n$ 的拉东变换, 其中 $A_b$ 为 $T^n$ 中等于映射 $T \to A$ 像的组合线, 使得它们到所有坐标的投影 $T \to T_i (i = 1, 2, \cdots, n)$ 要么是常值映射, 要么是恒同映射, 而其中至少有一个投影是非常值的.

### §1.11  线性化的单色性

问题. 在交换范畴 (比如向量空间和线性映射范畴) 中是否有某种拉姆塞理论?

让我们从超图出发指出探索此问题的可能性, 超图是 (顶点) 集 $A$ 中的一族子集 $A_g \subset A (g \in G)$, 其单色数是最小的 $k$, 使得 $A$ 可被

分划为 $k$ 个子集, 在 $A_g \subset A$ $(g \in G)$ 中无单色子集. 用线性术语如下表示.

设 $L = \mathbb{F}^A$ 为 $A$ 上定义的取值于域 $\mathbb{F}$ 中的函数集合, 注意到子集 $B \subset A$ 对应于坐标线性子空间 $L_B = \mathbb{F}^B \subset L$, 它由支集等于 $B$ 的函数构成. 回忆, 函数 $l(a)$ 的支集是 $l(a) \neq 0$ 的点 $a$ 组成的子集.

用 $Gr_*(L)$ 表示 $L$ 中所有线性子空间组成的集合, 超图 $(A, G)$ 关联着子集 $G^L \subset Gr_*(L)$, 它由对应于子集 $A_g \subset A$ $(g \in G)$ 的坐标子空间

$$L_g = L_{A_g} = \mathbb{F}^{L_g} \subset L = \mathbb{F}^A$$

组成.

定义 $L$ 的一个线性 $k$-子着色为一组 $k$-线性无关的子空间 $M_i \subset L$ $(i = 1, 2, \cdots, k)$. 称一个线性子空间 $L_0 \subset L$ 是单色的, 如果 $L$ 到某商空间

$$M_i = M/(M_1 + \cdots + M_{i-1} + M_{i+1} + \cdots + M_k)$$

的投影是单射 (其中 $+$ 表示子空间的线性和).

给定一组线性子空间 $L_h \subset L(h \in H)$, 定义 $(L, H)$ 的线性单色数为最小的 $k$, 使得 $L$ 容许一个不含单色子空间 $L_g \subset L(h \in H)$ 的 $k$-子着色.

注意到 $A$ 分为 $k$-子集的每一个分划都定义了 $L$ 的一个 $k$-子着色 (其中, 实际上 $+_i M_i = L$), 其中子集 $A_0 \subset A$ 的单色性等价于相应坐标线性子空间 $L_0 = L_{A_0} \subset L$ 的单色性.

稍微更有意思的是:

对应于子集 $A_g \subset A$ $(g \in G)$ 的 (坐标!) 线性子空间 $L_g \subset L$ 族 $G^L \subset Gr_*(L)$ 的线性单色数等于超图 $(A, G)$ 的单色数,

$$chr_{lin}(G^L) = chr(G).$$

证明. 线性函数 $l : A \to \mathbb{F}$ 组成的空间 $L = \mathbb{F}^A$ 的每一个子分划 $\{M_i\}$ 都可以移到一个坐标子分划 $\{M_i'\}$, 其中所有 $M_i'$ 都是坐标子空间, 它们由 $M_i$ 的坐标投影得到, 使得这些投影对所有 $i$ 都单射地将 $M_i$ 映入 $M_i'$.

这可从霍尔婚姻引理的应用中得出, 它告诉你 $A$ 上的每一族线性独立的函数 $\{l_i(a)\}$ $(i = 1, 2 \cdots, k)$ 都容许 $k$ 个不同的点 $a_i \in A$, 使得每一个 $a_i$ 都包含于 $l_i$ 的支集中, 即 $l_i(a_i) \neq 0$.

问题. 是否存在色彩方面有意思的 $L$ 中子空间 $L_h$ 组成的非坐标族 $H \subset Gr_*(L)$?

注记. 还有别的方法去线性化一个超图 $(A, G)$, 即将它关联于以 $x_a$ $(a \in A)$ 为变量的多项式

$$Q_G(x_a) = \sum_{g \in G} \prod_{a \in A_g} x_a.$$

此 $Q_G$ 可视为 $L = \mathbb{Z}^A$ 上的多项式函数, 其中 $Q_G$ 在其上消没的迷向子空间 $M \subset L$ 对应于着不含任何子集 $A_g$ 的子集 $B \subset A$. 于是, $G$ 的单色数可从 $L$ 到 $Q_G$-迷向子空间的分解中看出.

此类多项式可在某些拓扑空间 $W$ 的上同调代数中实现[1], 它用来表明每一个开覆盖 $\cup_i U_i = W$ 都有一个成员 $U_{i_0} \subset W$, 其上同调同态 $H^*(W) \to H^*(U_{i_0})$ 有 "乘积上有意思" 的限制; 但不清楚这一点是否指向 "同伦拉姆塞理论".

在范畴理论框架下, 能从 $Q_G$ 中看出什么? 比如当 $G$ 等于集合之间映射/态射的像集 (例如 $B \to A$), 并开始复合这些态射 (例如 $C \to B \to A$) 的时候.

### §1.12 多项式映射的拉姆塞 – 德沃勒茨基方程

在一般范畴 $\mathcal{D}$ 中可叙述拉姆塞问题如下. 设 $\mathcal{D}$ 中给定了三类态射:

$C$, 其中的态射 $c \in C$ 是 "简单的", 比如常值函数;

$\Sigma$, 其中 $\sigma \in \Sigma$ 是 "未知量";

$F$, 其中 $f \in F$ 作为关于 $\sigma$ 的方程的 "右端项".

给定从对象 $S \in \mathcal{C}$ 出发的态射 $f = f_S \in F$, 设 $T$ 为 $\mathcal{D}$ 中的对象.

在这些术语下, 拉姆塞性质说的是:

对于 $T \xrightarrow{\sigma} S \xrightarrow{f} R$, 关于 $\sigma$ 的方程 $f \circ \sigma \in C$ 对某个对象 $S = S(T) \in \mathcal{C}$ 可解.

---

[1] 见本人的 "奇性, 扩张子……" 的第二部分 [25].

于是, 即使最初的映射 $f$ "非常复杂", 也有

通过复合给定的大且结构上良好地组织的简单映射类 $\Sigma$ 中的一个映射 $\sigma$, 任意 $f$ 可以变换为一个简单且常常 (近似) 对称的映射 $c$.

类似地, 可以提出巴拿赫型猜测/原理:

如果复合映射 $f_0 \circ \sigma : T \to R$ 对所有 $\sigma : T \to S$ 都 "相对简单", 比如属于映射 $T \to R$ 组成的 "有点小" 的空间 $B$, 则映射 $f_0 : S \to R$ 必定一开始就相对简单.

特定的问题. 设 $\mathbb{F}$ 为域, $\Sigma = \Sigma(n, N; d)$ 为次数为 $d$ 的单射多项式映射 $\sigma : \mathbb{F}^n \to \mathbb{F}^N$ 组成的空间, 其中 $\sigma$ 的坐标函数是定义在 $\mathbb{F}$ 上的 $d$ 次多项式 $\mathbb{F}^n \to F$.[①]

[1] 代数巴拿赫问题. 描述 $\mathbb{F}^N$ 上的代数 (比如多项式) $\mathbb{F}^k$-值函数 $f$, 使得复合映射 $f \circ \sigma : \mathbb{F}^n \to \mathbb{F}^k$ 组成的空间 $f \circ \Sigma$(作为代数簇) 的维数最多为 $M$, $M$ 是比 $dim(\Sigma)$ 小很多的一个给定数.

[2] 代数格罗滕迪克 – 德沃勒茨基问题. 设 $C_n$ 和 $F_N$ 为代数 $\mathbb{F}^k$-值函数组成的两个集合: $c \in C_n$ 定义在 $\mathbb{F}^n$ 上, $f \in F_N$ 定义在 $\mathbb{F}^N$ 上.

在什么 (自然) 条件下, 方程 $f \circ \sigma = c$ 对所有 $f \in F_n$ 在 $(\sigma, c) \in \Sigma \times C_n$ 中有解?

如果域 $F$ 是代数封闭的 (比如 $\mathbb{F} = \mathbb{C}$), 则 $f \circ \sigma \in C_n$ 的可解性往往来自不等式

$$dim(\Sigma) \geqslant dim(F_N) - dim(C_n),$$

或来自上式的一个稍微增强的版本.

一般地, 这作为一个丢番图而出现. 令人惊奇的是, 在某些情形下可用如下方法求解.

希尔伯特对称化论证.[②] 设 $\phi = \phi(x)$ 为 $\mathbb{R}^m$ 中的有理系数多项式, 令

$$f_N(x_1, \cdots, x_k, \cdots, x_N) = \phi(x_1) + \cdots + \phi(x_k) + \cdots + \phi(x_N), \ x_k \in \mathbb{R}^m,$$

---

① 为了定义 $n$ 变量多项式的 "次数", 必须在 "次数格点"(即 $\mathbb{Z}_+^n$) 上选定一个范数. 两个常用的 "次数" 分别对应于 $l_1$-范数 $\sum_i |d_i|$ 以及 $l_\infty$-范数 $\sup_i d_i$. 奇怪的是, 没有 (?) $l_2$-范数关于次数的应用.

② 我将它归于希尔伯特而不是赫尔维茨有可能是不对的 —— 我没有读原始文献, 而是借助于教科书中的参考文献, 比如见那汤松的《堆垒素数论》, 第 76 页.

它是 $N$ 个 $\phi$ 的直和,

$$f = f_N = \underbrace{\phi \oplus \phi \oplus \cdots \oplus \phi}_{N} : \mathbb{R}^{mN} \to \mathbb{R}.$$

则, 对给定的 $n$, 当 $N \geqslant N_0(m, n, deg(\phi))$ 时, 存在一个单线性映射 $\sigma$: $\mathbb{R}^n \to \mathbb{R}^{mN}$, 它定义在有理点上 (即 $\mathbb{Q}^n \to \mathbb{Q}^{mN}$), 使得 $\mathbb{R}^n$ 上的复合多项式 $c = f \circ \sigma$ 等于平方和幂次的加权和,

$$c(x_1, \cdots, x_n) = \sum_{j \leqslant deg(\phi)/2} w_j \cdot (x_1^2 + \cdots + x_n^2)^j.$$

实际上, 用 $Q_\phi$ 表示 $\mathbb{R}^n$ 上多项式组成的线性空间 $P$ 中 $\phi$ 关于线性映射 $\mathbb{R}^n \to \mathbb{R}^m$ 的诱导子集. 正交群 $O(n)$ 自然地作用于 $Q_\phi$, 且 $Q_\phi$ 在 $P$ 中凸包 (的内部) 包含 $O(n)$-不变多项式 $c$, 它是 $Q_\phi$ 中 $O(n)$-轨道在 $O(n)$ 上的积分.

因为 $Q_\phi$ 在 $P$ 中张成有限维子空间, 这些积分 $c$ 可表示为有限线性组合 $\sum_{k=1}^{N} k a_k \cdot (f \circ \sigma_k)$, 其中系数 $a_k \geqslant 0$.

这种组合可等于 $f = f_N$ 关于线性映射 $\sigma : \mathbb{R}^n \to \mathbb{R}^{mN}$ 诱导的多项式; 另一方面, $O(n)$-不变的多项式 $c$ 恰好形如 $\sum_{j \leqslant deg(\phi/)2} w_j \cdot (x_1^2 + \cdots + x_n^2)^j$.

因为有理点在 $O(n)$ 中稠密, $P$ 中有理点的 $O(n)$-轨道的线性组合组成有理线性子空间, 不妨设 $c$ 位于某个这样轨道凸包的内部; 则由初等线性代数可知 $\sigma_k$ 和 $a_k$ 都有有理逼近. 证毕.

结合博苏克 – 乌拉姆, 这种平均论证方法表明, 只要 $N$ 足够大, 复合某个线性 $\sigma : \mathbb{R}^n \to \mathbb{R}^N$ 以后, $\mathbb{R}^N$ 上任意实多项式 $f$ 可变为 $\sum_{j \leqslant deg(\phi/)2} w_j \cdot (x_1^2 + \cdots + x_n^2)^j$.[1] 而且也不难找到有理的 $\sigma$, 如果 $f$ 是有理 (即有理系数) 多项式的话.

注记. 希尔伯特对称化可应用于所有函数 $f = \phi \otimes \phi \otimes \cdots \phi$, 其中它可得出渐近圆形复合映射 $f \circ \sigma$, 例如 $l_p$-空间中的德沃勒茨基定理.

问题. 能否对其他局部紧域 $\mathbb{F}$ 和 $GL_n(\mathbb{F})$ 中局部紧群应用希尔伯特对称化?

---

① 见 [12].

如果 $\mathbb{F}$ 为有限域, 则 $\mathbb{F}^N$ 上的所有 $\mathbb{F}$-值函数都可以用多项式 $f$ 表示, 而罗塔 – 格雷厄姆 – 罗斯柴尔德的格拉斯曼型单色性结果/猜测 (见 1.1 节) 可解释 (但难以证明) 为上述 [2] 在 $\mathbb{F}$ 上的特殊解.

另一方面, 如果我们过渡到 $\mathbb{F}$ 的一个充分大的代数扩张 $\mathbb{F}'$, 则关于 $\sigma$ 的方程 $f \circ \sigma = const$ 扩充到 $\mathbb{F}'$ 以后可以根据迪里恩 – 朗 – 韦伊的精神用代数几何的方法求解.

在 $\mathbb{F}$ 的适度扩张中, 方程 $f \circ \sigma = const$ 会怎么样?

§1.13　单色性、不动点、横截测度以及极端顺从范畴

§1.14　吉布斯极限与集中空间

§1.15　关于拉姆塞 – 德沃勒茨基 – 博苏克 – 乌拉姆型定理以及集中现象的书籍和文章精选

## 参考文献

[1]　A. Akopyan, R. Karasev, A. Volovikov, Borsuk-Ulam type theorems for metric spaces, arXiv:1209.1249 (2012).

[2]　A. Bak, M. Morimoto, F. Ushitaki, Current Trends in Transformation Groups, K-Monographs in Mathematics, Vol. 7 (2002).

[3]　A. Barvinok, Lectures on Measure Concentration, www.math.lsa.umich.edu/barvinok.

[4]　V. Bergelson, Ultrafilters, IP sets, Dynamics, and Combinatorial Number Theory, Contemporary Mathematics 530 (2010), 23—47.

[5]　P. Blagojevich, R. Karasev, Extensions of theorems of Rattray and Makeev, arxiv.org/pdf/1011.0869 (2010).

[6]　J. Bourgain, On finite dimensional homogeneous Banach spaces, Volume 1317 of the series Lecture Notes in Mathematics, 232—238.

[7]　T. Brown, P. Shiue, On the history of van der Waerden's theorem on arithmetic progressions. Tamkang J. Math. 32 (2001), no. 4, 335—341.

[8]　B. Bukh, R. Karasev, Suborbits in Knaster's problem, arXiv:1212.5351 (2012).

[9]　D. Burago, S. Ivanov, Topological aspects of the Dvoretzky Theorem, arXiv:0907.5041 (2009).

[10] D. Conlon, J. Fox, B. Sudakov, Hypergraph Ramsey numbers, http:// people.maths.ox.ac.uk/~conlond/offdiagonal-hypergraph.pdf.

[11] J. Davidoff, P. Sarnak, A. Valette, Elementary Number Theory, Group Theory and Ramanujan Graphs. London Mathematical Society Student Texts 55 (2008).

[12] V. Dolnikov, R. Karasev, Dvoretzky type theorems for multivariate polynomials and sections of convex bodies, arxiv.org/pdf/1009.0392 (2010).

[13] A. Dvoretzky, Some results on convex bodies and Banach spaces, Proc. Internat. Sympos. Linear Spaces (Jerusalem, 1960). Jerusalem: Jerusalem Academic Press, 123—160 (1961).

[14] J-Y. Girard, Proof Theory and Logical Complexity, Volume I of Studies in Proof Theory, 1987.

[15] H. Furstenberg, Y. Katznelson, Idempotents in compact semigroups and Ramsey theory, Israel Journal of Mathematics, 1989, Volume 68, No. 3 (1989).

[16] H. Furstenberg, B. Weiss, Topological dynamics and combinatorial number theory, Jounal D'Aanlyse Mathématique, Vol. 34 (1978), 61—85.

[17] J. Geelen, P. Nelson, Density Hales-Jewett Theorem for matroids, arXiv:1210.4522 (2012).

[18] R. Graham, K. Leeb, B. Rothschild, Ramsey's Theorem for a Class of Categories, Adv. in Math. 8 (1972), 417—433.

[19] R. Graham, B. Rothschild, Ramsey's theorem for $n$-parameter sets, Trans. Amer. Math. Soc. 159 (1971), 257—292.

[20] M. Gromov, Endomorphisms of symbolic algebraic varieties, J. Eur. Math. Soc. (JEMS), 1 (1999), No.2, 109—197.

[21] M. Gromov, Filling Riemannian manifolds, J. Differential Geom. 18 (1983), 1—147.

[22] M. Gromov, Dimension, non-linear spectra and width, Lect. Notes in Math, Springer-Verlag 1317 (1988), 132—185.

[23] M. Gromov, Spaces and Questions, GAFA, Special Volume 2000, 118—161 (2000).

[24] M. Gromov, Isopermetry of Waists and Concentration of Maps, Geometric and Functional Analysis, Vol.13 (2003), No.1, 178—215. Er-

ratum: Vol. 18 (2009), no.5, 1786—1786.

[25]　M. Gromov, Singularities, Expanders and Topology of Maps, Part 2: from Combinatorics to Topology Via Algebraic Isoperimetry, Geometric and Functional Analysis, Vol.20 (2010), No.2, 416—526.

[26]　M. Gromov, V. D. Milman, A Topological Application of the Isoperimetric Inequality, American Journal of Mathematics, Vol. 105 (1983), No.4, 843—854.

[27]　L. Halbeisen, Combinatorial Set Theory: With a Gentle Introduction to Forcing, Springer Monographs in Mathematics (2011).

[28]　N. Hindman, Ultrafilters and combinatorial number theory, Lecture Notes in Mathematics Volume 751, 119—184 (1979).

[29]　B. Klartag, On nearly radial marginals of high-dimensional probability measures, arXiv:0810.4700v2.

[30]　M. Ledoux, The concentration of measure phenomenon, Math. Surveys and Monographs, 89, Amer. Math. Soc. (2001).

[31]　G. L. Litinov, Tropical Mathematics, Idempotent Analysis, Classical Mechanics and Geometry, arXiv:1005.1247 [math-ph].

[32]　J. Matoušek, Using the Borsuk-Ulam Theorem, Lectures on Topological Methods in Combinatorics and Geometry, Springer (2008).

[33]　V. D. Milman, A new proof of the theorem of A. Dvoretzky on the sections of convex bodies, Functional Functional Analysis and its Applications 4, 28—37 (1971).

[34]　V. D. Milman, Almost Euclidean quotient spaces of subspaces of a finite-dimensional normed space, Proc. Amer. Math., Vol. 94(1985), No.3, 445—449.

[35]　V. D. Milman, A few observations on the connections between local theory and some other fields, Geometric aspects of functional analysis (1986/87), Lecture Notes in Math., vol. 1317, Springer, Berlin, 1988, 283—289.

[36]　D. Mubayi, V. Rödl, On the chromatic number and independence number of hypergraph products, http://www.math.cmu.edu/~mubayi/papers/bergesimon.pdf.

[37]　M. B. Nathanson, Additive Number Theory The Classical Bases, GTM 164, Springer (1996).

[38]　A. Papadopoulos, On Hilbert's fourth problem, Handbook of Hilbert

geometry, European Mathematical Society (2014).

[39] J. Paris, L. Harrington, A Mathematical Incompleteness in Peano Arithmetic, Handbook for Mathematical Logic (Ed. J. Barwise) (1977).

[40] V. Pestov, Dynamics of Infinite-dimensional Groups: The Ramsey-Dvoretzky-Milman Phenomenon, University Lecture Series, 40 (2006).

[41] D. H. J. Polymath, A new proof of the density Hales-Jewett theorem, arXiv:0910.3926.

[42] E. Schmidt, Beweis der isoperimetrischen Eigenschaft der Kugel im hyperbolischen und sphärischen Raum jeder Dimensionszahl. Math. Z., 49, 1—109, 1943/44.

[43] S. Shelah, Primitive recursive bounds for van der Waerden numbers, J. Amer. Math. Soc. 1 (1988), 635—636.

[44] A. Soifer (editor), Ramsey Theory, Volume 285 of Progress in Mathematics, Birkhauser (2011).

[45] A. Soifer, The Mathematical Coloring Book: Mathematics of Coloring and the Colorful Life of its Creators, Springer (2009).

[46] S. Solecki, Abstract approach to finite Ramsey theory and a self-dual Ramsey theorem, arxiv:1104.3950 (2011).

[47] M. Talagran, Concentration of Measure and Isoperimetric Inequalities in Product Spaces, Publications Mathématiques de lÍnstitut des Hautes Études Scientifiques Volume 81, Issue 1, 73—205 (1995).

[48] S. Todorcevic, Introduction to Ramsey Spaces, Princeton University Press (2010).

[49] R. Vershynin, Lectures in Geometric Functional Analysis, http://www-personal.umich.edu/~romanv/.

## §2 等周、填充以及腰不等式

欧氏空间 $\mathbb{R}^n$ 中的最佳等周不等式界定了区域 $U \subset \mathbb{R}^n$ 的体积, 比如, 当边界 $\partial U$ 光滑时, 有

[☆]
$$vol_n(U) \leqslant \beta_n vol_{n-1}(\partial U)^{\frac{n}{n-1}},$$

其中 $\beta_n$ 是相应等式中关于单位球面 $B^n \subset \mathbb{R}^n$ 及其边界球面的常数,

$$\beta_n = \frac{vol_n(B^n)}{vol_{n-1}(S^{n-1})^{\frac{n}{n-1}}}.$$

**基本问题.** 此不等式的终极推广/改进是什么?[①]

可以通过分析 [☆] 既有的依赖于四种 (更多?) 不同技术的证明来考虑这个问题:

- 积分几何;
- 几何测度论框架下的变分法;
- 重排, 例如对称化和质量转移;
- 复化以及霍奇类不等式.

积分几何途径至今只对 $\mathbb{R}^2$ (桑塔洛, 1953) 和 $\mathbb{R}^4$ (克罗克, 1984) 有效, 这带来了如下问题.

**问题.** 对所有 $n$ 找到等周不等式 [☆] 的积分几何式证明.

也有可能这种证明并不存在.

**问题.** 能否准确地叙述并最终严格地证明积分几何式推导 [☆] 的不足之处?

更一般地,

能否估计一个特殊几何论证所涉及的 "*逻辑无限/超越量*", 其中在这方面积分几何式证明会是最小的 —— 最接近于纯代数方法, 而变分法可视为含有 "*最大超越性*"?

### §2.1　桑塔洛关于 2D-等周不等式的证明

我们在下面给出桑塔洛关于具有光滑边界 $\Sigma = \partial U$ 的平面有界域 $U \subset \mathbb{R}^2$ 等周不等式的详细证明, 它提供了我们心目中理想的积分几何式证明的范例.

给定直线段 $[\sigma, u] \subset U$, 其中 $\sigma \in \Sigma = \partial U$, $u \in U$. 用 $\alpha_\sigma(u)$ 表示导数 $[d\angle_u(\sigma)]/d\sigma$, 其中 $[d\angle_u(\sigma)]$ 是从 $u$ 看过去在 $\sigma \in \Sigma$ 处 $\Sigma$ 中 "长度元素" $d\sigma$ 的无穷小视角.

换言之, 如果 $\Sigma_u \subset \Sigma$ 是 $u$ 处可见的点构成的子集, $S_u^1$ 是切平面 $T_u(U)$ 中的单位圆周, 则 $\alpha_\sigma(u)$ 是径向投影 $\sigma \mapsto \angle_u(\sigma) \in S_u^1$ 在 $\sigma \in \Sigma_u$

---

① 1965 — 1970 年我从尤拉 · 布拉格处学到此不等式以及其他等周问题.

处的导数 (一维雅可比). 其中, $\Sigma_u = \Sigma$ 当且仅当 $(U, u)$ 是凸星形的, 即从 $\Sigma$ 到 $S_u^1 \subset T_u(U)$ 的径向投影是一对一的.

当 $\alpha_\sigma(u) \neq 0$ 时, 因为映射 $\Sigma_u \to S^1$ 即是满射 又是单射, 我们有

$$\int_{\Sigma_u} \alpha_\sigma(u) \, d\sigma = 2\pi$$

以及

$[2\pi \cdot area]$ $$\int_U du \int_{\Sigma_u} \alpha_\sigma(u) \, d\sigma = 2\pi \cdot area(U).$$

通过交换积分次序, 这可改写为

$[2\pi \cdot area]'$ $$2\pi \cdot area(U) = \int_\Sigma d\sigma \int_{U_\sigma} \alpha_\sigma(u) \, du,$$

其中 $U_\sigma \subset U$ 是 $\sigma$ 能看见的点. 检查积分

$$\int_{U_\sigma} \alpha_\sigma(u) \, du, \quad \sigma \in \Sigma.$$

如果 $U = B^2 = B^2(R) \subset \mathbb{R}^2$ 为平面圆盘, 则函数 $\alpha_\sigma(u)$ 定义在半平面 $R_+^2(\sigma)$ 上, 它由 $\Sigma$ 在点 $\sigma$ 处的切线所界定, 因此该线段 $[\sigma, u] \subset B^2$ 包含在此半平面中.

! 现在到了关键时刻, 此时维数 $dim(U) = 2$ 起作用了: 由初等几何, 函数 $\alpha_\sigma(u)$ 在圆周 $S^1(R) = \partial B^2(R)$ 上是常值的, 在 $B^2$ 外减少[①]

$$\alpha_\sigma(u) \geqslant \alpha_\sigma(u'), \quad \forall \, u \in B^2, \ u' \in R_+^2(\sigma) \setminus B^2.$$

由此可得: 在给定面积 $A$ 的所有平面区域 $U$ 中, 积分 $\int_U \alpha_\sigma(u) \, du$ 对面积为 $A$ 的球/圆盘 $B^2 = B^2(R) = B^2(R(A))$ 达到最大值 $(R = \sqrt{A/\pi})$, 其中, 注意到此积分在球上不依赖于边界点 $\sigma$. 因此, 根据上述 $[2\pi \cdot area]'$,

$$2\pi \cdot area(U) \leqslant length(\Sigma) \cdot \int_{B^2(R)} \alpha(b) \, db.$$

这给出了用 $length(\Sigma)$ 以及积分 $\phi(a) = \int_{B^2(R)} \alpha(b) \, db$ 表示的 $area(U)$

---

① 这在 1984 年克罗克关于 $n = 4$ 的等周不等式证明中也是关键点, 那时是在 $\partial U \times \partial U$ 上而不是 $U \times \partial U$ 上积分.

的一个上界. 因为上式对面积为 $A = area(U)$ 的圆盘 $B^2(R)$ 是等式, 此上界是最佳的; 于是, 对平面区域 $U$ 它代表了所需等周不等式.

关于曲率 $\kappa \leqslant 0$ 的曲面. 上述证明可扩展到截面曲率非正的具有唯一可视性度量的曲面 $U$ 上, 其中 "唯一可视性" 是指 $U$ 中的任何两点 $u_1, u_2 \in U$ 都由最多一条测地线段 $[u_1, u_2] \subset U$ 连接, 而我们所需做的只是将不等式

$$\int_U \alpha_\sigma(u)\, du \leqslant \int_{B^2} \alpha(b)\, db$$

"移植" 到这种曲面上.

这种 "移植" 依赖于两件事实.

1. 对所有测地线段 $[u_1, u_2] \subset U$, 指数映射的雅可比 $J(u_1 \to u_2)$ 的对称性[①]:

数 $J(u_1 \to u_2)$ 等于 $J(u_2 \to u_1)$, 其中前者是从切空间 $T_{u_1}(U)$ 到 $U$ 的指数映射 $\exp_{u_1}$ 在 $\exp_{u_1}^{-1}(u_2)$ 处的雅可比.

2. 关于 $\kappa \leqslant 0$ 的空间的嘉当 – 亚历山德罗夫 – 托普诺果夫比较定理, 这对所有测地线段 $[u_1, u_2] \subset U$ 给出了下界估计 $J(u_1 \to u_2) \geqslant 1$.

注记. 对带边曲面 $U$ 有一个更一般 (也是最佳的) 等周不等式, 它是通过边界 $\Sigma = \Sigma_0 = \partial U$ 的 $t$-等距形变 $\Sigma_t \subset U(t \geqslant 0)$ 去证明的, 其中高斯 – 博内定理提供了 (一般为负) 导数 $\partial(length(\Sigma_t))/dt$ 的最佳上界, 但桑塔洛的积分几何式证明 (应用于曲率 $\leqslant \kappa_0$ $(-\infty < \kappa_0 < \infty)$ 的具有唯一可视性曲面) 利用 $B$ 的几何给出了 "误差" $\frac{length(\Sigma)}{length(\partial B^2)} - 1$ 的一种完美的下界, 其中 $B^2$ 是面积等于 $area(U)$ 的圆盘.

例如, 如果 $U \subset \mathbb{R}^2$, 此误差可以用 $U$ 与圆盘 $B_\sigma^2 \subset \mathbb{R}^2$ $(\sigma \in \Sigma)$ 之间的 "平均重叠" 来表示, 其中圆盘的中心位于 $\sigma \in \Sigma$ 处与 $\Sigma = \partial U$ 垂直切方向指向 $U$ 内的线段上, 圆盘的边界 $S_\sigma^1 = \partial B_\sigma^2$ 与 $\Sigma$ 在 $\sigma$ 处相切.

问题. 当维数 $n > 2$ 时, 至少对于欧氏区域 $U \subset \mathbb{R}^n$ 来说, 桑塔洛型 "误差估计" 应该是什么样的?

能够在桑塔洛的 2 维证明和克罗克的 4 维证明 (见 2.4 节) 之间做 "插值", 使得这种 "插值" 能对截面曲率 $\kappa \neq 0$ 的 3 维流形给出最

---

[①] 这可从热算子的对称性得到, 也就是爱因斯坦 – 昂沙格关系的 (平凡) 黎曼情形.

佳等周不等式?[1]

几何不等式的代数灵魂. 桑塔洛的证明揭示了一般原则: 最佳几何不等式植根于代数/解析恒等式. 显然, 为了在其他维数和空间中寻找等周不等式, 我们需要学习关于球和球面的初等欧氏几何的新东西 (识别某些旧东西?).

### §2.2 直线空间上的刘维尔测度, 布丰 – 柯西 – 克罗夫顿积分公式, 可视面积以及玻尔兹曼熵

直线 $L \subset \mathbb{R}^n$ 的全体构成的空间 $\mathcal{L}$ 上携带了所谓的刘维尔测度, 它在相差一个伸缩常数下是唯一的, 且在 $\mathbb{R}^n$ 的等距变换下不变.

我们选择此常数, 使得它与柯西公式一致, 且与给定区域 $Y_0 \subset \mathbb{R}^{n-1} \subset \mathbb{R}^n$(比如单位立方体 $[0,1]^{n-1}$) 相交的所有直线构成的子集 $\mathcal{L}_{\pitchfork Y_0} \subset \mathcal{L}$, 其刘维尔测度 $\lambda$ 等于此区域的 $(n-1)$ 维体积 $vol_{n-1}(Y_0)$.

于是, 显然, 所有可求长的(例如, 分片光滑的) 超曲面 $Y \subset \mathbb{R}^n$ 的 $(n-1)$ 维体积 (豪斯道夫测度) 都可用它们与直线之交的基数通过柯西面积公式

$$\int_{\mathcal{L}} card(L \cap Y)\, dL = vol_{n-1}(Y)$$

表示.[2]

因为直线 $L \subset \mathbb{R}^n$ 可以表示为点对 $(g,x)$, 其中 $g = g(L) \in Gr_{n-1}(\mathbb{R}^n)$ 为垂直于 $L$ 的超平面, $x = x(L) \in \mathbb{R}_g^{n-1}$ 是 $L$ 与 $\mathbb{R}_g^{n-1}$ 的交点, 因此上述积分可表示如下.

让我们也用记号 $\mathbb{R}_g^{n-1} \subset \mathbb{R}^n$ 表示 (相应于) $g \in Gr_{n-1}(\mathbb{R}^n)$ 的超平面, $P_g : Y \to \mathbb{R}_g^{n-1}$ 为法向投影. 注意到拉回 $P_g^{-1}(x) \subset Y$ 等于 $Y$ 与对应着点对 $(g,x)$ 的直线 $L = L_{g,x} \subset \mathbb{R}^n$ 的交集, 记 $mult_Y(x)$ $(x \in \mathbb{R}_g^{n-1})$ 为重数函数, 即

$$mult_Y(x) = card(P_g^{-1}(x)) = card(Y \cap L_{g,x}).$$

其中, 当 $x \notin P_g(Y)$ 时 $mult_Y(x) = 0$.

---

[1] 目前仅有的证明来自布鲁斯·克莱纳 [16], 它依赖于阿尔姆格伦的几何测度论.

[2] 这可 (必须?) 作为 $vol_{n-1}$ 的定义. 事实上, $\mathbb{R}^n$ 中曲线的全体构成的空间 (或这种性质的任何两点齐性空间) 上在等距变换下不变的任何测度都满足类似的公式.

于是,

$$\int_{\mathcal{L}} card(L \cap Y)\, dL = \int_{Gr_{n-1}(\mathbb{R}^n)} dg \int_{R_g^{n-1}} mult_Y(x)\, dx,$$

其中 $dg$ 是格拉斯曼流形 $Gr_{n-1}(\mathbb{R}^n)$ (此流形可等同于投影空间 $\mathbb{R}P^{n-1}$ $= S^{n-1}/\pm 1$, 即经过原点与超平面 $\mathbb{R}_g^{n-1}$ 垂直的直线, $g \in Gr_{n-1}(\mathbb{R}^n)$) 上经过适当规范化的 $O(n)$-不变测度.

凸和非凸的例子. 如果 $Y$ 是 $\mathbb{R}^n$ 中紧区域 $U$ 的边界, 比如 $Y = \partial U$, 则与 $U$ 相交的直线也与 $Y = \partial U$ 相交.

如果 $U$ 是凸的, 则几乎所有非空交集 $L \cap \partial Y$ 的基数都等于 2, 于是与凸集 $U \subset \mathbb{R}^n$ 相交的直线组成集合的刘维尔测度满足

$$\lambda(\mathcal{L}_{⋔U}) = \lambda(\mathcal{L}_{⋔Y}) = \frac{1}{2} vol_{n-1}(Y = \partial U).$$

一般地, 如果 $U$ 非凸, 则只有不等式

$$\lambda(\mathcal{L}_{⋔U}) = \lambda(\mathcal{L}_{⋔Y}) \geqslant \frac{1}{2} vol_{n-1}(\partial U),$$

它不需要 $\partial U$ 的正则性条件 (这一点容易看出), 如果 $vol_{n-1}$ 理解为 $(n-1)$ 维豪斯道夫测度.

柯西面积公式伴随着如下的

布丰 – 克罗夫顿积分公式:[①]

$$\int_{\mathcal{L}} length(L \cap U)\, dL = c_n \cdot vol_n(U),$$

其中 $length =_{def} vol_1$ 表示直线上的勒贝格测度, 而 $vol_n$ 表示 $\mathbb{R}^n$ 中的勒贝格测度, 常数 $c_n$ 是将此公式应用于 $n$ 维单位球时所决定出来的

$$c_n = \frac{\int_{\mathcal{L}} length(L \cap B^n)\, dL}{vol(B^n)}.$$

欧氏可视面积猜测. 在所有具有单位体积的紧区域 $U \subset \mathbb{R}^n$ 中, 具有单位体积的球 $B_{vol=1}^n \subset \mathbb{R}^n$ 最小化与 $U$ 相交的直线集的刘维尔测度,

[I]　　　　$\lambda(\mathcal{L}_{⋔U}) \geqslant \lambda(\mathcal{L}_{⋔B_{vol=1}^n})$, $\forall U \subset \mathbb{R}^n$, $vol_n(U) = 1$.

① 见 [15].

讨论. (a) 如果 $U$ 是凸的, 这可由等周不等式得出. 如果维数为 2, 则一般情形可容易地约化为凸情形.

(b) 对于所有 $n$, 阿尔姆格伦的证明可对具有光滑(可求长即可) 边界的区域推出此猜测, 他的证明依赖于他 1986 年文章最佳等周不等式[1]中的几何测度理论.[①]

要是有一个无需边界正则性的更初等 (积分几何式) 证明就好了. 注意, $U$ 的边界甚至不出现在猜测的叙述之中.

刘维尔测度 $\lambda(\mathcal{L}_{\llcorner U})$ 可用 $U$ 到超平面 $\mathbb{R}_g^{n-1}$ 的正交投影体积的积分表示,

$$\lambda(\mathcal{L}_{\llcorner U}) = \int_{Gr_{n-1}(\mathbb{R}^n)} vol_{n-1}(P_g(U)) \, dg,$$

此时上述不等式可写为

$$\int_{Gr_{n-1}(\mathbb{R}^n)} vol_{n-1}(P_g(U)) \, dg \geqslant \int_{Gr_{n-1}(\mathbb{R}^n)} vol_{n-1}(P_g(B_{vol=1}^n)) \, dg.$$

让我们将 $dg$ 规范化为概率测度, 即总质量为 1. 将积分

$$\int_{Gr_{n-1}(\mathbb{R}^n)} vol_{n-1}(P_g(U)) \, dg$$

视为体积 $vol_{n-1}(P_g(U))$ 在格拉斯曼流形 $Gr_{n-1}(\mathbb{R}^n)$ 上的算术平均. 我们简记 $G = Gr_{n-1}(\mathbb{R}^n)$, 并提出如下

几何平均猜测.

[II]　　$\int_G \log vol_{n-1}(P_g(U)) \, dg \geqslant \int_G \log vol_{n-1}(P_g(B_{vol=1}^n)) \, dg.$

显然, 此 [II] 要比 [I] 强. 同时, 注意到此猜测的一个非最佳版本

$$\int_G \log vol_{n-1}(P_g(U)) \, dg \geqslant const_n \int_G \log vol_{n-1}(P_g(B_{vol=1}^n)) \, dg.$$

可从卢米斯 – 惠特尼不等式[②]推出.

设 $\mu_U$ 为 $\mathbb{R}^n$ 上的测度 $\chi_U(x)dx$($\chi_U$ 为 $U$ 上的特征函数), 这是一个概率测度, 因为我们假设了 $vol_n(U) = 1$. 设 $P_{g*}(\mu_U)$ 为 $\mu_U$ 通过正交

---

① 这解释在本人的文章 "熵和等周不等式 ……"[7] 中 5.7 节末尾. 我找不到此结果的确切出处, 并向那位我未能找到的作者表示歉意.

② $U \subset \mathbb{R}^n$ 到 $n$ 个坐标超平面投影的测度 $\mu_i$ $(i = 1, 2, \cdots, n)$ 满足 $\prod_i \mu_i \geqslant \mu(U)^{n-1}$.

投影 $P_g : \mathbb{R}^n \to \mathbb{R}_g^{n-1}$ 到超平面 $\mathbb{R}_g^{n-1}$ 的前推. 下面是几何平均猜测的改进版.

熵等周猜测.

[III] $$\int_G ent(P_{g*}(\mu_U))\, dg \geqslant \int_G ent(P_{g*}(\mu_{B_{vol=1}^n}))\, dg,$$

其中, 回忆 $\mathbb{R}^{n-1}$ 上一个概率测度 $\mu = f(x)dx$ 的玻尔兹曼熵可用积分计算,

$$ent(\mu) = -\int_{\mathbb{R}^{n-1}} f(x) \log f(x)\, dx.$$

注意到 [III] 蕴含着 [II], 因为一个概率测度 $\phi(x)dx$ 熵要小于 $\phi$ 的支集的 $dx$-测度的对数. 另外, 注意到 [III] 的一个非最佳版本可从布拉斯坎普 – 利布不等式推出, 在现在的 (相当特殊) 情形, 它说的是

在 $\mathbb{R}^n$ 中给定熵的所有概率测度 $\mu = \phi(x)dx$ 中, $\int_G ent(P_{g*}(\mu))\, dg$ 的最小值由高斯型测度 $C_1 e^{-C_2\|x\|^2}\, dx$ 实现.①

## §2.3　面积缩减以及双收缩空间中的填充体积

一个度量空间 $X$ 称为 (线性测地地)双收缩的, 如果存在一族映射 $E_\lambda : X \times X \to X$ $(\lambda \in [0,1])$, 它有如下性质.

• 由 $G_{x_1,x_2}(t) = E_{t/d}(x_1, x_2)$ $(d = dist(x_1, x_2))$ 定义的映射 $G_{x_1,x_2} : [0,d] \to X$(就是距离最短测地线) 均为等距且满足

$$E_{x_1,x_2}(0) = x_1, \quad E_{x_1,x_2}(t) = E_{x_2,x_1}(d-t);$$

• 映射 $E_\lambda(x_1,*) : X \to X, x \mapsto E_\lambda(x_1,x)$ 是 $\lambda$-利普希茨的, 即

$$dist_X(E_\lambda(x_1,x), E_\lambda(x_1,x')) \leqslant \lambda \cdot dist_X(x,x');$$

例如, 巴拿赫空间以及 $CAT(0)$ 空间都是线性双收缩的, 其中后者定义如下.

称一个度量空间 $X$ 为 $CAT(0)$ 或 $CAT(\kappa \leqslant 0)$, 如果每一个 1-利普希茨, 即 (非严格地)距离减少映射 $X_0 \subset \mathbb{R}^n \to X$ 均可延拓为 1-利普希茨映射 $\mathbb{R}^n \to X$, 其中 $n = 1, 2, 3, \cdots$, $X_0$ 为任意子集.

---

① 这个和卢米斯 – 惠特尼以及熵的基础知识解释在本人的文章 "熵和等周不等式 ……" [7] 以及 "结构搜寻" 中.

注记. 如果将上述条件仅限于 $n=1$, 则可得更大的一类空间, 称为长度空间, 其中两点之间的距离等于它们之间道路的最短长度.

例子. (a) 欧氏空间 $\mathbb{R}^N$ 是 $CAT(0)$, 因为根据克兹布朗定理, 它们满足利普希茨延拓性质; 进一步, 截面曲率 $\kappa \leqslant 0$ 的完备单连通空间也是 $CAT(0)$, 其中可能容许奇异空间, 条件 $\kappa \leqslant 0$ 定义为从平面三点集 $\{x_1, x_2, x_3\}$ 到第四点 $x_4 \in \mathbb{R}^2$ 的 1-利普希茨延拓性质.[1]

(b) 光滑 $CAT(0)$ 空间的基本例子为非紧型黎曼对称空间, 比如常负曲率的双曲空间.

最简单的奇性空间是 (度量)树, 它们的笛卡儿乘积以及更一般的多面体空间, 比如布吕阿 – 缇兹构造.

设 $V$ 为 $k$ 维黎曼流形. 称利普希茨映射 $f: V \to X$ 为 $k$-体积 (非严格) $\lambda^k$-收缩, 如果它能被保体积自映射 $V \to V$ 重新参数化为 $\lambda$-利普希茨映射 $V \to X$.

等价地, 可要求 $f$ 分解为 $f = h \circ g$, $V \xrightarrow{h} V_1 \xrightarrow{g} X$, 其中 $g$ 是 $\lambda$-利普希茨的而 $h$ 是利普希茨体积减小的, 即所有开集 $U \subset V_1$ 的 $h$ 拉回的黎曼体积满足 $vol_k(h^{-1}(U)) \geqslant vol_k(U)$.

我们经常说 "体积收缩" 而不是 "体积 1-收缩". 注意, 一般来说 $\lambda \leqslant 1$ 时体积 $\lambda$-收缩映射是收缩的, 而 $\lambda > 1$ 时则是扩张的.

另外注意 "1-体积 $\lambda$-收缩" 等价于 "$\lambda$-利普希茨".

面积收缩问题. 设 $W = V \times [R_1, R_2]$ 为紧黎曼流形, 它有两个边界分支 $V_1 = V \times R_1$ 和 $V_2 = V \times R_2$, 黎曼度量为 $dR^2 + R^2 dv^2$, 其中 $dv^2$ 为 $V$ 上的某黎曼度量.

这种 $W$ 的基本例子是欧氏空间中两个同心球面之间的环形区域, 即球之间的补集, $B^n(R_2) \setminus B^n(R_1)$, 其中单位球面 $S^{n-1} \subset \mathbb{R}^n$ 扮演了 $V$ 的角色.

什么是最小的数 $\lambda_{min} \geqslant 0$, 使得所有 $(n-1)$-体积收缩映射 $V_2 \to X$ 均可延拓为 $n$-体积 $\lambda_{min}^n$-收缩映射 $W \to X$, 而它在 $V_1$ 上的限制是 $(n-1)$-体积收缩?

对此我们已知如下事实.

[A] 如果 $X$ 等于欧氏空间 $\mathbb{R}^N$, 则 $\lambda_{min} = 1$.

---

① 见 [17].

如果 $n = 2$, 证明是直接的, 可能能追溯到亚历山德罗夫.

在一般 $X = \mathbb{R}^n$ ($n \geqslant 2$) 的情形, 这是阿尔姆格伦在 1986 年的 (技术上困难的) 文章 "最佳等周不等式" 中证明的[1].

[B] 如果 $X$ 为三维黎曼 $CAT(0)$-流形, 则等式 $\lambda_{min} = 1$ 由布鲁斯 – 克莱纳在 1992 证明, 他综合运用了阿尔姆格伦的几何测度论技巧以及曲面的高斯 – 博内定理.

[C] 最佳克里斯·克罗克等周不等式 (见下一节) 意味着, 对 4 维黎曼 $CAT(0)$-流形来说, $\lambda_{min} = 1$.

[D] 存在万有常数 $C_n$(极其之大), 使得对所有双可收缩空间 $X$, $\lambda_{min} \leqslant C_n$ 均成立.

这可从本人的文章填充黎曼流形[8]以及斯蒂凡·温格的文章 [23] 推出.

$CAT(0)$-空间中的最佳收缩/填充猜测. 如果 $X$ 是 $CAT(0)$, 则对所有维数 $n$ 均有 $\lambda_{min} = 1$.

这对所有 $n \geqslant 2$ 仍是未知的, 除了上述 [A], [B], [C] 中的情形以及等周不等式成立的情形, 现在已知后者对维数 $\leqslant 4$ 的流形与双曲空间的黎曼乘积是成立的, 这解决了等维数 (即 $dim(W) = dim(X)$)填充情形的猜测.(下一节我们将回到这一点.)

整体猜测的局部推论. 如果 $X$ 为光滑黎曼流形, $f_0 : V_0 \to X$ 为光滑浸入, 则让 $R_0 \to R_1$, 从收缩猜测可得如下命题.

[★] 存在一个点 $x_\star \in f_0(V_0) \subset X$, 以及一个单位切向量[2]$\tau_\star \in T_{x_\star}(X)$, 使得 $f_0(V_0)$ 在 $\tau_\star$ 方向的平均曲率大于或等于 $(n-1)R_1^{-1}$, 它是球面 $S^{n-1}(R_1) \subset \mathbb{R}^n$ 的平均曲率.

实际上, 阿尔姆格伦证明了, 如果 [★] 对完备光滑流形 $X$(在无穷远处加一点条件) 中所有的 $(n-1)$-子簇 (可能是奇异的) 成立, 则面积收缩猜测对 $X$ 成立. 但即使是对双曲 $N$-空间 ($N \geqslant 4$) 中的曲面, [★] 的证明仍成问题.[3]

问题. 设 $U \subset \mathbb{R}^n$ 为具有光滑连通边界 $\partial U$ 的紧区域. 是否总

---

[1] 阿尔姆格伦没有像我们这样描述他关于收缩和填充的拓扑, 但这带来的差别很小, 原因来自 "填充的拓扑自由度", 见 [13] 以及 [24].

[2] 可以假设 $\tau_\star$ 与 $f_0(V_0) \subset X$ 垂直.

[3] $N = 3$ 时, 克莱纳对截面曲率非正的 3 维流形证明了 $x_\star$ 的存在性.

存在一点 $x_* \in \partial U$, 使得这一点处的平均曲率 (或别的什么曲率)$\geqslant$ $const_n vol_n(U)^{-\frac{1}{n}}(const_n$ 为正常数)?

上述关于 $CAT(0)$ 的猜测可扩展到 $CAT(\kappa \leqslant \kappa_0)$ 空间, 但即使是实双曲空间 $X = H^N$ 以及 $R_0 = 0$, 问题仍未解决:

是否每一个 $(n-1)$-闭链 $C \subset H^N$ 都可被某个 $n$-链 $D \subset H^N$ 填充 (即 $\partial D = C$), 使得 $D$ 的 $n$-体积都可被双曲球 $B^n \subset H^n \subset H^N$ 的体积界定 (其中 $vol_{n-1}(\partial B^n) = vol_{n-1}(C)$)?

如果 $n \geqslant 2$, 只有等维数 $N = n$ 情形是已知的, 此时可以应用施瓦兹对称化.

除了填充估计和施瓦兹对称化, 还有其他办法证明等维数情形的等周不等式. 这给推广提供了特殊的情景, 其中一种情景在下一节给出了暗示.

问题. 黎曼流形 $X_1, X_2$ 的最小不变量集是什么, 使得加以适当的条件后其笛卡儿乘积 $X_1 \times X_2$ 满足 (某种形式的) 面积收缩猜测?

比如, 人们知道施瓦兹的 "虚拟对称化" 不等式能给出笛卡儿乘积以及更一般扭曲乘积, 乃至几何 (例如球面)扩张与几何连接中超曲面 $Y$ 的等周不等式 (有时是最佳的), 只要这种不等式对分量是成立的.[①]

但对余维数 $\geqslant 2$ 的子流形 $Y \subset X_1 \times X_2$, 仍不清楚相应的这种 "对称化" 应该是什么.

例如, 克莱纳的收缩 (或填充) 不等式在与欧氏空间的笛卡儿乘积下是否稳定?

比方说, 它对具有负曲率的 2-流形与欧氏空间的笛卡儿乘积是否成立?

极小 (但不必体积最小) 子簇 $W \subset \mathbb{R}^N$ 中的紧区域 $U$ 是否满足最佳欧氏等周不等式 $vol_n(U) \leqslant \beta_n vol_{n-1}(\partial U)^{\frac{n}{n-1}}$?

(回忆 "最佳欧氏" 表明 $\beta_n = \dfrac{vol_n(B^n)}{vol_{n-1}(\partial B^n)^{\frac{n}{n-1}}}$, 其中 $B^n \subset \mathbb{R}^n$ 为单位球.)

一般双可缩空间 $X$ 中的收缩和填充问题. 如前所述, $\lambda_{min}$ 的已知

① 在本人的文章 "腰的等周问题……"[10] 第 9 节中解释了这一点, 但我猜它早就写在别的某些教科书上.

上界 $C_n$ 粗糙得令人很不满意.

此常数真正的值是什么? 相应的极值流形是什么?

$W_{extr}$ 的潜在候选者是边界为 $S^{n-1}$ 的半球面 $S_+^n$, 其可能的极值性体现在两个方面.

(1) 设 $W$ 为黎曼流形, 其边界 $\partial W = S^{n-1}$, 且此 $S^{n-1}$ 中的每一个半圆周都是 $W \supset S^{n-1}$ 中的距离最短线. 于是, 我们猜测 $vol_n(W) \geqslant vol_n(S_+^n) = \frac{1}{2} vol_n(S^n)$.

(2) 设 $W$ 为紧光滑 $n$-流形, 其边界 $V$ 上有一个黎曼度量 $g$, 使得在此度量下的体积 $vol_{n-1}(V) \leqslant vol_{n-1}(S^{n-1})$. 则, 再一次猜测, 对所有 $\varepsilon > 0$, $g$ 均可扩充为 $W$ 上的黎曼度量 $h_\varepsilon$, 使得对所有 $v_1, v_2 \in V$, 均有 $dist_{h_\varepsilon}(v_1, v_2) = dist_g(v_1, v_2)$ (即 $v_1$, $v_2$ 不能被 $W$ 中长度小于 $dist_g(v_1, v_2)$ 的测地线连接) 以及 $W$ 的 $h_\varepsilon$-体积满足 $vol_n(W) \leqslant vol(S_+^n) + \varepsilon$.

这些 (1) 和 (2) 可解决上述问题中的填充情形 ($R_0 = 0$), 但 (2) 看上去太好了, 以至于可能不对.

另外, 想起来比较诱人但很难令人相信的就是, $V$ 上满足 $vol_{n-1} \leqslant vol_{n-1}(S^{n-1})$ 的每一个度量 $g$ 均可扩充为 $W$ 上的度量 $h_\varepsilon$, 使得 $dist_{h_\varepsilon}(v_1, v_2) = dist_g(v_1, v_2)$ 并且 $dist_{h_\varepsilon}(w, V) \leqslant \frac{\pi}{2} + \varepsilon$ 对所有 $w \in W$ 均成立 ($W = S_+^n$ 时 $\varepsilon$ 可取为零).

### §2.4　刘维尔测度的可视面积以及负曲率的最佳等周问题

让我们对非正曲率空间 $X$ 叙述最佳等周猜测的另一种推广.

设 $X$ 为 (有可能非紧非完备) 具有唯一可视性的无边黎曼流形, 其中我们回忆, 任何两点可被最多一条测地线段相连. 于是, 适当地嵌入在 $X$ 中的 (有限或无限) 测地线段 (端点不在 $X$ 的内部) 组成的空间 $\mathcal{L} = \mathcal{L}(X)$ 也携带了一个唯一测度 $dL_X$(也记为 $\lambda_X$), 称为横截刘维尔测度, 它由如下性质所刻画.

• 设 $U \subset X$ 为开集, $\mathcal{L}(U) \to \mathcal{L}(X)$ 为将 $U$ 中测地线段延拓为 $X$ 中测地线段的映射. 此映射是可数对一的, 它从 $dL_X$ 局部地诱导了测度 $dL_Y$. 例如, 如果 $U$ 具有分片光滑边界, 则几乎所有 $L \in \mathcal{L}(Y)$ 都有一个邻域 (比如说 $M_L \subset \mathcal{L}(U)$), 使得 $M_L \to \mathcal{L}(X)$ 是一对一的且保持测度.

• 刘维尔测度的缩放规则与 $X$ 中 (超曲面的) $(n-1)$-体积的相同: 在缩放变换 $X \rightsquigarrow C \cdot X$(作为集合, $C \cdot X$ 与 $X$ 相同, 但距离为 $dist_{C \cdot X} = C \cdot dist_X$) 下, $dL_X$ 的变换因子为 $C^{n-1}(n = dim(X))$.

• 回忆 $X$ 在 $x \in X$ 处的切锥是 $C \cdot X$ 的某种自然极限 $(C \to \infty)$, 它等于切空间 $T_x(X)$(同构于欧氏空间 $\mathbb{R}^n$). 在此极限的过程中, $\mathcal{L}(C \cdot X)$ 自然地收敛于 $\mathcal{L} = \mathcal{L}_{T_x(X)=\mathbb{R}^n}$, 且黎曼刘维尔测度 $dL_{C \cdot X}$ 收敛于欧氏刘维尔测度 $dL$.

• 柯西 – 刘维尔公式. 所有光滑 $(n-1)$ 维子流形 $Y \subset X$ 都满足

$$\int_{\mathcal{L}} card(L \cap Y) = vol_{n-1}(Y).$$

(这与 2.2 节中我们对欧氏刘维尔测度所做的规范化一致.)

布丰 – 桑塔洛公式.[①] 测度 $dL_X$ 与波莱尔子集 $U \subset X$ 的黎曼体积之间的关系为

$$\int_{\mathcal{L}} length(L \cap U) \, dL_X = c_n vol_n(U),$$

其中常数 $c_n$ 由 $U = B^n \subset \mathbb{R}^n$ 决定.

例子:可视刘维尔面积. 用 $\mathcal{L}_{\pitchfork Y}$ 表示与子集 $Y \subset X$ 相交的测地线所组成的集合, 其刘维尔测度 $\lambda_X(\mathcal{L}_{\pitchfork Y})$ 可想成是 $Y$ 的 "可视面积".

这里, 与欧氏情形类似, 如果 $Y$ 是 $X$ 中某相对紧凸子集 $U \subset X$ 的边界, 即交集 $L \cap U$ 连通, 则

$$\int_{L_X} card(L \cap Y) \, dL = 2\lambda_X(\mathcal{L}_{\pitchfork U}) = 2\lambda_X(\mathcal{L}_{\pitchfork Y}) = vol_{n-1}(Y).$$

但如果 $U \subset X$ 不是凸的, 则可视面积严格小于其边界 $Y = \partial U$ 的 $(n-1)$-体积的一半,

$$\lambda_X(Y) = \lambda_X(U) < \frac{1}{2} vol_{n-1}(Y).$$

可视化面积猜测. 设 $X$ 为截面曲率非正的唯一可视化 $n$ 维黎曼流形, 其中 "唯一可视化" 是指 $X$ 中任何两点都被最多一条测地线段相连. 设 $U \subset X$ 为相对紧开子集, 其边界 $Y = \partial U$ 分片光滑. 则

$$\int_{\mathcal{L}_X} length(L \cap U) \, dL_X \leqslant \gamma_n \lambda_X(\mathcal{L}_{\pitchfork Y})^{\frac{n}{n-1}} = \gamma_n \lambda_X(\mathcal{L}_{\pitchfork U})^{\frac{n}{n-1}},$$

---

① 这可由富比尼定理推出, 因为 $X$ 的单位切丛上的刘维尔测度 $\lambda$ 在测地流下不变.

其中 $\gamma_n$ 为欧氏常数, 即 $B^n \subset \mathbb{R}^n$ 为欧氏圆球时

$$\int_{\mathcal{L}} length(L \cap B^n)\, dL_X = \gamma_n \lambda_{\mathbb{R}^n}(\mathcal{L}_{\pitchfork B^n})^{\frac{n}{n-1}}.$$

讨论. 如果子集 $U \subset X$ 是凸的, 则此猜测等价于非正曲率流形的最佳等周不等式猜测.

实际上, 后一猜测对奇异 $CAT(0)$ 空间也有意义, 它可叙述如下.

$[\bigstar]_{\kappa \leqslant 0}$ 设 $X$ 为测地完备 $CAT(0)$ 空间, 即每一条测地线段 $[a,b] \to X$ 均可延拓为完全测地线, 即直线 $(-\infty, \infty) \supset [a,b]$ 到 $X$ 的等距. 则所有紧集 $U \subset X$ 的豪斯道夫测度满足

$$Hau_n(U) \leqslant \beta_n Hau_{n-1}(\partial U)^{\frac{n}{n-1}},$$

其中 $n = 1, 2, \cdots$, $\beta_n$ 是 $U = B^n \subset X = \mathbb{R}^n$ 时使等式成立的常数.

即使对 4 维复双曲空间这也是未知的, 而对 $CAT(\kappa \leqslant 1)$ 空间, 相应的猜测对复投影平面 (实维数为 4) 亦属未知.

如前所述, 维数为 $2, 3, 4$ 时不等式 $[\bigstar]_{\kappa \leqslant 0}$ 对 $CAT(\kappa \leqslant 0)$-流形 $X$ 中的所有区域 (不需要凸) 都成立. 于是, 虚拟施瓦兹对称化论证 可对维数 $\leqslant 4$ 的 $CAT(0)$-流形、树以及常负曲率空间的黎曼乘积推出 $[\bigstar]_{\kappa \leqslant 0}$.

但 $[\bigstar]_{\kappa \leqslant 0}$ 对所有不可约对称空间(以及看上去容易一些的布吕阿 – 缇兹构造) 仍属猜测性质, 除了常曲率空间以外.

这种空间的第一批例子是 $X = SL_3(\mathbb{R})/O(3)$(其中 $dim(X) = 5$) 以及 (实) 维数为 6 的复双曲空间.

如果 $X$ 是秩为 1 的不可约对称空间, 则猜测上去, 每一极值区域 $U \subset X$ 的边界都被 $X$ 等距群的某个子群可迁地作用着.[①]

但如果 $rank(X) \geqslant 2$, 则相关子群的轨道在 $X$ 的超平面中具有正余维数, 对极值区域 $U \subset X$ 的描述, 即便是猜测上也成问题. 然而, 可以想到极值超曲面 $\partial U$ 具有最大可能的齐性. 例如, 如果 $rank(X) = 2$, 则 $\partial U$ 可被 $X$ 的一个等距 (子) 群 $G$ 所作用, 且 $dim(\partial U/G) = 1$. 其中, 也许常平均曲率方程 (它刻画了极值性) 可以显式地求解.

---

① 此等距群的子群经常但不总是固定一个点 $x \in X$.

设 $U$ 为 4 维唯一可视性[①]紧致带边黎曼流形. 克罗克在他 1984 年的文章中利用 "从 $u \in \partial U$ 出发看见的部分边界" 给出了 $U$ 本身体积的界. 实际上, 克罗克证明了, 如果 $dim(U) = 4$, 且 $U$ 中度量的截面曲率 $\kappa \leqslant 0$, 则两端 $u, v \in \partial U$ 的测地线段 $[u, v]$ 所组成空间的 (横截) 刘维尔测度可最佳地被子集 $\Sigma_u \subset \partial U$($u$ 可视的子集, 即线段 $[u, v]$ 的第二个端点) 的测度的适当加权平均 $A$ 所界定.

此 $A$ 满足 $A \leqslant vol_3(\partial U)$, 其中等式成立当且仅当超曲面 $\partial U$ 是凸的, 而克罗克证明了 $vol_4(U) \leqslant \beta_4 A^{\frac{4}{3}}$, 其中 $\beta_4$ 为欧氏常数. 由布丰 – 桑塔洛公式, 这可推出关于 $vol_4(U)$ 的 (改进的) 最佳等周界.

注意到克罗克 "面积" 满足 $A \leqslant \inf_{u \in \partial U} vol_3(\Sigma_u)$, 因此有

$$vol_4(U) \leqslant \beta_r \inf_{u \in \partial U} vol_3(\Sigma_u)^{\frac{4}{3}}.$$

问题. 对所有 $n$, 此不等式是否对欧氏区域 $U \subset \mathbb{R}^n$ 成立?

能否调整克罗克的证明, 使它对奇异 4 维 $CAT(0)$-空间有效?

(这种调整中基本的一步是找到奇异情形下刘维尔测度的替换者, 这时测地线没有唯一延拓性质.)

克莱纳的 $3D$ 阿尔姆格伦型证明能否用来证明曲率非正的唯一可视性 3 维流形上的可视面积猜测?

(从应用于 $\mathbb{R}^n$ 中可视化面积猜测的阿尔姆格伦论证中可看出, 这是有可能的, 见我的文章 "奇性和扩张子……".)

如果并不关心常数的大小, 则下面的不等式足以令人感到满意.

推广的非最佳可视化不等式. 设 $X$ 为维数等于 $n$ 的黎曼流形, 其截面曲率非正, 且任何两点均被最多一条测地线段相连. 设 $Y \subset X$ 为超曲面. 则 $Y$ 与 $X$ 中真测地线段 $L$ 之交的直径的积分满足

$$\int_{\mathcal{L}} diam(L \cap Y) \, dL_X \leqslant \gamma_n (const \lambda_X (\mathcal{L}_{\pitchfork Y})^{\frac{n}{n-1}}),$$

其中 $\gamma_n$ 为上述 "欧氏常数", $const \leqslant 10$ 为某万有常数.

证明. 这可从相应的局部/无穷小不等式的积分得到, 即可设 $Y$ 由两个超曲面芽 $Y_1, Y_2 \subset X$ 组成, $y_1 \in Y_1$, $y_2 \in Y_2$ 处的局部不等式在欧氏空间中是显然的, 而如果 $X$ 是 $CAT(\kappa \leqslant 0)$-空间, 则可由 $X$ 中测地线的超欧氏发散速度得出.

---

[①] 这意味着每一对点都可被最多一条测地线段相连.

注记. (a) 上述不等式的极值超曲面为 $X$ 中的一对芽 $Y_1 \ni y_1$, $Y_2 \ni y_2$, 其中测地线段 $[y_1, y_2] \subset X$ 垂直于 $Y_1, Y_2$, 即 $[y_1, y_2]$ 与两个超曲面之间的夹角满足

$$\angle_{y_1} = \angle(Y_1, [y_1, y_2]) = \angle_{y_2} = \angle([y_1, y_2], Y_2) = \pi/2.$$

但还不清楚, 如果将 $Y_1 \times Y_2$ 上的这些角度 $\angle_{y_1}$, $\angle_{y_2}$ 的值考虑进来的话, 此不等式的不那么平凡的最佳整体形式想像上去应该是什么. 这在克罗克的 4D 空间等周不等式的证明中是实现了的.[①]

(b) 即使 $Y = \partial U$ 对某个 $U$ 成立, 此推广的不等式也不能从可视面积猜测推出, 因为当 $U$ 非凸时, 对某条测地直线 $L \subset X$, 直径 $diam(L \cap Y) = diam(L \cap U)$ 严格地大于 $length(L \cap U)$.

几何不等式中奇性的悖论. 几何不等式证明中的复杂性经常来自奇性, 这种奇性可能源于假设 (比如 $CAT(\kappa \leqslant \kappa_0)$-空间以及曲率 $\kappa \geqslant \kappa_0$ 的亚历山德罗夫空间的几何) 或出现在构造过程中 (比如辅助变分问题的解). 不过, 经验表明, 许多 (大多数) 情形中的不等式只会变得更强.

能否提出并证明此类一般的原则, 使得它容许我们在证明进行过程中无视奇性?

关于反例. 负曲率空间的最佳等周猜测可能很难被证伪, 而更强和更技术性的猜测可能有更好的机会从相反的角度去看, 从而得以证伪.

或许, 我们在本节中提出的某些猜测就属于这种 "证伪范畴"?

### §2.5    球面的腰

设 $X$ 为一 "几何空间", $\{Y_p \subset X\}$ 为一族子集, 它被拓扑空间 $P \ni p$ 所参数化. 我们寻找 $Y_p$ $(p \in P)$ 的 "最大几何尺寸" 的下界, 要求它用这一族 $\{Y_p \subset X\}_{p \in P}$ 的拓扑 (有时是隐含的) 下界表示.

我们在本节中仅限于讨论 $X$ 等于单位球面 $S^n$ 的情形, 首先有

**关于豪斯道夫测度的球面腰猜测**. 设 $X = S^n \subset \mathbb{R}^{n+1}$ 为单位 $n$-球面, $f : S^n \to \mathbb{R}^{n-m}$ $(m \geqslant 0)$ 为连续映射. 则存在一个点 $p \in \mathbb{R}^{n-m}$, 使

---

① 如果 $Y$ 等于欧氏球面 $S^{n-1}$ 而且 $n$ 很大, 则大多数向量对 $y_1, y_2 \in S^{n-1} \subset \mathbb{R}^n$ 都是几乎互相正交的, 且角度 $\angle_{y_1} = \angle_{y_2}$ 接近于 $\pi/4$.

得 $p$-纤维 $Y_p = f^{-1}(p) \subset S^n$ 的 $m$ 维**豪斯道夫测度**被一个赤道子球面 $S^m \subset S^n$ 的体积 $vol_m(S^m)$ 从下方所界定, 即

$$[HAU]_p^m \qquad\qquad Hau_m(Y_p) \geqslant vol_m(S^m).$$

这里, 基本的困难源于一般连续映射以及某些 (非通有) 光滑映射 "纤维" $Y_p = f^{-1}(p) \subset S^n$ 的 "几何怪异性": 这些纤维可能是不可求长的, 即使是可求长的, 它们关于 $p$ 的依赖性也可能相当地不连续.

不过, 这个问题对 $n-m=1$ 是可以解决的, 其中所需的 $Y_p \in S^n$ 由 $f$ 的列维平均所提供, 它是 $f$ 在 $p$ 处的值, 使得超平面 $Y_p = f^{-1}(p) \subset S^n$ 将 $S^n$ 分为 "相等的两半", 即 $S^n$ 中的子集 $f^{-1}(-\infty, p]$ 和 $f^{-1}[p, \infty)$ 的测度都是 $S^n$ 测度的至少一半.[①]

对于这个 $p$, $[HAU]_p^m$ 的界可从球面等周不等式得出.

如果 $f$ 为通有光滑映射或任意实解析映射, "几何怪异性" 不会出现, 此时腰的下界在阿尔姆格伦 1965 年那篇很长且没有发表的文章《varifold 理论》中用几何测度论方法证明 (表述) 了, 其中他证明了如下.

**极小极大定理**. 设 $\{Y_p\}_{p \in P}$ 为紧 $n$ 维流形 $X$ 中连续的[②]一族可求长的 $m$ 维闭链, 其系数取值在 $\mathbb{Z}_l = \mathbb{Z}/l \cdot \mathbb{Z}$ 中, 使得从 $P$ 到闭链空间的映射诱导了同调群的非平凡同态. 则 $X$ 包含一个维数为 $m$ 的极小子簇 (varifold) $Y_{min} \subset X$, 使得

$$Hau_m(Y_{min}) \leqslant \sup_{p \in P} Hau_m(Y_p).$$

这可应用于当前的情形, 因为关于 $f$ 的通有性假设[③]保证了 $Y_p = f^{-1}(p)$ 可求长, 也保证了它们关于 $p$ 的连续性. 同时, $S^n$ 中极小簇的豪斯道夫测度 (即体积) 至少与 $S^m$ 的一样大.

对于连续映射 $f: S^n \to \mathbb{R}^{n-m}$, 不等式 $[HAU]_p^m$ 的一个非最佳版木, 即

$$\sup_{p \in \mathbb{R}^{n-m}} Hau_m(Y_p) \geqslant c_n,$$

---

① 我们说 "至少" 是因为并未一开始就排除 $Y_p$ 具有正测度的情形.
② 此连续性是关于闭链空间中所谓的平坦拓扑而言的.
③ $X$ 中的每一个闭集都可以作为某个连续, 甚至是光滑的映射 $f: X \to P$ 在某一点 $p$ 处的原像 $f^{-1}(p)$. 这些原像关于 $p \in P$ 一般是相当的不连续.

对一个相当小 (但是大于零) 的常数 $c_n$, 它在本人的文章 "奇性, 扩张子 ⋯⋯" 第二部分 [12] 1.3 节中证明了. 但尚不能将常数换成 $const_m > 0$.

"几何怪异性" 可以用闵可夫斯基测度加以驯服. 对于子集 $Y \subset X$, 它是通过其 $\varepsilon$-邻域的最高维数体积定义的,

$$[MINK]_\varepsilon \qquad Mink_m(Y) = \liminf_{\varepsilon \to 0} b_{n-m}^{-1} \varepsilon^{-n+m} vol_n(U_\varepsilon(Y)),$$

其中 $b_{n-m}$ 表示单位球 $B^{n-m} \subset \mathbb{R}^{n-m}$ 的体积.

如果 $Y$ 是 "好" $m$ 维子簇, 则 $Mink_m(Y) = Hau_m(Y)$. 例如, 上述 $Y_{min}$ 属于此类 "好" 范畴. 但一般地, 具有有限豪斯道夫测度的子集 $Y$(如果需要的话可以是可求长的) 很容易就会有 $Mink_m(Y) = \infty$.

连续映射 $S^n \to \mathbb{R}^{n-m}$ 的纤维的最大闵可夫斯基测度的下界可以从 1.7 节中的球面腰定理得到.

给定连续映射 $f : S^n \to \mathbb{R}^{n-m}$, 存在一个点 $p \in \mathbb{R}^{n-m}$, 使得子集 $Y_p = f^{-1}(p) \subset S^n$ 的 $\varepsilon$-邻域的体积具有如下下界

$$vol_n(U_\varepsilon(Y_p)) \geqslant vol_n(U_\varepsilon(S^m)), \quad \forall\, \varepsilon > 0.$$

当 $\varepsilon \to 0$ 时, 这可得出 $Y_p$ $(p \in P)$ 的闵可夫斯基测度上确界的所求下界.

注记. 球面腰定理的基本特性是存在一个纤维 $Y_p$, 使得其所有 $\varepsilon$-邻域同时具有大的体积. 这用变分技巧似乎很难获得, 尽管极小子簇 $Y_{min} \subset S^n$ 对所有 $\varepsilon > 0$ 确实满足 $vol_n(U_\varepsilon(Y_p)) \geqslant vol_n(U_\varepsilon(S^m))$.

由此可能会出现的严格不等式 $Mink_m(Y) > Hau_m(Y)$ 所导致的闵可夫斯基测度的可见缺陷似乎不那么严重, 因为这可由可求长平坦连续族 $Y_p$ 的适当正则化 (这似乎不难) 加以补救.

然而, 这只能将 $\mathbb{Z}_2$-闭链的阿尔姆格伦的极小极大定理的腰推论约化到 $[MINK]_\varepsilon$, 因为 $[MINK]_\varepsilon$ 的仅有证明依赖于某种博苏克 – 乌拉姆定理, 而相应的 $\mathbb{Z}_l$-腰不等式仍然是猜测性质的.

此猜测的一个有代表性的特殊情形可以表述如下.

设 $Z$ 为 $n$ 维拓扑伪流形 (比如光滑流形), $P$ 是维数为 $n-m$ 的拓扑伪流形, $f : Z \to P$ 以及 $g : Z \to S^n$ 为连续映射.[①]

---

① 如果 $m = dim(P) = n$, 必须假设 $f$ 同伦于某个像为 $n-1$ 维的映射.

球面的 $\mathbb{Z}_l$-腰猜测. 如果映射 $g$ 在最高维数上同调非平凡, 即同调群的同态

$$g_* : H_n(Z;\mathbb{Z}_l) \to H_n(S^n;\mathbb{Z}_l) = \mathbb{Z}_l$$

对某个整数 $l$ 不为零, 则存在一点 $p \in P$, 使得 $f$ 的 $p$-纤维在 $S^n$ 中的 $g$-像的 $\varepsilon$-邻域的体积 (最佳地) 从下方界定如下

$$vol_n(U_\varepsilon(g(f^{-1}(p)))) \geqslant vol_n(U_\varepsilon(S^m)).$$

猜测性拟推论. 设 $Y \subset \mathbb{R}^n$ 为紧子集, $S^m = S^m(R) \subset \mathbb{R}^{m+1} \subset \mathbb{R}^n$ 是半径为 $R$ 的球面, $\varepsilon$ 为正数 (可能很大).

用 $incl^i(R) : H^i(U_R(Y);\mathbb{Z}_l) \to H^i(Y;\mathbb{Z}_l)$ $(i,l=1,2,3,\cdots)$ 表示 $Y$ 到其闭 $R$-邻域 $U_R(Y) \subset \mathbb{R}^n$ 的包含映射所诱导的上同调群之间的同态.

如果 $Y$ 的 $\varepsilon$-邻域的 $n$-体积被那些 $S^m = S^m(R)$ 的相应体积所界定,

$$vol_n(U_\varepsilon(Y)) \leqslant vol_n(U_\varepsilon(S^m)),$$

则对所有 $l=1,2,3,\cdots$ 以及 $i \geqslant m$, 均有 $incl^i(R) = 0$.

证明 (在承认 $S^{n-1}$ 的 $\mathbb{Z}_l$-腰估计的前提下). 设 $R=1$, 且 $incl^i(R) \neq 0$(比如 $i=m$). 则存在一个 $\mathbb{Z}_l$-闭链 $P \subset \mathbb{R}^n$, 其维数为 $n-m-1$, 使得:

• 对所有 $(y,p) \in Y \times P$, 均有 $dist(y,p) > 1$;

• 闭链 $P$ 与 $Y$ 中某闭链相链接, 即映射 $g : Y \times P \to S^{n-1} \subset \mathbb{R}^n$, $(y,p) \mapsto y/\|y\|$ 诱导了 $(n-1)$ 维 $\mathbb{Z}_l$ 上同调的非零同态.

条件 $dist(y,p) > 1$ 可推出映射

$$g_p : Y = Y \times p \to S^{n-1}, \quad g_p(y) = g(y,p)$$

是距离减少的, 根据贝兹德克和康内利的一个定理 (见下面), 像集 $g_p(Y) \subset S^{n-1} \subset \mathbb{R}^n$ 的欧氏 $\varepsilon$-邻域满足

$$vol_n(U_{\varepsilon(g_p(Y))}) \leqslant vol_n(U_\varepsilon(Y)), \quad \forall\, p \in P.$$

但是, 既然 $f$ 是同调非平凡的, $\mathbb{Z}_l$-腰猜测能推出, 存在点 $p \in P$, 使得

$$vol_n(U_{\varepsilon(g_p(Y))}) \geqslant vol_n(U_\varepsilon(S^m)),$$

其中两个邻域都是在 $\mathbb{R}^n$ 中取的, 而从球面邻域 $U_\varepsilon \subset S^{n-1}$(就像腰猜测中的那样) 到当前欧氏邻域 $U_\varepsilon \subset \mathbb{R}^n \supset S^{n-1}$ 的过渡是容易的.

最后, 观察到上述是 $l=2$ 情形的一个正确证明, 于是当 $\varepsilon \to 0$ 时, 利用格林的铰链球面猜测的邦比埃里 – 西蒙解, 可以得到 $Y \subset \mathbb{R}^n$ 的满足 $incl^m(R) = 0$ 的最小填充半径 $R$ 的估计.

耐瑟 – 鲍尔森猜测以及贝兹德克 – 康内利定理. 此猜测断言了距离减少满射下欧氏空间中 $\varepsilon$-邻域体积的单调性. 即设满射

$$\mathbb{R}^n \supset Y_1 \overset{g}{\to} Y_2 \subset \mathbb{R}^n$$

是距离减少的, 则

$$vol_n(U_\varepsilon(Y_2 = g(Y_1))) \leqslant vol_n(U_\varepsilon(Y_1)).$$

贝兹德克 – 康内利证明了 (除了其他结果以外) 此种单调性, 如果存在一个距离减少同伦 $g_t$, 其中 $g_0 : Y_1 \to Y_1$ 为恒同映射, $g_1 = g : Y_1 \to Y_2$, 即这些映射 $g_t$ 都是距离减少的, 且如果记 $Y_t' = g_t(Y_1)$, 则对所有 $0 \leqslant t_1 < t_2 \leqslant 1$, 均存在距离减少映射 $g_{t_1,t_2}$, 使得 $g_{t_2}$ 可分解为

$$Y_1 \overset{g_{t_1}}{\to} Y_{t_1}' \overset{g_{t_1,t_2}}{\to} Y_{t_2}'.$$

这可应用于上述映射 $g_p : Y \to g_p(Y) \subset S^{n-1} \subset \mathbb{R}^n (g_t$ 与 $g_p$ 不是一回事, 不好意思), 因为明显的径向同伦是距离减少的.[1]

### §2.6　其他简单空间的腰

巴拿赫空间中的 $\mathbb{Z}_2$-腰猜测. 设 $X$ 为 $n$ 维 (闵可夫斯基 –) 巴拿赫空间, 其范数记为 $\| \cdots \|_X$. 设 $Y$ 是 $m$ 维闭流形, $P$ 是维数为 $n-m-1$ 的伪流形.

设 $g : Y \times P \to X$ 为范数为 1 的连续映射, 即对所有 $y \in Y, p \in P$, 均有 $\|g(y,p)\|_X = 1$, 而且 $g$ 在所有 $Y = Y \times p \subset Y \times P (p \in P)$ 上的限制都是距离减少映射 $Y \to X$.

如果 $X$ 去掉原点的同调群上的同态

$$g_* : H_{n-m-1}(Y \times P; \mathbb{Z}_2) \to H_{n-m-1}(X \setminus 0; \mathbb{Z}_2)$$

---

[1] 对这些 $g_p$, $U_\varepsilon$ 体积的单调性一定有直接的证明, 但我忘了怎么证.

不为零, 则对某个不依赖于 $X$ 的常数 $c_m > 0$, 有

$$vol_m(Y) \geqslant c_m.$$

此猜测蕴含着子流形 $Y$ 在 $X$ 中的填充界限, 这类似于 $\mathbb{R}^n$ 中普通毕达哥拉斯范数 $\left( \sum_{i=1}^{n} |x_i|^2 \right)^{\frac{1}{2}}$ 的情形 (见前节中 "猜测性拟推论" 的证明), 这种界限很可能要好于现有证明所能提供的.[1]

但上述猜测也可能是错的: 对无限维巴拿赫空间 $X$ 缺乏简单和一般的表述, 这使人对有限维的情形也产生了怀疑.

未定情形的基本例子就是 $L_\infty^n$, 这是基数为 $n$ 的有限集 $I$ 上的实函数全体构成的空间, 其范数为

$$\|x\| = \sup_{i \in I} |x(i)|.$$

上述猜测引发了巴拿赫空间 (球面) 之间的参数利普希茨比较问题.

设 $X_1$ 和 $X_2$ 为有限维巴拿赫空间, $S_i \subset X_i$ $(i = 1, 2)$ 为这些空间中范数为 1 的向量组成的球面.

记 $contr(S_1 \to S_2)$ 为最小的 $\lambda$, 使得 $\lambda$-利普希茨映射 $S_1 \to S_2$ 所构成的空间不会收缩到常值映射 $S_1 \to s \in S_2$ 构成的子空间上. 此问题包括对特殊巴拿赫空间确定此 $contr$ 的值.

例如, 设 $X_i$ 为欧氏空间 $\mathbb{R}^{n_i} (i = 1, 2)$. 则当 $n_1 \leqslant n_2$ 时 $contr(S_1 \to S_2) = 1$, $n_1 > n_2$ 时 $contr(S_1 \to S_2) > 1$; 有可能 $contr(S_1 \to S_2) \geqslant 2$.

猜测. 设 $X_1 = L_\infty^{n_1}$, $X_2 = \mathbb{R}^{n_2}$, 则

$$n_1, n_2 \to \infty \text{ 时 } contr(S_1 \to S_2) \to \infty.$$

进一步, 还是猜测性地, 将 $\mathbb{R}^{n_2}$ 换成任意一致凸空间时这仍然成立.

注意到所有 $n_1$ 以及所有充分大的 $n_2 \gg n_1$, $contr(S_1 \to S_2)$ 的一个万有上界将蕴含着零点谱猜测, 或许还有诺维科夫高阶符号猜测.

① 见本人的文章填充黎曼流形[8]以及斯蒂凡·温格的文章 [23].

## 算术簇的腰

设 $\tilde{X}$ 为非紧型(负里奇曲率)$n$ 维黎曼对称空间, $\Gamma_i$ $(i = 1, 2, \cdots)$ 为自由离散 (比如算术) 等距群, 它们在 $\tilde{X}$ 上作用的商空间都是紧的, 记为 $X_i = \tilde{X}/\Gamma_i$, 使得 $\cap_i \Gamma_i = id$, 其中 $id$ 是 $\Gamma_i$ 的公共单位元.

记 $waist_m(X_i)$ 为数 $w > 0$ 的下确界, 使得 $X_i$ 上有连续映射 $X_i \to \mathbb{R}^{n-m}$, 对所有点 $p \in \mathbb{R}^{n-m}$, 其拉回的闵可夫斯基测度满足

$$Mink_m(f^{-1}(p)) \leqslant w.$$

问题. 当 $i \to \infty$ 时, $waist_m(X_i)$ 的可能渐近值是什么?

在这方面, 我们知道许多 $X_i$ 序列都是扩张子, 它们满足线性腰不等式, 即腰有下界 $const_{\tilde{X}} \cdot vol(X_i)$.

例如, 如果 $\tilde{X}$ 为秩大于或等于 2 的不可约对称空间, 则其等距群具有卡兹丹 $T$ 性质, 商空间 $X_i = \tilde{X}/\Gamma_i$ 为扩张子. 于是

$$\liminf_{i \to \infty} \frac{\log waist_{n-1}(X_i)}{\log vol_n(X_i)} = 1.$$

而且不难证明, 如果 $\tilde{X}$ 为不可约对称空间, 其秩满足 $2 \leqslant rank_{\mathbb{R}}(\tilde{X}) \leqslant m - 1$, 则

$$\liminf_{i \to \infty} \frac{\log waist_m(X_i)}{\log vol_n(X_i)} \geqslant c > 0.$$

问题. 极限 $\lim\limits_{i \to \infty} \dfrac{\log waist_m(X_i)}{\log vol_n(X_i)}$ 是否对所有 "自然" 序列 $X_i = \tilde{X}/\Gamma_i$ 都存在?

是否存在序列 $X_i$, 使得

$$\liminf_{i \to \infty} \frac{\log waist_m(X_i)}{\log vol_n(X_i)} = 1$$

对某 $m < n - 1$ 成立?

例如, 设 $\tilde{X}$ 是秩为 $r$ 的不可约对称空间, $m \geqslant n - r/2$. 此时是否有

$$\liminf_{i \to \infty} \frac{\log waist_m(X_i)}{\log vol_n(X_i)} = 1?$$

此例子是受笛卡儿乘积的腰的可能行为的启发, 其中我们可能 (?) 期望 (有时?) $waist_{m'+m''}(X_1' \times X_i'')$ 从下方被 $waist_{m'}(X_i') \cdot waist_{m''}(X_i'')$ (的 "合理的", 比如线性函数) 所界定.

上述问题对布吕阿 - 缇兹构造 $\tilde{X}$ 的商也有意义, 其中 $X_i = \tilde{X}/\Gamma_i$ 的 $(n-1)$-腰的线性下界对没有 1 维因子的 $\tilde{X}$ 是成立的, 但 $m < n-1$ 的情形则仍成问题.

一般地, 不清楚对哪一类 $n$ 维空间 $X_i$ 可以指望有 $waist_m$ ($m < n-1$) 的有趣 (即使是猜测性的) 下界.

**杂类空间的腰.** 即使 $X$ 是具有明显简单且透明几何的黎曼流形, 确定 $waist_m(X)$ 的值也还是困难的, 尤其是 $2 \leqslant m \leqslant dim(X) - 2$ 的情形.

在特别的例子中我们仅提到如下一些:

(a) 紧齐性空间 (比如对称空间) $X$, 比如实的、复的以及四元数投影空间;

(b) 紧以及, 尤其是非紧对称空间中的 $R$-球.

很难精确地计算这些空间的腰, 但建立它们腰的非平凡上下界估计也会很有意义.

另外, 我们也想理解腰在如下几何构造下的行为:

- 笛卡儿乘积以及更一般的扭曲乘积;
- 几何扩张和几何连接;
- 分歧覆盖和类似映射;
- 紧等距群作用下的商.

## §2.7 曲率有下界的亚历山德罗夫空间中的基本几何不等式以及几何测度论

度量空间 $X$ 称为测地和/或长度空间, 如果每一对点 $x_1, x_2 \in X$ 均可由一个距离最短测地线相连, 它是从区间 $[0, dist(x_1, x_2)]$ 到 $X$ 的等距映射, 其端点分别为 $x_1$ 和 $x_2$.

$X$ 称为曲率 $\kappa \geqslant \kappa_0 (\kappa_0 \geqslant 0)$ 的亚历山德罗夫空间, 如果从任何子集 $X_0 \subset X$ 到半球面 $S_+^N(R)(R = \kappa^{-2}, N = 1, 2, 3, \cdots)$ 的每一个 1-利普希茨 (即距离非严格地减小的) 映射都能延拓为整个 $X$ 到 $S_+^N(R)$ 的 1-利普希茨映射, 这里我们假定 $S_+^N(R = \infty) = \mathbb{R}^N$.

这种空间的主要例子就是球面 $S^n(R)$, 其中 1-利普希茨延拓性质可追溯到克兹布朗 (Kirszbraun).

一般地, 此概念对偶于 $CAT$ 空间 (见 2.3 节), 且如果这种 $X$ 恰为光滑黎曼流形, 则根据朗 (Lang) 和施罗德 (Schroeder) 对克兹布朗定理的推广, 这等价于 $X$ 的截面曲率 $\kappa \geqslant 0$.

布亚洛 – 亨茨 – 凯弛 – 魏尔管状邻域体积的界. 设 $X$ 为截面曲率 $\kappa \geqslant 1$ 的黎曼流形, $Y$ 为 $X$ 的 $m$ 维闭黎曼子流形, 则 $Y$ 的 $\varepsilon$-邻域 $U_\varepsilon(Y)$ 的体积可以用 $vol_m(Y)$ 以及 $Y$ 的平均曲率的上确界去估计, 其中相应的不等式对圆子球面 $S^m \subset S^n$ 成为等式. 例如, 如果 $Y$ 的平均曲率为零, 则其 $\varepsilon$-邻域的体积可被 $C(m, n, \varepsilon) \cdot vol_m(Y)$ 界定, 其中 $C(m, n, \varepsilon)$ 是对 $S^m \subset S^n$ 等式成立时的因子.

管状邻域体积的界可扩展到奇异子簇 $Y \subset X$, 只要其奇性部分 $\Sigma \subset X$ 具有如下性质: 满足 $dist(x, \Sigma) = dist(x, Y)$ 的点构成的集合测度为零.

特别地, 这些界可应用于极小子簇, 其中上述性质可从阿尔姆格伦和阿拉德的一般正则性定理推出. 由此可知[1], 阿尔姆格伦关于球面腰的下界作为其最佳等周/填充不等式可推广到截面曲率 $\kappa \geqslant 1$ 的流形 $X$ 上.

回忆阿尔姆格伦关于腰的界可应用于 "拓扑上重要的" 族 $Y_p \subset X$ 中成员的 $m$-体积, 但用 $Y_p$ 在 $X$ 中 $\varepsilon$-邻域的 $n$-体积定义的腰, 其相应的界仍有待讨论. 即我们有

猜测. 设 $X$ 为 $n$ 维闭流形, 其截面曲率 $\kappa \geqslant 1$. 设 $f: X \to \mathbb{R}^{n-m}$ 为连续映射, 给定 $\varepsilon > 0$, 则存在一个点 $p \in \mathbb{R}^{n-m}$, 使得 "纤维" $Y_p = f^{-1}(p) \subset X$ 的 $\varepsilon$-邻域满足

$$\frac{vol_n(U_\varepsilon(Y_p))}{vol_n(X)} \geqslant \frac{vol_n(U_\varepsilon(S^m))}{vol_n(S^n)},$$

其中 $S^n$ 为单位球面, $S^m \subset S^n$ 为一个赤道子球面.

注记. (a) 如前面所提到过的, 对通有光滑映射, 此猜测在 $\varepsilon \to 0$ 的极限情形可由阿尔姆格伦的极小极大论证得出, 它给出一个极小子簇 $Y_{min}$, 使得 $vol_m(Y_{min}) \leqslant vol_m(Y_p)$ 对所有 $p \in \mathbb{R}^{n-m}$ 均成立. 这和布亚洛 – 亨茨 – 凯弛 – 魏尔管状邻域体积的界相结合就得出

$$\frac{vol_m(Y_p)}{vol_n(X)} \geqslant \frac{vol_m(S^m)}{vol_n(S^n)}.$$

---

① 见 [18] 以及本人的 "奇性, 扩张子……"[12] 3.3 — 3.5 节.

在这一方面, 注意到函数 $\varepsilon \mapsto vol_n(U_\varepsilon(Y))$ 不仅有界, 而且增长较慢, 进一步, 它比 $S^m \subset S^n$ 的相应函数要 "凹一些". 这给出了 $U_{\varepsilon(Y_{min})}$ 体积的一个最佳下界, 但这并没有 (?) 告诉我们关于 $U_\varepsilon(Y_p)$ 体积的任何事情.

(b) 如果 $X \neq S^n$, 要找一个点 $p$ 使得它同时适合所有 $\varepsilon > 0$ 似乎太过分了.

(c) 如果 $\varepsilon = \pi/2$, 此时猜测说的是对某个 $p$ 有 $U_\varepsilon(Y_p) = X$. 我们来看看会发生什么事.

在这种情形下, 补集 $X \setminus U_{\pi/2}(Y_p)$ 是凸的. 如果它们均非空, 则可得一个连续映射 $X \to X$, 它将每一个子集 $Y_p$ 均映到其补集中的某一点.

例如, 如果 $X$ 与 $S^n$ 同胚, 则这种必然可缩的映射可被不动点定理所排除. 但我不知道一般情形会怎么样.

奇异亚历山德罗夫空间中的普拉托 (Plateau) 问题. 很可能, 几何测度论可推广到曲率有下界的奇异亚历山德罗夫空间中, 在某一点上阿尔姆格伦的证明将匹配管状邻域的体积界并将得出 $\kappa \geqslant 1$ 的空间中的阿尔姆格伦腰不等式以及 $\kappa \geqslant 0$ 的非紧流形 $X$ 中的最佳等周/填充不等式.

让我们指出这种推广的两个特别的推论, 我们以最少的一般术语表述如下, 这是为了用最少的定义使想法更清楚.

[1] 面积收缩猜测.(比较 2.3 节.) 设 $W = V \times [R_1, R_2]$ 为 $n$ 维紧黎曼流形, 它的两个边界分支为 $V_1 = V \times R_1$ 和 $V_2 = V \times R_2$, 度量为 $dR^2 + \theta^2 R^2 dv^2$, 其中 $dv^2$ 为 $V$ 上的某个黎曼度量, $\theta \leqslant 1$ 为某个正常数.

设 $X$ 为曲率 $\leqslant 0$ 的 $N$ 维亚历山德罗夫空间, 使得以一个固定点 $x_0 \in X$ 为中心的球 $B(R) \subset X$ 的体积与欧氏球的体积 $vol_{\mathbb{R}^N}(R) = R^N vol_{\mathbb{R}^N}(1)$ 之间有如下关系

$$\limsup_{R \to \infty} \frac{vol_N(B(R))}{vol_{\mathbb{R}^N}(R)} \geqslant \theta^N,$$

其中 $vol_N$ 理解为 $N$ 维豪斯道夫测度 (具有常见的规范化, 比如欧氏单位立方体的测度为 1).

则, 猜测上, 每一个 $(n-1)$-体积收缩映射 $V_2 \to X$ 均可延拓为 $n$-体

积收缩映射 $f: W \to X$, 使得 $f$ 在 $V_1$ 上的限制是 $(n-1)$-体积收缩的.[1]

　　**腰的下界.** 设 $X$ 为 $n$ 维亚历山德罗夫空间, 其曲率 $\kappa \geqslant 1$. 设 $Z$ 为具有分片光滑黎曼度量的 $n$ 维伪流形, $f: Z \to \mathbb{R}^{n-m}$ 为分片线性映射, 其 "纤维" $Z_p = f^{-1}(p)$ $(p \in \mathbb{R}^{n-m})$(最多) 是 $m$ 维的.

　　设 $g: Z \to X$ 为利普希茨映射, 要求它在所有 $Z_p$ 上都是 $m$-体积收缩的.[2]

　　如果 $g$ 诱导了 $n$ 维 (上) 同调群之间的非平凡同构, 比如同态

$$g^*: H^n(X; \mathbb{Z}_2) \to H^n(Z; \mathbb{Z}_2)$$

不为零, 则猜测上, 存在一点 $p \in \mathbb{R}^{n-m}$, 使得 $Z_p$ 的 $m$-体积可用赤道球面 $S^m \subset S^n$ 相应的体积从下方界定

$$\frac{vol_m(Z_p)}{vol_n(X)} \geqslant \frac{vol_m(S^m)}{vol_n(S^n)}.$$

　　**证据.** 如果 $X$ 只有轨道奇性, 例如就像光滑流形关于紧等距群的商 $\hat{X}$, 则普拉托问题可用经典的理论处理; 而且分片光滑的亚历山德罗夫空间也在解决范围之内.

　　一般地, 普拉托问题在曲率有下界 (可以是 $X$ 上的负连续函数) 的亚历山德罗夫空间 $X$ 中是 "弱可解的", 因为这些空间是局部利普希茨可缩的.[3]

　　实际上, $X$ 的利普希茨可缩性蕴含 (非最佳)填充不等式[4]. 根据紧性论证, 这足以保证普拉托问题 "弱解" 的存在性, 其中这些解 $Y$ 是多面体到 $X$ 的利普希茨映射的某种极限.[5]

　　猜测上, 亚历山德罗夫空间 $X$ 中的极小子簇 $Y$ 具有任何想像可能的正则性, 它们也应和光滑流形中的极小子簇一样具有其他性质.

　　例如, 我们期望 $Y$ 和 $R$-球 $B_y(R) \subset X$ 交集体积的单调不等式, 其中此不等式应和明显例子中所容许的一样好.

----

　　[1] 如果 $X$ 为光滑流形, 这可从阿尔姆格伦的论证得出, 见 "奇性, 扩张子……" 第二部分 [12].

　　[2] 这意味着 $g$ 可用 $Z_p$ 开面之间的保体积自映射重新参数化为 1-利普希茨映射, 见 2.3 节.

　　[3] 见 [19], 这是利用佩雷尔曼 – 潘楚宁梯度流证明的.

　　[4] 见填充黎曼流形[8].

　　[5] 更高的角度, 参见 [2] 以及 [22].

另外, 对这些 $Y$, 所有 $m$-体积 ($m = dim(Y)$) 的概念都应该互相等价, 包括

(1) $m$ 维豪斯道夫测度 $Hau_m(Y)$;

(2) "熵体积" $entcol_m(Y)$, 它通过等半径为 $\varepsilon$ 球的覆盖 $Y$ 去定义, 其中 $\varepsilon$ 最终趋于零.

(3) 希尔伯特体积 $Hilb_m(Y)$, 它通过 $X$ 上的利普希茨函数族去定义.[①]

这些 (1), (2), (3) 之间的等价性似乎很简单. 例如, 这可从 $X$ 到某个希尔伯特空间的双利普希茨嵌入的存在性推出. (我不知道是否有对亚历山德罗夫空间的证明.)

但不清楚怎样恰当地表述闵可夫斯基体积的相应性质, 它是通过 $Y$ 在 $X$ 中 $\varepsilon$-邻域的 $n$-体积 ($n = dim(X)$) 去定义的: 一方面, 极小簇倾向于和奇点集 $\Sigma \subset X$ 相横截; 另一方面, 极小化闵可夫斯基体积的子簇可能会落在 $\Sigma$ 里面, 比如对 $X = X_0 \times Y$ 就是如此.

极小 $Y \subset X$ 在 $y_0 \in Y$ 处的某些几何可从 $X$ 在 $y_0$ 处的切锥 $X'_{y_0}$ 连同切极小 (子) 锥 $Y'_{y_0} \subset X'_{y_0}$ 中看出.(在当前的情形它们的存在性都是明显的.)

例如, 设 $x_0$ 为 $X$ 中的一个孤立奇点, 其中 $X$ 在 $x_0$ 处的切锥等于某个非奇异流形 $S$ 上的锥, $S$ 的截面曲率 $\geqslant 1$ 且不等距于单位球面 $S^{n-1}$. 设 $Y \subset X$ 是经过 $x_0$ 的 $m$-体积极小的子簇.

则 $Y$ 在 $x_0$ 附近满足管体积不等式, 因为按照如下 (易证的) 严格不等式, 点 $x_0$ 被 $Y$ 的其余部分所 "掩盖" 住了,

$$dist(x, Y) < dist(x, x_0), \quad \forall\, x \in X, \ x \neq x_0.$$

**关于数量曲率.** 亚历山德罗夫空间 $X$ 的数量曲率可定义在几乎所有的点 $x \in X$ 上 (在 $X$ 正则处), 在 $X$ 的奇点处可假定为 $+\infty$. 于是, 可以说亚历山德罗夫空间的数量曲率以给定常数 $\kappa$ 为下界, 或更一般地以 $X$ 上的连续函数 $\kappa(x)$ 为下界.

几何不等式可从 $scal(X) \geqslant \kappa$ 的光滑流形推广到奇异亚历山德罗夫空间吗?

---

[①] 见本人的文章度量空间中的希尔伯特体积[9], 此定义类似于 (但可能不同于) 安布罗西奥和基希海姆引进的质量.

例如, 设 $X_i(i = 1, 2, 3, \cdots)$ 为一列 $n$ 维亚历山德罗夫空间, 它们都是可定向拓扑伪流形, 且 $X_{i+1} \to X_i$ 为度为 1 的 1/2-利普希茨映射, 它们诱导了 $\mathbb{Z}_2$-系数的 2 维上同调群之间的同构.

于是, 猜测上, 存在 $x_i \in X_i$, 使得

$$\limsup_{i \to \infty} scal_{x_i}(X_i) \leqslant 0.$$

注意到本人的文章 "正曲率、宏观维数、谱间隙以及高阶符号" 中对光滑情形的证明 (其中 1/2-利普希茨条件推广为面积收缩性质) 对所有完备流形均有效. 此证明到 "充分大" 的带边流形推广应能应用于奇异空间 $X_i$ ($i$ 充分大) 中 "大的几乎非奇异区域" 中, 从而导致上述断言的证明.

依赖于狄拉克算子的更精细结果似乎难以用在奇异空间上, 部分原因是自旋条件 (不过据推测, 在大多数情形并不需要此条件) 对奇异空间没有什么意义. 但舍恩 – 丘对基洛克猜测的证明使用了极小超曲面, 这似乎可以推广到奇异情形: 猜测上,

如果一个 $n$ 维拓扑伪流形 $X$ 上存在到 $n$ 维环面 $\mathbb{T}^n$ 的度数为正的映射, 则 $X$ 上不存在 $scal > 0$ 的亚历山德罗夫度量.

(这和其他依赖于极小超曲面的结果[1]最初只对 $n \geqslant 7$ 证明了. 后来 $n = 8$ 的奇性问题被纳坦 · 斯梅尔 (Natan Smale) 所解决,[2] 而对 $n \geqslant 9$ 的光滑 $n$ 维流形, 洛坎普 (Lohkamp) 所发展起来的 "绕过极小曲面奇性" 的技巧也许可以应用于奇异亚历山德罗夫空间.)

最后我们指出, 正数量曲率的概念可以超越亚历山德罗夫空间, 我们将在后续小节中加以解释.

### §2.8　几何测度论的正则化以及几何化

能否对拟极小子簇直接证明管体积界?

另一方面, 更不清楚的是, 定义在 $(n - m)$-闭链 $Y_{n-m} \subset X$ 上的泛函 $vol_n(U_\varepsilon(Y_{n-m}))$ ($\varepsilon > 0$) 而不是 $vol_{n-m}(Y_{n-m})$, 其 "变分法" 应该是什么样的.[3]

---

① 见我和劳森的文章 [14] 中最后章节.
② 见他的文章 [21].
③ 对 $m = 1$, 这种变分法应可对保罗 · 列维关于等周不等式的证明做出解释.

## §2.9 等分布论证, 测度的运输以及等周问题的复化

## §2.10 集中、腰以及上闭链空间

# 参考文献

[1] F. Almgren, Optimal Isoperimetric Inequalities, Indiana Univ. Math. J. 35 (1986), 451—547.

[2] L. Ambrosio, B. Kirchheim, Currents in metric spaces, Acta Mathematica, Vol. 185 (2000), Issue 1, 1—80.

[3] Yu. D. Burago, V. A. Zalgaller, Geometric inequalities, Springer Verlag (1988).

[4] P. Castillon, Submanifolds, Isoperimetric Inequalities and Optimal Transportation, Journal of Functional Analysis Vol. 259 (2010), Issue 1, 79—103. (此参考文献是西蒙·布伦德向我指出的.)

[5] I. Chavel, Isoperimetric Inequalities: Differential Geometric and Analytic Perspectives, Cambridge University Press, 1 edition (July 23, 2001).

[6] C. B. Croke, A sharp four dimensional isoperimetric inequality, Comment. Math. Helvetici, 59 (1984), 187—192.

[7] M. Gromov, Entropy and isoperimetry for linear and non-linear group actions, Groups geom. dyn. (2), 4 (2008), 499—593.

[8] M. Gromov, Filling Riemannian manifolds, J. Differential Geom. 18 (1983), 1—147.

[9] M. Gromov, Hilbert volume in metric spaces, Part 1, Central European Journal of Mathematics, Vol. 10 (2012), Issue 2, 371—400.

[10] M. Gromov, Isoperimetry of waists and concentration of maps, GAFA, Geom. funct. anal., 13 (2003), 178—215.

[11] M. Gromov, Singularities, expanders and topology of maps, Part 1 : Homology versus volume in the spaces of cycles, GAFA, Geom. func. anal., 19 (2009) No. 3, 743—841.

[12] M. Gromov, Singularities, expanders and topology of map, Part 2: From combinatorics to topology via algebraic isoperimetry, GAFA, Geom. func. anal., 20 (2010), 416—526.

[13] M. Gromov, Ya. M. Eliashberg, Construction of nonsingular isoperi-

metric films, Boundary value problems of mathematical physics, Part 7, Trudy Mat. Inst. Steklov., 116 (1971), 18—33.

[14]　M. Gromov, H. B. Lawson, Positive scalar curvature and the Dirac operator on complete riemannian manifolds, Publ. Math. IHES, Vol.58(1983), Issue 1, 83—196.

[15]　M. Hykšová, A. Kalousová, I. Saxl, Early History of Geometric Probability and Stereology, Image Anal Stereol, 31 (2012), 1—16.

[16]　B. Kleiner, An isoperimetric comparison theorem, Invent. Math. 108 (1992), no. 1, 37—47.

[17]　U. Lang, V.Schroeder, Kirszbraun's Theorem and Metric Spaces of Bounded Curvature, Geometric aand Functional Analysis, Vol. 7 (1997), 535—560.

[18]　Y. Memarian, A Note on the Geometry of Positively-Curved Riemannian Manifolds, arXiv:1312.0792 [math.MG].

[19]　A. Mitsuishi, T. Yamaguchi, Locally Lipschitz contractibility of Alexandrov spaces and its applications, Pacific Journal of Mathematics, Vol. 270(2014), No.2, 393—421.

[20]　L. A. Santalo, Introduction to Integral Geometry, 12—13 (1953).

[21]　N. Smale, Generic regularity of homologically area minimizing hypersurfaces in eight dimensional manifolds, Communications in Analysis and Geometry 1(2) (1993), 217—228.

[22]　C. Sormani, S. Wenger, The intrinsic flat distance between Riemannian manifolds and other integral current spaces, J. Differential Geom. Vol. 87 (2011), No. 1, 117—199.

[23]　S. Wenger, A short proof of Gromov's filling inequality, Proc. Amer. Math. Soc., Vol. 136, No. 8 (2008), 2937—2941.

[24]　B. White, Mappings that minimize area in their homotopy classes, J. Differential Geom. Volume 20, Number 2 (1984), 433—446.

## §3　同调测度和等周问题线性化

设 $\phi: X \to Y$ 为连续映射, $U \mapsto \mathcal{H}^*_\phi(U) =_{def} H^*(\phi^{-1}(U); \mathbb{F})$ 为 $Y$ 上相应的上同调层, 其中 $\mathbb{F}$ 为某个域. "集合函数" $\mathcal{H}^*_\phi(U)$ 在某些方面表现得像是 $Y$ 上的一个波莱尔测度, 这启发了如下

一般模糊问题. 哪一些与 $U$ 的测度有关的几何不等式, 比如等周

和/或谱不等式, 有着对应于 $\mathcal{H}_\phi^*(U)$ 的版本?

理想值测度. 层 $\mathcal{H}_\phi^*$, 或许是特殊 "好" 映射 $\phi$(比如完美莫尔斯函数) 的真正数学对象, 但它在一致拓扑下关于映射的微扰是不稳定的, 并且对一般连续映射来说它难以驾驭.

$Y$ 上的一个更为稳健的测度类集合函数可通过上同调限制同态来定义, 它从 $X$ 的上同调映到开集 $U \subset Y$ 的补集的拉回的上同调, 即

$$Re_{\backslash U}^* : H^*(X;\mathbb{F}) \to H^*(\phi^{-1}(Y \setminus U);\mathbb{F}),$$

而 $U$ 的外围 (上) 同调质量可以用分次理想

$$I_\phi^*(U) = ker(Re_{\backslash U}^*) \subset H^*(X;\mathbb{F})$$

来衡量.

这种理想的基本数值特征就是它的分次秩, 也就是如下一组数

$$rank^*(I^*) = rank^*(I_\phi^*(U)) = \{r_n\}_{n=0,1,2,3,\cdots}, \quad \text{其中 } r_n = rank_\mathbb{F}(I_\phi^n(U)),$$

这里 $I_\phi^n(U) \subset H^n(X;\mathbb{F})$ 表示 $I_\phi^*(U)$ 中的 $n$ 次子空间.

样本问题. 设 $X$ 等于笛卡儿 $I$-幂 $X_0^I$, 其中 $I$ 为基数 $card(I) = N$ 的集合. 设 $Y$ 为拓扑空间, 它被有限个开集 $U_k(k \in K)$ 所覆盖.

数 $r_{n,k} = rank(I_\phi^n(U_k))$ 所满足的万有不等式是什么?

(这里 "万有" 是指它仅依赖于 $X_0$, $N$ 以及 $(Y, \{U_k\})$, 而不依赖于映射 $\phi : X \to Y$. 另外, 注意到 $Y$ 的大多数相关特性都编码在覆盖 $\{U_k\}$ 的神经的组合中, 因此可容许 "万有" 依赖于 $\phi$ 的同伦型或到表示 $\{U_k\}$ 的神经的单纯复形的相应映射的同伦型.①)

当 $N \to \infty$ 时可以期待此问题的一个简明答案, 这建议我们研究无限笛卡儿幂 $X = X_0^I$, 其中集合 $I$ 以及空间 $X$ 本身被一个顺从 (sofic?) 群作用, 于是就可以定义适当地规范化的分次秩.

### §3.1  同调腰不等式

给定拓扑空间 $X$, 用 $N_{cell}[X]$ 表示 $X$ 的胞腔数, 它等于同伦等价于 $X$ 的胞腔空间中胞腔数目的最小值. 注意到此数被 $X$ 的总贝蒂数

---

① 关于环面 $\mathbb{T}^N$ 的有些此类不等式在本人的文章 [12] 中证明了, 它们用来给出连续映射的最大胞腔数(下节将给出定义) 的下界.

从下方所界定,

$$N_{cell}[X] \geqslant \sum_{i \geqslant 0} rank(H_i(X; \mathbb{F})), \quad \forall\, \mathbb{F}.$$

**题外话: 稳定胞腔数.** 设 $X$ 为闭的 $n$ 维定向流形, 考虑所有闭的 $n$ 维定向流形 $X'$, 使得存在度为 $d' > 0$ 的连续映射 $f': X' \to X$. 定义

$$N_{cell}^{stbl}[X] = \inf_{X'} \frac{1}{d'} N_{cell}[X'].$$

**问题. 1.** $N_{cell}^{stbl}[X] \neq 0$ 的流形有哪一些?

**2.** $N_{cell}^{stbl}[X_1 \times X_2]$ 何时等于 $N_{cell}^{stbl}[X_1] \cdot N_{cell}^{stbl}[X_2]$?

**3.** 是否存在伪流形 $X$, 使得 $N_{cell}^{stbl}[X] \neq 0$, 且所有那些具有非零度映射 $X \to \underline{X}$ 的 $n$ 维流形也满足 $N_{cell}^{stbl}[\underline{X}] \neq 0$?

最简单 (但对 $n \geqslant 4$ 来说非平凡) 的满足 $N_{cell}^{stbl}[X] \neq 0$ 的流形 $X$ 的例子是欧拉数小于零的曲面的乘积, 这可从这些 $X$ 的墙群的秩范数的下界估计而得出. 根据卢斯蒂格的一个定理, 这可推广到其他商空间 $X = \tilde{X}/\Gamma$, 这里 $\tilde{X}$ 是非紧型对称空间, $\chi(X) \neq 0$.[①]

仍不清楚是否存在奇数维流形 $X$, 使得 $N_{cell}^{stbl}[X] \neq 0$, 但怀斯 (Wise) 和阿戈尔 (Agol) 的最近结果排除了 3 维流形以及紧商空间 $X = \tilde{X}/\Gamma$ ($\tilde{X}$ 为奇数维对称空间), 即使没有 3 维因子的那些空间也可能 (?) 会有 $N_{cell}^{stbl}[X] = 0$.

给定连续映射 $f: X \to Y$, 定义其最大胞腔数为纤维 $X_y = f^{-1}(y)$ 胞腔数的上确界,

$$N_{cell}(f) = \sup_{y \in Y} N_{cell}[X_y].$$

记 $MIN_{cell}(X_{/Y})$ 为 $X$ 在 $Y$ 上的最小胞腔数, 即关于所有连续映射 $f: X \to Y$ 取 $N_{cell(f)}$ 的最小值, 再令 $MIN_{cell}([X]_{/Y})$ 为 $MIN_{cell}(X'_{/Y})$ 的下确界, 其中 $X'$ 与 $X$ 同伦等价.

**环面问题.** 对大数 $N$ 以及 $m \ll N$, 计算最小胞腔数 $MIN_{cell}([\mathbb{T}^N]_{/\mathbb{R}^m})$.

关于它的目前已知 (简单) 下界为[②]

$$MIN_{cell}([\mathbb{T}^N]_{/\mathbb{R}^m}) \geqslant 2^{\frac{N}{m+1}},$$

---

① 见本人文章 "正曲率, 宏观维数 ……"[10] $8\frac{1}{2}$ 节, 其中我们讨论了多种 (上) 同调上的范数.

② 见本人文章 [11], [12] 中有对 $m = 1$ 情形的改进.

这是通过计算上同调同态限制 $H^*(X) \to H^*X_y$ 的最大秩得出的 (利用了上同调同态限制 $H^*(\mathbb{T}^N) \to H^*f^{-1}(U)$ $(U \subset \mathbb{R}^m)$ 的核的上述秩 $rank^*(I^*)$). 这意味着 (比这还稍多一点) 每一个连续映射 $f : \mathbb{T}^n \to \mathbb{R}^m$ 都容许某个点 $y \in \mathbb{R}^m$, 使得纤维 $X_y = f^{-1}(y) \subset \mathbb{T}^N$ 的胞腔分解不能少于 $2^{\frac{N}{m+1}}$ 个胞腔. 进一步, 如果 $m = 1$, 则对每一个 $i < N/2$, 均存在一个点 $y \in \mathbb{R}$(依赖于 $i$), 使得纤维 $X_y$ 的所有胞腔分解都至少含有 $\left(1 - \dfrac{2i}{N}\right)\binom{N}{i}$ 个 $i$ 维胞腔.

$k$-连通同伦扩张子. 一个 "简单" 空间 $X$ 能否有 "相对而言较大" 的 $MIN_{cell}([X]_{/\mathbb{R}^m})$?

让我们用下面的定义将它表述得更准确一点.

局部有界性. 称一族单纯多面体 $\mathcal{P}$ 是局部有界的, 如果所有 $P \in \mathcal{P}$ 都有一致有界的局部几何: 对所有 $P \in \mathcal{P}$, 所有顶点处单形的数目都被一个常数 $C = C(\mathcal{P})$ 所界定.

$k$-连通性. 多面体 $P$ 称为 $k$-连通的, 如果其同伦群 $\pi_i(P)$ 对 $i \leqslant k$ 均为零, 或等价地说, 对所有 $k$ 维多面体 $Q$, 所有连续映射 $Q \to P$ 都是可缩的.

设 $k, m$ 和 $N$ 为正整数, $\mathcal{P}$ 为一族**局部有界**有限 $N$ 维单纯多面体, 使得:

- 不同的同伦型 $[P](P \in \mathcal{P})$ 是**无限的**;
- 所有 $P \in \mathcal{P}$ 都是 $k$-**连通**的.

**问题**. 这一族成员中的同伦型在 $\mathbb{R}^m$ 上的最小胞腔数是否满足下面的不等式?

$MIN_{cell}$ **的线性下界**. 对某个 $\lambda = \lambda(\mathcal{P}) > 0$, $MIN_{cell}([P]_{/\mathbb{R}^m}) \leqslant \lambda \cdot N_{simpl}(P)$ 对所有 $P \in \mathcal{P}$ 均成立.

换言之, 每一个从 $P'$(同伦于某个 $P \in \mathcal{P}$) 到 $\mathbb{R}^m$ 的连续映射 $f : P' \to \mathbb{R}^m$ 必须有一个纤维 $P'_y = f^{-1}(y) \subset P'$, 它几乎和 $P$ 一样复杂: 分解 $P'_y$ 所需的最小胞腔数满足

$$N_{cell}(P'_y) \geqslant \lambda \cdot N_{simpl}(P).$$

对扩展图 $P$(其中 $k = 0$, $N = 1$), 此类线性界显然被 $MIN_{cell}(P_{/\mathbb{R}})$

所满足, 即被空间 $P$ 自身而不是它们的同伦型所满足.[①] 更有意思的是, 对 $k = 1$(以及 $m = 1$), $MIN_{cell}([P]_{/\mathbb{R}})$ 满足线性下界的族确实存在,[②] 其中所有 $P \in \mathcal{P}$ 均可取为闭 6 维流形(且单连通, 因为 $k = 1$).

但如果 $k \geqslant 2$, 很难讲 $k$-连通性条件是否极大地限制了 $P$ 的可能性, 以及/或对大的 $m$, 到 $\mathbb{R}^m$ 的映射的纤维的 "同伦尺寸" 有多大损失; 不过, 我们倾向于上述问题的正面答案, 如果允许 $P$ 有相对大的维数, 比如 $dim(P) = N > 2m(k+1)$, 或诸如此类条件.

无论如何, 如果答案是否定的, 我们面临的问题就是寻找 $MIN_{cell}([P]_{/\mathbb{R}^m})$ 的以 $N_{simpl}(P)$ 表示的非线性 最佳下界. 其中, 在有意思的情形, 这种下界可能形如

$$MIN_{cell}([P]_{/\mathbb{R}^m}) \geqslant \lambda \cdot N_{simpl}^{\alpha}(P),$$

其中 $\alpha = alpha(k, m, N) > 0$.

## §4 莫尔斯谱、闭链空间以及参数化装填问题

空间 $X$(比如 3 维欧氏空间) 中 (有限或无限) 粒子的一个 "系综" $\mathcal{A} = \mathcal{A}(X)$ 习惯上用集合函数刻画

$$U \mapsto ent_U(\mathcal{A}) = ent(\mathcal{A}|_U), \quad U \subset X,$$

它对所有有界开集 $U \subset X$ 均指定 $\mathcal{A}$ 的 $U$-约化 $\mathcal{A}|_U$ 的熵. 用物理学家的腔调, 此熵为

"可有效地从 $U$ 观测的 $\mathcal{E}$ 的状态数的对数".

此 "定义", 在数学统计力学的语境中, 习惯上翻译为测度/概率论的语言.[③]

---

[①] 如果 $N = k+1$, 则 $N$ 维 $k$-连通多面体 $P$(比如连通图) 均同伦于球面的连接; 因此, 对这些 $P$ 来说 $MIN_{cell}([P]_{/\mathbb{R}}) \leqslant 2$. 也许可以 (完全?) 描述那些对所有 $P$ 均有 $MIN_{cell}([P]_{/\mathbb{R}}) \leqslant const$ 的族 $\mathcal{P} = \{P\}$.

[②] 这种 $\mathcal{P}$ 的构造在 "奇性, 扩张子 ……" 的第二部分 [12] 中提出来了, 它依赖于马古利斯扩张子的相当奇特的性质.

[③] 见本节参考文献 [7],[18], 那里的着重点是 (离散) 格点系统. 玻尔兹曼 – 香农熵的范畴式演绎可见 "结构搜寻, 第一部分: 关于熵", www.ihes.fr/~gromov/ PDF/structure-serch-entropy-july5-2012.pdf.

一般问题. 如果"有效可观测状态数"换成"移动球系综的有效自由度的数目", 会怎么样?

在经典的装填问题中, 人们主要考虑空间 $X$ 被互不相交球以最大密度填充而不怎么移动. 相反, 我们关心的是一组远非稠密的球, 而且它们经常移动.

例如, 设 $X$ 为 $n$ 维紧黎曼流形, $A = A(N, r)$ 是中心为 $x_i \in X$ 的互不相交 $r$-球 $U_i = U(x_i, r) \subset X$ $(i = 1, \cdots, N)$ 构成的 $N$ 元组, 其中 $A$ 嵌入早笛卡儿乘积 $X^N = X^{1, \cdots, N}$ 中: $U_i \mapsto x_i$.

实际上, 因为假定了这些球互不相交, $A$ 位于补集 $X^N \setminus diag$ 中, 它是 $N$ 元组 $(x_i)_{i=1,\cdots,N}$ 的集合, 其中 $i \neq j$ 时 $x_i \neq x_j$.

假设 $r$ 相比 $N$ 来说相当小, 比如对某个常数 $c > 0$ 以及 $\delta < n = dim(X)$, $r = \left( \dfrac{c \cdot vol(X)}{N} \right)^{\frac{1}{\delta}}$, 其中 $N$ 很大 (最终 $N \to \infty$), 而相应地 $r$ 很小; 实际上, $r$ 远小于 $(1/N)^{\frac{1}{n}}$.

则球 $U_i$ 的总体积要比 $X$ 的体积小很多, 于是 (互不相交) 球的 $N$ 元组在 $X$ 中远非最大稠密的.

在这种情形, 子集 $A = A(N, r) \subset X^N$ 组成了 $X^N \setminus diag$ 中 "拓扑上重要的" 部分.

渐近参数化装填问题. 对 $N \to \infty$, 对这种 "重要性" 给出准确的表述以及用 $\alpha$ 和 $c$ 的函数给出定量估计.[①]

我们关于此问题以及其他参数化装填问题的讨论借鉴了几个不同的来源, 包括:

- 经典(非参数)装球问题.
- 同伦和上同伦能量谱.
- 同伦维数、胞腔数以及上同调值测度.
- 无限装填以及被非紧群作用的无限维空间的等变拓扑.
- 装填空间和闭链空间之间的双参数配对.[②]
- 非球面装填、分划空间以及腰的界.
- 辛装填.

---

[①] 用莫尔斯奇性理论来处理此问题的一条途径见 [2].

[②] 对欧氏 $m$-球 $(m = k+1, k+2, \cdots)$ 中 $k$-链空间上 $k$-体积函数的莫尔斯 (上) 同调谱的魏尔类渐近展开的计算中, 这种配对的一个新颖用法见 [15].

● 参数覆盖.

### §4.1　非参数装填

回忆, 一个球装填, 或更准确地说, 按照定义, 对于一个给定的指标集 $I$(基数 $card(I) = N$ 有限或可数), 半径为 $r_i(i \in I, r_i > 0)$ 的球对度量空间 $X$ 的装填是指一组 (闭或开) 球 $U_{x_i}(r_i) \subset X(x_i \in X)$, 其内部互不相交.

基础问题. 求最大半径 $r = r_{max}(X; N)$, 使得 $X$ 可被 $N$ 个半径为 $r$ 的球填充.

特别地, 当 $N \to \infty$ 时, $r_{max}(X; N)$ 的渐近性态是什么?

如果 $X$ 为 $n$ 维紧黎曼流形 (可能带有边界), 则这种渐近展开的主项只依赖于 $X$ 的体积, 即有如下 (几乎明显) 的渐近装填等式:

$$\lim_{N \to \infty} \frac{N \cdot r_{max}(X; N)^n}{vol_n(X)} = \kappa_n,$$

其中 $\kappa_n$ 为万有 (即与 $X$ 无关)欧氏装填常数, 它以明显的方式对于于欧氏空间 $\mathbb{R}^n$ 中球装填的最佳密度.

(很可能, $r_{max}(X; N)_{N \to \infty}$ 的完全渐近展开可以用 $X$ 的曲率以及曲率的导数表示, 类似于谱渐近展开的明尼克施桑达拉姆 – 普雷杰公式.)

只有 $n = 1, 2, 3$ 时 $\kappa_n$ 的准确值才是已知的. 事实上, 当 $m \leqslant 3$ 时, $\mathbb{R}^m$ 的最佳 (最大) 装填密度可以用 $\mathbb{Z}^m$-周期 (即关于 $\mathbb{Z}^m$ 在 $\mathbb{R}^m$ 上的某个离散作用下不变) 装填实现, 其中 $m = 1$ 的情形是显然的, $m = 2$ 的情形归功于拉格朗日 (他证明了最佳装填是六边形的), 开普勒猜测了 $m = 3$ 的情形, 后来由托马斯 · 黑尔斯证实.

(注意, $\mathbb{R}^2$ 的唯一最密装填就是六边形的, 而 $\mathbb{R}^3$ 拥有无限多个不同的装填, 大多数都不是 $\mathbb{Z}^3$-周期的, 尽管它们都是 $\mathbb{Z}_2$-周期的.

很可能, $m$ 较大时 ($m \geqslant 4$ 就有可能), $\mathbb{R}^m$ 的最密装填无一具有 $\mathbb{Z}^m$-周期性. 进一步, $\mathbb{R}^m$ 在最佳装填空间上的作用的拓扑熵可能不为零.

另外, 在 $\kappa_1$, $\kappa_2$, $\cdots$ 中可能有无限个代数无关的数; 进一步, 在 $\kappa_1$, $\kappa_2$, $\cdots$, $\kappa_m$ 中, 代数无关的数目可能以 $const \cdot m$ 形式增长, 其中 $const > 0$.)

许多装填问题可以用 $I$-装填阴影(记为 $pack_I(X)$)(边界) 的不变量去表述,

$$pack_I(X) \subset \mathbb{R}_+^I = \mathsf{X}_{i \in I}(\mathbb{R}_+)_i = \underbrace{\mathbb{R}_+ \times \mathbb{R}_+ \times \cdots \times \mathbb{R}_+}_{I},$$

它定义为正数 $r_i$ 的 $I$ 元组的子集, 使得 $X$ 存在半径为 $r_i$ 的球的装填. 这些不变量比那些互相相等的球 (对应于 $pack_I(X) \subset \mathbb{R}_+^I$ 与主对角线 $^{dia}\mathbb{R}_+ \subset \mathbb{R}_+^I$ 的交集) 携带了关于 $X$ 的几何的更多信息.

例如, "简单" 度量空间, 像紧致局部齐性黎曼流形 $X$, 或至少常曲率空间, 对充分大的 (依赖于 $X$) 有限集 $I$, 必定 (几乎?) 唯一地由其 $I$-装填阴影所决定.

但阴影 $pack_I(X) \subset \mathbb{R}_+^I$ 的几何, 比如当 $N \to \infty (dim(X) = n \to \infty$ 更是如此) 时这些阴影边界的奇性的代数 – 几何复杂性, 人们了解得还很少, 即使是对 $n$ 维环面和 $n$ 维球面这种流形 $X$.

非球面装填. 除了圆球, 也可用区域 $U_i \subset X$ 去装填空间 $X$(不必为度量空间), 其中区域的形状有某些限制.

问题. 设 $U \subset \mathbb{R}^n$ 为有界开集, 比如一个通有的半代数开集. 是否存在充分条件使得 $\mathbb{R}^n$ 关于 $U$ 的等距拷贝的最密填充是周期的, 或反之不是周期的?

辛填充. 如果 $X$ 为辛流形, 我们更关心 $U$ 的辛不变量而不是度量限制, 其中 $U_i$ 要求辛同构于具有平移不变辛结构的欧氏空间 $\mathbb{R}^{2m}$ 中的圆球, 这方面是有确切结果的.

对非参数化的情形, 中心的课题是确定 $X$ 何时有 $U$ 的辛拷贝的密度为 1 的填充.[1] 一般地, 我们关心不交并的辛嵌入 $\sqcup_i U_i \to X$ 空间的同伦结构, 其中 (唯一已知) 几何约束来自伪全纯曲线, 这与非参数化的情形类似.

### §4.2　狄利克雷、普拉托以及装填谱的同伦前景

设 $A$ 为拓扑空间, $E: A \to \mathbb{R}$ 为连续实值函数, 它可视为状态 $a \in A$ 的能量 $E(a)$ 或 $A$ 上的莫尔斯类函数.

子集 $A_r = A_{\leqslant r} = E^{-1}(\infty, r] \subset A$ $(r \in \mathbb{R})$ 称为 $E$ 的 (闭) $r$-次水平集.

---

[1] 见 [16], [4], [17], [5], [6].

我们说数 $r_0 \in \mathbb{R}$ 位于 $E$ 的同伦谱中, 如果当 $r$ 通过 $r = r_0$ 时 $A_r$ 的同伦型经历了一个本质的、也就是不可逆的变化.

在给出准确定义前, 先看几个有代表性的例子以及澄清性注记.

二次例子. 设 $A$ 为无限维投影空间, $E$ 等于两个二次泛函之比. 更特殊地, 设 $E_{Dir}$ 为可微函数 $a = a(x)$ 上的狄利克雷泛函,

$$E_{Dir}(a) = \frac{\|da\|_{L_2}^2}{\|a\|_{L_2}} = \frac{\int_X \|da(x)\|^2 \, dx}{\int_X a^2(x) \, dx},$$

其中 $X$ 为紧黎曼流形. $E_{air}$ 的特征值 (即相应拉普拉斯算子的特征值) $r_0, r_1, r_2, \cdots, r_n, \cdots$ 是同伦本质的, 因为当 $r$ 穿过 $r_n$ 时, 包含同调同态 $H_*(A_r; \mathbb{Z}_2) \to H_*(A; \mathbb{Z}_2)$ 的秩严格减小.

体积视为能量. 除了狄利克雷, 在黎曼流形之间的连续映射 $a: X \to R$ 构成的空间 $A$ 中还有其他自然的 "能量". 当前最相关的就是子集 $R_0 \subset R$ 拉回的 $k$-体积[1],

$$a \mapsto vol_k(a^{-1}(R_0)), \quad k = dim(R_0) + (dim(X) - dim(R)).$$

注意只有 $R$ 的拓扑出现在此定义中, 而配对 $(R, R_0)$ 的某些对称群可能是本质性的. 例如, 如果 $R = \mathbb{R}$ 且 $k = dim(X) - 1$, 则我们在非零连续函数 $a: X \to \mathbb{R}$ 的全体模去反演 $a \Leftrightarrow -a$ 后的 (无限维投影) 空间中工作.

上述情况的一个更复杂的版本是黎曼流形 $X$ 中 $k$ 维 $\Pi$-链空间 $C_k(X; \Pi)$ 上的 $k$- 体积函数, 其中 $\Pi$ 为一个交换群, 它上面有一个范数类函数, 例如 $\Pi = \mathbb{Z}$ 或 $\Gamma = \mathbb{Z}_p = \mathbb{Z}/p\mathbb{Z}$.

这些带有自然 (平坦) 拓扑的 (可求长) 链空间同伦等价于艾伦伯格 – 麦克莱恩空间的乘积, 它们具有十分丰富的同调结构, 这使得这些空间上体积能量

$$E = vol_k : C_k(X; \Pi) \to \mathbb{R}_+$$

的同伦谱相当的不平凡.

---

[1] 此 "体积" 可理解为相应的豪斯道夫测度, 但如果 $k \geqslant 2$, 用闵可夫斯基测度更容易行得通.

填充能量. 设 $X$ 为度量空间, $A = A_N(X)$ 为具有有限基数 $N$ 的子集组成的集合. 令

$$\rho(a) = \min_{x,y \in a,\ x \neq y} dist(x,y),$$

定义填充能量为

$$E_N(a) = \frac{1}{\rho(a)},$$

它看作 $a$ 的能量.

此能量的次水平集 $A_{1/r}$ 正好是 $X$ 关于 $r$-球的填充.[1]

置换对称与基本群. $X$ 中无序 (!) $N$ 元组空间 $A_N(X)$ 可视为 $X^N \setminus diag$ 的商空间, 换言之, 基数为 $N$ 的集合 $I$ 到 $X$ 中的单射构成的空间 $X^{I_{inj}} \subset X^I$ 在置换群 $S_N = Sym(I)$ 下的商,

$$A_N = X^{I_{inj}}/Sym(I), \quad card(I) = N.$$

这启发了 $X^I$ 上能量函数 $E(x_1, x_2, \cdots, x_N)$ 同伦谱的 $G$-等变设置, 其中能量函数在子群 $G \subset S_N$ 作用下不变, 即便 $E$ 具有完全对称性, 利用仅包含特殊置换的子群 $G \subsetneq S_N$ 也可能是有好处的.[2]

因为 $S_N = Sym(I)$ 在 $X^{I_{inj}}$ 上的作用是自由的(不同于 $Sym(I)$ 在笛卡儿幂 $X^I$ 上的相应作用), 群 $S_N$ 可在 $A_N(X)$ 的基本群中看到, 比如, 如果 $X$ 是维数 $n \geq 2$ 的连通流形. 还有, 如果 $X$ 等于 $n$ 维欧氏空间, $n$ 为球或 $n$ 维球面 $(n \geq 3)$, 则

基本群 $\pi_1(A_N(X))$ 同构于置换群 $S_N$, 且空间 $A = A_N(X)$ 的同伦复杂度主要是此基本群所贡献的.

对 "简单" 空间 $X$, 找到一个一般的环境, 使之容纳 $X^I$ 上 $G$-不变 $(G \subset Sym(I))$ 能量 $E$ 的 $G$-等变同伦谱, 尤其是当 $N \to \infty$ 时, 属于参数化装填问题的一个基本层面 (但不是唯一层面).

关于数字和序. 在 "同伦本性谱" 中, 实数的角色约化为子集 $A_r \subset A$ 的索引, 依据的是其包含顺序: $r_1 \leq r_2$ 时 $A_{r_1} \subset A_{r_2}$.

---

① 也可以用 $\rho$ 的任意一个单调递减函数代替 $\frac{1}{\rho}$.

② "置换" 这个词通常应用于集合 $I = \{1,2,3,\cdots,N\}$, 而 $X^{I=\{1,2,\cdots,N\}}$ 中点写为 $(x_1, x_2, \cdots, x_N)$. 但人们常和 (有限或无限) 集合 $I$ 的 (更) 一般范畴打交道, 那时 $I$ 的可逆自同态群记为 $aut(I)$.

实际上, 我们的 "谱" 对函数 $X \to R$ 也有意义, 其中 $R$ 为任意偏序集, 为了方便起见可假定 $R$ 是一个格, 即它容许 inf 和 sup.

叠加性, 这是物理能量的最基本特性, 它仅见于可分裂为 $A = A_1 \times A_2$ 的空间, 此时 $E(a_1, a_2) = E(a_1) + E(a_2)$.

关于稳定和不稳定临界点. 如果 $E$ 是光滑流形 $A$ 上的莫尔斯函数, 则 $A_r$ 的同伦型在 $E$ 的所有临界值 $r_{cri}$ 处确实会变化. 不过, 只有极少数例外, 除了所谓的完美莫尔斯函数, 比如上述二次能量, 这些变换都是不可逆的. 事实上, 每一个值 $r_0 \in \mathbb{R}$ 都可通过一个任意小 $C^0$-摄动①成为临界值: 光滑函数 $E(a)$ 变为 $E'$, 在子集 $E^{-1}[r_0 - \varepsilon, r_0 + \varepsilon] \subset A$ 之外 $E'$ 等于 $E$, $r_0$ 为 $E'$ 的临界值; 于是, $E'$ 的次水平集在 $r_0$ 处拓扑变化是 "非本质的".

### §4.3　同伦和同调上诱导能量的谱

范畴 $\mathcal{H}_\circ(A)$、诱导能量 $E_\circ$ 以及同伦谱. 设 $\mathcal{S}$ 为拓扑空间 $S$ 组成的类, $\mathcal{H}_\circ(A) = \mathcal{H}_\circ(A; \mathcal{S})$ 为范畴, 其对象为连续映射 $\phi : S \to A$ 的同伦类, 态射为映射 $\psi_{12} : S_1 \to S_2$ 的同伦类, 使得相应的三角图表是 (同伦) 可交换的, 即复合映射 $\phi_2 \circ \psi_{12} : S_1 \to A$ 同伦于 $\phi_1$.

将函数 $E : A \to \mathbb{R}$ 从 $A$ 如下扩充至 $\mathcal{H}_\circ(A)$. 给定连续映射 $\phi : S \to A$, 令

$$E(\phi) = E_{max}(\phi) = \sup_{s \in S} E \circ \phi(s),$$

记 $[\phi] = [\phi]_{hmt}$ 为 $\phi$ 的同伦类, 令

$$E_\circ[\phi] = E_{mnmx}[\phi] = \inf_{\phi \in [\phi]} E(\phi).$$

换言之, $E_\circ[\phi] \leqslant e \in \mathbb{R}$ 当且仅当映射 $\phi = \phi_0$ 存在一个同伦 $\phi_t : S \to A$ $(0 \leqslant t \leqslant 1)$, 使得 $\phi_1$ 将 $S$ 映入次水平集 $A_e = E^{-1}(-\infty, e] \subset A$.

**定义.** $E$ 的共变 (同伦) $\mathcal{S}$-谱是 $E_\circ[\phi]$ 的值组成的集合, 其中 $\mathcal{S}$ 是拓扑空间 $S$(同伦型) 组成的某个类, $\phi$ 为 (所有) 连续映射 $\phi : S \to A$.

例如, $\mathcal{S}$ 可取为可数 (或有限) 胞腔空间的同胚类. 实际上, 次水平集 $A_r (r \in \mathbb{R})$ 自身就大多数目的而言已经够用了.

范畴 $\mathcal{H}^\circ(A)$, 诱导能量 $E^\circ$ 以及上同伦 $\mathcal{S}$-谱. 现在, 取代 $\mathcal{H}_\circ(A)$, 我们将 $E$ 扩展到映射 $\psi : A \to T (T \in \mathcal{S})$ 的同伦类范畴 $\mathcal{H}^\circ(A)$, 定义 $E^\circ[\psi]$

---

① $C^0$ 是关于连续函数空间中的一致拓扑而言的.

为 $r \in \mathbb{R}$ 的上确界, 使得当 $\psi$ 在 $A_r$ 上的限制 $\psi|_{A_r} : A_r \to T$ 是可缩的.[1] 于是 $E^{\circ}[\psi]$ 的值组成的集合称为 $E$ 的共变同伦 (或上同伦) $\mathcal{S}$-谱.

例如, 如果 $\mathcal{S}$ 由艾伦伯格 – 麦克莱恩空间 $K(\Pi; n)$ $(n = 1, 2, 3, \cdots)$ 组成, 则这称为 $E$ 的 $\Pi$-上同调谱.

利用上同伦运算放宽可缩性. 我们将 "可缩" 表示为 $[\psi] = 0$. 设 $\sigma : T \to T'$ 为连续映射, 我们将 $\sigma$ 和 $\psi : A \to T$ 的复合 (同伦类) 视为一个运算 $[\psi] \overset{\sigma}{\mapsto} [\sigma \circ \psi]$. 则通过最大化那些使得 $[\sigma \circ \psi|_{A_r}] = 0$(而不是 $[\psi|_{A_r}] = 0$) 的 $r$ 来定义 $E^{\circ}[\psi]_{\sigma} \geqslant E^{\circ}(\psi)$.

同伦和上同伦之间的配对. 给定一对映射 $(\phi, \psi)$, 其中 $\phi : S \to A$, $\psi : A \to T$, 记 $[\psi \circ \phi] = 0$, 如果复合映射 $S \to T$ 可缩, 否则 $[\psi \circ \phi] \neq 0$. 可将这想成是这些配对上取值为 "0" 和 "$\neq 0$" 的函数.[2]

诱导能量 $E_*$, $E^*$ 以及 (上) 同调谱. 如果 $h$ 为空间 $A$ 中的一个同调类, 则 $E_*(h)$ 表示 $E_{\circ}(\phi)$ 在所有映射 $\phi : S \to A$(同伦类) 上的下确界, 要求 $h$ 包含在 $\phi$ 诱导的同调同态的像中.

对偶地, 对交换群 $\Pi$, 一个上同调类 $h \in H^*(A; \Pi)$ 的能量 $E^*(h)$ 定义为 $E^{\circ}(\psi_h)$, 其中 $\psi_h$ 是从 $A$ 到艾伦伯格 – 麦克莱恩空间乘积的 $h$-诱导映射:

$$\psi_h : A \to \mathsf{X}_n K(\Pi, n), \quad n = 0, 1, 2, \cdots.$$

简单说来, $E^*(h)$ 等于使得 $h$ 在 $A_r = E^{-1}(-\infty, r] \subset A$ 上为零的那些 $r$ 的上确界.[3]

于是可将 (上) 同调谱定义为这些能量 $E_*$ 和 $E_*$ 在同调和上同调上的值组成的集合.

关于多维上同调和上同伦谱 $\{\Sigma_h\} \subset \mathbb{R}^l$. 给定空间 $A_k$, $k = 1 \cdots, l$, $A_k$ 上的函数 $E_k$ 以及笛卡儿乘积 $A_1 \times \cdots \times A_l$ 上的一个上同调类 $h$, 在欧氏空间 $\mathbb{R}^l = \mathbb{R}^{\{1, \cdots, l\}}$ 将谱超曲面 $\Sigma_h \subset \mathbb{R}^l$ 定义为子集 $\Omega_h \subset \mathbb{R}^l$ 的边界, 其中 $\Omega_h$ 由 $l$ 元组 $(e_1, \cdots, e_k, \cdots, e_l)$ 组成, 使得 $h$ 在子集 $A_{e_k} =$

---

[1] 在某些情形, 例如映射 $\psi$ 映到离散空间 $T$(比如艾伦伯格 – 麦克莱恩空间 $K(\Pi; 0)$), "可缩" 要换成 "可缩至 $T$ 中一个作为零的标记点", 这用 $[\psi] = 0$ 表示.

[2] 如果空间 $T$ 不连通, 最好是赋以一个标记点 $t_0 \in T$, 而将 "可缩" 理解为 "可缩至 $t_0$".

[3] 同调和上同调能量的定义显然可扩展至广义同调和上同调理论.

$E_k^{-1}(-\infty, e_k) \subset A_k$ 的乘积上为零,

$$\Sigma_h = \partial\Omega_h, \Omega_h = \{e_1, \cdots, e_k, \cdots, e_l\}_{h|A_{e_1} \times \cdots \times A_{e_k} \times \cdots \times A_{e_l}} = 0.$$

这对 $A_1 \times \cdots \times A_l$ 中的上同伦类也有意义, 其中 $h = 0$ 理解为代表 $h$ 的映射 $\psi: A \to T$ 到 $T$ 中标记 (零) 点的可缩性.(连通空间无需标记.)

关于正谱和负谱. 以上关于同伦和同调谱的定义最适合下方有界的函数 $E(a)$, 但也可调整为更一般的函数 $E$, 比如 $E(x) = \sum_k a_k x_k^2$, 其中 $a_k$ 中可能有无限个负数或正数.

例如, 对下方无界的函数 $E$, 其谱可定义为 $E_\sigma = E_\sigma(a) = \max(E(a), -\sigma)$ 的同伦谱当 $\sigma \to +\infty$ 时的极限.

但人们常需要用到比简单地切除 "不想要的无限" 更复杂的东西, 比如说在辛几何中对于那些作用类函数就是如此.[①]

关于连续同伦谱. 连续谱也有着同伦论式演绎/推广, 这要用到同伦的某种弗雷德霍姆类记号,[②] 比如, 使得投影化希尔伯特空间之间的自然包含 $PL_2[0, t] \subset PL_2[0, 1]$ $(0 < t < 1)$ 不会收缩至任何 $PL_2[0, t - \varepsilon]$.

### §4.4　同伦高度、胞腔数以及同调

$E(a)$ 的同伦谱值 $r \in \mathbb{R}$ 以映射 $\phi: S \to A$ 的同伦类 $[\phi]$ "命名"(索引), 其中, 按照定义, $r = r_{[\phi]}$ 是最小 $r$, 使得 $[\phi]$ 来自一个映射 $S \to A_r \subset A$, $A_r = E^{-1}(-\infty, r]$. 实际上, 这种 "命名" 只依赖于偏序集, 记为 $\mathcal{H}_{\geqslant}(A)$, 它是 $\mathcal{H}_\circ(A)$ 的如下定义的最大偏序约化.

如果 $\mathcal{H}_\circ(A)$ 中存在态射 $\psi_{12}: [\phi_1] \to [\phi_2]$, 就记 $[\phi_1] \prec [\phi_2]$, 然后将这变为一个偏序关系, 其中我们 $[\phi]$ 等同于 $[\phi']$, 如果 $[\phi] \prec [\phi']$ 和 $[\phi'] \prec [\phi]$ 均成立.

完美例子. 如果 $X$ 是 (同伦等价于) 是实投影空间 $P^\infty$, 则偏序集 $\mathcal{H}_{\geqslant}(A)$ 同构于非负整数集 $\mathbb{Z}_+ = \{0, 1, 2, 3, \cdots\}$. 这是为什么在经典情形谱 (特征) 值会以整数为指标.

一般地, 集合 $\mathcal{H}_{\geqslant}(A)$ 可能有不需要 (?) 的 "扭曲". 例如, 如果 $A$ 同伦等价于圆周, 则 $\mathcal{H}_{\geqslant}(A)$ 同构于带有整除序的集合 $\mathbb{Z}_+$, 其中 $m \succ n$ 是指 $m$ 整除 $n$. (因此, 1 是最大的元素, 而 0 是最小的.)

---

① 不过, 目前似乎既不存在一般理论, 也没有完整的例子列表.
② 见 [3].

类似地, 也可对一般的艾伦伯格 – 麦克莱恩空间 $A = K(\Pi; n)$ 确定出 $\mathcal{H}_{\geqslant}(A)$. 对交换群这似乎是明显的. 但如果空间 $A$(未必为 $K(\Pi, 1)$) 的基本群 $\Pi = \pi_1(A)$ 不可交换, 比如说上面基数为 $N$ 的子集 $a \subset X$ 构成的空间 $A_N(X)$, 则留意子群 $\Pi' \subset \Pi$ 的共轭类以及将 $\pi_1(S)$ 映入这些 $\Pi'$ 的映射 $\phi: S \to A$ 会变得更困难.

如果希望 (头脑简单地?) 保持整数值谱值, 就必须过渡到某数值不变量, 它在 $\mathcal{H}_{\geqslant}(A)$ 的一个同构于 $\mathbb{Z}_+$ 的商空间中取值. 比如说像下面所做的那样.

同伦高度. 定义连续映射 $\phi: S \to A$ 的同伦类 $[\phi]$ 的同伦 (维数) 高度为最小的整数 $n$, 使得 $[\phi]$ 可分解为 $S \to K \to A$, 其中 $K$ 是维数 (至多) 为 $n$ 的胞腔复形.

同伦上同伦谱关于高度的 "分层". 此 "高度" 或类似高度类函数给出了同伦谱的分划, 记为 $Hei_n \subset \mathbb{R}, n = 0, 1, 2, \cdots$, 它是能量 $E[\phi] \in \mathbb{R}$ 在同伦高度为 $n$ 的同伦类 $[\phi]$ 上的值, 其中要么数 $r \in Hei_n$ 的上确界, 要么下确界可作为 "$a$ 的第 $n$ 个 $HH$-特征值".

也可通过将映射 $\psi|_{A_r}: A_r \to T$ 的 "可缩性条件" 替换为 $\psi|_{A_r} \leqslant n$ 而对上同伦谱进行 "分层".

在 $A = P^\infty$ 的经典情形, 同伦 "特征值" 的任何这种 "分层" 都会导致谱的通常指标化. 其中, 除了同伦高度, 在其他高度类不变量中我们指出如下的

例 1: 总胞腔数. 定义 $N_{cell}[\phi]$ 为最小的 $N$, 使得 $[\phi]$ 分解为 $S \to D \to A$, 其中 $D$ 为具有 (最多) $N$ 个胞腔的胞腔复形.

例 2: 同调秩. 定义 $rank_{H_*}[\phi]$ 为诱导同调同态 $[\phi]_*: H_*(S; \mathbb{F}) \to H_*(A; \mathbb{F})$ 的 $\mathbb{F}$-秩的最大值, 其中 $\mathbb{F}$ 取遍所有的域.

关于同调的本质性. 除了无限维投影空间 $X = P^\infty$, 还有其他重要的空间以及空间上的能量函数, 比如

单连通黎曼流形 $X$ 上圈 $a: S^1 \to X$ 构成的空间 $A$, 其中长度 $length(a)$ 取为 $E(a)$.[1]

---

[1] 同伦高度本质性的这个例子在本文的文章拉伸的同伦效应[8]中解释了, 而对黎曼流形之间映射的 "自然" 空间 $A$ 以及能量 $E(a)$, 此性质的完整范围仍不清楚.

其中, $E(a) = length(a)$ 的胞腔数和同调秩谱 "本质上决定于" 同伦高度. (这是为什么同伦高度在本人的文章维数、非线性谱以及宽度中以 "本性维数" 的名义被挑选出来.)

然而, 对于余维数 $\geqslant 2$ 的 $k$-链空间上的 $k$-体积函数, 同调比同伦高度携带了重要得多的信息, 正如拉里·古斯 (Larry Guth) 在他的文章 [15] 中所揭示的那样.

关于笛卡儿乘积的高度和胞腔数. 如果映射 $\phi_i : S_i \to A$ ($i = 1, \cdots, k$) 的同伦高度和/或胞腔数可用某个与 $i$ 无关的域 $F$ 上相应的同调同态表示, 则依据卡尼斯公式, 映射笛卡儿乘积

$$\phi_1 \times \cdots \times \phi_k : S_1 \times \cdots \times S_k \to A_1 \times \cdots \times A_k$$

的同伦高度具有可加性

$$height[\phi_1 \times \cdots \times \phi_k] = height[\phi_1] + \cdots + height[\phi_k],$$

而胞腔数具有可乘性

$$N_{cell}[\phi_1 \times \cdots \times \phi_k] = N_{cell}[\phi_1] \times \cdots \times N_{cell}[\phi_k].$$

还有哪些情形使得这些性质仍成立?

特别地, 对下列映射类我们想了解这方面会发生什么.

(a) 球面之间的映射 $\phi_i : S^{m_i+n_i} \to S^{m_i}$,

(b) 局部对称空间之间的映射, 比如常负曲率紧流形之间的映射,

(c) 单一映射 $\phi : S \to A$ 的高次笛卡儿幂 $\phi^{\times N} : S^{\times N} \to A^{\times N}$.

比如, 什么时候极限

$$\lim_{N \to \infty} \frac{height[\phi^{\times N}]}{N} \quad \text{以及} \quad \lim_{N \to \infty} \frac{\log N_{cell}[\phi^{\times N}]}{N}$$

不为零? (这些极限存在, 因为高度以及胞腔数的对数在映射的笛卡儿积下具有次可加性.)

有可能, 关于到单连通空间 $A_i$ 的映射的 "有理同伦类 $[\cdots]_{\mathbb{Q}}$" (而不是 "完全" 同伦类 $[\cdots] = [\cdots]_{\mathbb{Z}}$) 的一般问题, 用沙利文极小模型解决起来容易一些.

还有, 对模 $p$ 的同伦类, 问题可能更好处理.

### §4.5　分次秩、庞加莱多项式、理想值测度以及谱 ⌣ -不等式

连续映射所诱导的 (上) 同调同态的像以及核都是分次交换群, 它们的秩不是由单个的数而是庞加莱多项式所正确代表.

于是, 能量函数 $E(a)$ 的次水平集 $A_r = E^{-1}(-\infty, r] \subset A$ 由包含同态 $\phi_i(r) : H_i(A_r; \mathbb{F}) \to H_i(A; \mathbb{F})$ 的庞加莱多项式 $P_r(t; \mathbb{F})$ 所刻画, 它等于

$$P_r = P_r(t; \mathbb{F}) = \sum_{i=0}^{\infty} t^i rank_{\mathbb{F}} \phi_i(r).$$

相应地, 同调谱, 即 $\phi_*(r)$ 的秩改变的那些 $r \in \mathbb{R}$ 构成的集合, 以正整数系数多项式为指标.(这种多项式集合中的半环结构与拓扑/几何构造粗略地一致, 比如在 $A = A_1 \times A_2$ 上取 $E(a) = E(a_1) + E(a_2)$.)

将子集 $D \subset A$(比如 $D = A_r$) 对应于其庞加莱多项式的集合函数 $D \to P_D$ 有一些测度类性质, 这对集合函数

$$A \supset D \mapsto \mu(D) = \mu^*(D; \Pi) = \mathbf{0}^{\backslash *}(D; \Pi) \subset H^*(A; \Pi)$$

更为显著, 其中 $\Pi$ 为一个交换 (同调系数) 群 (比如某个域 $\mathbb{F}$), $\mathbf{0}^{\backslash *}(D; \Pi)$ 是补集 $A \backslash D \subset A$ 上同调限制同态 $H^*(A; \Pi) \to H^*(A \backslash D; \Pi)$ 的核.

因为上同调类 $h \in \mathbf{0}^{\backslash *}(D; \Pi) \subset H^*(A; \Pi)$ 可以用支集在 $D$ 中的上链表示[①], 则有 $H^*(A; \Pi)$ 中子集和的加性以及当 $\Pi$ 是交换环情形理想的 ⌣-乘性:

对 $A$ 中不相交开集 $D_1, D_2$, 有

[∪+] $\qquad\qquad \mu(D_1 \cup D_2) = \mu(D_1) + \mu(D_2),$

对所有开集 $D_1, D_2 \subset A$, 有[②]

[∩⌣] $\qquad\qquad \mu(D_1 \cap D_2) \supset \mu(D_1) \smile \mu(D_2).$

应用于 $D_{r,i} = E_i^{-1}(r, \infty) \subset A$ 的关系 [∩⌣] 也可等价地用上同调谱如下表示.

---

① 此性质暗示了 $\mu$ 可扩张到 $A$ 上多层域 $D$, 其中 $D$ 到 $A$ 的映射 $D \to A$ 不是单射, 比如是有限点到一点的局部同态.

② 这些 "测度" 的进一步性质和应用可参阅 [12] 第 4 节.

[min⌣]-不等式. 设 $E_1, \cdots, E_i, \cdots, E_N : A \to \mathbb{R}$ 为连续函数/能量, $E_{min} : A \to \mathbb{R}$ 为它们的最小值,

$$E_{min}(a) = \min_{i=1,\cdots,N} E_i(a), \quad a \in A.$$

设 $h_i \in H^{k_i}(A; \Pi)$ 为上同调类, 其中 $\Pi$ 为交换环, 令 $h_\smile \in H^{\sum_i k_i}(A; \Pi)$ 为这些类的 $\smile$-乘积,

$$h_\smile = h_1 \smile \cdots \smile h_i \smile \cdots \smile h_N.$$

则有

[min ⌣] $$E^*_{min}(h_\smile) \geqslant \min_{i=1,\cdots,N} E^*_i(h_i).$$

因此, 在此上同调类 $h_\smile \in H^*(A; \Pi)$ 上, "总能量"

$$E_\Sigma = \sum_{i=1,\cdots,N} E_i : A \to \mathbb{R}$$

下方有界

$$E^*_\Sigma(h_\smile) \geqslant \sum_{i=1,\cdots,N} E^*_i(h_i).$$

关于 $\wedge$-乘积. [∩⌣](以及 [min⌣]) 的 (明显) 证明依赖于 $\smile$-乘积的局部性, 在同伦论的术语中, 这相当于 $\smile$ 关于 $\wedge$ 的分解, 其中 $\wedge$ 是代表上同调的 (带标记) 艾伦伯格 – 麦克莱恩空间之间的收缩积. 回忆, 带有标记点的空间 $T_1 = (T_1, t_1)$ 和 $T_2 = (T_2, t_2)$ 之间的收缩积定义为

$$T_1 \wedge T_2 = T_1 \times T_2 / T_1 \vee T_2,$$

其中 "$/T_1 \vee T_2$" 是指 "子集 $(T_1 \times t_2) \cup (t_1 \times T_2) \subset T_1 \times T_2)$ 收缩为一点"(作为 $T_1 \wedge T_2$ 的标记点).

实际上, 对映射 $A \to T$ 所定义出的一般上同调 "测度"(见 4.9) 以及谱满足 [∩⌣] 和 [min⌣] 的自然 (明显地定义的) 对应/推广, 记为 [∩∧] 和 [min∧].

关于分次胞腔数. 记 $N_{i-cell}[\phi]$ 为最小的数 $N_i$, 使得映射 $S \to A$ 的同伦类 $[\phi]$ 可分解为 $S \to K \to A$, 其中 $K$ 为 (最多) 具有 $N_i$ 个 $i$ 维胞腔的胞腔复形. 注意到总胞腔数被它们的和所界定,

$$N_{cell}[\phi] \leqslant \sum_{i=0,1,2,\cdots} N_{i-cell}[\phi].$$

$\phi$ 要满足哪些条件, 和 $\sum_i N_{i-cell}[\phi]$ 才能 (大致) 等于 $N_{cell}[\phi]$?

对于 (算术) 局部对称空间 $A$ 之间的覆迭映射 $\phi$, 除了 $N_{cell} \leqslant \sum_i N_{i-cell}$ 以外, 胞腔数之间还有什么关系? ①

### §4.6　族中的同伦谱

带有 (能量) 函数的拓扑空间常成族出现. 这种族 $A_q$ 的最简单类可利用从空间 $A = A_Q$ 到 $Q$ 的连续映射 $F$ 定义, 其中 "纤维" $A_q = F^{-1}(q) \subset A\ (q \in Q)$ 可作为这种族中的成员, 而 $A_q$ 上的能量可通过 $A$ 上函数在 $A_q \subset A$ 上的限制得到. ②

在这种情形下, 同伦谱可对空间 $S_q$ 的连续族定义, $S_q$ 是连续映射 $S \to Q$ 的 "纤维", 而相关的映射 $\phi : S \to A$ 对每一个 $q \in Q$ 均将 $S_q$ 映入 $A_q$, 这些映射记为 $\phi_q = \phi|_{S_q}$.

这种保纤维映射 $\phi$ 的纤维同伦类 $[\phi]_Q$ 的能量可与先前一样地定义为

$$E[\phi]_Q = \inf_{\phi \in [\phi]_Q} \sup_{s \in S} E \circ \phi(s) \leqslant \sup_{q \in Q} E_q[\phi_q],$$

其中后一不等式在很多情形实际上都是等式.

例 1. 移动子集中的 $k$-链. 设 $U_q(q \in Q)$ 为黎曼流形 $X$ 中开子集族. 一个例子就是 $\rho$-球 $U_x = U_x(\rho) \subset X$, 其中 $\rho > 0$ 给定, $X$ 本身扮演了 $Q$ 的角色.

定义 $A = A_Q$ 为 $U_q(q \in Q)$ 中 $k$ 维 $\Pi$-链③ $c = c_q$ 组成的空间 $C_k\{U_q; \Pi\}_{q \in Q}$, 即 $A = A_Q$ 等于配对 $\{q \in Q, c_q \in C_k(U_q; \Pi)\}$ 组成的空间, 其中, 与先前一样, $\Pi$ 为交换 (系数) 群, 其上有范数类函数; 于是我们可取 $E(c) = E_q(c_q) = vol_k(c)$ 为能量函数.

例 2. 映入 $X$ 的空间中的链. 这里, 作为 $X$ 中子集的替代, 我们取从一个固定黎曼流形 $U$ 到 $X$ 的局部微分同胚映射 $y$, 然后将笛卡

---

① 在这方面, 局部对称空间 $A$ 之间的恒同映射似乎不那么平凡. 另一方面, 对称空间之间的一般局部等距映射 $\phi : A_1 \to A_2$, 以及度为正的连续映射 $S \to A$, 其中 $S$ 和 $A$ 为相同维数的流形 (只有 $A$ 是局部对称的), 也都很有意思.

② 一般地, 函数的值域也可能依赖于 $q$, 比如说 $a_q : A_q \to R_q$, 通过将族定义为格罗滕迪克位上的 (拓扑) 层, 可以获得进一步的推广.

③ $U \subset X$ 中的 $k$-链是指 $(U, \partial U)$ 中的一个相对 $k$-链, 即边界含于 $U$ 的边界的 $k$-链. 另外, 如果 $U$ 为非紧开子集, "$k$-链" 是指无限 $k$-链, 即 (先验地) 具有非紧支集.

儿乘积 $C_k(U; \Pi) \times Q$ 作为 $A = A_Q$.

例 1+2. 定义域变化的映射. 也可以考虑一族空间 $U_q$(例如光滑流形之间的映射 $\psi : Z \to Q$ 的 "纤维" $U_q = \psi^{-1}(q)$) 以及映射 $y_q : U_q \to X$.

关于约化 1 $\Rightarrow$ 2. 当 $X$ 中移动子集 $U_q \subset X$ 的链空间 $A_Q = C_k\{U_q; \Pi\}_{q \in Q}$ 拓扑上分裂为 $A_Q = C_k(U; \Pi) \times Q$ 时, 其中 $U$ 为某个固定流形, 约化就会发生.

一个简单但具有代表性的例子就是 $Q = X$ 为 $m$ 维环面, $X = \mathbb{T}^m = \mathbb{R}^m/\mathbb{Z}^m$, 其中 $B = U_0$ 为 $\mathbb{T}^m$ 中的开子集, $Y = X = \mathbb{T}^m$ 等于平移 $U_0 \mapsto U_0 + x$ $(x \in \mathbb{T}^m)$ 构成的空间.

例如, 如果 $U_0$ 是半径 $\varepsilon \leqslant 1/2$ 的球, 则它可等同于欧氏 $\varepsilon$-球 $B = B(\varepsilon) \subset \mathbb{R}^m$.

类似的分解对单射半径 $> \varepsilon$ 的可平行化流形 $X$ 也可能成立, 其中移动 $\varepsilon$-球 $U_x \subset X$ 可对一个固定球 $B = B(\varepsilon)$ 用指数映射 $\exp_q : T_q = \mathbb{R}^m \to X$ 得到.

一般地, 如果 $X$ 不可平行化, 则取 $Q$ 为 $X$ 中标准正交切标架空间, 其中乘积空间 $C_k(B; \Pi) \times Q$ $(B = B(\varepsilon) \subset \mathbb{R}^m)$ 构成了移动 $\varepsilon$-球 $U_x \subset X$ 中的链组成的空间 $C_k\{U_x(\varepsilon); \Pi\}$ 上的一个主 $O(m)$-纤维丛, $m = dim(X)$.[①]

### §4.7　对称性、等变谱以及对称化

如果 $A$ 上的能量函数 $E$ 在某个群 $G$ 在 $A$ 上的连续作用下不变 —— 这很常见 —— 则相关的范畴是关于 $G$-空间 $S$ 的, 即被群 $G$ 作用的拓扑空间 $S$, 其中考虑的是 $G$-等变连续映射 $\phi : S \to A$, 等变同伦, 等变 (上) 同调、分解, 等等.

与此相关的例子由笛卡儿幂 $A = X^{\{1, \cdots, N\}}$ 上的对称能量 $E = E(x_1, \cdots, x_N)$ 所提供, 比如度量空间上的 (特别) 填充能量

$$E(x_1, \cdots, x_N) = \sup_{i \neq j = 1, \cdots, N} dist^{-1}(x_i, x_j),$$

它在对称群 $Sym_N$ 下不变. 经常有用的就是利用某些子群 $G \subset Sym_N$ 作用下的对称性, 我们在后面将会看到这一点.

---

[①] 在 $\Pi = \mathbb{Z}_2$ 的情形, 施蒂费尔 – 惠特尼示性类为零似乎就足以保证此纤维化的 (同调) 分裂, 见本人的文章 [9] 中 6.3 节.

除了群 $Sym_N$, $X^{\{1,\cdots,N\}}$ 上的能量 $E$ 经常在作用于 $X$ 的同样群 $H$ 下也是不变的, 比如填充情形下的等距群 $Is(X)$.

如果这样的一个群 $H$ 是紧致的, 则它的作用要小于 $Sym_N$, 特别是对大的 $N \to \infty$; 然而, 如果 $H$ 适当地作用在非紧空间 $X$ 上, 比如 $X = \mathbb{R}^m$ 被其等距群所作用, 则 $H$ 及其作用就很重要.

MIN-对称化能量. $G$-空间 $A$ 上的任意函数 $E$ 可通过对 $e_g = E(g(a)) \in \mathbb{R}$ $(g \in G)$ 取对称函数而变成 $G$-不变的. 因为我们主要关心 $\mathbb{R}$ 中的序结构, 首选的对称化为

$$E(a) \mapsto \inf_{g \in G} E(g(a)).$$

与分划有关的最小化. 这个 inf-对称化并不完全依赖于 $G$ 的作用, 而是依赖于 $A$ 关于 $G$ 的轨道的分划. 实际上, 给定 $A$ 的任意分划 $\alpha$, 其子集称为 $\alpha$-切片, 定义函数

$$E_{\inf_\alpha} = \inf_\alpha E : A \to \mathbb{R},$$

其中 $E_{\inf_\alpha}(a)$ 等于 $E$ 在包含 $a$ 的 $\alpha$-切片上的下确界. 类似地可定义 $E_{\sup_\alpha} = \sup_\alpha E$, $E_{\min_\alpha}$ 和 $E_{\max_\alpha}$ 可照此理解.

例子: 笛卡儿幂上的能量. $A$ 上的能量 $E$ 诱导了空间 $A^{\{1,\cdots,N\}}$ 上的 $N$ 个能量, 它们是

$$E_i : (a_1, \cdots, a_i, \cdots, a_N) \mapsto E(a_i).$$

不管是从几何角度还是物理角度来看, 自然的对称化方法就是取总能量 $E_{total} = \sum_i E_i$. 但在下面我们将使用 $E_{min} = \min_i E_i = \min_i E(a_i)$, 并用它从下方界定总能量:

$$E_{total} \geqslant N \cdot E_{min}.$$

例如, 我们将对黎曼流形 $V$ 中球 $U_i$ 的 $N$ 元组族采用上述做法, 从而界定并集 $\cup_i U_i$ 中 $k$-链 $c$ 的 $k$-体积, 其中, 注意到

$$vol_k(c) = \sum_i vol_k(c \cap U_i),$$

如果球 $U_i$ 互不相交的话. 另外,

$$E(c) = \sum_i E(c \cap U_i)$$

尽管是显然的, 后面我们会看到, 这会导致空间 $C_k(X; \Pi)$ 上 $vol_k$-能量的同伦/同调谱和 $X$ 的 $\varepsilon$-球填充空间的等变同伦/同调之间的非明显关系.

### §4.8　无限维空间的等变同伦

如果我们想理解非紧流形 (比如欧氏空间) 中无限多个粒子的空间上 "自然能量" 的同伦谱, 就必须将同伦和同调谱的概念扩展到无限维空间 $A$, 其中维数的无限性被一个附加结构所补偿, 比如无限群 $\Upsilon$ 在 $A$ 上的作用.

最简单的例子就是 $\Upsilon$ 为一可数群, 此时倾向于记为 $\Gamma$, 而 $A = B^\Gamma$ 为映射 $\Gamma \to B$ 构成的空间, $A$ 上有 $\Gamma$ 的 (明显)位移作用. 这启发了如下定义.[①]

设 $H^*$ 为 (某个域上的) 分次代数, 它被一个可数顺从群 $\Gamma$ 作用. 用有限富勒子集 $\Delta_i \subset \Gamma$ $(i = 1, 2, \cdots)$ 去穷竭 $\Gamma$, 并给定有限维分次子代数 $K = K^* \subset H^*$. 用 $P_{i,K}(t)$ 表示 $H^*$ 中由 $\gamma$-变换 $\gamma^{-1}(H_K^*) \subset H^*$ $(\gamma \in \Delta_i)$ 所生成分次子代数的庞加莱多项式.

定义 $\Gamma$ 在 $H^*$ 上作用的多项式熵为

$$Poly.ent(H^* : \Gamma) = \sup_K \lim_{i \to \infty} \frac{1}{card(\Delta_i)} \log P_{i,K}(t).$$

某些此类东西可应用于子代数 $H^* \subset H^*(A; \mathbb{F})$, 比如 (能量次水平) 子集 $U \subset A$ 的限制上同调同态的像和/或核, 如果下列议题获得解决的话.

1. 在移动球或 $\mathbb{R}^m$ 中粒子的例子中, 相关的群 $\Upsilon$, 比如保定向欧氏等距群, 是连通的, 且在空间 $A$ 的上同调上的作用是平凡的.

例如, 设 $\Gamma \subset \Upsilon$ 为离散子群, $A$ 等于 $B^\Gamma$ 的动态 $\Upsilon$-纬垂, 即 $B^\Gamma \times \Upsilon$ 除以 $\Gamma$ 的对角线作用,

$$A = (B^\Gamma \times \Upsilon)/\Gamma.$$

① 见 [14].

此空间 $A$ 的 (普通) 上同调被 $B$ 的上同调与 $\Upsilon/\Gamma$ 的张量积所界定, 对有限生成上同调代数 $H^*(B)$, 这将给出零多项式熵.

为了得到更有意思的东西, 比如等于 $B^\Gamma$ 的普通庞加莱多项式 $P(H^*(B))$ 的平均庞加莱多项式, 我们需要 (对数) 平均庞加莱多项式 的某种定义, 使得它远远不等于零, 即使 $A$ 的普通上同调为零.

这种平均庞加莱多项式有几个候选者, 比如其中一个在本人的文章 [13] 的 1.15 节中指出了.

对于上述 $A = (B^\Gamma \times \Upsilon)/\Gamma$, 当 $\Gamma$ 为剩余有限群时, 另一可能的方法是利用相应于次数为 $i$ 的子群 $\Gamma_i \subset \Gamma$ 的 $i$-叶覆迭 $\tilde{A}_i$, 取极限

$$\lim_{i \to \infty} \frac{1}{i} \log P(H^*(B)).$$

(代数上, 利用群 $\Gamma$ 在抽象分次代数 $H^*$ 上的作用, 这对应于取 $H^*$ 中 $\Gamma_i$-不变子代数的对数的规范化极限; 这使人想起上述多项式熵推广到 sofic 群的可能性.[1])

**2.** 上述多项式熵以及平均庞加莱多项式的数值定义乞求范畴术语式的演绎, 这类似于普通熵.[2]

**3.** (离散) 无限可数子集 $a \subset X$ 构成的空间 $A_\infty$ 是为了用来表示非紧流形 (比如 $X = \mathbb{R}^m$) 中粒子的无限系综, 它比 $A = B^\Gamma$, $A = (B^\Gamma \times \Upsilon)/\Gamma$ 以及先前研究过的其他 "乘积类" 空间都要复杂.

这些 $A_\infty(X)$ 也许可以视为有限空间 $A_N(X_N)$ 当 $N \to \infty$ 时的极限, 其中逼近序列 $X_N$ 为紧流形, 它们必须经过适当的选取.

例如, 如果 $X = \mathbb{R}^m$ 被 $\mathbb{R}^m$ 的某等距群 $\Upsilon$ 所作用, 则要么取半径为 $R_N = const \cdot R^{N/\beta}$ 球 $B^m(R_N) \subset \mathbb{R}^m$, 为 $X_N (\beta > 0)$, 要么用环面 $\mathbb{R}^m/\Gamma_N$, 其中格点 $\Gamma_N = const \cdot M \cdot \mathbb{Z}^m$, $M = M_N \approx N^{\frac{1}{\beta}}$, $\beta > 0$.[3]

定义这种极限并制定极限空间上相关结构的泛函式定义是我们需要解决的问题, 其中, 特别地, 我们需要

● 将群 $\Upsilon$ 的作用与 $X$ 中粒子子集 $a \subset X$ (代表了 $A_\infty(X)$ 中的点) 上的无限置换群 (的某些子群) 的作用协调地结合在一起, 并且

---

① 比较 [1].

② 见本人的文章 "结构搜寻, 第一部分: 关于熵".

③ 自然的值是 $\beta = m$, 它可使 $X_N$ 的体积与 $N$ 成比例. 但对应于 $\mathbb{R}^m$ 中零密度点系综的小一些的值也是有意义的, 后面我们会看到这一点.

- 在空间 $A_\infty(X)$ 中定义 (随机?) 同伦和 (上) 同伦, 其中这些可能联系着 $n$ 元组 $a_{P_N} \subset X_N$ 族的极限, 其中 $P_N$ 为参数空间, 当 $N \to \infty$ 时其维数 $dim(P_N)$ 可能趋于无穷.[①]

**4.** 在无限粒子空间 $A_\infty(X)$ 上的大多数自然的能量 $E$ 都是到处无限的[②], 对这种 $E$ 定义其 "次水平集" 时必须小心.

### §4.9　对称性, 作用于上同伦测度上的族和运算

上同伦 "测度". 设 $T$ 为带有突出标记点 $t_0 \in T$ 的空间, 记 $H^\circ(A; T)$ 为映射 $A \to T$ 的同伦类组成的集合, 定义开子集 $U \subset A$ 的 "$T$-测度" $\mu^T(U) \subset H^\circ(A; T)$ 为将补集 $A \setminus U$ 映为 $t_0$ 的映射 $A \to T$ 的同伦类组成的集合.

例如, 如果 $T$ 是艾伦伯格 – 麦克莱恩空间 $K(\Pi; n)$ $(n = 0, 1, 2, \cdots)$ 的笛卡儿乘积, 则 $H^\circ(A; T) = H^*(A; \Pi)$, 由 4.5 节可知 $\mu^T$ 等同于 (分次上同调) 理想值 "测度" $U \mapsto \mu^*(U; \Pi) \subset H^*(A; \Pi)$.

下一步, 给定带标记空间以及它们之间映射的同伦类构成的范畴 $\mathcal{T}$, 记 $\mu^{\mathcal{T}}(U)$ 为集合 $\mu^T(U)$ $(T \in \mathcal{T})$ 的全体, 其中范畴 $\mathcal{T}$ 通过复合 $A \xrightarrow{m} T_1 \xrightarrow{\tau} T_2$ $(m \in \mu^T(U), \tau \in \mathcal{T})$ 作用在 $\mu^{\mathcal{T}}(U)$ 上.

例如, 如果 $\mathcal{T}$ 是艾伦伯格 – 麦克莱恩空间 $K(\Pi; n)$ 的范畴, 这等同于理想值范畴上 (一元) 上同调运算 (比如 $\Pi = \mathbb{Z}_2$ 时的斯廷罗德平方 $Sq^i$) 的自然作用.

上述定义可对具有附加结构的空间 $A$ 加以调整.

例如, 如果 $A$ 表示一族空间, 它们都有闭子集分划 $\beta$ —— 称为 $\beta$-切片或纤维 —— 则我们只限于讨论在这些切片上为常值的映射 $A \to T$ 构成的空间 (如果 $T$ 也有分划, 考虑将切片映入切片的映射符合逻辑一些), 定义 $H_\beta^\circ(A; T)$ 为保切片映射的同伦类组成的集合, 然后相应地定义 $\mu_\beta^{\mathcal{T}}(U) \subset H_\beta^\circ(A; T)$.

另一种相关结构就是群 $G$ 在 $A$ 上的作用. 此时可以 (也许不行) 考虑 $G$-空间 $T$(即被 $G$ 所作用) 的范畴 $\mathcal{T}$, 并等变地进行同伦, 包含 (上) 同调构造. 于是可以对 $G$-不变子集 $U \subset A$ 定义等变 $T$-测度 $\mu_G^T(U)$.

(群在空间上的作用, 在此空间上定义了一个轨道分划, 但此结构

---

① 我们将遇到维数 $dim(P_N) \sim N^{\frac{1}{\gamma}}$ 的族, 其中 $\gamma + \beta = m$, $\beta$ 如上.
② 在光学天文学中, 这称为奥伯斯星空悖论.

比作用本身带来的结构要弱.)

古斯消没引理. 对于被有限群 $G$ 所作用的空间 $A$, 具有任意系数的上同调测度的超乘积性质 (见 4.5) 意味着

$$\mu^*(\cap_{g\in G}g(U;\Pi)) \supset \smile_{g\in G} \mu^*(g(U;\Pi))$$

对所有开子集 $U \subset A$ 均成立.

当 $\Pi = \mathbb{Z}_2$ 时, 拉里·古斯将这推广到了以球面 $S^j$ 为参数的空间族上.

给定具有分划 $\alpha$ 的空间 $A$, 我们说 $A$ 中一个子集是 $\alpha$-饱和的, 如果它等于 $A$ 中某些 $\alpha$-切片之并. 在子集 $U \subset A$ 上定义两个运算,

$$U \mapsto \cap_\alpha(U) \subset U, \ \ U \mapsto \cup_\alpha(U) \supset U,$$

其中 $\cap_\alpha(U)$ 是包含于 $U$ 的最大 $\alpha$-饱和子集, $\cup_\alpha(U)$ 是包含 $U$ 的最小 $\alpha$-饱和子集.

如古斯考虑过的情形那样, 设 $A = A_0 \times S^j$, 其中 $S^j \subset \mathbb{R}^{j+1}$ 为 $j$ 维球面. $\mathbb{Z}_2$ 在 $A$ 上的作用为 $(a_0, s) \mapsto (a_0, -s)$, 此作用定义的轨道分划记为 $\alpha$ (因此, "$\alpha$-饱和" 意味着 "$\mathbb{Z}_2$-不变"). 投影 $A \to A_0$ 的纤维在 $A$ 中定义了一个分划 $\beta$( "$\beta$-饱和" 意味着 "等于 $A_0$ 的某个子集的拉回").

依照古斯, 利用 $Sq^j : H^p \to H^{2p-j}$ 定义

$$Sq_j : H^{*\geq j/2}(A;\mathbb{Z}_2) \to H^*(A,\mathbb{Z}_2).$$

利用 $\mu_\beta$-项, 他的 "消没引理" 可叙述为[①]

[∪∩]     $\mu_\beta^*(\cup_\beta(\cap_\alpha(U));\mathbb{Z}_2) \supset Sq_j(\mu_\beta^*(U;\mathbb{Z}_2)) \subset H_\beta^*(A;\mathbb{Z}_2),$

其中, 根据我们的记号, $H_\beta^*(A;\mathbb{Z}_2) \subset H^*(A;\mathbb{Z}_2)$ 等于 $H^*(A_0;\mathbb{Z}_2)$ 在投影 $A \to A_0$ 所诱导的上同调同态下的像.

如果 $E : A \to \mathbb{R}$ 为能量函数, 此引理可给出最大能量的下界[②]

$$E_{\max_\beta \min_\alpha} = \max_\beta \min_\alpha E$$

---

① 古斯是用补集 $V = A \setminus U$ 叙述其引理的: 如果某个上同调类 $h \in H_\beta^*(A;\mathbb{Z}_2)$ 在 $V$ 上为零, 则 $Sq_j(h)$ 在 $\cap_\alpha(\cup_\alpha(V))$ 上为零.

② 回忆 $\min_\alpha E(a)$ $(a \in A)$ 表示 $E$ 在含有 $a$ 的 $\alpha$-切片上的最小值, $\max_\beta$ 表示关于 $\beta$ 的类似最大值 (见 4.7).

在上同调类 $Sq_j(h)$ $(h \in H_\beta^*(A; \mathbb{Z}_2))$ 上满足

[max min] $$E_{\max_\beta \min_\alpha}^*(Sq_j(h)) \geqslant E^*(h).$$

问题. [∪∩] 和 [max min] 到其他上同调以及具有分划 $\alpha, \beta, \gamma$ 的空间上的上同调测度的推广是什么?

### §4.10　上同调谱的配对不等式

设 $A_1$, $A_2$ 以及 $B$ 为拓扑空间, 设 $A_1 \times A_2 \overset{\circledast}{\to} B$ 为连续映射, 其中我们以 $b = a_1 \circledast a_2$ 记 $b = \circledast(a_1, a_2)$.

例如, 在某个拓扑范畴中态射 $X \overset{a_1}{\to} Y \overset{a_2}{\to} Z$ 的复合 $a_1 \circ a_2 : X \to Z$ 在态射集合上定义了这样一个映射,

$$mor(X \to Y) \times mor(Y \to Z) \overset{\circledast}{\to} mor(X \to Z).$$

对我们来说, 一个更为相关的例子就是下面的 链×填充. 这里, $A_1$ 是流形 $U$ 和 $X$ 之间的局部微分同胚空间, $A_2$ 是 $X$ 中以某 $\Pi$ 为系数的链空间, $B$ 是 $U$ 中具有同样系数的链空间, $\circledast$ 表示 "拉回"

$$b = a_1 \circledast a_2 =_{def} a_1^{-1}(a_2) \in B.$$

此 $U$ 可等于 $N$ 个流形 $U_i$ 的不交并, 在球面装填问题中, $U_i$ 是 $X$ 中不与单射 $a$ 相交的球.

解释性注记. (a) 我们的 "链" 定义为相关流形 $X$ 和/或 $U$ 中子集, 其上有 $\Pi$–值函数.

(b) 在开流形的情形, 我们考虑具有无限支集的链, 在紧带边流形或开子集 $U \subset X$ 的情形, 本质上是模去边界 $\partial X$ 的链.

(c) 依照庞加莱[1], 保持余维数的 "链的拉回" 可对一大类光滑通有(不必等维数) 映射 $U \to X$ 定义.

(d) 上链(而非链) 更容易处理, 其中的共变函子性质无需对问题中空间和映射施加额外的条件.[2]

设 $h^T$ 为 $B$ 中 (最好非零) 上同伦类, 即关于某空间 $T$ 的不可缩映射 $B \to T$ 的同伦类 (如果 $T$ 是艾伦伯格 – 麦克莱恩空间, "上同伦"

---

[1] 这在本人的文章 "流形: 我们从哪里来? ……" 中说清楚了.
[2] 见 [12].

应读为 "上同调"), 记

$$h^{\circledast} = \circledast \circ h^T : [A_1 \times A_2 \to T]$$

为 $A_1 \times A_2$ 上的诱导类, 即复合映射 $A_1 \times A_2 \xrightarrow{\circledast} B \xrightarrow{h^T} T$ 的同伦类.

(此处以及后面, 我们并不总是从记号上去区分映射和映射的同伦类.)

设 $h_1$ 和 $h_2$ 为空间 $S_1$, $S_2$ 上映射 $S_1 \to A_1$ 和 $S_2 \to A_2$ 的同伦类.

(在 $h^T$ 为上同调类的情形, 这些 $h_i$ 可替换为它们所代表的同调(而非同伦) 类.)

复合这三个映射,

$$S_1 \times S_2 \xrightarrow{h_1 \times h_2} A_1 \times A_2 \xrightarrow{\circledast} B \xrightarrow{h^T} T,$$

所得映射 $S_1 \times S_2 \to T$ 的同伦类记为

$$[h_1 \circledast h_2]_{h^T} = h^{\circledast} \circ (h_1 \times h_2) : [S_1 \times S_2 \to T].$$

设 $\chi = \chi(e_1, e_2)$ 为具有两个实变量的函数, 它关于每一个变量都是持续单调的. 设 $E_i : A_i \to \mathbb{R}$ $(i = 1, 2)$ 以及 $F : B \to \mathbb{R}$ 为空间 $A_1$, $A_2$ 以及 $B$ 上的 (能量) 函数, 使得 $F$ 到 $A \times B$ 的 $\circledast$-拉回

$$F^{\circledast} = F \circ \circledast : A_1 \times A_2 \to \mathbb{R}$$

满足

$$F^{\circledast}(a_1, a_2) \leqslant \chi(E(a_1), E(a_2)).$$

换言之, 次水平集

$$(A_1)_{e_1} = E_1^{-1}(-\infty, e_1) \subset A_1 \quad \text{和} \quad (A_2)_{e_2} = E_2^{-1}(-\infty, e_2) \subset A_2$$

乘积的 $\circledast$-像包含于 $f$-次水平集 $B_f = F^{-1}(-\infty, f) \subset B$, 其中 $f = \chi(e_1, e_2)$,

$$\circledast((A_1)_{e_1} \times (A_2)_{e_2}) \subset B_{f = \chi(e_1, e_2)}.$$

### $\circledast$-配对不等式

设 $[h_1 \circledast h_2]_{h^T} \neq 0$, 即复合映射

$$S_1 \times S_2 \to A_1 \times A_2 \to B \to T$$

不可缩. 则 $E_1$ 和 $E_2$ 在同伦类 $h_1$ 和 $h_2$ 上的值被 $F^\circ[h^T]$ 的一个下界从下方所界定

$$[\circ_\circ \geqslant^\circ] \qquad \chi(E_{1\circ}[h_1], E_{2\circ}[h_2]) \geqslant F^\circ[h^T].$$

换句话说,

$$(E_{1\circ}[h_1] \leqslant e_1) \& (E_{2\circ}[h_2] \leqslant e_2) \Rightarrow (F^\circ[h^T] \leqslant \chi(e_1, e_2))$$

对所有实数 $e_1$ 和 $e_2$ 均成立; 于是**上界** $(E_1^\circ[h_1] \leqslant e_1)$ 加**下界** $F^\circ[h^T] \geqslant \chi(e_1, e_2)$ 可推出**上界** $E_2^\circ[h_2] \geqslant e_2$, 其中, 注意在此关系中 $E_1$ 和 $E_2$ 可以交换位置.

证明. 只需展开定义即可得到 $[\circ_\circ \geqslant^\circ]$.

另外, 无需明确使用 $\chi$, $[\circ_\circ \geqslant^\circ]$ 也可通过研究 $(e_1, e_2)$-平面上的 $h^\circledast$-谱线

$$\Sigma_{h^\circledast} = \partial\Omega_{h^\circledast} \subset \mathbb{R}^2$$

而看出 (我们在 4.3 节中已遇到过此 $\Sigma$), 其中 $\Omega_{h^\circledast} \subset \mathbb{R}^2$ 包含点对 $(e_1, e_2) \in \mathbb{R}^2$, 使得 $h^\circledast$ 到次水平集 $A_{1e_1} = E_1^{-1}(-\infty, e_1) \subset A_1$ 和 $A_{2e_2} = E_2^{-1}(-\infty, e_2) \subset A_2$ 的笛卡儿乘积上的限制等于零,

$$h^\circledast|_{A_{1e_1} \times A_{2e_2}} = 0.$$

## §4.11　在闭链和填充族之间的配对不等式

## §4.12　辛参数化填充问题

## §4.13　通过 $X$ 的参数化装填的同伦去重构空间 $X$ 的几何

## 参考文献

[1] G. Arzhantseva, L. Paunescu, Linear sofic groups and algebras, arXiv: 1212.6780 [math.GR].

[2] Y. Baryshnikov, P. Bubenik, M. Kahle, Min-type Morse theory for configuration spaces of hard spheres, arXiv:1108.3061, http://www.math.ncsu.edu/TLC/TLC-kahle.pdf.

[3] P. Benevieri, M. Furi, On the uniqueness of degree in infinite dimension, http://sugarcane.icmc.usp.br/PDFs/icmc-giugno2013-short.pdf.

[4] P. Biran, From Symplectic Packing to Algebraic Geometry and Back, European Congress of Mathematics, Volume 202 of the series Progress in Mathematics, 507—524.

[5] P. Biran, O. Cornea, A Lagrangian quantum homology, in New Perspectives and Challenges in Symplectic Field Theory edited by: Miguel Abreu and Franois Lalonde, American Mathematical Society.

[6] L. Buhovsky, A maximal relative symplectic packing construction, J. Symplectic Geom. Vol.8 (2010), No.1, 67—72.

[7] O. E. Lanford, Entropy and equilibrium states in classical statistical mechanics, Lecture Notes in Physics, Volume 20, 1—113 (1973).

[8] M. Gromov, Homotopical effects of dilatation, J. Differential Geom. 13 (1978), 303—310.

[9] M. Gromov, Isoperimetry of waists and concentration of maps, GAFA, Geom. funct. anal., 13 (2003), 178—215.

[10] M. Gromov, Positive curvature, macroscopic dimension, spectral gaps and higher signatures, in Functional analysis on the eve of the 21st century, Gindikin, Simon (ed.) et al, Volume II. In honor of the eightieth birthday of I. M. Gelfand, Proc. conf. Rutgers Univ., New Brunswick, NJ, USA, October 24—27, 1993. Prog. Math. 132 (1996), 1—213, Birkhäuser, Basel.

[11] M. Gromov, Singularities, expanders and topology of maps, Part 1 : Homology versus volume in the spaces of cycles, GAFA, Geom. func. anal., 19 (2009), No. 3, 743—841.

[12] M. Gromov, Singularities, expanders and topology of map, Part 2: From combinatorics to topology via algebraic isoperimetry, GAFA, Geom. func. anal., 20 (2010), 416—526.

[13] M. Gromov, Topological invariants of dynamical systems and spaces of holomorphic maps, I. Math. Phys. Anal. Geom., 2 (4): 323—415.

[14] M. Gromov, M. Bertelson, Dynamical Morse entropy, In Modern dynamical systems and applications, Cambridge Univ. Press, Cambridge (2004), 27—44.

[15] L. Guth, Minimax problems related to cup powers and Steenrod squares, Geometric and Functional Analysis, 18 (2009), No.6, 1917—1987.

[16] D. McDuff, L. Polterovich, Symplectic packings and algebraic geom-

etry, Invent math. 115 (1994), 405—429.

[17] D. McDuff, Symplectic embeddings and continued fractions: a survey, Japan. J. Math. 4 (2009), 121—139.

[18] D. Ruelle, Thermodynamic formalism: the mathematical structures of classical equilibrium statistical mechanics, 2nd Edition, Cambridge Mathematical Library (2004).

## §5 等周问题以及代数的韦施克 – 富勒配置

设 $X$ 为集合, $G$ 为映射 $g: X \to X$ 组成的集合, 其中我们主要感兴趣的情形是: $X$ 为某个域 $\mathbb{F}$ 上的线性空间, $G$ 是 $X$ 上线性算子组成的集合.

"$G$-内部" 和 "$G$-边界" $\partial_G(U)$. 给定子集 $Y \subset X$, 例如线性子空间 (如果这有意义的话), 定义 $Y$ 的 $G$-不变部分 (相当于 "内部") $inv_G(Y) \subset Y$ 为对所有 $g \in G$ 均有 $g(y) \in Y$ 的那些 $y$ 组成的子集. 注意, 在线性的情形 $inv_G(Y) \subset Y$ 为线性子空间.

现在, 假定所有的事情都是线性的, 定义 $Y$ 的 $G$-边界为商空间

$$\partial_G(Y) =_{def} Y/inv_G(Y).$$

根据定义, $(X, G)$ 关于域 $\mathbb{F}$ 的 (等周)秩配置是一个正整数函数, 记为 $r^{\partial}_{\min}(R) = r^{\partial}_{\min}(R; \mathbb{F})$ $(R \in \mathbb{Z}_+)$, 它等于秩为 $R$ 的所有线性子空间 $Y \subset X$ 的边界的秩的最小值,

$$r^{\partial}_{\min}(R) = r^{\partial}_{\min}(R; \mathbb{F}) = \inf_{rank_{\mathbb{F}}(Y)=R} rank(\partial_G(Y)).$$

配置 $n^{\partial}_{\min}(R)$. 传统的组合等周配置, 记为 $n^{\partial}_{\min}(R)$, 关系到 $G$ 在集合 $X$ 上的一个非线性作用, $Y$ 的边界 (它定义为补集 $Y \setminus inv(Y)$), $Y$ 及其边界的基数而不是 $rank_{\mathbb{F}}$.

**一般性问题 3**. 对被一些线性算子所作用的特定 (类) 线性空间 $X$ 计算 $r^{\partial}_{\min}(R)$.

特别地, 设 $X$ 为集合 $S$ 上的 $\mathbb{F}$-值函数组成的某个 "自然" 空间, $G$ 为映射 $g: S \to S$ 组成的集合, 使得 $X$ 关于 $G$ 在函数 $S \to \mathbb{F}$ 上的诱导下作用不变.

$S$ 上作用的**组合**等周配置 $n_{\min}^{\partial}(R)$ 与 $X$ 上相应的 $G$-作用的**秩配置** $r_{\min}^{\partial}(R)$ 之间的关系是什么?

比如说,什么时候这两个配置相等?

在组合配置和秩配置之间的关系中[①],我们所知道的大多数都关系到这样的情形,其中 $S$ 是有限集 $G \subset S$ 所生成的群,其作用为 $g(s) = g \cdot s$,将分离点作为 (非)顺从性概念.

回忆一个有限生成群 $S$ 称为是非顺从的,如果它关于某个 (因而任意) 有限生成子集 $G \subset S$ 的组合配置是 (渐近) 线性的:

$$n_{\min}^{\partial}(R) \geqslant \lambda \cdot R,$$

其中 $\lambda = \lambda(S, G) > 0$. 于是

• $S$ 上支集有限的 $\mathbb{F}$-值函数组成的空间被 $G$ 所作用,其秩配置 $r_{\min}^{\partial}(R) = r_{\min}^{\partial}(R; \mathbb{F})_{fnt}$ 对所有域 $\mathbb{F}$ 都是线性的, [Bartholdi, 2007];

• $S$ 上复值平方可和函数空间 $X$ 被 $G$ 所作用,其 $l_2$-秩配置 $r_{\min}^{\partial}(R) = r_{\min}^{\partial}(R; \mathbb{C})_{l_2}$ 是线性的,[②] [Elek, 2006].

现在,如果群 $S$ 是顺从的,则其组合配置表达了这种顺从性的定量测度,而 $S$ 上支集有限的函数 $x(s)$,其线性作用的秩配置扮演了类似的角色;但这两个测度 (配置) 可能大不相同,而对不同的域 $\mathbb{F}$,秩配置也可能不同.

**问题** [A]. 有哪一些 (类) 有限生成群 $S$,使得 $S$ 上支集有限的函数组成的空间 $X = X_{fnt}$ 的秩配置 $r_{\min}^{\partial}(R) = r_{\min}^{\partial}(R; \mathbb{F})_{fnt}$ 从下方[③]被组合等周配置 $n_{\min}^{\partial}(R)$ "合理地界定"[④]?

对于不同的域,秩配置之间的关系是什么?

**讨论.** 两个配置之间的重要差别就是组合 $n_{\min}^{\partial}(R)$ 不依赖于映射 $g : S \to S$ 自身,而是依赖于顶点集 $S$ 上的 (有向)图,其边的集合为

$$E = E_G =_{def} \{(x, g(x))\}_{x \in X, g \in G} \subset S \times S,$$

---

① 更一般的代数出现在 [1] 中,我猜 [2] 中也有.

② 在这种情形,对任意 $p < \infty$,可以将 $\sum_s |s(x)|^2 < \infty$ 换成较弱的条件 $\sum_s |s(x)|^p < \infty$.

③ 上界 $r_{\min}^{\partial}(R) \leqslant n_{\min}^{\partial}(R)$ 是显然的,因为子集 $T \subset S$ 对应于 $S$ 上函数的线性空间的坐标子空间.

④ 这种 "合理下界" 的最令人满意的情形将会是 $r(R) \geqslant c_1 \cdot n(c_2 \cdot R)$, $c_1, c_2 > 0$.

其中变换 $g : S \to S$ 组成的许多不同集合 $G$ 可能对应相同的图.

实际上, 此图 $E = E_G$ 可用变换集 $G^{\approx} = G^{\approx}(E) \supset G$ 表示, 它由 $X$ 的 "$E$-有界拟平行移动" 组成, 按定义, 就是使 $E_G^{\approx} = E$ 的 $X$ 的变换的最大集合.

尽管这个 $S \to S$ 变换组成的集合 $G^{\approx}$ 比 $G$ 大得多 (它是不可数的, 除非除了有限个 $s \in S$ 以外, $g(s) = x$ $(g \in G)$), 它和 $G$ 具有同样的组合配置.

但, 并不出人意料的是, $G^{\approx}$ 的秩配置可能比 $G$ 的大很多, 因为一个向量 $x = x(s) \in X$ 的 $G$-轨道的仿射包络包含着非零向量 $x_e \in X$, 对所有的边 $e = (s, g(s)) \in E_G$, 其中 $x(s) \neq x(g(s))$, 它都支于配对 $\{s, g(s)\} \subset S$. 这种向量 $x_e$ 能张成很多东西, 因为它们对不相交边 $e \in E_G$ 都是线性无关的.

实际上, 存在有限生成群 $S$, 其中它们在具有有限支集的函数 $S \to \mathbb{F}$ 空间上的作用的秩配置是**有界的**, 而组合配置增长得**几乎和 $R$ 一样快**.

即, 任意给定一个**缓慢下降**的函数 $\lambda(R) \to 0$, $R \to \infty$, 存在一个有限生成群 $S$, 使得

$$n_{\min}^{\partial}(R) \geqslant \lambda(R) \cdot R$$

对大的 $R$ 均成立, 而相应的秩配置函数 $r_{\min}^{\partial}(R) = r_{\min}^{\partial}(R; \mathbb{F})_{fnt}$ 对所有域都是有界的.

**猜测** 1. 如果一个有限生成群 $S$ 对某个域 $\mathbb{F}$ 具有有界秩配置 $r_{\min}^{\partial}(R) = r_{\min}^{\partial}(R; \mathbb{F})_{fnt}$, 则 $S$ 等于一个局部有限群与一个循环群的半直积.

这可能不难证明, 但对满足 $r_{\min}^{\partial}(R) \sim R^{\varepsilon}$ 的群, 类似的描述可能很难 (如果可能的话), 即使是对较小的 $\varepsilon$, 比如 $\varepsilon < 1/2$.

有几类群 $S$, 包括 (除了非顺从群以外) 格里格查克纯挠群及其圈积, 其中秩配置 $r_{\min}^{\partial}(R) = r_{\min}^{\partial}(R; \mathbb{F})_{fnt}$ 的下界接近于我们所了解的这些群的组合配置 $n_{\min}^{\partial}(R)$. 特别地, 这些 (纯挠) 群的秩配置 $r_{\min}^{\partial}(R)$ 可能增长得与 $\dfrac{R}{\log\log R}$ 一样快.

**猜测** 2. 存在有限生成 (有限表现?) 顺从纯挠群 (可能是格里格

查克群的迭代圈积), 其秩配置增长得与 $\dfrac{R}{\log\log\cdots\log R}$ 一样快.

**猜测 3.** 存在 (许多) 无挠有限生成群, 其秩配置比组合配置要小很多.[①]

在另一极端情形, 有

**相等问题.** 确认有限生成群 $G$, 使得两个配置对所有有限生成子集都相等.

已知的此类群似乎只有那些*左可序*的群 (在下面解释), 很可能这种群没有别的.

**保序变换.**[②]如果一个线性 $G$-空间 $X$ (是指 $X$ 被线性变换 $g : X \to X$ 组成的群所作用) 容许到 $G$-集合 $S$ 的 $G$-等变映射 $\tau$, 使得

$$card(\tau(Y)) = rank_{\mathbb{F}}(Y)$$

对所有有限秩线性子空间 $Y \subset X$ 均成立, 则显然有

$$r_{\min}^{\partial}(R) \geqslant n_{\min}^{\partial}(R),$$

并且如果 $S$ 带有序结构, 则可对具有有限支集的函数 $x = x(s)$ 定义这样的映射: 此映射将每一个 $x = x(s)$ 均映到 $x(s)$ 支集中最小的 $s$.

于是, 如果所有 $g : S \to S (g \in G)$ 均保持 $S$ 的序结构, 则 $S$ 上支集有限的函数空间 $X$ 上的秩配置等于其组合等周配置.

注意到 $G$ 的保序性质难以 (不可能?) 用 $G$ 的图 $E_G \subset X \times S$ 去表述.

**问题[B].** 群 (更一般的 $S$?) 上取值在超度量域中的衰减函数 (即在无穷远处趋于零) 空间 $X$, 其秩配置是否能从下方合理地被有限支集函数空间 $X_0 \subset X$ 的配置所界定?

这种下界是否为 $l_2$-配置 $r_{\min}^{\partial}(R) = r_{\min}^{\partial}(R; \mathbb{C})_{l_2}$ 所满足? 这里 $l_2$-配置是 $S$ 上平方可和函数希尔伯特空间的秩配置.

希尔伯特空间与有限支集函数空间上秩配置的相等性对秩 $k$ 有限的自由交换群成立, 其中这些配置 $\sim R^{\frac{k-1}{k}}$, 而这两种配置之间的等

---

[①] 这类似于给群代数中零除子的卡普兰斯基猜测找一个反例.
[②] 在这类问题中, 我挑选了利用序的观点, 这源于迪马·格里戈里耶夫.

价性①对群已建立, 其中这些配置 $\sim \dfrac{R}{\log R}$. 但还没有 $l_2$-配置增长快于 $\dfrac{R}{\log \log R}$ 的例子.

关于群在函数空间上作用的线性化等周问题, 以上以及其他结果/猜测都收集在本人 2008 的文章 [3] 中, 其中不包括下面的

**一般问题.** 对秩配置 $r_{\min}^{\partial}(R)$, 哪一些 (证明了的和/或猜测性的) 不等式可以从**群** $S$ 上函数空间推广到带有变换 $g : S \to S$ 的**更一般集合** $S$?

这里的基本例子就是群 $\Gamma$ 在其商空间 $S = \Gamma/\Gamma_0$ 上的作用. 组合上看, 这种商可视为顶点集 $S$ 上的有向图, 其箭头边由集合 $G$ 所着色, 使得对所有 $s \in S$ 均有从 $s$ 出发的 $r$-色边(可能是圈). 于是每一个 $g$ 都定义了一个映射 $S \to S$, 它使所有 $s$ 都沿着 $g$-色箭头移动.

### §5.1　Sofic 和线性 sofic 配置

有一类称为 sofic 的群, 它们自然地包括了顺从群以及剩余有限群.

**定义.** 设 $\mathcal{G} = \{G_i\}$ $(i \in I)$ 为一族带有度量 $dist_i$ 的群. 群 $\Gamma$ 到 $\mathcal{G}$ 的一个拟嵌入由一族穷竭 $\Gamma$ 的子集 $\Delta_j \subset \Gamma$ $(\Delta_{j+1} \supset \Delta_j, \cup_j \Delta_j = \Gamma, j = 1, 2, 3, \cdots)$ 以及一族映射 $h_j : \Delta_i \to G_{i_j} (i_j$ 为 $I$ 中某个序列) 给出, 要求 $G_{i_j}$ 上的距离函数 $dist_{i_j}$ 满足以下三个条件:

[1] $dist_{i_j}(h_j(\delta) \cdot h_j(\delta'), h_j(\delta \cdot \delta')) < \varepsilon \to 0, \forall\, \delta, \delta' \in \Delta_j$;

[2] $dist_{i_j}(h_j(id_\Gamma, id_{G_{i_j}})) \to 0, j \to \infty$;

[3] $dist_{i_j}(h_j(\delta), h_j(\delta')) \geqslant \lambda > 0, \forall\, \delta \neq \delta' \in \Delta_j, \forall\, j$.

$\mathcal{G}$ 的两个相关例子如下:

(I) 作用在基数为 $i$ 的集合 $S_i$ 上的置换群 $G_i = \Pi_i$ 组成的族, 其规范化海明距离定义为

$$dist(g, g') = \frac{card(S_i \setminus eql(g, g'))}{i},$$

其中 $eql(g, g') \subset S_i$ 是满足 $g(s) = g'(s)$ 的那些 $s$ 构成的子集.

---

① 函数 $r_1(R)$ 和 $r_2(R)$ 视为等价的, 如果 $r_2(R) \geqslant c_1 \cdot r_1(c_2 \cdot R)$ 以及 $r_1(R) \geqslant c_3 \cdot r_2(c_4 \cdot R)$ 成立, 其中 $c_1, c_2, c_3, c_4 > 0$.

(II) 作用于 $\mathbb{F}^i$ 的线性群 $G_i = GL_i(\mathbb{F})$ 组成的族, 其中

$$dist(g,g') = \frac{rank_{\mathbb{F}}(\mathbb{F}^i/eql(g,g'))}{i}.$$

一个群 $S$ 称为是 sofic 的, 如果它能拟嵌入到族 $\{\Pi_i\}$ 中; 称为是线性 sofic 的 (在 $\mathbb{F}$ 上), 如果它能拟嵌入 $\{GL_i(\mathbb{F})\}$.[①]

一般问题. 在组合以及线性情形中, 能够量化 sofic 性的 "sofic 不等式" 是什么? 这些 "量化" 之间的关系是什么?

注意, 甚至不清楚 "线性 sofic" 能否推出 "sofic". 实际上, 非 sofic 群的例子还有待构造和/或确认.

## 参考文献

[1]  G. Elek, The amenability of affine algebras, arXiv:math/0203261 [math.RA].

[2]  M. D'Adderio, Entropy and Følner function, Journal of Algebra, 2011, no. 342 (1), 235—255. http://homepages.ulb.ac.be/~mdadderi/Entropy.pdf.

[3]  M. Gromov, Entropy and isoperimetry for linear and non-linear group actions, Groups Geom. Dyn., 2008, 2 (4): 499—593.

[4]  V. G. Pestov, A. Kwiatkowska, An introduction to hyperlinear and sofic groups, arXiv:0911.4266 [math.GR].

[5]  G. Arzhantseva, L. Paunescu, Linear sofic groups and algebras, arXiv:1212.6780 [math.GR].

## §6 双曲超曲面以及高斯映照

光滑映射 $f: X \to Y$ 称为浸入, 如果其微分 $D_f: T(X) \to T(Y)$ 在所有切空间 $T_x(X)$ 上均为单射. 我们将浸入在 $Y$ 中的 $X$ 想成 "有 (通常为横截) 自交点的光滑子流形" 并从记号中省略 $f$.

$n$ 维黎曼流形 $Y = Y^n$ 中的浸入超曲面 $X = X^{n-1}$ 称为严格双曲的, 如果其第二基本形式无处奇异, 既非正定也非负定: 在 $X$ 上的所有点处, 均有 $n_+ > 0$ 个严格正的主曲率以及 $n_- = (n-1) - n_+$ 个严格负的主曲率.

---

① 见 [4],[5].

欧氏情形. 如果外围空间 $Y$ 等于欧氏空间 $\mathbb{R}^n$, 第二基本形式的非退化性等价于高斯映照为 (等维数)浸入 $X \to S^{n-1}$, 其中, 因为关心的是双曲性, 我们将局部凸浸入排除在考虑之外.

回忆, 欧氏空间 $\mathbb{R}^n$ 中浸入定向超平面 $X$ 的高斯映照 $G : X \to S^{n-1}$ 将 $x \in X$ 映为 $s = G(x) \in S^{n-1}$, 使得切空间 $T_s(S^{n-1})$ 平行于切空间 $T_x(X)$, 其中两个切空间都视为 $\mathbb{R}^n$ 中的 (仿射) 超平面. 如果 $X$ 不可定向, 则高斯映照落在投影空间 $P_{n-1} = S^{n-1}/\{\pm 1\}$ 中.

球面情形. 如果 $Y = S^n$, 则第二基本形式的非退化性等价于勒让德映射为浸入, 其中勒让德映射将 $X$ 映入赤道超球面 $S^{n-1} \subset S^n$ 构成的对偶球面 $S^{n\perp}$ 中, 即将每一个 $x \in X$ 映为在 $x$ 处与 $X$ 相切的赤道球面 $S^{n-1}$. 在度量术语下, 勒让德映射 (法向地) 将 $X \subset S^n$ 移到与 $X$ 相距 $\pi/2$ 的等距超曲面.

### §6.1 　$\mathbb{R}^{n+1}$ 和 $S^{n+1}$ 中的简单双曲超曲面

**一般问题**. 是否存在一类自然的 "简单" 严格双曲超曲面, 使得这些超曲面在其几何刚性以及其他性质的丰富性方面可以与凸曲面相比?

有哪一些严格双曲超曲面与无界二次欧氏曲面相关, 类似于紧凸曲面与椭球体之间的关系?

六十年代初, 这个问题在列宁格勒几何学家 —— 布拉格 (Burago)、辛钦 (Sen'kin)、魏尔纳 (Verner)、扎尔盖勒 (Zalgaller) —— 中讨论得很激烈, 其中我能想起的一个特别的问题 (有可能已经被解决了) 是:

设同胚于柱面 $S^1 \times [0,1]$ 的一个严格双曲曲面 $X \subset \mathbb{R}^3$ 被夹在两个平行平面之间, 其边界圆周分别为这些平面中的闭凸曲线.

是否存在 "穿过 $X$ 内部" 的直线 (即与 $X$ 不相交而与两条边界曲线相环绕)?

在那个时期, 魏尔纳[①]提出了一类超曲面 $X$, 它们单叶地展布在球面上, 即高斯映照是 $X$ 到其球面像 $U \subset S^n$ 的微分同胚.

在 $n = 2$ 的情形, 他证明了:

如果开集 $U \subset S^2$ 是 $\mathbb{R}^3$ 中某个完备连通双曲曲面在高斯映照下的微分同胚像 ($S^2$ 上的单叶展布), 则 $U$ **最多有两个端**: 它要么是拓扑

---

① 见 [7].

圆盘, 要么是圆环.[1]

完备性与逆紧性. 此处以及后面, 我们称 $n$ 维黎曼流形 $Y$ 中的一个浸入超平面 $X$ 是完备的, 如果它在 $X$ 上诱导的黎曼度量是完备的. 这是对开超曲面所施加的此类 (拓扑, 尽管外表上看是几何的) 条件中最弱的, 而最强就是 $X$ 逆紧地嵌入在 $Y$ 中, 即 $X$ 作为 $Y$ 中子集是闭的.

问题. 魏尔纳的结果能推广到 $n \geqslant 3$ 吗?

一个开集 $U \subset U \subset S^n$ 什么时候可以作为 $\mathbb{R}^{n+1}$ 中完备双曲超曲面的微分同胚像?

$U$ 的拓扑, 比如端的数目是否存在界限?

对 $k < \infty$, 能够对展布在 $S^n$ 上的 $k$-叶[2]超曲面 $X \subset \mathbb{R}^{n+1}$ 说些什么?

另一类 "简单" 双曲欧氏超曲面包括正则双曲可紧化 $X \subset \mathbb{R}^{n+1}$, 即 $X$ 可延展为投影空间 $P^{n+1} \supset \mathbb{R}^{n+1}$ 中闭的光滑严格 (非严格?) 双曲超曲面 $\bar{X}$. 这是有意义的, 因为双曲性是投影不变性质.

稍微一般一点地, 可从一个闭的连通双曲超曲面 $\bar{X} \subset S^{n+1}$ 出发, 用一个赤道半球面去切割它, 在赤道球面 $S^n$ 所界定的一个开半球面中, 取 $\bar{X}$ 剩下的部分, 即 $\bar{X} \setminus S^n$, 其中这个半球面可投影地等同于 $\mathbb{R}^{n+1}$. 这给我们留下了下面的

问题. 球面中可能的闭严格双曲超平面有哪一些?

这些 $\bar{X}$ 的拓扑 (比如贝蒂数) 是否存在只依赖于 $n$ 的万有界限?

$X = \bar{X} \setminus S^n$ 的高斯映照的重数是否存在只依赖于 $n$ 的万有界限?

是否每一个连通闭严格双曲的 $\bar{X}$ 都容许一个小扰动 $\bar{X}_\varepsilon \ (\varepsilon > 0)$, 使得 $\bar{X}_\varepsilon$ 的所有主曲率都被 $\varepsilon$ 所界定?

构造和障碍. 最简单的球面双曲超曲面是球面等距群作用的余维为 2 的轨道. 首个令人惊奇的例子 (如果不算明显的 $S^k \times S^{n-k-1} \subset S^n$) 由正交群 $O(3)$ 在 $\mathbb{R}^3$ 中二次多项式构成的 5 维欧氏空间中单位球面 $S^4$ 的作用给出, 其 3d-轨道等于 $O(3)/\{\pm 1\}$.

---

① 在 [8] 中, 魏尔纳研究了 $X$ 和 $U$ 的几何(而不仅是拓扑), 比如, 他证明了浸入 $X \to \mathbb{R}^3$ 是逆紧的, 且在许多情形, 边界 $\partial U \subset S^2$ 的某个分支是赤道圆周.

② 这是指高斯映射 $X \to S^n$ 最多是 $k$ 对 1 的, 其中超曲面 $X \subset \mathbb{R}^{n+1}$ 仍像早先一样假定是完备的, 但可以考虑去掉 "严格双曲性" 条件.

(这和阿诺尔德[①]给出的若干猜测不一致, 他曾指出投影空间中的双曲超曲面应类似于 $(S^k \times S^{n-k-1})/\{\pm 1\} \subset P^n$.)

球面中出现的更令人惊讶的严格双曲性可在嘉当的等参超曲面 $\bar{X} \subset S^n$ 中看到; 尽管不是齐性的, 这些曲面的主曲率都是常数.[②]

我猜, $S^n$ 中所有已知严格双曲超曲面 $X$ 都是等参超曲面的形变[③], 但在缺乏其他例子的情况下没有理由相信它成立.

## §6.2　高斯映照的雅可比

叶菲莫夫 (Efimov, 1964) 的一个著名定理说:

设 $X$ 为 $\mathbb{R}^3$ 中连通完备非紧曲面, 则其高斯映射 $G : X \to S^2$ 的雅可比必定趋于零,

$$\inf_{x \in X} |Jac(G)(x)| = 0,$$

其中有意思的情形就是 $X$ 是严格双曲的.

叶菲莫夫的证明多次抗拒了对其简化的尝试[④], 当然找到一个清晰易懂的证明也将是极为可喜的.

还有, 人们想将叶菲莫夫的定理推广到高维空间, 但他的证明难以适应 $n \geqslant 4$;[⑤] 有可能 (?), 所有 $\mathbb{R}^n$ $(n \geqslant 4)$ 都包含一个完备严格双曲超曲面 $X$, 使得

$$Jac(G)(x) \geqslant const > 0, \quad \forall\, x \in X.$$

另一方面, 通过对 $X$ 引入额外的限制, 也许可以得到某些结果. 比如, 要求其高斯映照 $G : X \to S^n$ 是 "特殊的", 例如是球面某个 "简单" 子集 $U$ 的万有覆迭, 比方说 $U = S^n \setminus \Sigma^{n-2}$, $\Sigma^{n-2} \subset S^n$ 是 $S^n$ 中余维为 2 的子簇.

从高斯映照 $G : X \to S^n$ 重构超曲面 $X \subset \mathbb{R}^n$.

具有拟共形高斯映照的浸入.

---

[①] 见 [3] 或 [5], 后一篇文章在某些情形验证了阿诺尔德的观点.

[②] 见 [4],[1].

[③] "形变" 是一个 $C^2$-连续的严格双曲超曲面族 $X_t$, 其中 $X_0 = X$, $X_1$ 是等参的.

[④] 见最近的综述 [2].

[⑤] 用里奇曲率重述的叶菲莫夫定理的确可以推广到所有 $n$, 见 [6].

# 参考文献

[1] U. Abresh, Isoparametric hypersurfaces with four or six distinct principal curvatures, Math. Ann. 264 (1983), 283—302.

[2] V. Alexandrov, On a differential test of homeomorphism found by N. V. Efimov, arXiv:1010.3637 [math.DG].

[3] V. I. Arnold, A branched covering of $\mathbb{C}P^2 \to S^4$, hyperbolicity and projectivity topology, Siberian Mathematical Journal Volume 29, Issue 5, 717—726.

[4] E. Cartan, Sur des familles remarquables d'hypersurfaces isoparamtriques dans les espaces sphériques, Math. Z. 45 (1939), 335—367.

[5] G. Khovanskii, D. Novikov, On affine hypersurfaces with everywhere nondegenerate second quadratic form, Mosc. Math. J., 6:1 (2006), 135—152.

[6] B. Smith, F. Xavier, Efimov's theorem in dimension greater than two, Invent. Math. 90 (1987), 443—450.

[7] A. L. Verner, Topological structure of complete surfaces of nonnegative curvature with one-to-one spherical map, Vesting LGU, 60, 1965, 16—29.

[8] A. L. Verner, On the extrinsic geometry of elementary complete surfaces with nonpositive curvature, I, II, Mat. Sb. (N.S.), 74 (116): 2 (1967), 218—240 and 75 (117): 1 (1968), 112—139.

## §7 曲率、几何与拓扑

**猜测**. 设 $X$ 为 $n$ 维闭流形, 其截面曲率**非负**, 则它的总有理贝蒂数不超过 $n$ 维环面的相应数, 即

$$\sum_{i=0,1,\cdots,n} rank(H_i(X, \mathbb{Q})) \leqslant 2^n.$$

## §8 全纯、拟共形以及类似映射族

### §8.1 全纯和伪全纯曲线的粗糙魏尔斯特拉斯因子分解定理

魏尔斯特拉斯的粗糙形式提供了 $\mathbb{C}$ 中关于某些离散子集公平地

选取的全纯函数 $\mathbb{C} \to \mathbb{C}$ 构成的空间之间的 (乘性) 弗雷德霍姆对应.

至少对 $dim(X) = 1$ 和 $Y = \mathbb{C}P^n$ $(n > 1)$ 来说, (伪) 全纯映射 $X \to Y$ 构成的空间是否有类似对应?

### §8.2　拓扑单值化问题

是否每一个 $n$ 维定向拓扑流形 $X$ 均同胚于欧氏空间 $\mathbb{R}^n$ 模去一个由同胚组成的群, 其中此群离散地但不必自由地作用于 $\mathbb{R}^n$?

讨论.

黎曼流形之间的连续映射 $f : X \to Y$ 称为拟共形的[1], 如果 $X$ 中小球的 $f$-像被夹在 $Y$ 中近乎相等的球之间. 即, 存在常数 $\kappa \geqslant 1$ 以及 $X$ 上的连续正函数 $\varepsilon_0(x) > 0$, 使得 $\varepsilon$-球 $B_x(X) \subset X$ 的像落在同心球 $B_{f(x)}(r) \subset Y$ 和 $B_{f(x)}(\kappa r) \subset Y$ 之间,

$$B_{f(x)}(r) \subset f(B_x(\varepsilon)) \subset B_{f(x)}(\kappa r), \ \ \forall \, x \in X, \ \varepsilon \leqslant \varepsilon_0(x).$$

### §8.3　拓扑毕伽问题

是否存在光滑闭**单连通**流形 $X$, 使得它不容许非常值拟共形映射 $f : \mathbb{R}^n \to X$?

讨论.

### §8.4　余维减一刘维尔定理

设 $f : \mathbb{R}^{n+1} \to \mathbb{R}^n$ 为欧氏空间之间的光滑淹没, 它拟共形横截于 $f$ 的纤维, 即在所有点处, 单位球在 $f$ 的微分下的像都是椭球, 其主轴均被某常数所界定.

像 $f(\mathbb{R}^{n+1}) \subset \mathbb{R}^n$ 能否有界?

讨论.

有没有 $\mathbb{Q}$-本质的, 比如非球面的复代数流形 $X$, 使得它容许满全纯映射 $\mathbb{C}^n \to X$?

回忆, $X$ 称为 $\mathbb{Q}$-本质的, 如果其基本 $\mathbb{Q}$-同调类在从 $X$ 到 $X$ 的基本群分类空间的分类映射下不为零.

讨论.

---

[1] 如果 $dim(X) = dim(Y) \geqslant 2$, 则称这种映射是拟正则的.

## §9 $h$-原理的范围

让我们从两个具体的貌似简单的问题开始.

### §9.1 具有小球面像的光滑映射以及具有大密切空间的映射

用 $Gr_n^{ori}(\mathbb{R}^{n+k})$ 表示 $\mathbb{R}^{n+k}$ 中经过原点的定向 $n$-平面构成的格拉斯曼流形, $Gr_n(\mathbb{R}^{n+k}) = Gr_n^{ori}(\mathbb{R}^{n+k})/\{\pm 1\}$ 为非定向 $n$-平面格拉斯曼流形.

例如, $Gr_n^{ori}(\mathbb{R}^{n+1})$ 等于 $n$ 维球面 $S^n$, $Gr_n(\mathbb{R}^{n+1})$ 为投影空间 $P^n = S^n/\{\pm 1\}$, 其中群 $\mathbb{Z}_2 = \{\pm 1\}$ 在球面上的作用为 $s \leftrightarrow -s$.

给定定向 $n$ 维流形 $X$ 到 $\mathbb{R}^{n+k}$ 的光滑浸入, 记 $G = G_f : X \to Gr_n^{ori}(\mathbb{R}^{n+k})$ 为定向切高斯映射, 它将每一个 $x \in X$ 映为 $\mathbb{R}^{n+k}$ 中经过原点而与切空间 $T_x(X) \subset \mathbb{R}^{n+k}$ 平行的 $n$ 维子空间.

$X$ 的球面像是指 $G(X) \subset Gr_n^{ori}(\mathbb{R}^{n+k})$.

(回忆 $f : X \to Y$ 为 "浸入" 是指微分 $D_f : T(X) \to T(Y)$ 在 $X$ 的所有切空间上均为单射; 因此 $f(X)$ 可视为 "$Y$ 中带有自相交点的光滑非奇异超曲面", 其中上述 "$T_x(X) \subset \mathbb{R}^{n+k}$" 是 $D_f(T_x(X)) \subset \mathbb{R}^{n+k}$ 的缩写.)

指引浸入. 子集 $U \subset Gr_n^{ori}(\mathbb{R}^{n+k})$ 称为指引了浸入 $X = X^n \to \mathbb{R}^{n+k}$, 如果球面像 $G(X) \subset Gr_n^{ori}(\mathbb{R}^{n+k})$ 包含于 $U$.

$\pm s$-条件. 称子集 $U \subset S^n$ 满足 $\pm s$-条件, 如果商映射 $S^n \to P^n = S^n/\{\pm 1\}$ 将 $U$ 满射地映到 $P^n$.

如果 $U$ 指引了一个闭的, 即紧致无边浸入超平面 $X$ 在欧氏 $(n+1)$-空间中的浸入, 即 $U \supset G(X)$, 则 $U$ 的确满足 $\pm s$-条件.

实际上, $U$ 必定包含 $S^n$ 中 $s$ 或 $-s$, 其中一点等于 $G(x)$ 在 $x = x_{\max}(s) \in X$ 处的值, 其中从 $X$ 到直线 $l_s = \mathbb{R}(\mathbb{R}^{n+1}$ 中 (单位) 向量 $s \in \mathbb{R}^{n+1}$ 所张成) 的法向投影函数 $p_s(x)$ 在此处达到最大值 (或最小值).

不那么明显的是一个具有自相交的浸入(不像那些无自交点的嵌入) 的定向高斯映射 $G : X \to S^n$ 可能不是满射.

最简单的例子是上图中平面上的扭曲图形 $\infty$, 它的球面像落在 $S^1$ 中某半圆周的小邻域中. 通过 $\mathbb{R}^2$ 在 $\mathbb{R}^3$ 中, $\mathbb{R}^3$ 在 $\mathbb{R}^4$ 中, 等等, 相继的轴旋转, 可以构造 $n$ 维环面 $X = \mathbb{T}^n$ $(n = 2, 3, \cdots)$ 在欧氏空间 $\mathbb{R}^{n+1}$ 中的浸入, 它们由 $S^n$ 中半球面的任意小邻域 $U \subset S^n$ 所指引. 但除了半球面的邻域, $S^n$ $(n \geqslant 2)$ 中还有更多子集满足 $\pm s$-条件.

**问题 1.** 哪一类子集 $U \subset S^n$ 可指引闭定向 $n$ 维流形到 $\mathbb{R}^{n+1}$ 的浸入?

指引了 $n$ 维环面浸入的 $U$ 是否也指引了**所有可平行化**[①] $n$ 维流形的浸入?

关于开集 $U \subset S^n$ 的 $\pm s$-条件是否**足以保证**存在 $n$ 维环面 $X = \mathbb{T}^n$ (所有可平行化的 $X$?) 到欧氏空间的浸入, 使得定向高斯映照 $G : X \to S^n$ 将 $X$ 映到 $U$?

对某些 $U$, 例如 $S^n$ 中有限点集的补集, 肯定的答案可用凸积分给出. 除了环面以外, 它还可应用于所有可平行化流形.[②]

**密切空间.** 给定 $C^k$-光滑映射 $f : X \to \mathbb{R}^N$, $f(x) \in \mathbb{R}^N$ 处的 $k$ 阶密切空间 $T_x^k \subset \mathbb{R}^N$ 是最小仿射子空间 $T \subset \mathbb{R}^N$, 使得 $f(X)$ 在 $f(x)$ 处 $k$ 阶相切: 对所有小 $\varepsilon \geqslant 0$, 当 $dist_X(y, x) \leqslant \varepsilon$ 时,

$$dist_{\mathbb{R}^m}(f(y), T) \leqslant const \cdot \varepsilon^{k+1}.$$

例如, 浸入 $X \to \mathbb{R}^m$ 在 $x \in X$ 处的一阶密切空间就是切空间 $T_x(X) \subset \mathbb{R}^m$.

密切空间 $T_x^k$ (或不如说 $\mathbb{R}^m$ 中平行于它的线性子空间) 也可等价地用 $X$ 的局部坐标定义为在这些坐标下 $x$ 处阶数 $\leqslant k$ 的 $f$ 的偏导数的值所线性张成的子空间, 其中这些偏导数为映射 $X \to \mathbb{R}^m$; 于是 $T_x^k$ 的维数不超过

$$N(k) = n + \frac{n(n+1)}{2} + \cdots + \frac{n(n+1)\cdots(n+k-1)}{k!},$$

其中 $n = dim(X)$.

**问题 2.** 是否存在从 $n$ 维环面 $X = \mathbb{T}^n$ 到 $\mathbb{R}^N$ $\left( N = n + \dfrac{n(n+1)}{2} \right)$

---

① "可平行化" 是指切丛平凡. 显然, 所有能在某 $U \subsetneq S^n$ 指引下浸入到 $\mathbb{R}^{n+1}$ 中的流形 $X = X^n$ 都是可平行化的.

② 一类指引浸入的显式构造可见 [1].

的 $C^2$-可微映射 $f$, 使得 $f$ 的二阶密切空间在所有点 $x \in X$ 处都有最大可能的维数, 即 $dim(T_x^2) = n + \dfrac{n(n+1)}{2}$?

换句话说, $f$ 关于环面循环坐标的一阶和二阶偏导数向量

$$\frac{\partial f}{\partial t_i}(x) \in \mathbb{R}^N, \quad \frac{\partial^2 f}{\partial t_i \partial t_j}(x) \in \mathbb{R}^n, \quad i, j = 1, 2, \cdots, n, \ i \geqslant j$$

能否在所有 $x \in X$ 处均**线性无关**?

讨论.

### §9.2 凸积分所获得解的最佳正则性

### §9.3 软和刚性等距浸入

黎曼流形 $X$ 到欧氏空间 $\mathbb{R}^N$ 的等距浸入是 $h$-原理超过四十年的忠实顾客, 但这种关系的广度还没有被完全弄清楚.

下面是一列 "标准猜测", 其后会有动机和定义.

**1. 嘉当 – 珍妮特局部 $C^\infty$-浸入猜测.** 设 $X$ 为任意光滑黎曼流形, $x \in X$. 则 $x$ 的一个小邻域 $U = U_x \subset X$ 可等距 $C^\infty$-浸入到 $\mathbb{R}^N$ 中, $N = \dfrac{n(n+1)}{2}$.

**2. 嘉当局部刚性猜测.** 当 $N < \dfrac{n(n+1)}{2}$ 时, $\mathbb{R}^N$ 中 $C^\infty$-光滑一般子流形 $X^n$ 是局部度量刚性的.

**3. 对偶柔性猜测.** 当 $N \geqslant \dfrac{n(n+1)}{2}$ 时, $\mathbb{R}^N$ 中 $C^\infty$-光滑一般子流形 $X^n$ 不是局部度量刚性的.

进一步, 如果 $N > \dfrac{n(n+1)}{2}$, 则 $\mathbb{R}^N$ 中一般 $C^\infty$-光滑 $n$ 维子流形是宏观柔性的.

**4.** 设 $\tau_1, \tau_2, \cdots, \tau_n$ 是维数为 $M \geqslant n$ 的实解析流形 $X$ 上的线性无关实解析切向量场.

**标准正交标架猜测.** 存在实解析映射 $F : X \to \mathbb{R}^N$ $\left( N = \dfrac{n(n+1)}{2} + 1 \right)$, 使得这些场在微分 $T(X) \to T(\mathbb{R}^N)$ 下的像处处标准正交.

**5. 难以置信的 $C^2$-浸入猜测.** 当 $n$ 足够大时 (比如 $n \geqslant 10$), 所有 $n$ 维 $C^\infty$-光滑黎曼流形都存在到 $\mathbb{R}^N$ $\left( N = \dfrac{n(n+1)}{2} - 1 \right)$ 的 (局部?) 等距 $C^2$-浸入.

**6. 平坦流形浸入猜测.** 所有平坦(可平行化?) 黎曼 $n$-流形均存在到欧氏空间 $\mathbb{R}^{2n}$ 的实解析等距浸入.

### §9.4　微分算子的代数逆

### §9.5　强欠定偏微分方程的全纯 $h$-原理

### §9.6　赫尔维茨平均、华林问题、欠定丢番图方程以及软非线性偏微分方程

### §9.7　与 $\bar{\partial}$-算子相关联的唐纳森 $h$-原理

### §9.8　洛坎普定理与曲率 $h$-原理

### §9.9　辛几何中的柔性

### §9.10　概念与构造

在 1937 年的一篇文章中, 惠特尼 (Hassler Whitney) 将 $h$-原理的首次显式记录归功于格劳斯坦 (W. C. Graustein), 该结果是说:

设 $f_0, f_1 : X = S^1 \to \mathbb{R}^2$ 为两个闭的浸入平面曲线, 如果它们的切高斯映照 $G_{f_0}, G_{f_1} : X \to S^1$ 具有相等的映射度, 则它们可用光滑同伦浸入 $f_t; X \to \mathbb{R}^2$ 相连, $t \in [0, 1]$.

### §9.11　受脂质体启发的几何偏微分方程的前景

## 参考文献

[1]　M. Ghomi, Directed immersions of closed manifolds, Geometry & Topology, 15 (2011), 699—705.

## §10　映射的伸缩与同伦

### §10.1　探测拓扑不变量的弱拓扑

### §10.2　利用微分形式沙利文极小模型得到的伸缩界的渐近最佳性

设 $Y$ 为黎曼流形, $f$ 为 $k$-球面 $S^k$ 到 $Y$ 的连续映射, $h_d : S^k \to S^k$ 为度为 $d$ 的连续映射, $d = 1, 2, \cdots$. 设 $f \circ h_d : S^k \to Y$ 为复合映射.

**猜测.** 如果 $Y$ 是紧致单连通的, 且诱导的同调群同态 $f_* : H_k(S^k) = Z \to H_k(Y)$ 为零, 则映射 $f \circ h_d$ 同伦与连续映射 $f_d : S^k \to Y$, 使得这些映射的拉伸满足

$$Dil(f_d) =_{def} \sup_{s_1 \ne s_2} \frac{dist_Y(f_d(s_1), f_d(s_2))}{dist_{S^k}(s_1, s_2)} \leqslant C \cdot d^{\frac{1}{k} - \varepsilon}, \quad \forall\, d = 1, 2, \cdots.$$

其中 $\varepsilon > 0$ 和 $C > 0$ 为常数, $\varepsilon$ 只依赖于 $Y$ 的同伦型, $C$ 也依赖于 $Y$ 的度量.

### §10.3  纽结的失真度

### §10.4  齐性流形族的度量几何以及卡诺 – 卡拉氏空间的局部几何

## §11  大流形、诺维科夫高阶符号猜测与数量曲率

能否在流形 $V$ 中直接构造开子集 $U$, 使得它有同调上有意思的覆迭 $\tilde{U}$ (比如, 就像庞特里亚金类的拓扑不变性证明中那样), 而不使用关于球面同伦群有限性的塞尔定理?

能否对 $K(\mathbb{Z}; n)$(或 $K(\mathbb{Q}; n)$) 的某些几何模型, 比如 $S^n$ 中 0-闭链所表示的那些做这些事?

能否将这种覆迭换成某种叶状结构的构造, 或它的某种线性化无限维对应物, 就如这种语境下指标理论式论证中所隐含的那样?

具有正数量曲率的黎曼流形 $X$ 的单形体积是否为零?

更一般地, 数量曲率 $\geqslant -1$ 的闭黎曼流形 $X$, 其单形体积是否被 $const_n \cdot vol(X)$ 所界定?

### §11.1  数量曲率所引发的普拉托和狄拉克方程之间纽带

## §12  无限群

### §12.1  小相消以及双曲群

非剩余有限性是 "许多" 高维双曲群存在性的障碍.

具有用成对生成元的词表示的万有关系的利普斯群是否为相对双曲群的 (分次) 极限? 例如, 其中所有子群由满足某种如下关系

$$[[[\cdots [w_1, w_2], [w_1', w_2'], \cdots, [w_1'', w_2''], [w_1''', w_2''']\cdots]]] = id$$

的两个元素生成.

还有/或, (利普斯) 构造 3 个生成元的指数型增长群, 其中所有由两个元素生成的子群都是幂零次数 $\leqslant 10^{100000}$ 的幂零群.

还有/或, 构造 3 个生成元的指数型增长群, 其中所有由两个元素生成的子群都是阶数 $\leqslant 10^{100000}$ 的有限群.

结合问题. 设 $X_1$ 和 $X_2$ 为常曲率双曲流形, $Y_i \subset X_i$ $(i = 1, 2)$ 为两个互相等距的子流形.

何时存在一个给定维数 $m \geqslant dim(X_1) + dim(X_2) - dim(Y_1)$ 的双曲流形 $Z$, 使得它包含 $X_1 \cup X_2$ 沿 $Y_1 \leftrightarrow Y_2$ 的粘贴?

推广. 给定多于两个的 $X_i$, 只要可能, 就将它们以某个给定的相交模式实现在某个 $Z$ 中.

规格说明. 当所有流形都假定/要求是紧致的时候回答同样的问题.

无限维黎曼 – 希尔伯特局部对称空间 $X$. 是否存在此类空间, 它们并不是经由明显的方式 (对递增列取可数并) 从有限维空间和平坦空间中得出?

比如, 是否存在完备的无限维流形, 其曲率为负常数, 单射半径 $Injrad$ 为正且直径 $Diam$ 有限?

考虑曲率为负常数的紧致 $n$ 维流形 $X^n$, 如下最大值

$$D_n = \max_{X^n} \frac{Diam(X^n)}{Injrad(X^n)}$$

大概是多少? 当 $n \to \infty$ 时, 是否有 $D_n \to \infty$? 如果是的话, 速度有多快?

### §12.2　算术簇的有限覆迭的同调

能否利用 $L_p$ 上同调对 $L_2$ 上同调乘积的贡献来定义 $L_p$ 上同调的某种维数, 比如对双曲空间 $H^n$ 的 $L_n$ 上同调来做此事?

除了中间维数以外, $d$-叶同余覆迭 $\tilde{V}_d \to V$ 的同调 (比如以 $\mathbb{Z}_2$ 为系数) 是否增长得比 $const \cdot d$ 慢 $(d \to \infty)$?

中间维数的同调会怎么样?

如果 $V = H^n/\Gamma$, 它有多少同调可能来自全测地超曲面之交?

### §12.3 顺从性、交换性以及增长

无挠并且所有交换子群全为循环群的顺从群是什么样的?

进一步, 如果所有循环子群都未经扭曲, 又会怎么样?

是否存在非几乎可解顺从群, 它可离散作用于 $\mathbb{R}^n$?

进一步, 此作用是自由和/或上紧时又会如何?

这种群能作为相对双曲群的极限吗?

### §12.4 Sofic 群与动力系统

### §12.5 关系的稀疏系统: 确定性与随机性

### §12.6 高维群的稀少性以及它们商群同调的限制

### §12.7 马尔可夫空间、叶状结构的叶子以及动力系统的缩放极限

双曲群 $\Gamma$ 在其理想边界 $B$ 上的 (马尔可夫双曲) 作用是否存在 "马尔可夫分划", 即 $\Gamma$-等变有限点对一点的态射 $A \to B$, 其中 $A$ 是有限型 (马尔可夫) $\Gamma$-子移位?

如果是的话, 这 (或此类事情) 能否推出关于含有有限多个泡泡的狭窄三角形的利普斯定理?

### §12.8 同调、配边以及 $K$-函子上的范数

是否存在单形体积的对应物, 使得它在空间的笛卡儿乘积下具有乘性性质? (子多面体的多维填充??)

欧拉数不等于零的闭非球面流形 $X$ 的单形体积能为零吗? ( "非球面" 是指其万有覆迭是可缩的.)

到无限维对称空间中的调和映照的超刚性……

### §12.9 从基本群重构空间

(回忆: 什么是拟等距?[①] 称度量空间之间的映射 $f : \Gamma \to \Delta$ 是大尺度利普希茨的, 如果

$$dist_{\Delta}(f(\gamma_1), f(\gamma_2)) \leqslant const \cdot dist_{\Gamma}(\gamma_1, \gamma_2), \quad \gamma_1, \gamma_2 \in \Gamma, \ dist(\gamma_1, \gamma_2) \geqslant 1.$$

---

① 此概念自然适应一般度量空间, 它至少有 43 年历史了, 见 [1].

称 $f_1, f_2 : \Gamma \to \Delta$ 是拟平行的[①], 如果

$$dist_\Delta(f(\gamma_1), f(\gamma_2)) \leqslant const < \infty, \quad \forall \, \gamma \in \Gamma.$$

最后, 拟等距定义为:

度量空间以及大尺度利普希茨映射的拟平行类所构成范畴中的
同构.)

将此应用于 (无向) 图的顶点集, 其 (离散) 度量定义为顶点之间
最短边道路的最小长度.

## 参考文献

[1]   Margulis, The isometry of closed manifolds of constant negative cur-
vature with the same fundamental group, Soviet Math. Dokl. 11
(1970), 722—723.

## §13  大维数

**§13.1**   在无限维是否存在有意思的几何?

**§13.2**   无限笛卡儿乘积的拓扑

**§13.3**   符号代数自同态的 surjuctivity 以及无限维空间的中
间维数同调

**§13.4**   参数化填充问题回顾

**§13.5**   蛋白质折叠问题以及高维空间中的渗流

**§13.6**   有限和无限 $n$-闭链 $(n > 1)$ 的渗流型问题

**§13.7**   什么是 "几何空间"?

## §14  杂项

**§14.1**   度量范畴

**§14.2**   几何范畴中的组合

---

[①] 基本例子: 紧空间之间的同伦映射到其万有覆迭上的提升是拟平行的.

### §14.3 可测多面体以及受约束力矩问题

### §14.4 克罗夫顿几何与笛沙格空间

### §14.5 对给定拓扑的空间计数

给定 $n$ 维多面体单形 $X$ 的同伦类组成的集合 $\mathcal{X}$, 用 $N(k) = N_{\mathcal{X}}(k, n)$ 表示由至多 $k$ 个单形构成的可缩多面体的数目, 要求 $X$ 自身以及 $X$ 中所有单形的星形的同伦类均属于 $\mathcal{X}$.

当 $k \to \infty$ 时, $N(k)$ 的渐近行为是什么?

比如, 从 $n = 3, 4, 5$ 开始, 当 $n$ 维球三角剖分为 $k$ 个单形时, $N(k)$ 的增长是超指数的 (即 $k^{-1} \log N(k) \to \infty$) 吗?

讨论.

### §14.6 么正性对比双随机性

### §14.7 通有性与 "通有" 的不可接近性

### §14.8 粒子演化方程的规模局限函子

### §14.9 黎曼曲面拉普拉斯谱的上界

能否用瓦法 – 威滕方法重新证明赫尔施定理?

### §14.10 杂项的杂项

# 第十二章 奥秘的大圈：世界和心智*

## §1 美丽的别处

几何学是上帝心中一种永恒的光辉.

—— 约翰尼斯·开普勒 (Johannes Kepler)

在我们周围, 在我们附近, 深入地, 高高地, 柔软如黑暗, 强烈如光.

—— 阿尔加侬·斯温伯恩 (Algernon Swinburne),《图灵顿海湾》

"数学, 舞台的突变" 是位于巴黎的卡地亚当代艺术基金会组织的一个展览会. 除其他外, 它还包括 "奥秘图书馆":

物理定律的奥秘,

生命的奥秘,

心智的奥秘,

数学的奥秘.

* 原文 Great Circle of Mysteries: the World and the Mind, 写于 2014 年 12 月 6日, 发表于 *Great Circle of Mysteries*, Springer, pp. 1-71 (2018). 本章由赵恩涛翻译.

这些由大卫·林奇 (David Lynch) 制作的电影来呈现, 这是一位艺术家对时间、空间、物质、生命、心智、知识、数学等思想的可视化 —— 这些思想引自于伟大科学家的著作.

Michel Cassé和 Hervé Chandés 已经说服我尝试去做像大卫·林奇所做的 "天真数学家" 的版本 —— 将这些思想的影像投射到我们头脑中的隐形屏幕上, 这是被数学的永恒光辉, 而不是被艺术女神之美的反射, 所照亮的图像.

我知道这是不可能的, 但我仍然尝试了. 我写的大部分内容都是在与 Giancarlo Lucchini 的讨论中完成的, Bronwyn Mahoney 纠正了我的一些英语. 下面是一个修改的版本.

## §2　科学

虚空中除了原子之外什么都不存在; 其他的一切都是想法.

—— 阿布德拉的德谟克利特 (Democritus of Abdera?)

公元前 460—前 370

所有人本性都渴望知识. 思考是灵魂与其自身的交谈. ⋯⋯ 知识是吸引和支持研究者的唯一动机 ⋯⋯ 总是在他们面前飞翔 ⋯⋯ 他们唯一的煎熬和他们唯一的幸福. 感知就是受苦.

⋯⋯ 科学 ⋯⋯ 是在问, 不是一件事情是好还是坏 ⋯⋯ 而是它是什么样的?

科学是对专家无知的相信. 我们已经知道的 ⋯⋯ 常常阻止我们去学习. 常识是 18 岁 [8 岁?] 后获得的偏见的汇总.

科学不再是一堆事实，而是房子里的一堆石头。一个事实只有对它附带的想法或它提供的证据才有价值。不知道在找什么的人不会理解他发现的东西。研究者应该有一个强大的信念——而不是相信。

科学在降低我们的自尊心的同时增加了我们的力量。无知比知识更频繁地产生自信。那些自称是真理与知识的审判者的人被众神的笑声所毁灭。

上帝喜欢开玩笑——宇宙不仅比我们想象的古怪，而且比我们能想象的还古怪。关于世界最难以理解的是它是可以理解的。

在琴弦的嗡嗡声中有几何形状，在球体的间隙中有音乐。隐藏的美丽比明显的美丽更强烈。思考美丽的事物和新的事物永远是神圣的。

我们可以体验到的最美丽的事情是神秘的。它是……艺术和……科学的源泉——同一棵树的分杈。对这种情怀感到陌生的人……无异于死人：他的眼睛是闭着的。

谈到原子，语言只能像在诗歌中运用的那样。诗歌比历史更接近重要的真理。知识是有限的。想象力则环抱着世界。

但是当你进入实验室的时候，你可以放弃你的想象力，就像你脱下大衣一样。你离开的时候再重新穿上。

事物的客观现实将在我们面前永远隐藏起来；我们只能知道关系。我们称之为真实的一切都是由不可视为真实的东西组成的。世界的内在和谐是唯一真实的客观现实。

不是大自然给我们施加了时间和空间，而是我们把它们强加给大自然，因为我们发现它们比较方便。……过去、现在和未来的区别是最顽固持久的幻想。

人类是被我们称为"宇宙"的整体的一部分——一部分……将我们限制在个人的欲望以及对我们最亲近的几个人的感情上。我们的任务是必须通过拓宽我们的恻隐之心接纳所有生物和整个大自然的美丽来摆脱这个牢笼。

毕达哥拉斯　查尔斯·达尔文　尼尔斯·玻尔

赫拉克利特　克劳德·伯纳德　艾尔伯特·爱因斯坦

柏拉图　詹姆斯·克拉克·麦克斯韦　约翰·霍尔丹

亚里士多德　　亨利·庞加莱　　理查德·费曼

这些人想些什么和他们如何写作, 开启你的心智, 提升你的精神, 但这些想法本身没有多少生命. 它们不会长出来, 它们不会变形, 它们也不会发新芽 —— 它们会像永恒中冻结的火花一样发出光芒. 它们不是数学家称之为思想的东西, 而是在思想和观点① 之间的半路上.

伟大的科学思想是不同的 —— 它们充满活力, 它们高兴地点燃你的灵魂, 它们邀请你去打击和反驳它们. 将你的灵魂从世俗的笼子里放出, 让你的想象力自由奔放, 开始像小狗玩玩具那样玩弄这些想法 —— 然后你发现自己处于美丽的别处 —— 这就是所谓的数学.

## §3　数

所有的数学科学都建立在物理定律和数的定律之间的关系上.

　　　　　　　　　　　　　—— 詹姆斯·克拉克·麦克斯韦, 1856

我命名的数字超过了宇宙质量的数量级.

　　　　　—— 阿基米德 (Archimedes),《数沙者》, 公元前 250 (?)

---

① 关于 $X$ 的观点是一个函数, 比如说 $OP_X = OP_X(p)$, 它给很想说出对 $X$ 看法的人 $p$ 指定是 (同意) 或否 (不同意), 比如对于真空存在 (不存在) 的看法. 德谟克利特并不关心具体的是/否 —— $OP_X(p)$ 的值, 也许除非 $p$ 是他最好的朋友. 但是哲学家很想看到 $OP_X(p)$ 与 $p$ 到阿布德拉的距离之间的相关性.

阿基米德……开启了人类历史的新纪元, 也是大自然赠予人类的福音之一.

—— 尼古拉·孔多塞 (Nicolas Condorcet)

阿基米德估计宇宙的直径约为 2 光年, 即约 $2 \cdot 10^{13}$ km —— 约二万亿 km, 大约是我们今天所知的到最近恒星 —— 半人马座 $\alpha$ 双星 A 和 B 的距离的一半.

然后阿基米德发明了大数的指数表示, 并且用现代符号评估了能填满宇宙的沙粒的数目, 或者更确切地说以大约 0.2 mm 的罂粟种子, 需要用至少 $10^{63}$ 粒才能填满. (我从维基百科文章中获得了这些数字, 事实上, 边长为 $2 \cdot 10^{13}$ km 的立方体的体积为 $8 \cdot 10^{57}$ mm³, 这生成了 $10^{60}$ 个边长为 0.2 mm 的立方体.)

如果一个哲学家不会留下深刻的印象, 并且说

一个好的决定是基于知识而不是数字,

那么阿基米德可能会回应, 这些决定可以留给我们强大的统治者, 但数字是我们真正知识的守护者.

大数无处不在. 即使苏格拉底、柏拉图和亚里士多德也承认, 如果你不知道你的内脏中约 $10^{14}$ (1000000 亿) 个细菌 —— 你自己身体的每个细胞中都有几个细菌, 那么你对自己的了解是不完整的.

(细菌尺寸大约为 1 μm —— 千分之一毫米 = 百万分之一米, 比你自己的细胞体积小几千倍. 如果你的每个细胞内都有一个细菌, 你也几乎不会留意到这个 —— 到那时你会安全地死去.)

如果有足够的营养, 一个细菌每隔 20~30 分钟就能分裂, 并且在 24 小时内, 你可能会有一个大小为 $10^5$ μm = 10 cm, 大约含有 $2^{50} = (2^{10})^5 = 1024^5 \approx 1000^5 = 10^6 \times 10^9$ (千万亿) 个细菌的小团.

一个学生现在计算:

第 2 天, 该团包含 $10^{15} \times 10^{15} = 10^{30}$ 个细菌, 直径 $10^{10}$ μm=10km, 地球表面的每平方米约有 1 kg 细菌.

第 4 天, 它增加到 $10^{20}$ μm=$10^{11}$ km, 并且到达太阳系最外面的区域. 它将吞没太阳 (距离地球 $\approx 1.5 \times 10^8$ km), 包括冥王星 ($\approx 6 \times 10^9$ km) 在内的所有行星, 但它并不完全包括离我们最远 ($\approx 1.4 \times 10^{11}$ km) 的赛德纳小行星的轨道.

(亚里士多德坚持认为

*天堂的形状必然是球形的,*

如果他知道细菌仍然包含在太阳附近假想的奥尔特彗星云的球状天
体外壳中, 他会感到宽慰.)

第 7 天, 这个团含有 $10^{15 \times 7} = 10^{105}$ 个细菌, 直径 $10^{5 \times 7} \mu m = 10^{26} km \approx$
$10^{13}$ 光年, 是可观测宇宙直径的百倍 ($\approx 10^{11}$ 光年).

细菌已经存在了数十亿天, 但是像 $10^{100000\cdots}$ 这样的数字有意义
吗? 答案为有和没有. 它们不可能通过计数 1, 2, 3, $\cdots$ 来达到, 至少
在我们的时空连续体中是不能的, 也不能以任何形式的物理对象的集
合来表示. 然而, 不切实际的大数字 (和不切实际的小数字) 有助于我
们处理宇宙中对象的可观察特性所表现的自然规律.

如爱因斯坦所说, 大自然如何结合经验来满足这些规律?

是不是因为她在经验整合可能的情况下拥有比空间/时间大得多
的东西 (一种量子场?)?

或者存在一种内在的秘密逻辑的东西, 并且像数学家那样通过数
学归纳来进行?

或者, 她是否找到了一个简单的逻辑旁路来达到这些规律, 但我
们被约束在大脑可用的心理路线上而无法达到?

这些问题可能没有意义; 令人沮丧的是无法构想出一个好的
问题.

然而, 数学家在试图用 $L$ 个字符估计有感知的大脑原则上可以
产生的不同逻辑论证 (脑路线) 的数目 $N_{can}$ 时可能会找到一种安慰.
也许, 如果有人告诉我们的数学家这些字符可以并且原则上意味着
什么, 他/她会通过类似于 $\sim L \log L$ 的形式来约束 $N_{can}$, 或者甚至更
少 —— 少于所有这些论证的数目 $N_{all} \sim 2^L$, 远远落后于细菌可以做
得到的.

这可能会伤害他/她的自尊, 但数学家很快就会意识到徘徊在他/
她自己的逻辑/语言背后的数字击败了复制最快的细菌.

确实, 想想薛定谔 (Schrödinger) 的猫. 猫的身体大致由 $N \approx 10^{26}$
个分子组成, 即那些含有水和小分子残基的大分子. 假设每个分子可
以处于两种状态. 那么猫有 $S = 2^N \approx 10^{0.3N}$ 种状态. 其中一些状态被

判断为活着, 一些被列为死亡. 可能的判断/意见的数目 $CAT$ 是

$$2^S = 2^{2^{10^{26}}} > 10^{10^{10^{25}}}.$$

人们如何决定, 如何从这种可能性的超级无敌宇宙中选择一种合理的判断? 数学家不明白它是如何工作的, 但是一只猫, 如果他/她还活着并且没有数学知识, 设法以某种方式做出正确的选择并且 …… 继续活着.

一些有勇气的人考虑难以想象的更大的数字, 这些是哥德尔 (Gödel) 不完备定理的产物. 如果你在关于 "现实世界" 的推理途径中遇到了这样的数字, 那么你的逻辑就像死了一样. 幸运的是, 除非你以它们的名字称这些畸形怪物, 否则你不会在 "现实生活" 中遇到它们.

$STOP$ 怪物. 如果你的计算机有 $M$ 位 (bit) 内存, 比如 $M = 10^{10}$, 那么无论你 "让" 计算机做什么, 它要么在 $< 2^M$ 步之后停止, 要么进入一个循环并且永远运行. (你可以使用方便的时间单位而不是 "步骤"; 数字 $2^{10^{10}}$ 是如此之大, 你对这些单位采用的是纳秒还是数十亿年, 这几乎没有什么区别.)

在这里, 我们 "让" 计算机执行的称为问题或程序的是一列字母, 它们是键盘上按键的名称, 你必须按下去才能激活此程序.

让我们离开 "真实世界", 让你的电脑拥有无限的 (无界的) 内存. 与有限内存的情况一样, 计算机可能会在有限多个步骤后停止, 或者根据你的问题 (以及计算机中硬件和操作系统的设计) 运行无限的时间, 只是对无限的内存来说, 无限运行不必是循环的. 例如, 如果要求找到名为 cell-phan-nimber-Bull-Gytes 的文件, 计算机或者找到它并停止, 或者, 如果没有这样的文件, 则永远运行.

(慢速大脑的一个不被快速 Windows 搜索系统共享的基本能力是, 对于这种查询, 几乎立刻反应: 没有这样的文件. 一个简单但结构上不平凡的例子就是几乎所有不含营养物质的化学物质都会让你的舌头觉得苦涩, 但也会出现一些错误, 例如, 对糖精的感觉也是甜的.

人们可以与罗伯特·胡克 (Robert Hooke)、查尔斯·巴贝奇 (Charles Babbage) 和艾伦·图灵 (Alan Turing) 一起推测可能的大脑记忆体系结构, 使其成为可能. 没有用于检查这种非平凡猜测的实验手段, 但彭蒂·卡内尔瓦提出了这种存储器的数学上有吸引力的模型, 称为稀疏分布式存储器.)

选取一个 (中等大) 的数字 $L$, 并把所有这些程序用 $L$ 个字母记录下来, 使得电脑最终停下来. 由于这些程序的数量是有限的 (如果在编写程序时可用 $< 100$ 个不同的字母, 则程序 $< 100^L$), 执行这种程序的最长 (但有限!) 时间, 比方说用年来计量, 也是有限的; 称这个时间为 $STOP(L)$.

虽然有限, 但即使对于中等程度的 $L$, 比方说 $STOP=STOP(50000)$ (50000 个字母的程序需要用十几页来记录下来), 这个年数在某种精确的逻辑意义上与无限也是无法区分的.

我们的宇宙小得可怜, 不仅仅是因为它包含这样大小的任何东西, 而且还因为它包含了关于这个尺寸的数字的一个明确公式的写法或者一个明确的语言描述, 即使我们在这样的书写中使用原子作为字母. (我们刚刚描述这个数字的方式不算数 —— 以无限来区分停止时间而没有指出特定的 "实验协议", 这不是我们所说的明确.)

相比之下, $CAT$ 显得微小 —— 相应的指数公式可以用几十个二进制符号表示 (物理上用原子力显微镜控制的几千个原子写下来).

说实话, 我们必须承认, 我们对 $STOP(L)$ 的定义有些不太正确.

想象一下, 例如, 我们的计算机的内存确实包含字符串 cell-phan-nimber-Bull-Gytes, 但它位于很远的地方, 以至于不能以小于 $T$ 个时间单位找到. 由于你可以选择你想要的尽可能大的 $T$, 尽管你将可接受程序的长度 $L$ 限制得很小, 比如说少于一千个字母, 我们定义的逻辑不可避免地使 $STOP(L)$ 等于无穷大.

不知何故人们必须禁止这种可能性, 通过坚持你电脑里所有不能在不超过 $10^{10}$ 个时间单位内达到的 "记忆单元" 都是空的, 没有任何东西写在这些 "遥远的单元格" 中. 此外, 假设计算机知道它何时穿越

"非空闲空间" 的边界, 并且不会花时间搜索空的空间.

另一方面, 在计算过程中, 计算机可以在这些 "远处的单元" 中写入/擦除; 这可能最终会产生大量被占用的记忆单元, 并使其阅读过程非常漫长.

有了这个规定, $STOP(L)$ 的定义就变得正确了, 它确实给了你一些有限的东西, 只要你精确地定义了 "远处的单元" 和 "到达记忆中的东西" 的含义.

但是, 能否通过这种记忆方式, 用有限的单词明确地描述无限的记忆以及对搜索程序的描述?

图灵所阐述的一个普遍接受的解决方案是将记忆细胞/单元分配给所有数字 1, 2, 3, 4, $\cdots$, 1000, 附有标签 "空白"/ "非空白", 并在所有 "非空白" 标记上标上符号 1 和 0. 然后, 存储器搜索的单个步骤被定义为从 $i$ 单元移动到 $i+1$ 或 $i-1$, 其中每个单元在被访问之后被标记为 "非空".

如果你易受 "全部" 这个词的魔力的影响, 并且认为这确实定义了数字的无穷大, 那么你将拥有 "在数学上精确" 的 $STOP(L)$ 定义.[①]

所有这些东西都说明, $STOP$ 有一些不太正确: 它是形式逻辑机制的副产品 —— 不是一个真正的数学数字. 但是大约三十年前, 已经发现了相当大的数字, 例如在令人遗憾的杀戮数学模型中赫拉克勒斯杀死九头蛇所需要的时间. 但是, 所有这些 "巨大的美人" 都比难看的 $STOP$ 更小.

## §4 法则

定律 1: 每个物体都保持静止或者匀速直线运动的状态, 除非有外力作用于它使得它改变原有的状态.

—— 艾萨克·牛顿 (Isaac Newton), 《自然哲学的数学原理》, 1687[②]

---

[①] 世界上大概有 5~10 个数学家和逻辑学家认为像 $STOP$ 这样的怪物是我们概念 ("数量" "有限" "无限") 中根本缺陷的迹象.

[②] 从历史上看, 第一个被记录的法则 —— 粘性介质中运动速度/力公式 —— 是由亚里士多德陈述的. (之后的版本是由牛顿在 1687 年和斯托克斯 (Stokes) 在 1851 年提出.) 一个世纪后, 阿基米德发现了机械系统的静力学的基本定律: 杠杆定律和液体中固体平衡定律.

调节宇宙现象的已知或未知的一般规律是必要的和不变的.

　　　　　　　　　　　　　　　　　　　—— 尼古拉·孔多塞

就我们所知, 它们 [自然法则] 是由前赴后继的最高级的知识分子所发展的.

　　　　　　　　　　　　　—— 迈克尔·法拉第 (Michael Faraday)

一位物理学家认为, 科学史上最令人震惊的单一事件是在 1916 年发现了广义相对论 —— 根据我们的物理学家在一个信封背面的计算, 如果不是爱因斯坦, 那么它将推迟 20~30 年才会被发现, 是其他科学发现所用时间的两倍长.

我们的物理学家是一个理论家, 无法通过实验来证实他的计算, 但是历史已经为他做了, 而且 …… 证明他错了.

这个世界的真正逻辑是概率演算.

　　　　　　　　　　　　　　　—— 詹姆斯·克拉克·麦克斯韦

孟德尔关于基因 —— 遗传因子的理论于 1866 年出版, 孟德尔根据他的数千次的豌豆植物实验中

　　　　　相同的杂交形式总是重现惊人的一致性

而得出了它们的存在性和基本属性.

自 1665 年罗伯特·胡克发现细胞以及 1674 年安东尼·范·列文虎克 (Antonie van Leeuwenhoek) 发现纤毛虫以来, 基因的发现是生物学中最重大的事件.

孟德尔的方法

　　　　　　多级互动实验的组合设计

　　　　　　　　　　　　+

　　　　　从统计数据中提取特定的结构信息

对所有科学来说都是新奇的. 这就是为什么孟德尔的论文被生物学家忽视了大约 30 年.

生物学家们在德弗里斯 (de Vries)、科伦斯 (Correns) 和切尔马克 (Tschermak) 于 20 世纪之交得到相似的数据之后, 回到了孟德尔的论文中. 包括阿尔弗雷德·罗素·华莱士 (Alfred Russel Wallace) 在内的许多人都被孟德尔的观点所震惊, 而最赞同的人也为 "反直觉的" 和 "生物不可行的" 孟德尔的代数所迷惑.

1908 年, 英国著名数学家哈代 (G. H. Hardy) 和德国医生威廉·温伯格 (Wilhelm Weinberg) 独立地阐述了这种反直觉:

$$\frac{[(p+q)^2 + (p+q)(q+r)]^2}{[(p+q)^2 + (p+q)(q+r)] \cdot [(p+q)(q+r) + (q+r)^2]} = \frac{(p+q)^2}{(p+q) \cdot (q+r)},$$

而且 (几乎) 每个人都接受了孟德尔的遗传定律.

(哈代称这是一个乘法表类型的数学. 他忽略了截断多项式空间中下一代遗传图 $M$ 的孟德尔动力学的数学美 —— 这些遗传图代表了随机交配下群体中等位基因分布转换. 在一个简单的例子中, 这样一个 $M$ 作用于矩阵 $P = (p_{ij})$, 将 $P$ 中 $i$ 行和 $j$ 列的元素代替为 $P$ 中第 $i$ 行元素的和与第 $j$ 列元素的和的乘积. 令人惊讶的是, 尽管很明显, 对于 $const = \sum\limits_{i,j} p_{ij}$, $M(M(P)) = const \cdot M(P)$, 这相当于上面用哈代的符号表示的对于对称 $2 \times 2$ 矩阵的 $(p, q, r)$-公式.)

...... 我们有理由把它们 [基因] 当作物质单位.

作为比分子更高级的化学物质? ...... 它在 ...... 遗传学中没有区别. 在遗传学家使用的字符和他的理论假设的基因之间存在着 ...... 胚胎发育.

—— 托马斯·亨特·摩尔根 (Thomas Hunt Morgan), 1934

1913 年, 孟德尔的论文《植物杂交实验》出版近半个世纪之后, 21 岁的阿尔弗雷德·斯特蒂文特 (Alfred Sturtevant) 沿着孟德尔的逻辑线进行到了下一步, 并通过分析几代适当的杂交果蝇中特定形态的频率, 确定果蝇某一染色体上某些基因的相对位置.

想想看. 你在培育果蝇时, 会计算出有多少种具有特定特征的特

定组合, 例如你记录了以下八种 $(2 \times 2 \times 2)$ 可能性的分布:

[条纹身体]/[黄色身体]

[红色眼睛]/[白色眼睛]

[正常翅膀]/[小翅膀],

你可以用数学聚焦的心灵之眼清楚地看到 (即使你碰巧像斯特蒂文特一样是色盲), 相应的基因 —— 与这些特征相关的孟德尔理论的抽象实体, 都位于假想线上明确的相对位置, 就孟德尔的基因而言, 这条线的存在来源于杂交形式如何再现. 特别是, 你将 "眼睛基因" 分配在 "身体基因" 和 "翅膀基因" 之间的位置, 这是因为

[小翅膀]+[黄色身体] "**隐含**"[白色眼睛]

在某些父母的后代中具有异常高的概率.

数十年后, 分子生物学和测序技术通过用基因分割的 DNA 字符串来解密 "斯特蒂文特线", 但斯特蒂文特想法的数学展开仍然只能在梦中看到.

**关于罗伯特·胡克、安东尼·范·列文虎克、黑腹果蝇和斯特蒂文特的想法**

胡克的名字与胡克弹性定律相关联, 但这只是他的许多实验发现、原创概念和实用发明之一. 例如, 他辨别出化石是灭绝物种的遗骸, 他开发了一种近乎现代的记忆模式, 他建议 (1665 ?) 制作弹簧平衡器 (惠更斯在 1675 年描述了自己的建造方法), 他建议了 (1684) 带信号量的光学电报的详细设计. (拥有 500 个电台网络的第一个运营系统于 1792 年在法国建成.)

列文虎克发现了如何为他的显微镜镜片制作小玻璃球, 但他让其他人相信他正在日夜手工研磨微小的镜片. 除了纤毛虫之外, 他还观察并描述了月牙形细菌 (大型硒单体) 细胞和精子的液泡. 列文虎克的显微镜秘密在 1957 年被重新发现.

黑腹果蝇 —— 由托马斯·亨特·摩尔根作为遗传学的主要模型生物体引入的果蝇 (长约 2.5 mm, 通常带有红眼和带腹片的腹部). 他和他的学生正在计算数以千计的果蝇的突变特征并研究它们的遗传. 分析这些数据, 摩尔根证明了基因携带在染色体上, 他也引入了遗传

连锁和交叉的概念.

斯特蒂文特从数学上 "合成" 他的一系列基因, 这些基因来自摩尔根的工作和想法的 "底层", 几乎就像开普勒从第谷·布拉赫的天文表格中 "结晶" 出椭圆轨道. 斯特蒂文特回忆了如下伟大的时刻.

我突然意识到, 摩尔根已经将这种连锁强度的变化归因于基因的空间分离差异, 这为在染色体的线性维数上确定序列提供了可能性. 我回家后, 花了大半夜 (忽略我的本科家庭作业) 制作第一个染色体图谱, 其中包括与性连接的基因 y, w, v, m 和 r, 按照顺序以及出现在标准图上的大约相对间距.

斯特蒂文特关于 (重新) 构建基因组的 (后验线性) 几何的想法类似于庞加莱关于大脑如何从一组视图图像样本 (重新) 构建外部世界 (后验欧几里得) 几何的建议.

总的来说, 一个未知的几何 (或非几何) 结构 $S$, 该结构 $S$ 来自于所研究的集合 $X$ 上给定的 $\mathcal{S}$ 类 —— 无论是给定物种的基因组 (生物体) 中的 (基因类型) 基因的集合还是视网膜中的光感受器细胞集合 —— 由 $X$ 的一组子集 $Y$ 上的一些概率测度表示. 重要的是, $\mathcal{S}$-简单 (特殊) 子集 $Y$ 上存在这种测度, 它允许用 $\mathcal{S}$ 的语言进行简短的描述; 这允许从相对较少的样本重构 $S$.

这个抽样远非随机的. 在遗传学中, 这种 $Y = Y(O)$ 是个体生物体 $O$ 基因组中特定等位基因版本的基因子集, 其中这些 $O$ 是通过实验员专门设计的受控育种方案获得的.

在视觉中, 这样的 $Y = Y(t)$ 是在给定时刻 $t$ 在你的眼睛的视网膜中被激发的感光细胞的集合, 其中更多情况下关于 $t$ 的变化 $Y(t)$ 是由于物体相对于你的眼睛的运动; 控制着移动你的眼睛的肌肉的大脑有能力设计/控制这种变化.

　　寻找 $S$ 最困难的一步是猜测 $S$ 是什么. 归根结底, 结构是什么?

　　孟德尔的定律只不过是一个柏拉图式的影子 —— 一个平坦的数字屏幕上的生命工作室的统计平均图像. 细胞的分子大厦在这个屏幕上被粗暴地砸碎了, 它的精美的结构不能通过纯粹的思想从这个图像重建. 需要数百 (数千?) 的巧妙实验来恢复已经丢失的大量信息.

　　…… 正如古人梦想的那样, 我认为纯粹的思想能够把握现实.

—— 阿尔伯特 · 爱因斯坦

　　与我们在生物学中看到的相反, 运行物理世界的基本机器的数学图像保留了这种机器的最好细节. 或许仅仅对我们天真的数学家来说, 它甚至可能看起来像是你知道的越少, 你越了解宇宙如何运行.

　　例如, 忘记速度、力、加速度. 想象一下这样一个世界, 只有无法感受到速度和力量的漫游的观察者. 但是当两位观察者相遇时, 他们可以相互识别并比较连续会面之间的时间间隔记录.

　　一个观察数学家会总结认为他/她在观测世界里 "看到" 的东西是自明的公理, 并且在思考了几个世纪它们隐含的意思后, 他/她会发现每个给定尺寸的独特的、最简单的、最对称的观测空间. 这是洛伦兹 – 闵可夫斯基 (Lorentz-Minkowski) 时空, 即碰巧是我们所存在的宇宙中的四维空间.

　　数学家会为这个奇妙的空间概念而感到欣慰; 但却也困惑不已, 因为他/她的心理图像也无法解释为什么除了会面点之外没有任何身体接触的观察者仍保持同步. (在地球上, 不是这难以置信的同步, 而是它的违反被认为是自相矛盾的.)

　　然后他的朋友物理学家想出了速度的概念, 他的同事实验家设计了快速旅行的观察者. 数学家轻松地叹了口气: 他/她的理论的公式 (在地球上被称为狭义相对论) 是完全正确的, 并且对于相互的相对速度接近 1 的观察者而言, 可以清楚地看到不同步. (在地球上, 这个 1, 即光速, 优美地表达为 299 792 458 ··· × 另一个速度单位, 这个速度单位的含义并不是观察数学家能够掌握的.)

　　力线传达了一个更好更纯洁的想法……①

　　　　　　　　　　　　　　　　　　—— 迈克尔 · 法拉第, 1833

　　你的统治, O 力! 结束了. 现在不再注意我们的行动; 排斥使我们离开从前, 吸引力也是如此.

　　　　　　　　　　　　　　—— 詹姆斯 · 克拉克 · 麦克斯韦, 1876

　　爱因斯坦的相对论 …… 不能不被认为是一部宏伟的艺术作品.

　　　　　　　　　　　—— 欧内斯特 · 卢瑟福 (Ernest Rutherford)②

　　下一步我们的数学家将不再寻找最对称的空间, 而是寻找运动的最对称法则, 可应用于他/她所有可想象的充斥着/受力于法拉第形式的力线/力场的观测空间.

　　首先他/她认为这种著名的法则是不可能的, 但是他/她的计算中的某些项奇迹般地相互抵消, 并且出现了一个漂亮的等式. 毫无疑问, 他/她会称之为爱因斯坦真空方程. (这是由大卫 · 希尔伯特 (David Hilbert)③ 推导出来的.)

　　然后, 他的朋友物理学家将引入能量/物质, 并且为了让所有人满意, 实验家/宇宙学家将会证明, 宇宙的行为正如所得到的方程式 —— [观察者/空间] – 世界的最简单的、在数学上可以想象的描述 —— 广义相对论所预测的一样.

---

　　① 法拉第一定是本能地抓住了 …… 空间状态, 今天称为场 ……

　　　　　　　　　　　　　　　　　　　—— 阿尔伯特 · 爱因斯坦, 1940

　　② 卢瑟福, 被称为核物理中的法拉第, 用实验证实了阿尔法、贝塔和伽马线, 发现了原子核, 并提出它们由质子和中子组成. "所有科学要么是物理, 要么是集邮" 这一句话也归功于他. 显然, 他将化学视为物理学的一部分, 他并没有活到从孟德尔 —— 染色体遗传学理论的起源中看到分子生物学的诞生.

　　③ 希尔伯特和庞加莱一起引领了从 19 世纪到 20 世纪的数学.

我们对现实结构的概念 …… 最大的变化 —— 自从牛顿以来
…… 是由法拉第和麦克斯韦对电磁场现象的研究带来的.

—— 阿尔伯特·爱因斯坦, 1931

…… 从现在开始的一万年以后, 19 世纪最重要的事件就是麦克
斯韦对电动力学定律的发现.

—— 理查德·费曼, 物理讲座, 1964[①]

被 20 世纪地球物理学家所称道的观测世界的对称性起源于麦
克斯韦的工作, 麦克斯韦在 1855 年至 1873 年间认为 (一个二十元系
统) 微分 (波) 方程, 逻辑上囊括和统一了关于电流磁效应的安培定律
(1826 年) 和通过移动磁场诱导电流的法拉第定律 (1831 年).

形式上, 这些是由莫佩尔蒂 (Maupertuis) 的电磁场原理决定的拉
格朗日 – 哈密顿方程; 它们拥有非常高的 —— 现在称为洛伦兹的 ——
对称性, 正如爱因斯坦在 1953 年所写的那样: 超越了与麦克斯韦方程
的联系.

(历史上第一个波动方程 —— 弦振动方程, 于 1747 年由达朗贝尔
写下并研究; 显然, 其洛伦兹对称性直到很晚才被注意到.)

菲茨杰拉德 (FitzGerald) 在 1889 年暗示了这种物理对称性的主
要作用, 拉尔莫 (Larmor) 在 1897 年以及洛伦兹在 1899 年提出的建议,
在 1905 年的两篇论文中得到了完善:

---

[①] 第 120 世纪似乎遥不可及 —— 另一个时代必定是评判员 —— 查尔斯·巴
贝奇在他的 *Ninth Bridgewater Treatise* (1837 年) 中写道. 他的分析机设计 (实现了
现在所称的通用图灵机) 将成为 22 世纪机器人的 19 世纪重大事件中最有可能的
第一名.

*庞加莱的《论电子的动力学》*①

和

*爱因斯坦的《论运动物体的电动力学》*.

两年后, 通常关注 (除了凸体之外) 多变量二次方程 (二次形式) 的多维几何及其变换群的赫尔曼·闵可夫斯基提出了 (庞加莱) – 洛伦兹对称的四维几何实现. 闵可夫斯基四维几何由爱因斯坦在 1916 年扩展到 (爱因斯坦) – 洛仑兹空间, 他用它作为广义相对论的数学框架.

现在, 想象一下没有高能实验的技术落后的观测文明. 这里的数学家将不得不发明一些神秘的绝对时间, 将非相互作用的观察者同步为莱布尼茨的无窗单子.

绝对的、真实的和数学的时间本身, 从它自身的本性中流动, 而不考虑任何外在的事物, 其另一个名字被称为持续时间.

—— 艾萨克·牛顿

然后数学家的朋友物理学家从某处打开一个窗口, 他可以通过窗户看到其他观察者的运动, 数学家会意识到赋予洛伦兹空间一个绝对时间必然意味着绝对空间, 在这里运动是可能的.

最后, 这两个人 —— 数学家与他的物理学家朋友 —— 被叫作地球上的艾萨克·牛顿 —— 将会获得三定律, 并且当他们来到地球时, 他们将引力的平方反比定律纳入了他们的理论, 这里 "平方" 由下述几何面积 $\sim R^2$-定律暗示 (蕴含?).

面积 $\sim R^2$-定律: $R$-球表面的面积与 $R^2$ 成比例, 其中指数 2 来自于 $2 = 3 - 1$, $3$ 是物理空间的维数.

(牛顿在数学上证明了只有引力 $\sim 1/R^2$ 定律与天文观测结果一致②, 但不清楚是谁第一个猜测 $\sim 1/R^2$. 罗伯特·胡克自称是那个人.

---

① 洛伦兹群在下述文字中体现出来:

······ 电磁场的方程式不会因某种形式的变换 (我将用洛伦兹的名字来命名) 而改变:······

庞加莱在早期的论文中讨论了相对运动原理, 但这不像我们所说的由爱因斯坦提出的狭义相对论.

② 牛顿方程适用的行星运动不可直接观察. (不仅仅是) 哥白尼 (Copernicus)、第谷·布拉赫和开普勒等最高智力的人一代代的努力使得观测数据能够进行数学分析.

事实上, 他在 1666 年与皇家学会的通讯中说道: ⋯⋯ 天体⋯⋯ 在它们的行动范围内相互吸引 ⋯⋯ 越接近越大. 但其他人, 包括牛顿本人, 在大约同一时间也表达了类似的引力思想.

牛顿认为对 $\sim 1/R^2$ 的证明比猜测要困难得多. 由于他是地球上 —— 如果不是在所有天文上可观测的[①]宇宙中 —— 唯一有资格接近这个问题并评估其数学难度的人, 因此我们接受他的判断.)

但是, 尽管理论上与短时间间隔 (数千年) 中记录的行星轨道有显著的一致性, 一个令人不安的问题还是会困扰我们的朋友.

这些定律 —— 经典力学定律 + 平方反比定律, 与太阳系在几亿年和几百万年时间的稳定性上一致吗?

牛顿本人认为答案是否定的, 如果不是神的介入, 行星会不时地与太阳相撞. 但在牛顿之后大约 250 年间, 一个反直觉的数学定理暗示了一个乐观的可能, 通常称为 KAM, 它 (非常粗略地) 说, 相当多的物理上重要的动力系统可能表现为 "渐近周期性的", 这与物理学家 (以及数学家) 一直所认为的不一致. (每个人的直觉都暗示了绝大多数具有两个以上自由度的机械系统的 "渐近混沌" 行为.)

这个定理依赖于动能和势能之间隐藏的辛对称性, 正如在牛顿去世约 100 年后由哈密顿发现的另一个数学屏幕上所看到的.

量子电动力学从通常的角度描述自然界是荒谬的. 但它完全符合实验要求.

                 —— 理查德 · 费曼,《QED: 光与物质的奇怪理论》, 1985

没有什么因为非常美好而不真实, 如果它符合自然规律; 在这样的事情中, 实验是对这种一致性最好的检验.

                 —— 迈克尔 · 法拉第,《实验室日志条目》, 1849

"观察者" 本身的运行是否受经典/相对力学的支配?

根据芝诺悖论, 可能不难 "证明" 牛顿 + 麦克斯韦 + 爱因斯坦的机械/电磁模型不能与我们周围所见到的物质的属性兼容. 显然, 我们优美的物理定律 "只是" 孟德尔式的另一种图像, 这是物理学家在量子世界中所期望的 "其他".

---

[①] 这里的 "可观测" 相当狭隘, 是指一个以观察者为中心的银河系附近的某个地方.

量子的数学碎片对我们来说是可以接近的, 但是当我们试着把它想象成一个整体时, 我们的思想就会抵抗, 如果我们坚持, 它会在矛盾和含糊的纠结中变得眩晕. 在尼尔斯 · 玻尔① 之后, 物理学家们不断重复的东西几乎没有带来什么安慰:

如果有人说他能思考量子物理学而不感到眩晕, 那只能说明他还对量子物理学一窍不通.

你几乎看不清任何让人眩晕的事物的清晰画面, 但如果你能在数学上证明, 原则上没有任何通常的 (包括严谨的数学) 模型可能与物理世界相似, 那么你会感觉更好.

"思考量子" 与我们根深蒂固的 "现实" 直觉是不相容的. 如沃尔夫冈 · 泡利 (Wolfgang Pauli)② 所说:

外行在说 "现实" 的时候, 他通常是在说一些不言而喻的事物; 而对我来说, 我们这个时代最重要和最艰巨的任务似乎是构建一种新的现实观念.

他还写道:

就像在相对论中一样, 一组数学变换连接了所有可能的坐标系, 所以在量子力学中, 一组数学变换连接了可能的实验安排.

这只是作为某个变换群的一个属性的真实性的暗示, 但是 "物理现实" 的一个实际概念仍然超出了我们最疯狂的梦想.

再次引用泡利的话:

我们大多数人希望在物理学领域取得的最好成绩, 只不过是在更深的层面上产生误解.

但是, 也许, 仍然有希望在数学的镜像中看到世界的形象.

我要走了.

不要让任何对几何学一无所知的人进来.

这与柏拉图有关, 他看不起那些不幸者, 他们

不知道正方形的对角线和它的边是不可通约的.

---

① 1913 年, 玻尔在 1911 年卢瑟福提出的原子行星模型的背景下, 提出了物理系统量子化的概念.

② 泡利 (1900 — 1958) 将自旋引入量子力学, 提出了泡利不相容原理, 并且他预测了中微子的存在.

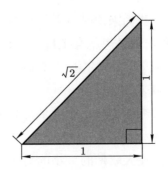

　　二十四个世纪之后, 柏拉图的某些门徒进一步提出, 真正的人类意识的特征在于其拥有者能掌握某些数的理论 (而不是某些个体数字) 之间 "不可通约性" 的有效性、意义和含义的能力, 这遵循哥德尔不完备定理.

　　根据这个假设, 人类思想的任何可以想象的模仿, 无论是通过图灵通用计算机的电子实现还是通过生物机器人, 都可以通过这种能力的公然缺失而被立即识别出来.

　　然而, 尽管神经心理学家对意识问题有了新的兴趣, 但并没有收集到关于人类的这种能力存在/不存在的重要数据.

　　藐视数学高超智慧的人会以妄想滋养自己.

　　　　　　　　　　　　—— 莱昂纳多·达·芬奇 (Leonardo da Vinci)

　　每一个新的发现都是以数学的形式, 因为我们没有其他的指引.

　　　　　　　　　　　　　　　　　　—— 查尔斯·达尔文

　　对于那些不懂数学的人来说, 很难领悟到大自然的美、最深的美.

　　　　　　　　　　　　　　　　　　—— 理查德·费曼

　　什么时候科学片段符合自然法则? 为什么找到这些法则需要最高级的知识分子持续的努力?

　　法则是否仅仅是信息的压缩, 是事实之间系统相关性的记录, 而这些相关性可以通过分析你的观察而发现吗?

　　对于这个问题, "是" 或 "否" 的答案取决于你如何理解仅仅、信息、系统性等, 从下面的例子可以看出 "法则制定者" 面临的一个基本问题 (但不是唯一的).

　　想象一下, 你的事实或事件是数字, 你碰巧观察到的数字是

$$7, 19, 37, 56, 61, 91, 127, 189, 208, 296, 342, 386.$$

找到这些数字背后的 "法则" 的唯一有效的方法是 ⋯⋯ 猜测: 这些数字是立方数的差[①], 例如,

$$1 = 1^3,\ 8 = 2^3,\ 27 = 3^3,\ 64 = 4^3,\ 125 = 5^3,\ 216 = 6^3,\ 343 = 7^3,$$

那么,

$$91 = 216 - 125,\ 127 = 343 - 216,\ 189 = 216 - 27,\ 386 = 93 - 73.$$

(这是玻尔对关于氢光谱波长的 Balmer-Rydberg 公式的描述的一种解释, 如在恒星中观察到的. 以合适的单位表示, 这个公式是 $\frac{1}{\lambda} = \frac{1}{m^2} - \frac{1}{n}$, 其合理性由玻尔的氢原子量子化模型提供.)

一般来说, 数学家可能会说法则 $\mathcal{L}$ 是一个从某些 "小而简单的" 参数集 $P$ (例如整数立方的数对的集合) 到可观察事件 (整数立方的差) 的 "复杂" 子集 $Obs$ 上的 "简单" 映射 (函数), 而可观察事件包含在另一个 "简单但可能很大" 的所有可想象的事件集合 $Ima$ 中 (例如所有整数, 或者如果你愿意的话, 所有使得集合更大、但是在逻辑上同样简单的实数).

可想象的简单法则 $\mathcal{L}$, 例如可以用几十个单词来描述, 其数量是巨大的 —— 它随着编码一个 $\mathcal{L}$ 的单词/符号的数量而呈指数增长. 在每一特殊的情形, 从 $Obs$ 中的实际数量的样本来猜测这样一个 $\mathcal{L}$ 的一般规则是不存在的 (?)[②]. 正如克劳德·伯纳德 (Claude Bernard) 所说, 不知道在找什么的人不会理解他发现的东西.

(人们可能会反驳说, 动物/人类的大脑通过系统地寻找相关性并切断它从身体其他部位接收的电/化学信号流中的冗余, 从而建立起一个关于外部世界的连贯的心理图景.

这很难说, 因为我们不知道大脑使用的是什么系统, 但是无论如何, 这个系统是由大自然设计的, 根本没有发现她的内在运作.)

如果你是生物化学家而不是数学家, 你可以把自然法则想象为一种形状复杂的 "分子", 一种 "经验事实的解决方案" 中 "催化合成理

---

[①] 一点小小的乘法表类型的数学告诉你, 绝大多数的数字不是立方数的差. 这使得这种 $(m^3 - n^3)$-法则非常严格; 因此, 很详实.

[②] 在大多数情况下, 进行正确的猜测比核实更困难. 数学中有几个猜想, 例如 $P \neq NP$, 试图严格地表达这种想法, 但可能我们还不知道如何正确地阐述这个问题.

论" 的 "逻辑酶", 其中溶剂 —— 过程的辅助矩阵, 是由数学充当的.

逻辑结构可能因法则而异, 与事实相应的化学成分可能没有共同之处 (例如统计力学和经典遗传学), 但数学催化的原理对于大多数 (所有) 酶法 (名副其实的自然法则) 来说都是一样的.

但要小心: 法则的简写表达, 例如惯性 —— Corpus omne perseverare …… —— 由一百个字符组成的字符串, 很少告诉你一个法则的结构和功能, 就像一百个氨基酸的序列所能告诉的一样, 它只是自己说明了相应蛋白质的生理作用. 为了读取由这种字符串编码的信息, 你需要对溶剂矩阵的数学性质有相当的洞察力, 并与你对事实的自然化学性质所需的一样.

而且如果你的头脑中没有可用于这个目的的数学, 那么你就不可能理解相应的定律.[①]

这就是孟德尔的想法所遇到的事情 —— 显然, 数学和物理学不在那个时代的生物课程中. 如果不是内格里 (Nägeli), 而是孟德尔与玻尔兹曼 (Boltzmann)、古德贝格 (Guldberg) 和沃格 (Waage) 或范托夫 (van't Hoff) 等人对话, 遗传学的时间表可能会推后四分之一世纪.

### 内格里, 玻尔兹曼, 古德贝格, 沃格, 范托夫

卡尔 · 威廉 · 冯 · 内格里 (Karl Wilhelm von Nägeli, 1817 — 1891) —— 19 世纪一位主要的植物学家, 提出了**分生组织**的概念 —— 一组能够分裂的植物细胞; 他还认识到细胞分裂序列在植物形态中的作用. 但是他的名气在于他被列为未能理解孟德尔工作的人物名单的第一位.

路德维希 · 爱德华 · 玻尔兹曼 (Ludwig Eduard Boltzmann, 1844 — 1906) 于 1866 年获得了气体动力学理论博士学位 —— 正是孟德尔出版《植物杂交实验》的那一年.

卡托 · 马克西米林 · 古德贝格 (Cato Maximilian Guldberg, 数学家) 和彼得 · 沃格 (Peter Waage, 化学家) 在 1864 年提出了化学动力学中的质量作用定律, 这在逻辑上类似于孟德尔的定律; 他们的工作一直

---

[①] 力学法则在这方面是特殊的 —— 它们是建立在大脑的运动系统中的. 我们总是本能地试图找到我们周围一切的力学解释 (模型). 然而, 这些 "大脑法则" 必然是非牛顿的 —— 真正的牛顿力学本能地被大多数 (所有) 人拒绝, 即使他们形式上理解了它. (有人想知道这是否可以由实验心理学家进行测试.)

未被注意到, 直到 1877 年范托夫重新发现了它.

雅各布斯·亨里克斯·范托夫 (Jacobus Henricus van't Hoff, 1852 — 1911) 因其在化学动力学、化学平衡、渗透压和立体化学方面的发现而成为诺贝尔化学奖第一位得主.

孟德尔式杂交数据的意义对于这些人来说是显而易见的, 它与简单体积比例性质相似, 也被称为反应气体的结合体积法则, 这由盖 – 吕萨克 (Gay-Lussac) 发现并在他 1808 年的文章《关于气态物质之间的组合》中作了汇报. (用阿伏伽德罗 (Avogadro) 的话, 盖 – 吕萨克定律是说: 气体之间的组合体积比总是非常简单, 并且当组合的结果是气体时, 其体积与其组分的体积的关系也非常简单.) 尤其是玻尔兹曼, 物质和能量的原子论的支持者, 会对孟德尔关于遗传原子的想法感到高兴, 这种想法的逻辑类似于阿伏伽德罗从他的原子猜想中推导出盖 – 吕萨克定律的逻辑:

…… 任何气体中整体分子的数量在体积相同时总是相同的, 或者总是与体积成正比.

这在现在被称为阿伏伽德罗定律. 如果你假定化学物质是由不同的相互相同的单元 (原子或分子) 组成的, 它与盖 – 吕萨克定律一致, 但是不能先验地排除这些单元在莱布尼兹 (Leibniz) 意义上无限小, 因此, 不能排除有限体积的气体中的分子数量无限大. (这样的无限大/小数目现在可以用非标准分析的语言来描述, 例如, $STOP$ 数可以被认为是无限大, 并且质量为 $STOP^{-1}$ 的粒子被认为是无限小.)

但是这个数字 (现在定义为 12 g 纯碳原子 $^{12}C$ 的原子数) 恰好是有限的, 并且不是非常大: 0°C 时, 一个大气压下 22.4 升气体中分子的 (阿伏伽德罗) 数 $N_A \approx 6 \cdot 10^{23}$. 这也约等于分子量为 $\approx 18$ 的 18 g 水 $H_2O$ 中的分子数. 如果原子比实际小 100 万倍, 则 $N_A = 6 \times 10^{41}$ 而不是 $= 6 \times 10^{23}$, 那么原子的概念就永远只能是一个想法[1] (如果原子太小, 那么宇宙的年龄 —— 几十亿年 —— 就太短, 以至于对于 1 μm 的细胞, 相应地, 对于我们这样大小的生物体来说, 进化的时间就太短了. 那么甚至原子的想法也是不可能的 —— 没有大脑就没有想法 …… 除非小原子允许尺寸为 1 μm 的智能生物体存在.)

---

[1] 若内径尺寸为 $10^{-6}$, 则体积为 $10^{-18}$, 质量为 $18 = 41 - 23$.

阿伏伽德罗关于原子的想法没有梅内德尔 (Menedel) 关于基因的想法运气好 —— 它们仅在几年后就被接受. 但是, 如果孟德尔的问题是因为与他同时代的生物学家没有达到他的科学和数学水平, 那么 19 世纪的物理学家就因为他们接受新思想的高标准而对原子持怀疑态度. 例如, 与阿伏伽德罗一样理解原子问题的法拉第说:

谈论原子是很容易的, 要对它们的性质形成一个清晰的理解是非常困难的, 特别是当考虑到复合体时.

(原子的逻辑/哲学问题在拉瓦锡 (Lavoisier) 的思想中也非常重要; 今天, 我们知道原子的概念在经典 (非量子) 物理学的背景下是自相矛盾的. 但是在自然科学中, 与它在数学中不一样, 一个矛盾并不一定使一个想法失效.)

原子和分子总是存在于物理学家的脑海中. 例如, 麦克斯韦写道:

假设物质在转化为液体形式时其体积并不比分子的总体积大很多, 我们从这个比例获得分子的直径. 通过这种方式, 洛施米特 (Loschmidt) 于 1865 年首次对分子直径做出了估计. 独立于他且彼此独立, 1868 年斯托尼先生和 1870 年汤姆森 (W. Thomson) 爵士发表了类似的结果, 汤姆森的结果不只用这种方式推论出来, 还来源于肥皂泡的厚度的计算以及金属的电学性能.

根据我从洛施米特的数据计算出来的表格, 氢分子的大小是这样的, 即一排大约两百万个氢分子将占据一毫米, 并且一亿亿亿个氢分子的重量在四到五克之间!

麦克斯韦也许不能 100% 确定是否气体动力学理论有任何真实性 …… 但最终原子胜利了, 通过玻尔兹曼的努力, 在爱因斯坦和斯莫鲁霍夫斯基 (Smoluchowski) 写下一个描述悬浮在液体中的微观粒子随机运动的方程 (称为布朗运动①) 时, 这个方程可以评估 "原子的大小".

这个方程背后的思想古老而简单:

…… 小型复合体 …… 受到无形击打的影响而永久运动 ……

---

① 罗伯特·布朗 (Robert Brown, 1773 — 1858) 没有发现布朗运动, 但他详细描述了细胞核和其他细胞结构. 布朗运动是在 1785 年左右由让·英恩豪斯 (Jan Ingenhousz) 首次 (?) 系统研究的. (英恩豪斯还指出了太阳光在光合作用中起到的作用.)

运动始于原子, 并逐渐浮现在我们的感官层面.

　　　　—— 提图斯 · 卢克莱修 (Titus Lucretius), 公元前 50 (? )

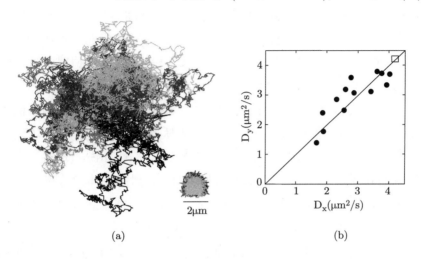

(a)　　　　　　　　　　　　　(b)

　　但花了将近两千年时间才通过将这几行文字转化为数学语言而将诗歌转化为了科学.

　　这种 "转化" 是通过以下科学家在不同情况下独立进行的 (? ):

　　蒂勒 (Thiele, 1880), 巴舍利耶 (Bachelier, 1900), 爱因斯坦 (1905), 斯莫鲁霍夫斯基 (1906), 维纳 (Wiener, 1923), 其中这种转化的数学与乘法表类型相差不远.

　　(对帕斯卡 (Pascal) 和布丰 (Buffon) 来说, 这个想法是显而易见的, 而欧拉 (Euler) 和/或拉普拉斯 (Laplace) 在进行详细计算时不会有任何问题, 如果他们中的任何一个已经考虑到了这一点.)

　　用 1000 倍光学显微镜可以看到布朗粒子的位移, 这是纯粹的运气, 还是弱人择原理的结果?

　　分子太小而不能在可见光谱中被人眼检测到, 但它们的影响是可以被中等大小物体感觉到的.

　　比方说, 水分子 ($\approx 0.3 \cdot 10^{-3} \mu m$), 只 (!) 比最小的光学可区分的物体/位移 ($\approx 0.2 \mu m$), 小 1000 倍 (是我们的视力标准化的对数标度上的两倍). 例如, 一个 $1\ \mu m$ 的细菌, 可通过因子 1 000 000 来放大为人类尺寸 ($1m = 10^6 \mu m$), 会将水分子 "看作" 沙粒.

　　水分子移动很快: 它们的平均速度 (平方) 在室温下约为 650 m/s $\approx$

$1000^3 \cdot 0.5 \mu m/s$. (大多数枪支子弹的枪口初速度在 $200 \sim 1200$ m/s 之间).

实际观察到的情况是, 与水分子发生多次碰撞时, 悬浮在水中的颗粒发生位移, 其中许多颗粒在某个方向上移动不均衡. 这些位移的频率和平均尺寸通过爱因斯坦 – 斯莫鲁霍夫斯基公式与阿伏伽德罗常数 (或者, 基本上等同于玻尔兹曼常数) 相关 (阿伏伽德罗常数的倒数对应于 "原子的体积大小".)

对阿伏伽德罗常数进行测量和准确赋值绝不是一件简单的事情 —— 让 · 巴蒂斯特 · 佩兰和他的团队在 1913 年至 1914 年间实现了这一目标, 其结果是阿伏伽德罗常数为: $6.03 \cdot 10^{23}$. (现在可接受的值是 $6.0221 \cdots \cdot 10^{23}$, 这是通过硅单晶的 X 射线晶体学获得的.)

经典 (非分子) 遗传学定律和/或 19 世纪物理学和物理化学的经典定律是否仍然为我们提供新的有趣的东西?

科学家会发现这不太可能, 但数学家可能会这样想 —— 除非用 21 世纪的数学语言表达, 否则我们并不认为任何事物都可以理解. 但即使是 20 世纪的数学演绎, 如同 18 世纪的理想气体定律 (例如按照黎曼和/或积分几何学) 一样无害, 似乎也不是平凡的. (20 世纪的数学在具有仿射联络的空间上的测地流的 "矩阵" 中 "溶解" 了惯性定律; 我们期望在 21 世纪这种 "矩阵" 会产生更有趣东西.)

数学也可以作为将法则与观察联系起来的一条绳索 —— 法则的经验真理在被动观察到的事实中并不存在. 数学思想经常隐含地进入到实验的设计和解释中.

例如, 从来没有人看到一个物体以恒定的速度沿着一条直线移动 —— 惯性定律与你所观察到的情况形成了鲜明的矛盾. 然而, 如果没有这个定律, 你就无法得出数学上一致的/优雅的力学图像, 例如你不能写下在斜面上与伽利略的滚珠兼容且在美学上可接受的 (比如说, 由解析函数给出的) 公式, 而不会使球的速度对于零倾角是恒定的.

## §5 真相

思想决不能服从于教条、政党、激情、兴趣或者先入为主的想法.

—— 亨利 · 庞加莱

当你在过去科学家的著作中指出一些幼稚或愚蠢的话时, 人们可能会说, 你用今天的观点来判断昨天的想法, 本身就是愚蠢的.

那么 …… 如果不是像拉瓦锡、克劳德·伯纳德、法拉第、庞加莱那样的人, 这也许会令人信服. 他们善于倾听科学真理 —— 他们从不 (几乎从不?) 说任何无意义的事情; 错误 —— 也许会犯, 但从不是平凡的、空洞的或本质上不一致的.

无论对象是仅改变状态还是改变位置, 这总是为我们而转变, 就像改变一组印记一样.

—— 亨利·庞加莱,《科学与假设》, 1902

无论是在数学、物理学还是其他方面, 庞加莱的头脑所触及的东西都闪闪发光. 他在《科学与假设》的第四章对空间感知的分析, 在深度和清晰度上仍然无与伦比. 他关于大脑如何利用视觉运动图像输入的旋转 (正交①) 对称性来重建外部空间的后验欧几里得几何的猜想, 与 20 世纪神经生理学的发现非常吻合, 对 21 世纪 (22 世纪?) 的实验 (数学) 心理学家来说仍是一项挑战.

…… 观察科学是一门被动的科学.

在实验科学中, 人类 …… 为他的利益而发生挑衅现象, 它总是根据自然规律发生, 但在自然界它通常在尚未实现的条件下发生.

…… 天文学家进行积极的观察, 也就是说观察到一个关于干扰原因的先入之见的结果.

—— 克劳德·伯纳德,《实验医学研究导论》, 1865

如果你在数学家的听众中引用克劳德·伯纳德的著作, 他们会认为这一定是庞加莱, 而物理学家会想到爱因斯坦或费曼, 生物学家则会想到达尔文. 但有人可能会想起在上一期的《自然》杂志上几位诺贝尔奖获得者签署的一份备忘录中的这些话.

人们几乎不可能为克劳德·伯纳德说过的关于实验科学的话添加任何实质内容, 他所说的也适用于理论, 因为逻辑论证的设计与实验的设计相似.

---

① 三维空间的旋转正交群 $O(3)$ 是我们的世界几何的基本非交换原子. 数学家对它的惊人结构的渗透花费了 2500 年 —— 从毕达哥拉斯定理到二十世纪之交发展的李群理论和现在的四维空间上的欧几里得 (椭圆) 规范理论. 令人惊讶的是, 地球上所有活跃动物的大脑已经发展了 (通过学习?) 这种结构的合理模型.

　　克劳德·伯纳德坚持认为, 积极的科学取决于实验, 而这些必须掌控而不是确认我们的想法. 他可以继续说, 积极的逻辑必须同样是掌控而不是确认我们的想法. 我们不应该事先决定论证会给我们带来什么. 但是, 我们的逻辑规则必须事先确定. 然后, 我们一步一步地进行论证, 并接受出来的任何结果, 即使这与我们原来的想法相矛盾.

　　在没有数学的情况下设计这样的论点几乎是不可能的, 这里通过诸如证明定理或者 "仅仅" 计算来提供论证; 令人惊讶的是, 一个简单的计算结果往往会与你的直觉相矛盾.

　　一个例子就是我们之前遇到的 (孟德尔) – 哈代 – 温伯格公式, 它表达了这样的 (反直觉的) 想法, 即 (天真地理解) 自然选择进化可以在第二轮繁殖中稳定下来①.

　　让我们举另一个例子, 它同时说明克劳德·伯纳德的观点, 即平均意图混淆, 但旨在统一.

　　假设在 $H_1$ 和 $H_2$ 两家医院进行某种脑部手术的平均成功率取决于患者的父亲是左撇子还是右撇子.

　　右撇子的患者被送到 $H_1$, 因为

　　　　　　*$H_1$ 对右撇子有更好的平均成功率.*

　　左撇子的患者也被送到 $H_1$, 因为

　　　　　　*$H_1$ 对左撇子也有更好的平均成功率.*

　　但是, 如果你不知道你是处于左撇子的还是右撇子的范畴, 那么你将被发送到 $H_2$, 因为

　　　　　　*$H_2$ 对右撇子的 + 左撇子的一起的平均成功率更高.*

　　感觉困惑? ② 那就看一下下述用关于右撇子和左撇子各自的平均成功率 (记为 $S_r$ 和 $S_l$) 来表达的右撇子 + 左撇子的平均成功率 $S_{r+l}$ 的公式, 其中 $N_r$ 和 $N_l$ 是做了该手术的右撇子和左撇子患者的数量,

$$S_{r+l} = \frac{N_r S_r + N_l S_l}{N_r + N_l}.$$

---

　　① 这个公式的数学需要从达尔文的变异观念到更多抽象的 (并且更充分的) 突变概念 —— 这是莫佩尔蒂在他的生命图景中所设想的. (雨果·德·弗里斯 (Hugo de Vries) 在他的两卷《突变理论》(1900 — 1903) 中引入了对于突然出现的变异的术语突变.)

　　② 我认识的所有数学家都拒绝相信这种事情会发生, 但那些对他们的数学不确定的朋友们假装他们会承认这种可能性.

现在你看在某些情况下这是如何能发生的: $S_{r+l}$ 不仅取决于 $S_r$ 和 $S_l$, 还取决于 $N_r$ 和 $N_l$, 两个医院的这些数字可能会有很大不同.

改述爱因斯坦 —— 数学规律即使在涉及现实时也是确定的; 它指的是哪个现实并不确定.

······ 只有在经验和观察的自然顺序中才能找到真相, 就像数学家成功解决问题一样······

—— 安托万 · 拉瓦锡 (Antoine Lavoisier)

《对化学基础的初步论述》, 1787

我谴责你这个大骗子, 拉瓦锡先生.

—— 让 - 保尔 · 马拉 (Jean-Paul Marat),《人民之友》, 1791. 1

那些没有价值的动机用冠冕堂皇的词句暂时起支配作用.

—— 迈克尔 · 法拉第

拉瓦锡于 1793 年 11 月被捕, 被指控出售洒过水的烟草, 并于 1794 年 5 月 8 日在 50 岁时被送上断头台.

拉格朗日 (Lagrange)[1] 这样评论拉瓦锡的死刑:

仅仅一瞬间就切断了他的头, 但法国可能在一个世纪内也不会出现这样的头脑.

---

① 拉格朗日 (1736—1813), 出生名为约瑟普 · 洛德维科 (路易吉) · 拉格朗日亚 (Giuseppe Lodovico (Luigi) Lagrangia), 是一位数学家. 他的最小作用原理 (比莫佩尔蒂的更精确, 比欧拉的更为一般) 的解析演绎的持久影响, 在许多数学物理领域, 明显地表现为动力系统的拉格朗日量 (而不是牛顿力), 连同它们的小妹妹哈密顿量.

克劳德 · 伯纳德生于 1813 年, 亨利 · 庞加莱生于 1854 年.

但让－保尔 · 马拉是谁? 马拉进行了大量实验并发表了关于火、热、电和光的著作. 当时法国的 "学术机构", 特别是拉瓦锡和孔多塞, 并没有认真对待这一点.

一些同情马拉的历史学家认为, 根据某些证据, 他是一位知识渊博、敬业的科学家, 在法国皇家科学院得不到公正的听证, 并且把马拉与麦斯默 (Mesmer) 等人进行比较是不公平的. (1784 年, 拉瓦锡和本杰明 · 富兰克林 (Benjamin Franklin), 他们是皇家动物磁学委员会的主席, 主导了历史上第一个受控的临床试验, 并驳斥了麦斯默的说法.)

这也许是真的, 但是, 显然, 马拉虽然知识渊博, 却不懂得他不理解的程度. 因此, 他出版了几百页关于他的电学研究的书. 另一方面, 拉瓦锡相信: 电不仅可以揭示雷电的影响, 还可以解释许多大自然的运作. 他一生中大部分时间都在思考电学问题, 但几乎没有发表任何内容.

拉瓦锡在某种程度上认为:

流体和磁性流体本身是化合物, 像水一样, 两种更微妙的流体可能会相遇并分离, 并以某种方式互相抵消. 但他无法为他的想法找到足够的实验证据, 并且仍然不确定电的性质; 但是马拉认为他明白电是什么. 人们倾向于认同拉瓦锡对马拉工作的评价, 即他的工作是微不足道的. ①

马拉拒绝接受拉瓦锡的评判, 他恨拉瓦锡, 但并没有直接参与对拉瓦锡的定罪: 1793 年 7 月马拉被暗杀.

## §6 生命

　　…… 人、马或其他动物的骨骼结构必须按比例来构建, 而这些动物必须在高度上增加很多.

—— 伽利略 · 伽利雷 (Galileo Galilei)

《关于两门新科学的谈话与数学证明》, 1638

---

① 用泡利的话说, 拉瓦锡说过他对马拉的看法: 我不介意你思考得慢; 我介意的是你发表的速度比你思考得要快.

你读上面几行的时候见证了异速生长科学的诞生，它的一些发现仍然让我们感到困惑. 例如，为什么质量为 $M$ 的动物的代谢率 $R$ 满足

克雷伯 3/4 法则：$R \sim M^{3/4}$?

大自然包含了所有这些品种的基础，但机遇或艺术实现它们.

—— 皮埃尔 – 路易·莫佩尔蒂 (Pierre-Louis Maupertuis)
《物理金星》, 1745

莫佩尔蒂强调了自然选择在进化中的作用，概述了一个 (不完全是孟德尔的) 遗传构想，勾勒了突变理论，并提出了与魏斯曼接近的种质论机制. 由于他是一位数学家，生物学家有理由忽略他的想法.

…… 机制 …… 包含在构成动物身体的一小部分物质中! 组合 …… 原则，我们只有通过难以理解的结果才知道，它们不再仅仅因为我们没有考虑过它们的习惯而感到奇怪![1]

—— 乔治 – 路易·布丰 (Georges-Louis Buffon),《动物通史》, 1749

布丰应用积分来测量几何随机事件的几率. 例如，如果将单位长度的针投掷到被划分成有单位宽度的平行条的平面上，那么根据布丰公式，针将穿过两条带子之间的线的概率等于 $2/\pi$, $\pi = 3.14 \cdots$.

(这开启了积分几何学和几何概率的领域；这也激发了柯尔莫戈洛夫 (Kolmogorov)[2] 在 1933 年提出了当前公认的概率论的数学基础.)

布丰为灯塔设计了高效的镜头.

布丰提出了一种在后来使用了两个世纪的凹面镜.

布丰提供了行星形成的第一个科学场景，即来自于彗星与太阳的碰撞.

布丰根据在数百万年的时间内的沉积速率评估了地球的年龄，并且认为地球从熔融状态冷却至少需要 75000 年，他是通过 "重新调整" 加热和冷却铁球的结果来计算的.

---

[1] 布丰能够看到这个，是因为他的数学背景吗？他是第一个意识到它的人吗？在过去的几十年中，在分子生物学发展之前，是否有可能认识到生命的复杂性以及我们对活体的结构表征的无能为力？

[2] 除了现代概率之外，20 世纪数学和数学物理学的其他几个分支也是从柯尔莫戈洛夫的工作中衍生出来的，包括经典 (哈密顿) 力学中的 KAM 理论，动力学系统的湍流随机理论和动力学系统的熵理论.

(在笛卡儿和莱布尼茨的著作中出现了热熔地球的概念.)

布丰给出了物种的定义:

人们应该认为物种是通过交配延续其自身并保持该物种的相似性的 …… 如果这种交配的产物像骡子一样不能生育,那么父母是不同的物种. 任何其他的标准,特别是相似性,都是不充分的 …… 因为骡子与马的相似性比水猎犬与灰狗的相似性更强.

这与自然哲学家约翰·雷定义物种的方式有很大不同,他通过

　　…… 从种子传播中延续其自身的特征 (1686 年)

来定义物种.

显然,布丰在内心深处是一位数学家,他一直对第二代杂交育种的障碍这一明显的事实感到困惑和着迷,定义了允许引入物种概念的生物群之间的等价关系.①

布丰很高兴地看到,他那种在数学上活跃的科学思维在 20 世纪末回到了生物分类学,并对基因组序列进行了比较研究.

布丰运用他的定义来证明人性的统一:

亚洲人、欧洲人和黑人都和美国人一样是不受约束地繁衍后代.

布丰写道:

…… 人们也可以说,人类和猿具有共同的起源,如马和驴一样,动物和植物中的每个家庭都有一个单一的来源,并且所有的动物都是从一只动物中出来的,它随着时间的推移通过进化和退化而产生所有动物种族.

布丰在教会当局方面已经有了足够的麻烦,他以书面形式拒绝了这个思想,因为它与圣经版本的造物相矛盾.

布丰会发现这有一些讽刺意味,某些后达尔文进化思想家任意借用他的思想,然而却从他的教会反对者继承了对权威的前笛卡儿式的

---

① 1942 年,一位有影响力的进化思想家恩斯特·迈尔重申了布丰的定义:

　　…… 繁殖孤立的自然种群杂交 ……

有人可能想知道,布丰会如何看待 20 世纪的 "进化思想家",他们煞费苦心地阐述自己的观点,认为有性繁殖的生物体的生命线必须跨越时空的某个地方,才能产生后代.

尊敬和对意识形态① 的屈服. 这些思想家并没有接纳布丰作为非达尔文主义者加入他们的俱乐部.

布丰彻底改变了他那个时代的大部分知识, 并从广泛的科学角度发展了关于自然与生命的观点. 但是他在 1788 年去世之前只写出了计划有 50 卷的一般和特殊的自然史中的 36 卷.

(像爱因斯坦一样, 布丰抱怨说, 他天生的懒惰妨碍了他在科学上取得更多的成就.)

威廉 (开尔文) 汤姆森在 1862 年接受了布丰关于评估地球年龄的想法, 他计算了最初熔融状态的地壳热扩散速率, 因此估计地球最多只有 1 亿年的历史. (这与马耶 (Maillet)、莱尔 (Lyell) 和达尔文的沉积地质估算相矛盾.)

汤姆森因其在跨大西洋电报工程、绝对零度 ($0°K \approx -273.15°C$) 的概念、宇宙热寂的思想而闻名:

······ 一种普遍的休眠和死亡状态, 如果宇宙是有限的, 并且要遵守现有的法则. ······ 科学指向一个无止境的进步, ······ 包括潜在能量向明显运动的转化, 因此转化为热量······

汤姆森也因他的

"比空气重的飞行器是不可能的"

和典型的后维多利亚时代性

"现在物理学上没有什么新发现了"

而闻名.

这与麦克斯韦的

······ 我们没有权利去想那些无法发现的宇宙财富 ······

形成鲜明对比 (他在这一点上经常被错误地引用).

布丰对物理学的直接影响可能非常有限, 但从他的《自然史》中产生的源源灵感一直影响着直到 20 世纪中叶的生物学家和自然哲学

---

① 我们重视他们美丽和新奇的想法; 我们非常感谢人们对非平凡理念的理解的深度和独创性. 另一方面, 意识形态的承载者 (常常被他们英文名称末尾的 ist 辨认出来) 可能容忍那些被他们 (承载者) 所宣称的东西迷惑的人 —— 这些人是潜在的转变者, 但他们反对任何明显地看到并拒绝他们的观点的人.

法拉第的

没有什么比一个知道他们是对的人更可怕

说的就是这些人.

家的思想.

与统计观点相关的是, 活生物体的重要部位的结构与我们物理学家和化学家 …… 物质的任何部分是如此完全地不同 ……

…… 生物 …… 可能涉及迄今未知的 "其他物理法则", 然而, 一旦它们被揭示出来, 它们将会形成科学整体的一部分 ……

——欧文·薛定谔 (Erwin Schrödinger),《生命是什么?》, 1944

连续性原则使得生命原则很可能在下文中被证明是某种普遍法则的一部分或推论.

——查尔斯·达尔文,《给乔治·沃利克的信》, 1882

达尔文梦想有一些数学/哲学的生命原则, 而薛定谔想要根据物理定律来理解生命. 但是生命打破了物理上的对称性/规律性, 并创造出了截然不同的新生物①, 例如,

相同的杂交形式再次出现的显著规律.

显然, 物理定律限制了生命系统的可能结构/行为, 这与国际象棋的规则限制棋盘棋子的移动差不多. 但是与数学定理通过对逻辑规律的反映来表达相比, 国际象棋大师的举动更少受国际象棋规则的影响.

有人可能会争辩说, 这些规则很好地解释了在他/她生活中第一次下棋的人而不是具有几年经验的玩家的动作统计数字. 这就是大多数物理系统的情况 —— 它们基本上从零级开始它们的游戏, 在那里物理定律适用.②

但地球上的生命游戏已被大自然玩了几十亿年. 正如伽利略指出的那样, 物理法则告诉你没有飞行的大象, 但它们无法帮助你绘制出将能行走的大象带到地球的路径. 与物理法则的相容性是生物学存在的原因中一个微不足道的部分.

---

① 人们并不总是清楚什么应该被称为 "打破" 对称, 什么是 "创造" 对称. 例如, 通过生物系统选择特定的手性是否会破坏或创造分子整体中的随机对称性?

② 热力学第二定律是一个例外: 正如玻尔兹曼所指出的那样, 它只适用于物理系统的准备状态, 这是根据其历史制定的. 这个法则对天真的数学家来说似乎是作为一般数学定理的一个物理结论, 是还没人设法阐述的定理.

当布丰和薛定谔尝试用物理语言谈论生命时, 他们开始说得比较有诗意, 而这并非偶然.① 伟大的生命绘画不是关于画布的物理学和染料的化学.

但是物理学和生物学理论难道不具有 "真实科学" 的标志性特征: 可证伪性?

你不需要100位著名知识分子来反驳一个理论. 你需要的只是一个简单的事实.

　　　　　　　　　　　　　　　　　　—— 阿尔伯特 · 爱因斯坦

例如, 想想伽利略自由落体定律:

如果你放下手中的一些物体 W、K 和 V, 比如说有 300 克、30 克或者 3 克, 它们都会在约 $\frac{1}{4}$ 秒内到达地面, 基本上与它们的重量无关.

如果在地球的可观测层面的一些实验中, 其中的一个物体, 例如 30 克重的 K, 经过了 10 秒才到达地面, 那么经典力学大厦就会崩溃吗?

答案可能是 "是的, 就会这样", 如果地球上没有生命. 为了得到正确的答案, 不需要 100 个知识分子, 选一个健康的成年麻雀作为 K 就可以. 但是没法用物理语言说明 "(没有) 生命" 意味着什么.

"把生命还原成物理学" 的主要障碍不是我们缺少一些 "自然规律", 而是在于适合于描述物理和生物现象的两种语言背景下的不相容性. 我们所说的物理学, 或者说理论物理学, 不仅是一组数学模型,

---

① 这让人想起阿西莫夫 (Asimov) 的《基地与地球》中的特维兹, 他把银河系视为宇宙生活的展开.

而且还是一组关于何时、何地以及如何将这些模型与实验结果相关联的默认规则.

人们可以想象一个物理定律与我们截然不同的宇宙; 然而, 有一些像我们自己一样的人居住, 例如, 一个复杂的计算机程序的虚拟世界. 也许, 从数学秩序如何 (神秘地) 从简单的 "逻辑碎片" 组合而成可以看出生命方式的轮廓, 而不是从碎片本身.

但是有一个适合生物学的系统的抽象概念吗?

一个细胞可以被视为单一的物理系统吗?

生物学中 "单个单位" 的真正格罗滕迪克 (Grothendieck) 式① 定义是什么?

生命的某些方面可以用物理学常用的概率语言来描述, 但这些描述与我们在物理学和化学中看到的图像不同, 正如薛定谔所说的那样. 与非生命统计不同, 生命统计的特征是:

● 似乎很少见的独立事件发生的难以置信的高多样性. 例如在细胞中存在数千个几乎相同的随机地看起来较复杂的蛋白质分子. (但在南极几乎找不到两个复杂的雪花是完全一样的.)

在不同的规模上, 由于一些不同的原因, 在水塘中可能存在有数千个残基长度的多核苷酸分子 (DNA 和 RNA) 和/或病毒颗粒的万亿个拷贝, 更不用说 70 亿个巨大的组成和形状几乎不可区分的多分子聚集体, 它们自身在地球表面上两足行走.

这种难以置信的多重性现象部分是由于

● 罕见和/或低能量事件的放大, 例如群体中的优势突变和细胞中的化学信号.

(后者看起来类似于由意外火花引起燃烧的连锁反应, 如果不是生物系统中永远存在的锁/钥机制.)

这种放大也是

● "统计平均" "显著" 和 "典型" 事件/行为之间的严重差异的原因.

"生命中的过程" 通常以彩票的方式运行 —— 没有人的收益接近

---

① 亚历山大·格罗滕迪克 (Alexander Grothendieck, 1928 — 2014) 是 20 世纪数学基本概念体系的创始人和集大成者.

平均水平 —— 与相对大的随机均质物理系统形成鲜明对比, 例如大
体积的气体和液体, 其中典型地趋向于平均.

　　在许多 (但并非全部) 的情况下, 上述特征与生物系统中编码的
信息相关, 并且可以从一个生物 (子) 系统传递到另一个系统.

　　"信息" 对生命来说是一种比能源更有价值的商品. 例如, 下图中
病毒颗粒的二十面体对称是由 "信息经济原理" 所决定的, 为了在旋
转对称物理空间中组装该病毒颗粒, 对其所需的遗传编码信息应用了
信息经济原理.

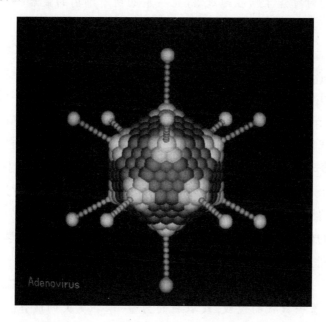

　　而且白蚁建筑摩天大楼的能力的进化, 很可能是由于建造者的基
因完全相同, 这极大促进了实现建造程序的对称的可能性.

　　这个信息是一个诗意的比喻? 或者, 它是一个不平凡的数学概念
的先导?

　　物理学无法解决这类问题. 但是, 为什么 —— 带着有意味的笑问
道 —— 物理学家对生物学有根本性的贡献, 而数学家却没有那么多
(如果有的话)?

　　我可以给你一个答案, 但这将是 …… 想法.

## §7　进化

如果不从进化的角度来看, 生物学的一切都将变得无法理解. ①

——这是费奥多西·多布然斯基 (Theodosius Dobzhansky)

1973 年的一篇文章的标题

我们现在可以在生物学上理解它 (进化).

——雅克·莫诺 (Jacques Monod),《关于进化的分子理论》, 1975

我们对可能生活在超过 35 亿年前的所有细菌的最后一个共同祖先的核心基因组成有着非常好的想法.

——尤金·库宁 (Eugene Koonin),《机遇的逻辑》, 2011

后者不是另一个出色的人为设计的有条理的故事, 而是数据库基因组统计分析 (多重比对) 的结果, 这些数据库在过去十年以拍字节 ($10^{15}$ 字节) 的速率累积. 从拍字节的高度来看, 多布然斯基的角度和莫诺的理解似乎与 20 世纪早期的进化图景一样暗淡, 这通常被称为现代综合进化 (现代达尔文主义), 以 20 世纪 70 年代的分子标准衡量.

而 18 世纪和 19 世纪的思想只为分子生物学家提供背后名字的的引用. 然而, 繁殖 — 继承 — 选择 — 竞争这样的概念似乎还带有尚未解密的信息, 如果我们能够将古时的自然诗歌翻译成数学语言, 最好不是完全乘法表类型, 我们将能够阅读这些信息.

首先形成微小的, 由球面镜片看不见, 在泥泞中移动, 或刺穿含水团块; 随着一代代的绽放, 获取新的力量, 承担更大的肢体; 那里有无数植被的春天, 以及鳍、脚、翅膀的生命的世界.

——伊拉斯谟斯·达尔文 (Erasmus Darwin),《自然殿堂》, 1802

······ 很难相信 ······ 由于无数轻微变化的积累, 会使更复杂的器官和本能 (变得完善). 然而, ······ 所有的器官和本能都是, 在如此微小的程度上, 易变化的 ······ 为生存而斗争 ······

——查尔斯·达尔文,《物种起源》, 1859

达尔文后来写道:

---

① 用数学的术语来说, 地球上的生命变成了连通的; 从而变成只有在时间坐标中存在的拓扑非平凡的结构化实体. 这种连通性或地球上生命的完整拓扑结构 (几何?) 是不是多布然斯基所称的意识?

…… 容易相信创造一亿人的生命和创造一个人的生命是一样的; 但是莫佩尔蒂的 "最不起作用的哲学公理" 引导大脑更愿意承认更小的数字 …… 比喻会让我更进一步, 即相信: 所有的动物和植物都来自一个原型.

这听起来几乎像是一个数学命题! 毕达哥拉斯会喜欢这种进化思想的典型表述. 他可能从阿那克西曼德 (Anaximander) 那里学到了这个想法, 他可能会像达尔文那样说:

**定理 1.** 地球上的每两个有机体, 无论是植物、动物还是人类, 都有一个共同的祖先.

但是, 只有毕达哥拉斯的推论才能穿过时间的鸿沟被我们抓住:

只要人类继续作为低级生物的残忍的驱逐者, 他永远不会懂得健康或和平. 只要人屠杀动物, 他们就会互相残杀.

憎恨任何形式的奴隶制的达尔文补充道:

动物, 已经成为我们的奴隶, 我们不喜欢认为我们是平等的.

拉马克 (Lamarck)、达尔文和华莱士仔细研究并系统化了大量的材料, 一部分是由他们自己收集的, 导致他们相信物种的嬗变和一般的进化. 达尔文及其追随者选择用政治经济学的语言向普通大众展示他们的想法: 争夺资源, 争取生存, 等等. 维多利亚时代的读者熟悉亚当·斯密的《国富论》, 并通过罗伯特·钱伯斯 (Robert Chambers) 于 1844 年匿名发表的《自然创世史的遗迹》为进化思想做了准备.

但是定理 1 仅仅在一个世纪之后就被证明了, 分子生物学和测序技术的出现揭示了所有活细胞的分子结构之间明确的结构相似性.

每个能够理解毕达哥拉斯定理的人都会明白, 这种相似程度既不是偶然的, 也不是来自于任何一种趋同演化. 你不必再说服任何人, 可以放弃为存在、适应生存和选择的创造力而努力. 只要有累积的顺序和分子结构数据, 你所需要的只是哈代的一些乘法表类型的数学.

(达尔文的生存斗争隐喻应用于数字 $R_1 > 1$ 和 $R_2 > 1$, 不要从字面上理解: 在时间 $T$ 很大的情况下, 公式 $\sqrt[T]{R_1^T + R_2^T}$ 里两个数字中最大的那个留存下来. 但是当生存斗争应用于动物, 其繁殖率由这些数字代表时, 它可能会给你错误的想法.)

然而, **定理 1** 有两个问题.

1. 它在逻辑上 (显然) 意味着:

存在第一个 proto-细胞, 所有其他细胞生物 (病毒? ) 都起源自这一个细胞, 这里 proto 是一个速记, 因为我不知道我到底在说什么.[1]

2. 第二个问题是:

隐藏的美在哪里? 除遗传外, 推动进化的物理/化学/生物学机制是什么?

自然选择的思想 (想法?[2]) 可以被压缩成一个单词

"没有": [3]

人口增长的潜在指数速率允许随机变化覆盖所有可能性; 大自然/环境所要做的就是选择她喜欢的东西.

达尔文还坚持说, 连续的进化步骤是通过小变化[4] 来实现的. 他认为, 这些更可能是无害的; 此外, 这增加了 (或多或少) 同时发生几种 (比方说两种) 变化的几率, 这些变化只有在它们结合在一起时才是有利的.

(与达尔文认为的相反, 进化的主要转变与点突变的积累不相关, 但与突变和显著的基因组重排有关, 包括基因和全基因组的复制, 例如大约在 500 万年前发生的人类和黑猩猩谱系的分化, 很可能是由两条染色体的融合引发的: 大猿类有 24 对染色体, 而人类只有 23 对.)

此外, 达尔文提出了几种特定演化模式的情景, 例如脊椎动物的眼睛, 可能已经通过选择逐渐实现.

但毕达哥拉斯指出 $X$ 并非不可能并不意味着 $X$ 是真实的, 例如 $X$ 是选择而不是别的东西[5], 真正的生物问题除了被遗传之外还被不屑地隐藏.

---

[1] 地球大约有 45 亿年的历史, 地球大气的大氧化发生在大约 25 亿年前. 存在 20 亿年前的多细胞生物化石和 35 亿年前的含氧前体细菌的痕迹. 但是 proto-生命时代是什么时候, 是什么?

[2] 一个已经存在了几十年的观点的自信表达被归类为一种想法.

[3] 这个答案让人想起杜撰的拉普拉斯对拿破仑的著名的答复:

陛下, 我不需要这个假设.

[4] 西方的渐变论思想可以追溯到毕达哥拉斯的同事, 克罗顿的米隆, 他生活在公元前 540 年左右, 通过肩膀上扛着的一只小牛成长为大牛, 逐渐发展了他的力量.

[5] 达尔文自己在 1872 年版的《物种起源》中写道, 他

…… 相信自然选择是主要的但不是唯一的变异手段.

然而, 这就像德尔斐神谕的预言一样, 可以有多种解释.

实际上, 直到始于 19 世纪末的细胞/分子生物学的发展, 没有人能够想象生命所隐藏的结构复杂性的浩瀚和美丽; 因此, 想象不到遗传的浩瀚和美丽. 即使是今天, 有些人可能会争辩说, 我们还没有达到生物学家所说的 "我知道我一无所知" 将不仅仅是几句话. 但是最近在 19 世纪初, 一些人, 如早些时候拉马克 (但不是莫佩尔蒂), 认为从泥土中自发生成蠕虫是可信的.

这种想法有一个合乎逻辑的理由: 亚当的肠道中存在着丰富的寄生蠕虫菌群, 这与伊甸园的想法相矛盾. 但是, 到了 19 世纪末, 吉萨大金字塔的 "自发生成" (几乎是) 变得清晰起来. 吉萨大金字塔是世界七大奇迹之一, 它大约在 45 个世纪前通过某种自然物理过程用石头和泥土建成.

最终, 细胞分裂数据的积累, 特别是 1876 年奥斯卡 · 赫脱维奇 (Oscar Hertwig) 发现的减数分裂 (细胞分裂产生配子, 例如动物的精子和卵细胞) 导致了由奥古斯特 · 魏斯曼 (August Weismann) 在 1890 年前后提出的种质想法, 将演化理论转化为克劳德 · 伯纳德意义上的积极科学.

用现代术语表述, 魏斯曼原理说:

基因组不同, 但有机体是被选择的.

(为了证实他的想法并且驳斥拉马克, 魏斯曼斩断了几百只老鼠的尾巴, 历经约 20 代, 并没有记录到出生时就没有尾巴的小鼠.[1])

此后不久, 孟德尔的思想被重新发现, 并伴随分子生物学的遗传学开始爆发. 进化问题的焦点从生物转向基因组.

我们想要了解基因组如何 "飞", 以及它们的 "引擎" 如何工作. 我们认为, 这将使我们更加了解它们如何在竞争和选择的逆风中胜出. (但是这个比喻在应用到自然选择时是不是太过分了? 举个例子, 让飞行安全的主要因素是选择一家航空公司, 你能否认真地说这个选择是让飞机安全地在空中飞行的主要因素吗? 如果不是, 你怎么能够认为自然选择是达尔文说的进化的主要因素?)

---

[1] 拉马克会指出, 如果魏斯曼为亿万代的老鼠做过这样的事情, 那么尾巴就会退化, 就像生活在黑暗洞穴里的鱼的眼睛一样. 他还猜测说, 如果魏斯曼向亿万代的蜥蜴做了这样的事情, 那么它们的尾巴不会再生, 但会开始长第二个脑袋, 因为一个脑袋不足以理解这种实验的科学意义.

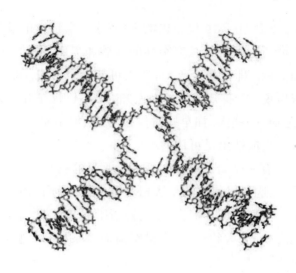

　　在带有吸收的有限 (但非常大的) 图上进行偏置 (非对称) 随机游动的简单数学, 可以看到基因组进化的粗略定量图, 其中图的顶点代表基因组, 吸收对应于消灭/选择. 但是我们仍离构想出定理 2 很遥远.

　　对于老派博物学家, 特别是达尔文, 令人惊奇的是, 在没有实验支持和/或没有定量推理的情况下, 他们可以建立自然界片段的连续图景, 有时可以做得 (文字上) 比当时最耀眼的物理学家、天文学家和数学家好一百倍.

　　例如, 达尔文和他的朋友查尔斯·赖尔 (Charles Lyell) —— 一位地质学家, 他们根据来源于詹姆斯·赫顿 (James Hutton) 著作中的观点 (有点不同) 估计出地球的年龄至少有几亿年. (大约 150 年前, 贝努瓦·德·马耶 (Benoît de Maillet) 通过估计地壳沉积速率和地壳形成的方式评估出地球年龄是 20 亿年, 但他的论证被认为是没有根据的.)

　　另一方面, 威廉·汤姆森 (开尔文)、赫尔曼·赫尔姆霍茨 (Hermann Helmholtz) 和西门·纽康 (Simon Newcomb) 通过评估地球从熔融状态到冷却以及太阳受到重力收缩而加热并维持所需的时间提出了地球年龄大约是三千万年. 如果物理学家认真对待赫顿、赖尔和达尔文, 他们可能会在贝克勒尔 (Becquerel)1896 年发现放射性以及爱因斯坦发现 $E = mc^2$ (1905 年) 前几十年就获得质能思想.

　　现在思考:

　　　它不是幸存的最强的物种, 也不是幸存的最聪明的物种. 它是最适合改变的那个.

　　人们开始怀疑这些话是否会在今后几百年内实现: 在人类作为多细胞生命完结之后, 地球将被最能适应的动物 —— 原生动物、细菌和病毒所取代.

　　(读者可能会感到宽慰: 以上是达尔文的一个普遍误解, 他在人类的未来中既不愚蠢也不悲观.)

### 关于赫顿、赖尔、赫尔姆霍茨和纽康

　　詹姆斯·赫顿 (1726 — 1797) 认识到地热在创造新岩石中的作用, 随后在一个非常长的地质时间尺度上逐渐发生风化和侵蚀过程 —— 就像布丰在 1778 年出版的《自然时代》中所说的时间的永恒之路. (包括进化论在内的许多观点都出现在由戈特弗里德·莱布尼茨于 1691 年至 1693 年间编撰并于 1749 年出版的《原始地球》中. 例如, 莱布尼茨写道: 地球之球 …… 已经从液体硬化, 光或火是动因.)

　　赫顿认为地球地质动力学是随着时间的推移而无限制地循环到过去和未来的. 关于生命的进化, 他接受了选择在我们现在所称的微观进化中的主导作用, 但在达尔文和华莱士的宏观进化中却没有.

　　查尔斯·赖尔 (1797 — 1875) 是地质学渐变论的支持者, 他的均一性思想影响了达尔文.

　　赫尔曼·冯·赫尔姆霍茨 (1821 — 1894) 发明了检查眼球内部的检眼镜和检测声波频率的赫尔姆霍茨共鸣器.

　　赫尔姆霍茨测量了神经冲动传播的速度, 并且发展了关于深度、颜色、声音和运动感知的数学和经验理论.

　　赫尔姆霍茨在他的热力学的力学基础中制定了能量守恒定律, 并在那里引入了赫尔姆霍茨自由能.

　　但是, 作为一个发现立即被使用的罕见的科学家, 他说:

　　那么追求科学、谋求直接的实际应用的人可以放心了, 他的追求是徒劳的.

　　用麦克斯韦的话:

　　[赫尔姆霍茨] 就是 …… 那个控诉物理学和生理学, 并在其中不仅获取发展任何渴望的技巧, 还获得了解迫切所需之物的聪明人.

　　西门·纽康 (1835—1909) 对光速进行了精确测量. 他发现了现在

所称的本福德定律: 从 "现实生活" 数据中获得的更多数字将从 1 开始, 而不是其他数字. 纽康认为他那个时代的天文学已经接近极限了, 就像汤姆森一样, 他对飞行器持怀疑态度.

…… 那些偏离最适合的章程的人将是最容易灭亡的人, 而 …… 那些最符合当前情况的最佳章程的有组织的团体将会 …… 增加他们种族的个体.

—— 詹姆斯·赫顿, "关于知识原理和理性进步的研究"
《从感觉到科学和哲学》, 1794

爱乃造物之根本法则, 但自然的尖牙利爪尽带血红.

—— 阿尔弗雷德·丁尼生 (Alfred Tennyson),《纪念 A. H. H》, 1849

隼和猫种族强大的伸缩爪 …… 生存的时间最长, 因为拥有捕捉猎物的最好的装备.

—— 阿尔弗雷德·罗素·华莱士
《论变种无限远离原种的倾向》, 1858

牙齿、螯、爪子、指甲 —— 是温柔的母性设计, 对她的孩子们的生存也更重要.

所有动物的死亡率在达到成熟前都是最高的. 如果你是一只鸟或哺乳动物, 你的生存百分之百取决于你父母的照顾. 没有足够的母乳 —— 在你了解你的爪子的用途之前, 你早就已经死了.

但要弄清楚自然如何管理几个内在不相关的 (?) 功能的同时进行演化并不容易, 例如一只小猫的生理学 + 心理学, 然后是同一动物扮演母猫的角色, 一切必须协调一致.(达尔文诉诸没有数据的详细/定

量分析支持的渐变论演化, 这对于两个以上的 "初等功能" 来说是难以接受的.①)

但是, 无论是有爪还是无爪, 华莱士都是 19 世纪伟大的 (最伟大的? ) 的博物学家. 他在马来西亚和印度尼西亚收集了超过 100 000 个标本, 并发现了超过千种新的物种, 例如, 华莱士飞蛙.

和达尔文一样, 他一直在思考如何以及为什么物种转化为新物种, 以及为什么不同物种之间的隔离非常明显.② 他与达尔文一样获得了同样的 (但不完全) 自然选择理论, 但显然他比达尔文更具生态意识. 对此的见证是在动物种群中的华莱士自律原则:

该原理的作用与蒸汽机的离心调速器的作用完全相同, 蒸汽机的离心调速器几乎在任何不规则性变得明显之前就检查并纠正; 并且同样, 动物界的不平衡缺陷也不会达到任何显著的程度, 因为它会让自己在最初的每一步就感受到, 显现出生存变得困难, 几乎肯定会很快出现灭绝.

我不知道他或者达尔文是否意识到自调节 (负反馈) 平衡可以像洛特卡 – 沃尔泰拉方程③那样是振荡的. 但是, 华莱士对圣赫勒拿岛 (因拿破仑而闻名, 他之前没研究过它) 的生态如何受到欧洲殖民者的干扰以及之后均衡的变化进行了破坏性分析.

华莱士不同意达尔文的看法, 拒绝接受野外人工选择和自然选择之间肤浅的相似:

······ 在驯养状态下生产的品种或多或少是不稳定的, 并且如果留给它们自己的话, 它们往往有返回到母品种的正常形式的倾向; 这种不稳定性被认为是所有变种的独特性, 即使是那些在自然状态下的

---

① 例如, 任何类型的这种分析的结果无其取决于原子和分子与细胞的比较尺寸.

② 这种尖锐, 即进化动力学中相应吸引子的不相交, 可能是由这种动力学中反馈回路的存在所决定的. 负反馈限制了吸引子的扩散, 即种内变异, 而正反馈回路使不同的吸引子 (代表不同的物种) 漂移散开.

③ 这个微分方程在 20 世纪 20 年代中期被数学化学家阿尔弗雷德·洛特卡 (Alfred Lotka) 用作捕食者–猎物系统的模型, 并且被数学家维托·沃尔泰拉 (Vito Volterra) 独立地使用. 在此之前, 数学家皮埃尔·韦尔斯特 (Pierre Verhulst) 在 1838 年推出了一个类似的方程, 用于描述环境可以支持的个体数量. 更早的时候, 在 1766 年, 受接种争议刺激的丹尼尔·伯努利 (Daniel Bernoulli) 在他的天花流行病研究中解决了这种类型的方程式.

野生动物中出现的变种, 并且构成了保持原始创造的独特物种不变的条件.

目前的观点 (如果我的理解正确的话) 是总体上驯养的不稳定性和种内变异主要是由于 (除了一直存在的高斯钟形变化①) 在肌肉萎缩过程中基因组交换重组的影响是 (准) 可逆的, 这与突变不同.

华莱士不知道这一点, 他给出了 19 世纪的解释:

如果在南美大草原上野化, 这些[驯养的]动物可能很快就会灭绝, 或者在有利的情况下, 每一种动物都会失去那些永远不会用到的极端 [人为选择] 品质, 并且在几代后会恢复到普通类型.

这两个解释几乎没有什么共同点, 这不是很神奇吗?

第一个在一百五十年前是不可想象的. 它取决于涉及许多技术的实验所获得的细胞/分子数据, 其结果并非事先可预测的.

另一方面, 华莱士的常识论可能来自拉马克, 适应代替了选择 (隐含在上面的引文中), 甚至来自亚里士多德, 他的话都是公开的目的论.②

(目的论是建立在人类语言的基础上的, 当我们最不期待它的时候, 它会不经意地出现在我们的推理中, 特别是在进化生物学和心理学方面.③甚至多年来一直在生物学中进行目的论思考的达尔文, 也写

---

① 这些变化, 正如薛定谔和詹姆斯·赫顿早在约 150 年前所指出的那样, 可能是纯表型的; 因此, 是不可继承的, 这与前维斯曼达尔文主义的主要前提之一相反.

② 亚里士多德将 "解释性原因" 分为四类:

物质原因、正式原因、高效/移动原因和最终原因, 后者对应于我们的目的论. 然而, 即使把它作为一个问题提出来也是比较冒昧的, 亚里士多德的这些 "原因" 究竟是什么意思, 他对各自在演化演变中的角色有何看法? 但是, 这种分类无论如何都是鼓舞人心的. 例如, 它将进化的现代随机基因组动力学观点带入 "材料/有效范畴", 这与拉马克关于生物进化修饰手段和原因的观点相同, 而 "选择的解释" 则进入 "正式范畴".

③ 改编一下冯·布吕克 (von Brücke) 和/或霍尔丹的说法, 目的论就像一位进化生物学家的情妇: 他离不开她, 但他又担心跟她在一起的时候被数学物理学家抓住. 厄恩斯特·威廉·里特·冯·布吕克 (Ernst Wilhelm Ritter von Brücke, 1819—1892) 和克劳德·伯纳德与赫尔曼·赫尔姆霍茨一样, 可以被视为现代生理学之父. 还有许多其他事情, 包括他研究了变色龙的颜色变化以及欧洲和东方语言的发声方式.

约翰·波顿·桑德森·霍尔丹 (John Burdon Sanderson Haldane, 1892—1964) 是人口遗传学 —— 也就是孟德尔在微观革命背景下的动力学 —— 的奠基人之一, 还有罗纳德·费希尔 (Ronald Fisher) 和塞沃尔·赖特 (Sewall Wright).

道: 自然选择不可能为了另一物种的利益而在物种中产生任何改变.

按照逻辑, 关于进化的每一个解释性的、非目的论的句子肯定都是空洞的或者自相矛盾的.)

华莱士也对达尔文强有力的性选择观点持怀疑态度. 显然, 他发现它太强大了. 你可以用它解释几乎所有的东西:

> 某个特征会进化, 因为异性喜欢.

(庞加莱会说, 这就省去了反思的必要.)

因此, 例如, 华莱士确定了现在所称的动物警告着色的真正作用, 达尔文最初将其归因于性选择.

华莱士和达尔文之间的分歧的一个基本点在于选择在人类进化的 20 万到 200 万年 (这取决于你的数据) 的主导作用, 特别是性选择.

> 人是由各种各样动物产生的,
>
> 因为其他动物都能很快得到食物,
>
> 但是只有人类需要长时间的精心喂养;
>
> 这样的生物一开始就不能保证他的生存[1].

很难反驳性选择是鸟类复杂求爱的最可能原因 —— 想想背负着 "无用的" 尾巴的孔雀. 然而, 可能只有 (成年?) 男性是可牺牲的: 危险的分娩和延迟的成熟对于人类的大脑来说代价太高.

显然, 大脑 + 语言的进化经历了一个积极的正反馈回路. 由于有机体改变/塑造环境, 这些回路, 无论是正向还是负向, 都必须在生物体/环境系统中变得丰富. (同一物种异性之间的互动是一个基本瞬间, 在此时正回路更容易辨认, 因为它们加强了性选择[2].)

个人在早期人类大脑进化过程中的显然的客观环境, 除了配偶外, 还有一个由共同语言标识的部落/氏族:

> 在发言者和听众的群落中,
>
> 选择倾向于表达最清晰的那些.

此外, 这些部落本身也成为选择的单位, 进化速度加快, 对于分裂成 N 个相互竞争又紧密结合在一起的一个群体来说, 这是一个重要

---

[1] 归于 (冒充的?) – 普鲁塔克 (Plutarch) (2 世纪?) 到公元前 610 —前 546 年的阿那克西曼德.

[2] 因此, 女性对这种发展的性别偏好必须共同推进, 只要这一过程没有严重的逆向选择, 就会以几何级数推进. —— 罗纳德·费希尔

因素. (一些乘法表类型的数学表明这个因子可能几乎和 $N$ 一样大, 但我不确定.)

　　华莱士自己坚持认为, 在人类中出现更高的认知必定有某种超验的原因. 这看起来并不科学, 除非超验被解读为一个简单而又微妙的抽象结构, 是人类认知的基础, 也使进化无障碍.

　　道格拉斯·斯波尔丁 (Douglas Spalding) 在 1872 年的一篇论文中描述了这种结构的一个著名的例子, 他在小动物身上发现了印刻现象. 这标志着心理学的诞生, 成为一门与神经生理学分离开来的科学······ 斯波尔丁的结果与孟德尔被忽视了数十年的信念一样.

　　对于具有理论倾向的幼稚的数学家以及对于实际上有思想的、具有简单的进化策略的大自然来说, 这个结构的一个很有吸引力的特征, 是印刻现象的普遍性: (某种物种的) 动物宝宝将第一个移动的对象看做它的母亲, 无论它是什么. (斯波尔丁的实验所揭示的这种让数学家感到兴奋的印刻现象的简单性是否被心理学家低估了?)

　　可能许多 (所有) 人类/动物心理/行为的基本模式/单位在数学上相当简单/普遍; 因此, 进化可以进行. 但它们可能没有明显的直接表现, 很难通过直接实验来检测.[1]

　　生命的发展, 形式的继承, 首先出现的那些物种的精确测定, 某些物种的同时出现, 它们的逐渐破坏, 也许会为我们指出生物体的本质.

—— 乔治·居维叶 (Georges Cuvier)

---

　　[1] 另一个这样的模式, 鹰/鹅效应, 是一个动物宝宝的习惯性反应, 它学会了不必担心那些经常观察到的在头顶上滑过的东西.

　　如果你深入了解, 印刻现象和鹰/鹅的结构看起来并不简单. 为了看出问题, 试着用大脑语言来诚实地描述这些问题 —— 用视网膜图像和/或大脑中视觉处理中心接收到的信号流的特性.

《关于四足动物骨骼化石的研究》，1812

居维叶是古生物学和比较解剖学的魔术师：

…… 在检查了单个的骨头后，他[谦虚地谈到自己]常常可以确定类别，有时甚至是它所属的动物的属，尤其是如果该骨头属于头部或四肢. 这是因为组成动物身体每个部位的骨骼的数量、方向和形状总是与所有其他部分有必然的关系，以这种方式——在某种程度上——可以从其中任何一部分推断出整体，反之亦然.

居维叶对化石数据的分析是 19 世纪进化理论的主要来源，但居维叶拒绝了拉马克提出的物种逐渐嬗变的观点，因为化石记录表明是突变而不是逐步的变化，并且他看不起由拉马克提出的进化机制.

居维叶会接受自然选择是进化问题的科学有效的解决方案吗？赫胥黎 (Huxley)——被叫作达尔文的斗牛犬，是否有机会反对居维叶树立的论点？[①]

(托马斯·亨利·赫胥黎 (Thomas Henry Huxley) 可能是居维叶之后的第二位伟大的比较解剖学家，他在一场公开的进化论辩论中击败了威尔伯福斯 (Wilberforce) 主教. 但那是花言巧语，而不是科学.)

令居维叶感到困惑的化石记录的不连贯性仍然是一个难题，他关于灾难在塑造进化中的重要作用的想法可能是正确的. 谁知道，如果不是灾难发生，如果地球正在经过一段时间而在路上没有碰到坑洼和颠簸——很好的、平稳的和连续的旅程，那么大自然会比前寒武纪的水母更满意——不需要奢侈的"更高"的植物、动物和人.

植物是活的有组织的机体，它们的部位无应激性，也不能消化，既不能随意移动，也不会反应过度.

—— 让－巴蒂斯特·拉马克 (Jean-Baptiste Lamarck)

《动物学哲学》，1809

一个名副其实的定义——数学家从亚历山大·格罗滕迪克那里了解到这一点，并不是每个人都知道的简明措辞，而是一个指向未知的指针. 许多意想不到的成果是从他的定义中想法的种子产生的.

拉马克从未读过格罗滕迪克. 他的定义不仅漏掉了可动的食肉植

---

[①] 居维叶对纯粹选择的 (前达尔文) 概念没有任何问题，就像风化使老山和丘陵的形状变得平滑一样，但是选择在物种形成方面的创造力在他听起来像山的形成过程中侵蚀的创造力那样奇怪.

物, 例如捕蝇草 (毫无疑问, 拉马克知道), 而且他的标准不适用于生命之树的大多数. 这棵树的两个小分支 —— 植物和动物, 是地球上生命 (大多是单细胞) 的令人怜悯的代表.

　　拉马克的悲剧在于, 他在他所建立的进化理论大厦的门户上贴上了错误的标记. 就像哥伦布错误地把美国新大陆的海岸线看成印度一样, 拉马克将 "适应" 错拼成 "选择".

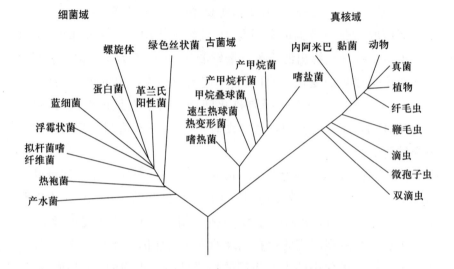

　　更糟糕的是, 与他的进化继承者不同, 拉马克提出了几种生物进化机制. 他的思想有一个 "缺陷", 即虽然其中含有科学 (物质和/或运动, 用亚里士多德的术语) 的成分, 使这些想法在实验上可验证; 但它们被证明是 (本质上, 但不完全) 不正确的.[1]

　　如果你对生物一生中都能适应环境的奇迹认为是理所当然的, 那么你也可以通过一些非目的论 (!) 机制接受拉马克的进化时间尺度上适应的想法, 这种机制允许对生物体内某些内部过程的潜在未来产生由环境引导的影响, 从而使该生物的后代受益.

　　这个想法在许多情况下不会产生逻辑上的问题, 在这些情况下, 选择和适应在 "解释" 进化时可以互换; 然而, 正如达尔文所指出的那样, 没有任何具体的环境诱导机制 (例如拉马克提出的那种机制) 在生殖方式的演化中似乎是合理的 —— 这是任何物种最重要的特征. (这

---

　　① 一些达尔文主义者为找到拉马克的前后矛盾而感到高兴, 仿佛这使得他们自己的理论更加丰富.

种 "非拉马克式" 特征的一个例子是, 像海象等物种的性别比稳定在 1 : 1, 其眷群有几十只雌性海象.) 正如达尔文所指出的, 另一个 "非拉马克的图景" 也被视为社会昆虫进化的一部分. (然而, 拉马克和达尔文之间关于继承特质的普遍观念并没有本质的分歧.)

在几何学上讲, 通过生物体之间的遗传线, 沿着时间坐标的地球上的生命连通性是相当薄弱的, 这与个体生物的完全空间连通性/统一性不同.

但是, 是否有可能直接否定拉马克的适应观念, 并说明有益变异发生在环境变化之前, 且证明是有益的? 你不能通过盯着化石、已灭绝动物的残余物来做到这一点.

然而, 1943 年, 萨尔瓦多·卢里亚 (Salvador Luria, 生物学家) 和麦克斯·德尔布吕克 (Max Delbruck, 物理学家) 想到了一个实验, 其逻辑和美感会让格雷戈里·孟德尔感到高兴. 这大致如下.

从单个细胞开始, 例如细菌学家喜爱的大肠杆菌, 培养成一个比方说大约 10 亿个细菌的菌落. (大肠杆菌, 在出生后几个小时内将占据你的内脏, 它将从有氧生活转变为无氧生活, 粘附在大肠的黏液上直到死亡.)

假设, 当我们将一个因子 $X$ 应用到这样一个群落时, 比方说是一种对细胞致命的病毒 (例如噬菌体 T1 —— 大肠杆菌最好的朋友), 还是有一个小概率, 比如 $p_1 = 0.02$, 群落里的细胞会生存下来. 事实上, 这样的幸存者是一个突变的结果, 这种突变会将某种新的属性 II 带给突变细胞, 这表现在突变体对 $X$ 因子的耐受性上. 此外, 这是至关重要的, II 传递给 II 细胞的所有后代.

如果你把这个过程应用到比如说一千个不同的群落, 那么大约二十个将会有幸存者. 丢弃死亡的菌落, 并查看其余二十个中有多少存有两个 (或更多) 存活的细菌. 有两个推测的替代方案.

1. 拉马克式适应. 如果属性 II 在引入因子 $X$ 后发生响应, 那么具有两个生存者的概率为 $p_2(adap) = 0.0004 = p_1^2$, 是同时出现两个独立 $p_1$ 事件的结果. 在这种情况下

出现三个具有两个幸存者的群落是极不可能.

2. 纯粹运气. 如果某些细菌在引入 $X$ 之前发生变异, 那么这可能

发生在最后一轮分裂之前, 盘子中的细菌数量为 0.5 亿, 概率为 $0.01 = p_1/2$. 这使得 $p_2$ (运气) $\geqslant 0.01$, 并且一定有某种情形类似于

七个到十三个菌落, 其中两个细菌幸存.

这就是克劳德 · 伯纳德所说的积极的科学, 在这里你进行实验不是为了确认你的想法, 而是为了支配它们.

当检查实际发生的情况时, 你会明确地发现, 2 是真的, 1 是假的: 大约一半没有完全死亡的菌落中有两个或更多的活性细菌.

(对于拉马克来说, 这与他的进化思想不再相互矛盾, 比如说, 被砍掉的头可能是一个反例, 说明器官的使用/不使用意味着这个器官在缓慢变化的环境中的适应性进化. )

停! 你怎么知道十亿个细菌中有多少存活?

这很初等, 我亲爱的沃森. 摇动细胞使之在液体中随机混合, 并将培养物铺在营养皿上. (从技术上讲, 首先摊开完全活着的培养物, 然后应用到 $X$ 上.) 然后每个幸存者 —— 每个 $\Pi$ 细胞 —— 开始分裂, 并在很短时间内在器皿上看到尽可能多就像开始时带有 $\Pi$ 细胞的菌落.

(如果我们不引入 $X$ 并保持群落的有限尺寸以及恒定的营养流量, 那么在一段时间之后, 只有很少的细胞会存活下行, 并最终只有一个细胞. 这是根据阿那克西曼德的定理 1 得到的, 它是由弗朗西斯 · 高尔顿 (Francis Galton) 和亨利 · 威廉 · 沃森 (Henry William Watson) 在 1874 年的论文中通过对灭绝概率的估计来赋值的. 原来的菌落中的 $\Pi$ 细胞在几年内有后代的机会连几百万之一都没有.

对 $X$ 的原始抗性没被保留, 在菌落中没有任何可见的抗性; 然而, 在那里有 "休眠守护者", 当殖菌落受到 $X$ 的攻击时, 它们 "反击". 拉马克会说, 殖民地确实会通过 "投票存活" 选择最幸运的成员而调整, 女性的卵细胞也可能同样从数亿个可用的精子中挑选最适合的竞争者, 从而确保后代的适应性. 让达尔文和魏斯曼来反驳这一点.)

拉马克的另一个想法是存在一种复杂的力量, 将环境 "压力" 叠加在这个力量之上, 从而将生物体从简单形式转变为复杂形式. 你不能通过在空中挥舞自然选择的旗帜来放弃这一点, 尝试一些更聪明的方法.

也许, 这样一种 "力量", 如果存在的话, 存在于生命进化游戏 (框

架?) 中的机会逻辑, 可能可以用格罗滕迪克式的数学语言来表达. 但是不管怎样决定, 看起来, 例如, 比 (准) 严格地从可逆的物理法则推导热力学的不可逆性还困难, 其中当今对玻尔兹曼论证的数学演绎看起来并不令人满意.

无论哪种情况, 对于卢里亚 – 德尔布吕克实验足够用的乘法表类型的数学似乎对你没有多大帮助. (但也许主要问题是我们不了解乘法表.)

······ 那里已经消失了许多原种, 不能通过传播来繁衍后代. 对于你所看到的一切呼吸着生命气息的生物, 甚至从它们最初的时代起, 就已经通过狡猾, 或通过勇气, 或至少通过脚或翅膀的速度而活了下来.

　　　　　　—— 提图斯·卢克莱修,《关于事物的本质》, 公元前 50 (?)

······ 我们今天看到的这些物种只是盲目命运产生的最小部分.

　　　　　　—— 皮埃尔·路易·莫佩尔蒂,《宇宙论》, 1750

······ 这种灭绝过程的规模已经相当大, 因此原来存在的中间品种的数量必须真的很大.

　　　　　　—— 查尔斯·达尔文,《物种起源》, 1859

达尔文所称的自然选择, 即有界空间中指数增长函数的戏剧性截

断, 是一种明显的逻辑必然性, 不是生命系统的固有生物特性.

自然选择原理不是像微分方程 "解释" 机械运动那样 "解释" 进化. 但是这个原理提供了一个概念框架, 并为可能的进化数学模型提供了一种语言.

这一点对莫佩尔蒂以及任何曾经在考虑人口增长并且能够理解 $\exp T$ 的广度的人来说都是显而易见的, 比如对布丰, 他与莫佩尔蒂都想知道:

培养庞大的一代又一代的目的是什么? 这种细菌很多, 成千上万的细菌只为存活一个而全部夭折.

也比如对本杰明·富兰克林, 他在 1751 年的某个时候写道:

不受植物或动物多产的限制, 但是它们的拥挤和相互干扰是赖以生存的手段.

也比如对欧拉, 在《无穷分析引论》(1748) 中他通过人口动态的实例和斐波那契的例子说明了指数函数, 斐波那契在他的《计算之书》(1202) 中揭示了理想化兔子繁衍模型的数值的微妙.

数百年来, 人口和资源的增长之间的不平衡也一定是已知的. 例如, 在乔万尼·博泰罗 (Giovanni Botero) 的论文《关于城市伟大与壮丽的原因》(1588) 中讨论了这个问题及其解决方法.

尼古拉斯·德·孔多塞 (Nicolas de Condorcet) 在去世后于 1795 年出版的《人类精神进步史表纲要》中几乎用现代术语提出解决人口过剩问题的人文主义观点. 但大自然在数百万年来处理 (过剩) 人口问题方面一直没有人性化.

**孔多赛和马尔萨斯**

孔多赛因为他的 1785 年的论文

《简论分析对从众多意见中作出决断的概率的应用》

被数学家们记住, 在那里他证明了一群个体做出正确决定的概率的陪审团定理, 还分析了由集体偏好定义的决策的顺序关系非传递性的 (投票) 悖论.

他充满激情的宣言

《人类精神进步史表纲要》

是在 1793 年 10 月至 1794 年 3 月期间写的, 当时孔多赛躲了起来, 他因人文主义政治观点被罗伯斯庇尔政府判处死刑.

(大约一个世纪以后, 一座有着拉瓦锡的躯干和孔多塞的头颅的纪念碑在巴黎被竖起来, 拉瓦锡在孔多塞被发现死在他的牢房里的四十天后被送上断头台, 这并不是故意的.)

托马斯·马尔萨斯 (Thomas Malthus) 在 1798 年发表的《人口原理》的论文中, 结合了大自然解决人口过剩问题的方法, 并对孔多塞提出的解决方案的社会实用性表示怀疑.

马尔萨斯的影响是基于这两个事实.

1. 在 19 世纪, 愿意支付带有 $\exp T$ 的书籍的读者人数达到了让这本书出版获利的临界数量.

2. 达尔文和华莱士是这些读者中的一员.

但是, 技术进步可以补偿马尔萨斯 $\exp T$ 的想法仍然与马尔萨斯时期的乘法表相矛盾. 算术规则不会改变, 至少不是在如此短的时间范围内.

······ 保存有利的变化, 以及破坏有害的变化, 我称之为自然选择或者适者生存.

—— 查尔斯·达尔文,《物种起源》(第 5 版), 1869

主要占据达尔文的思想的不是这种关于生存的论调, 而是一种将生物学中指数增长的截止效应转变为 (连续性的?) 选择原理的持续观念, 如莫佩尔蒂的最小作用原则①.

一直致力于他的原则二十年的莫佩尔蒂相信大自然总是尽可能地减少/优化她所做的任何事情, 并且他一定试图找出在选择过程中被自然界最小化的 "进化作用" 的公式. 他认为, 其中一部分必须是时间, 因为与其说是完美的适应让你成为赢家, 倒不如说是你的适应 (不必完美) 可以进化的速度有多快. 但他很可能无法猜测并写下这个 "作用" 中的其他条件.

此外, 莫佩尔蒂会观察到, 可变性和繁殖率必须足够高, 以便通过选择而不是其他方式来进化在逻辑上/数学上是可行的.

---

① 莫佩尔蒂确定了一个定量, 称为动作 $A = A$ (运动), 使得运动的物理系统 $S$ 最小化这个 $A$, 或者说 $S$ 的运动被认为是空间曲线, 满足相应的拉格朗日 – 欧拉 (微分) 方程. 这个原理的拉格朗日和哈密顿变体存在于数学物理的所有分支中.

非常粗略地说, 对繁殖率 $R$, $R^T$ 必须 "击败" 类似 $2^P$ 的东西, 其中 $P$ 是生物体的 "可变部分" 的数量, 并且存在选择, 通过修剪大部分数学上可想象的分支的发展, 使进化所需的估计时间 $T$ 更长, 而不是更短.

另一方面, 突变率不能太高; 否则, 占统治地位的有害突变将导致灭绝. 最危险的是潜在有害的突变, 例如那些增加突变率的突变.

作为牛顿 (非亚里士多德) 力学的学生 (以脉冲作为坐标), 莫佩尔蒂会假设通过选择而进化的主要生物可观察 (特征) 是 "可变性", 或者更确切地说与此相反 —— 繁殖的保真度. (大自然知道的是保持突变率尽可能低 —— 进化是在停滞和灭绝之间的剃刀边缘随机跳舞①.)

最后, 莫佩尔蒂是一位数学物理学家, 而不是纯粹的数学家, 他会尝试将这种粗略的数值估计与化石数据的时间表进行匹配.

那么 …… 莫佩尔蒂并没有做到这一点, 达尔文也没有对进化选择理论持不满态度, 这可以通过他是如何坚持让他自己相信, 自然选择能够解释进化, 以及通过他如何雄辩地宣称他慢慢相信这个想法的有效性来判断. 是神话, 而不是科学, 来解释世界和生活; 是传教士和政治家, 而不是科学家, 来说服人们相信任何事情.

达尔文希望他的选择理论可以获得更多, 而不仅仅是对地球上生命进化的有力解释, 但是 19 世纪的数学并没有证实他的理想.

一个谨慎的 21 世纪数学家不会期望一个明确的数学定理/理论实现达尔文的梦想, 但他/她仍然可能会设想一个可能含糊的, 但真正的数学背景, 包含生命的理念.

这种在物理学中使用的不太精确但纯粹的数学概念的一个实例是表示耗散动力学系统的状态的概念, 例如黏性流体的准静止流的状态, 可以作为相应相位空间中吸引子的集合.

但是, 没有这样的概念, 在 20 世纪的动态中没有我们所期望的东西, 看起来很适合表达生命的全部理念.

---

① 大自然面临与公共教育系统相同的问题 —— 它应该差不多但不是完全不完美: 如果学生 100% 遵守教师的要求, 社会就会停滞不前; 但太少的严谨导致错误的灾难、腐败之瘤和灭绝.

令人惊讶的是 (对于非拉马克式的人) 除了纯粹的草率之外, 自然界对 (准随机) "理想突变" 有规定, 例如, 在寄生虫基因组上逃避宿主的免疫系统的特定位点和处于压力下的细菌基因组.

(可能有一些生命碎片的动态理论模型. 例如, 可以用 "多级动力系统" 的语言来描述按选择进化的多尺度时间特征, 在不同时间尺度上具有不同类别的选择单元①, 这里吸引子本身正在成为消耗性主导收缩动力学的主体.)

看起来, 对基因组的随机动力学的满意解释以及将达尔文选择进化思想的数学诗歌通过选择转化为一种成熟的科学理论似乎还有很长的路要走.

…… 我们的 [十九] 世纪将被称为 …… 自然机械观的世纪、达尔文的世纪.

——路德维希·玻尔兹曼

抽象逻辑公式 —— 在亚里士多德意义上是正式的 —— 达尔文选择原则可能对数学家和玻尔兹曼等数学物理学家有吸引力; 然而, 这种形式令人不安. 一个人使用的语言的逻辑/语法/数学的某些属性如何能够成为物理或生物学出现的主要原因?

精致的数学概念对于理解真实世界的严酷真理, 似乎不比为此目的的诗意隐喻更有帮助. 例如, 只有天真的数学家可以采用无限序列的求和规则来解释芝诺悖论或者关于时空的完整物理模型的 (经典或量子) 爱因斯坦 – 洛伦兹空间的一般理论. 但是, 天真的数学家可能会抗议, 例如通过像拉普拉斯所写的那样指出:

智力, 在一个特定的时刻, 将会知道所有的力量 …… 将以同一个公式拥抱宇宙最大的结构和最轻的原子的运动 ……

他几乎从不认为解决决定论问题的方法可以通过对实验性神经心理学家的这种隐喻智力的思维进行推进 (如 21 世纪的一些思想家所暗示的), 但他会接受行星运动的 (准) 决定论行为可以根据微分方程和/或类 KAM 定理的独特可解性来解释.

核心科学家的怀疑态度不应该将我们从寻求能够为进化生物学带来 "有意义的光芒" 的数学探索中转移.

① 从数学上讲, 选择单元是特定的生物可观察量, 但从何种意义上来说它并不明确. 例如, 生殖的保真度 —— 基本和进化最慢的可观察量之一 —— 可以作为这样的一个 "单元" 吗?

## §8 大脑

告诉我想象孕育在哪里, 在心里还是在脑子里.

　　—— 莎士比亚,《威尼斯商人》, 可能在 1596 年到 1598 年间写成

……心理活动完全取决于神经细胞、神经胶质细胞以及构成并影响它们的原子、离子和分子的行为.

　　—— 弗朗西斯·克里克 (Frances Crick),《惊人的假说》, 1994[①]

莎士比亚不会被科学的冠冕堂皇的 "心理活动" 所吓住, 但他的 "幻想" 却会把他吓住[②], 而且这个假说不会让他特别惊讶.

毕竟, 自大约公元前 3000 年起就已经知道, 不同类型的头部损伤会产生不同的症状, 正如在约 1500 年前的埃德温·史密斯 (Edwin Smith) 外科纸莎草纸上所记录的那样, 这是来自旧王国的文本的不完整副本, 其中大脑的概念第一次出现.

莎士比亚不可能熟悉外科纸莎草纸 —— 这是在 19 世纪中期发现的, 但他可能已经意识到以下情况.

感觉的位置在大脑中 …… 所有的感官都以某种方式与大脑相连 …… 这种大脑合成感觉的力量使之成为思想的所在地.

　　—— [归于] 克罗顿的阿尔克米翁 (Alcmaeon), 约公元前 450

我们的愉快、欢乐、欢笑和娱乐的来源, 就像我们的悲伤、痛苦、焦虑和流泪一样, 无非是大脑.

　　　　　　　　—— 希波克拉底 (Hippocrates)(?)

---

① 在 20 世纪 50 年代初, 弗朗西斯·克里克和詹姆斯·沃森 (James Watson) 利用罗莎琳德·富兰克林 (Rosalind Franklin) 提供的 X 射线晶体学数据给出了一种正确的 DNA 螺旋模型. (早先莱纳斯·鲍林 (Linus Pauling) 提出了一个错误的三链螺旋结构.) 他们总结说:
因此, 碱基的精确序列很可能是携带遗传信息的代码.
克里克也提出
　　　　分子生物学的中心教义: DNA→RNA→ 蛋白质.
这 …… 对序列信息进行详细的逐个转移. 它指出, 这些信息不能从蛋白质转移回蛋白质或核酸.
从 60 岁直到去世 (2004 年), 克里克都在从事大脑的研究; 特别是他试图找出负责意识的特定神经元过程.
② 不管你怎么努力, 如果不借助隐喻, 就无法对箭图 [大脑]⤳[思想] 进行过多说明. (诗意的 "繁殖" 会让你产生一堆念头, 而枯燥的 "完全应有的" 会传递零正面信息.)

《论神圣的疾病》, 约公元前 425

...... 血吸虫动物的感官知觉是心脏的领域 ......

—— 亚里士多德,《论睡眠和失眠》, 约公元前 350

很难相信阿尔克米翁和希波克拉底的临床观察并没有说服亚里士多德, 他没有接受 "惊人的假说", 因为:

(1) 心脏与大脑不同, 与所有感觉器官相连; [1]

(2) 心脏的位置更靠中间;

(3) 胚胎的心脏在大脑前发育;

(4) 有心但无脑的无脊椎动物有感觉;

(5) 心脏而非大脑受情绪影响;

(6) 心脏是暖的而大脑是冷的;

(7) 是心脏而不是大脑对生命至关重要.

半个世纪后, 亚历山大的解剖学家赫罗菲拉斯 (Herophilus, 公元前 335 — 280) 发现, 神经从大脑蔓延到整个身体, 这与大脑是人体内控制器官的想法一致.

他年轻的同事埃拉西斯特拉图斯 (Erasistratus, 公元前 304 — 250) 认为精神元气通过运动神经传播到肌肉, 他对运动和感觉功能的单独神经通路表示赞赏. 他还表示, 动物的智力程度与大脑半球有多么复杂相关.

佩加蒙的盖伦 (Galen) (公元 129 - 200?) 说明切断支配喉部的喉返神经能使猪停止尖叫而不是停止挣扎, 但是人的大脑控制身体的实验证据是在四个世纪之后. [2]

这是他参加这个实验后对那些不相信大脑处于支配地位的人的反应.

当我听到这些消息时, 我离开他们然后走开, 只是说我误会了, 没有意识到我会遇到粗鲁的怀疑论者; 否则我不应该来.

古人不知道细胞, 也不知道大脑是如何工作的. 大脑的细胞结

---

[1] 神经不如血管突出.

[2] 除了创建包括实验神经生理学在内的实验医学外, 盖伦还大大推进了他那个时代的解剖学、生理学、病理学和药理学. 例如, 他证明尿液来自肾脏, 他证明了喉部产生声音, 他认识到静脉和动脉血液之间的本质区别. 他还开发了几种手术技术, 其中包括纠正白内障的技术.

构和相应的神经元理论的美妙启发了它的创始人用诗意的语言谈论
大脑:

　　大脑在醒来, 心灵在回归. 就好像银河系进入了宇宙舞会模式一
样. 头部迅速变成一个迷人的织机, 数百万闪烁的梭子编织一种溶解
模式, 总是一种有意义的模式, 尽管从来不是一个持久的模式; 子模式
的转移和谐.

—— 查尔斯·S·谢灵顿 (Charles S. Sherrington)

《论人的本性》, 1942

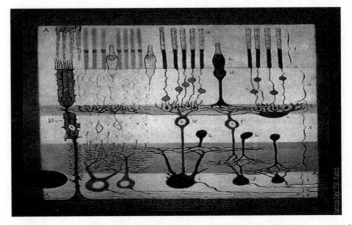

　　认识大脑 …… 相当于确定思想和意志的物质过程, 以及揭示生
命在其与外力永久对决中的亲密历史.

—— 圣地亚哥·拉蒙-y-卡哈尔 (Santiago Ramon y Cajal)

《人生的回忆》, 1917

　　显然, 卡哈尔和谢灵顿谈到了人类的大脑, 但实验神经科学, 以及
在某种程度上的大脑解剖学, 依赖于动物大脑的研究, 自 18 世纪从盖
伦解剖牛脑和猪脑开始, 并继续进行昆虫大脑的显微研究.

　　…… 蚂蚁的大脑是世界上最神奇的物质原子之一, 也许比人类
的大脑更神奇.

—— 查尔斯·达尔文 (1859)

　　例如, 蚂蚁的集体思想使得能够在崎岖的地形上实现最短路径:
蚂蚁和食物来源之间的繁忙的蚂蚁公路通常实现近乎最短的可能性.

### 蚂蚁、化学和逻辑

　　有一万多种不同种类的蚂蚁, 种内的变异也可能很高. 平均起来

(?), 蚂蚁约有四分之一百万的脑细胞. 但是<sub>蚂蚁</sub>和**蚂蚁**的重量范围在
0.01 毫克到半克之间, 在小蚂蚁中, 大脑占动物体重的 10% 以上 ——
与人类的新生婴儿相当, 但远远高于成年人类只有 2% 的脑比重.

　　如果我的观点是我脑中化学过程的结果, 它们是由化学规律决定
的, 而不是由逻辑规律.

　　　　　　　　　　　　　　—— 约翰·霍尔丹,《人的不平等》, 1932

　　蚂蚁用信息素标记它们的踪迹, 并且它们自己倾向于选择具有更
强的信息素气味的路线. 所有的事都是公平的, 在一条轨道上来回传
递的蚂蚁的数量, 例如在 1 小时期间, 与该轨道的长度成反比; 因此,
最短的轨道成为气味最重的一条, 因此最终被蚂蚁选择.

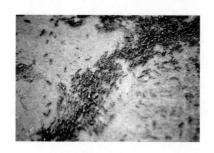

　　使这种算法能够进化的原因是它的简单性和通用性. 或许, 为了
存在而运行在我们头脑中的基本程序必须是相对简单和普遍的. 但
是, 眼下① 没有任何 "法则" 决定蚂蚁去哪里的想法.

### 卡哈尔和谢灵顿

　　卡哈尔在 1873 年通过卡米洛·高尔基发现的银染色技术研究神
经和脑组织, 并确定神经元是神经结构的基本单位. 这个理论是由谢
灵顿引入突触的概念而完成的, 他在 1906 年的书《神经系统的整合行
为》中写道:

　　在细胞之间的联系中, 如果没有实际的汇合, 则必须有分离的界
面 …… 因此, 鉴于这种神经元和神经元之间的联系模式在生理学上
可能是重要的, 有一个术语是很方便的. 引入的术语就是突触.

---

　　① 与 "经典力学定律" 不同, "化学定律" 和 "逻辑定律" 这两个术语是否有
意义是值得怀疑的.

## §9　心智

心智的能量是生命的本质.

——— 亚里士多德

作为自然科学的追随者, 我们对思想和大脑之间的任何关系一无所知, 除了作为时间和空间的总体关联.

——— 查尔斯·谢灵顿

### 什么是心智,什么是思想

为了解心智, 我们需要了解大脑多少?

想象一下, 到 21 世纪中叶, 我们将学会了解我们的大脑, 与如今我们所知道的关于物质和能量的基本量子力学定律一样多. 这会有帮助吗? ①

或者, 我们只会更清楚地认识到我们的无奈, 并且遵循泡利, 我们会说 "心智" 就像 "现实" 一样, 是

一些不言而喻的事情 …… [但它是] 一项极其艰巨的任务 …… 要努力构建一种新的思想观念. ②

但是, 是否有可能将下面的诗意的大脑/心智的形象翻译成科学语言呢?

在整个清醒的日子里, 眼睛会把 …… 送入大脑的细胞与纤维的森林中, 持续有节奏的微小的、个别的瞬息即逝的电势流.

在大脑海绵状组织中, 这群不断跳动和流动的带电转移点, 在空间模式上没有明显的形式, 而且即使在时间关系上, 也有点像外部世界的微小的倒置二维图像, 这是眼球在通向大脑神经纤维的起点上绘制的.

---

① 活细胞的分子机制将每个密码子 —— DNA 中四个基本核酸的三倍 (除了三个终止密码子) 转录 + 翻译到二十个标准氨基酸中的一个 (对硒代半胱氨酸有一个终止密码子). 自然界使用的特定编码/翻译规则对于地球上的 (几乎) 所有生物体都是一样的, 称为遗传密码, 对于实验主义者来说, 它是生物学最基本的法则. 另一方面, 如果代码有些不同, 生命中不会有任何 (?) 明显改变. 从数学家的角度来看, 生物学中至关重要的是编码原理, 而不是所用代码的特殊性.

大脑可能蕴藏着巨大的 "编码随意性"; 对这种 "代码" 的详细知识的快速大量积累, 可能会阻碍而不是促进我们对箭图 [大脑] ⤳ [心智] 的理解.

② "现实" 的想法与 "心智" 不可分离: 我思故我在.

但那张小小的图片引发了一场电子风暴. 而如此引发的电子风暴影响了整个人的脑细胞. 电荷本身并不是视觉中最微小的元素——例如, 没有任何"距离""正面""垂直""水平"以及"颜色""亮度""阴影""圆形""方形""轮廓""透明""不透明""接近""遥远", 或任何可视的东西——但是召唤出了所有这些.

当我看时, 一阵小小的漏电让我的脑海中显现了风景; 或者当我看着他走近我的时候, 我的脑海中出现了高处的城堡、我朋友的脸, 以及它们告诉我他离我多远.

接受它们的信息, 我向前走, 我的其他感官确认他在那里.

—— 谢灵顿, 《论人的本性》

理解心智意味着什么? 要问的合适的问题是什么?

看起来大脑和我们的心智所感知的之间存在着一种看不见的界面——这种界面的结构复杂性与胚胎发育的机制相当, 正如托马斯·亨特·摩尔根所说, 实现了基因中"书写"的东西转化为[传统]遗传学家使用的[表型]字符.

我不能创造的东西, 我就无法理解.

—— 理查德·费曼

这里我们谈到的创建各种抽象模型不一定要由物理设备实现,[①] 并且其中一些可能也不需要大脑的知识, 至少在对心智的"部件"建模时是这样的, 例如记忆之类.

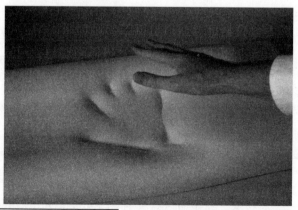

_____

① 创造能力并不意味着理解. 动物 (以及植物和细菌) 可以创造它们的近似拷贝, 但即使是人类种群中最聪明的, 在他们的心智中他们后代的胚胎发育方式也只有一些模糊的图像.

记忆 …… 一个器官,如眼、耳、鼻,其他感官的神经在这里交汇 …… 我设想的不是别的而是一个知识库,部分由感官形成的想法的知识库,但主要是 …… 接收,并因这种印象而兴奋,他们再次更新他们以前的印象……

———— 罗伯特·胡克,"关于记忆的假设解释"
《皇家学会讲义》, 1682

这看起来几乎是对记忆数学模型的口头描述,但有些人不喜欢这样的想法.

恃才傲物使他们 [数学家] 觉得他们可以创造出数学上既深刻又强大的结果,这也适用于大脑.

———— 弗朗西斯·克里克,《狂热的追求》, 1988

然而,关于心智/大脑的新思想 (来自于数学以及信息流和图灵机的概念),又提出了新的问题,如:

机器可以做我们 (作为思维实体) 能做的事吗?

———— 艾伦·图灵,《计算机器与智能》, 1950

试图反驳图灵关于数字计算机可以模仿人类智能的推理,与人类不可能与猴子来自同一种族的观点一致,因为猴子缺乏道德美德,不遵守交通法规.

不仅猿和猴子 —— 还有我们体内的细菌,就生物学而言,都是我们的远房表亲. 地球上生命的统一性比解剖学和生理学的相似性更深. 这类关于 "智力" 的事情是真的,只是我们不知道它是什么.

理解人类心智的困难在于它是独一无二的; 因此,没有语言可以谈论它. 相反,这个星球中几乎所有的动物都有大脑. 这就是神经科学进步的方式,但心智的科学理论,一直停滞了几千年.

在地球上,如何反驳图灵呢? 我们是生物机器,比如就像蚂蚁一样,虽然就个体而言,我们的大脑中有更多的神经元:

人是一部如此复杂的机器,不可能事先对该机器有一个清晰的概念,因此不可能定义它.

———— 朱利安·奥弗雷·拉美特利 (Julien Offray de La Mettrie)
《人是机器》, 1748

但是,也许,在我们复杂的脑海里结构套着结构,发生的事情太复

杂了, 无法仅仅用数学来表示. 这就是埃德加 · 爱伦 · 坡 (Edgar Allan Poe) 与国际象棋有关的想法.

算术或代数计算从本质上来说是固定的和确定的 …… [但是] 象棋中的任何一步棋都不一定要紧跟任何另外的某一步棋.

———— 埃德加 · 爱伦 · 坡,《梅泽尔的象棋手》, 1836. 4

当然, 坡不可能知道图灵, 但他知道巴贝奇的计算机, 并且认为下棋不能在这样的机器上模拟. 尽管他所说的在形式上是不正确的, 但他在这样的模型中指出的基本困难[1] 至今仍未解决.

理解人类心智的另一个问题是, 由笛卡儿 "我思故我在" 的存在主义塑造的智力的直观概念被埋藏在目的论的多层茧中 —— 目的、功能、用处、生存. 图灵有意回避了这个问题 —— 智力是什么? —— 因为除非你开发适当的语言, 否则你无法回答这个问题. (它与这个问题是一样的 —— 生命是什么? 这用地球上的生命的语言无法回答.)

然而, 图灵认为, "类人智慧" 可以在机器中通过接受教育而建立

———————————————
[1] 当人们试图分析一个领先很多的位置时, 他们会被指数增长的可能游戏策略的分支所淹没.

起来. 事实上, 学习是一种比智慧① 更智能的概念, 但是如果假设孩子的大脑 "像 …… 大量的空白页", 那么人们就不会对它有所了解.

作为试图编写一个模拟成人心智的程序的替代, 为什么不尝试编写一个模拟孩子心智的程序呢?

如果接受适当的教育, 人们就会获得成人的大脑.

大概孩子的大脑就像一个从文具店购买的笔记本一样. 结构相当少, 空白页很多.

—— 艾伦·图灵,《计算机器与智能》

对我们 "智能" 的光彩肆无忌惮的喜悦使我们看不到智慧的本质, 但是对孩子的学习过程进行建模可能会给画面带来光明.

当他达到孩子在游戏中的严肃性时, 人最接近自己.

—— 赫拉克利特

孩子知道的就是玩耍, 这就是他/她学习的方式. 这个好玩的学习过程的数学, 是指将大脑接受的电子/化学信号流, 在人类生命的头两年转换成对外部世界的连贯图像, 这与生命结构的出现和演变一样复杂和神秘.

可以这样说, 这是自由学习: 如果你让一个人 (或动物) 的婴儿接受 "教育", 你只会妨害学习, 因为你不知道孩子的大脑/心智中会发生什么. (并不是说你更清楚自己的心智是如何工作的.) 应用你的 "成人智力" 来帮助婴儿的发育, 就像使用镊子帮助变形虫分裂. 毫不奇怪, 直到今天开发的学习程序与图灵的梦想仍相去甚远.

与其发明越来越多的 "聪明的" 智能的含义, 我们必须承认我们的无知, 正如费曼所说的, 忘记/纠正② 我们 "自然而然" 地看待自己的方式, 并从潜在的可回答的问题开始.

---

① 学习在描述心智时带来相对较慢的时间坐标, 类似于演化如何在地球上的生命图像中带来这样一种坐标, 其中进化学习以自然选择的语言描述.

② 人类的思想倾向于一种观察方式 —— 拉瓦锡在他的关于燃素的论文中这样说 —— 在拉瓦锡之前的化学中, 热情的常识观念被伪装成一种科学概念.

如果你遵循拉瓦锡的推理路径, 你会发现他的话也适用于 "智力" 和 "意识". 这些概念在实践心理学中很有帮助, 但在拉瓦锡对科学思想的理解中, 没有任何关于智力和/或意识的常识定义可以用于关于科学的任何事情.

抽象智力是由什么样的逻辑 (像分子) 单位① 组成的?

一个猿类婴儿心智中缺少 (存在?) 什么结构使得它在约 1.5 岁后学习的能力和意愿低于人类的孩子, 但仍然保持其学习水平高于成人人类?

在 "人类智能" 中, 例如卓越的音乐和数学能力, 这些很少出现的结构精细的模式产生的机制是什么? 在动物身上有这些东西吗?

这些对野外生存有害而不是有益的模式是通过自然选择来实现的吗? 如果是这样, 那么这些模式的可能性/变化是多少?

可预测的未来在 "智能系统" 运作中所扮演角色的非目的论描述是什么?

很容易被任何文化背景的人 —— 例如克罗马农儿童 (如果语言问题在某种程度上得到了照顾) —— 回答, 但会对目前可用的 "模仿程序" 造成难以克服的困难的、简单/简短的问题列表 (或者, 一种交互式算法, 根据对话的历史记录生成问题) 是什么?②

我们需要设计论证和/或实验, 以找到有助于控制而不是确认我们的想法的答案, 如果它与我们想象的任何东西都不相似, 那么结果最令人满意. 因此, 我们将能够追踪和封闭使我们陶醉于自我 "智慧" 的路径, 并开始走在了解心智/学习/智慧的数学本质的道路上.

很可能, 可以在几百页上写下编写类人学习系统的完整指令.

但即使你正在走上正确的道路, 也许还有很长的路要走. 大自然花费了五亿年时间和无数次尝试才获得了目前我们的神经系统的设计, 我们可能需要千万亿的人工/电脑时间来设计一个差不多的系统.③ 由于其架构中难以理解的随机冗余, 人类大脑布线的详细知识不一定有帮助.

---

① 这些单位必须是抽象的语境/目的自由的 "变量" 的函数, 如适用于[第一个/第二个 ……] (移动对象) 的印刻现象, 以及取决于[频繁/很少](发生的事件) 的鹰/鹅效应.

② 这些问题必须引用 (和/或回收) 在对话过程中已经使用过的短语. 或许, 在用 $n$ 个句子交换之后无法被一个聪明的算法检测到的 (适当定义的) 最短的、天真的模仿程序, 其长度 $L$ 必须至少是指数式增长, $L \sim 2^n$.

③ 如果我们认为 $NP \neq P$ 是可能的, 那么可以接受这种可能性.

## §10　奥秘依然存在

我们不知道, 我们不可能知道.

　　　　　—— 埃米尔·杜布瓦 – 雷蒙 (Emil du Bois-Reymond), 1872[1]

在数学中没有不可知.

　　　　　　　　　　　　　—— 大卫·希尔伯特, 1900

我们必须知道 —— 我们终将知道!

　　　　　　　　　　　　　—— 大卫·希尔伯特, 1930

杜布瓦 – 雷蒙认为[2], 人类可能永远不会理解下面的内容:

1. 物质和力的性质.

2. 运动的起源.

3. 生命的起源.

4. 在自然界中看似有目的的组织的出现.

5. 通过无意识的神经产生有意识的感觉.

6. 聪明的思想和语言的来源.

7. 确定性宇宙中自由意志的非决定论.

---

① 杜布瓦 – 雷蒙发现了神经动作的潜能, 并提出了突触传递的化学性质.

② 《关于自然发现的极限》(1872), 以及《关于自然发现的界限: 七个世界难题》(1891).

这份清单中没有 "数学的本质". 可能杜布瓦 - 雷蒙并没有意识到数学中存在 "不可知的问题", 而希尔伯特曾经多次想过这个问题, 他强调说所有的数学问题最终都会得到解决, 他甚至提出了一个用数学方法证明这个断言的计划.

**我们今天站在哪里?**

20 世纪教会我们谦卑. 我们甚至不再确定 "最终" 对人类文明意味着什么. 我们的时间可能很短.

而今天对物质世界 —— 物质、力、能量、运动 —— 不了解的迷人深度对于 19 世纪的人来说是不可思议的, 他们不在意相对论和量子场的思想, 并且没有任何关于可观测宇宙的大尺度动力学的知识.

此外, 与希尔伯特认为的相反, 他对数学逻辑结构的天真 "乐观" 的猜测在数学上被驳斥.[1]

数学不是希尔伯特认为的 "逻辑上令人厌烦", 而是一种神奇的结构, 它既没有内在存在的权利, 也没有与基本物理学和人类心智交织在一起的能力.

(不可思议的是, 尽管希尔伯特的计划失败了, 但我们在数学中提出的问题几乎是在瞬间得到解答 —— 通常比认真考虑这些问题的人少用远不止 100 万个工时. 但有时候, 答案远非预期.

也许, 设计一个随机产生数学问题并容许简单解的装置并不困难, 但这些解在现实的时间内不仅找不到而且是深不可测的, 这个现实的时间比方说是在繁荣的银河文明, 有千万亿活跃的数学家进行了十亿年紧张激烈的研究. 但人脑显然没有能力随意构造这些问题.[2])

我们认为, 关于自然的基本问题除了用数学术语之外是不能表达的. 两支箭图的最深奥的性质:

$$空间/时间/物质/能量 \underset{?_1}{\rightsquigarrow} 生命/大脑$$

和

$$生命/大脑 \underset{?_2}{\rightsquigarrow} 心智/思想$$

只能在数学的氛围中才能理解.

---

[1] 哥德尔已经证明 (1931) 在数学中有些陈述无疑是真实的但无法证明. 更加戏剧性的是, 保罗·寇恩证明了 (1963) 有几个平行的数学世界, 这个世界上真实的陈述在另一个世界中可能是错误的.

[2] 可能 $P \neq NP$ 就是这种类型的问题.

奥秘的大圈闭合于

$$大脑/心智/思想 \underset{?_3}{\rightsquigarrow} 数学$$

和

$$数学 \overset{?_4}{\rightsquigarrow} 空间/时间/物质/能量.$$

我们对 $?_4$ 有所了解 —— 数学物理学家告诉我们一个又一个关于它的故事. 但是, 我们没有可用的数学来阐述 $?_1$、$?_2$ 和 $?_3$ 的奥秘. 这个数学的时代尚未到来.

# 《数学概览》(Panorama of Mathematics)

(主编: 严加安   季理真)

1. Klein 数学讲座 (2013)
(F. 克莱因   著/陈光还、徐佩   译)

2. Littlewood数学随笔集 (2014)
(J. E. 李特尔伍德   著, B. 博罗巴斯   编/李培廉   译)

3. 直观几何 (上册) (2013)
(D. 希尔伯特, S. 康福森   著/王联芳   译, 江泽涵   校)

4. 直观几何 (下册)   附亚历山德罗夫的《拓扑学基本概念》 (2013)
(D. 希尔伯特, S. 康福森   著/王联芳、齐民友   译)

5. 惠更斯与巴罗, 牛顿与胡克:
数学分析与突变理论的起步, 从渐伸线到准晶体 (2013)
(В. И. 阿诺尔德   著/李培廉   译)

6. 生命·艺术·几何 (2014)
(M. 吉卡   著/盛立人   译, 张小萍、刘建元   校)

7. 关于概率的哲学随笔 (2013)
(P.-S. 拉普拉斯   著/龚光鲁、钱敏平   译)

8. 代数基本概念 (2014)
(I. R. 沙法列维奇   著/李福安   译)

9. 圆与球 (2015)
(W. 布拉施克   著/苏步青   译)

10.1. 数学的世界 I (2015)
(J. R. 纽曼   编/王善平、李璐   译)

10.2. 数学的世界 II (2016)
(J. R. 纽曼   编/李文林   等译)

10.3. 数学的世界 III (2015)
(J. R. 纽曼   编/王耀东、李文林、袁向东、冯绪宁   译)

10.4. 数学的世界 IV (2018)
(J. R. 纽曼   编/王作勤、陈光还   译)

10.5. 数学的世界 V (2018)
(J. R. 纽曼   编/李培廉   译)

10.6 数学的世界 VI (2018)
(J. R. 纽曼   编/涂泓   译; 冯承天   译校)

11. 对称的观念在 19 世纪的演变: Klein 和 Lie (2016)
(I. M. 亚格洛姆   著/赵振江   译)

12. 泛函分析史 (2016)
(J. 迪厄多内   著/曲安京、李亚亚   等译)

13. Milnor 眼中的数学和数学家 (2017)
(J. 米尔诺   著/赵学志、熊金城   译)

14. 数学简史 (2018)
(D. J. 斯特洛伊克   著/胡滨   译)

15. 数学欣赏: 论数与形 (2017)
(H. 拉德马赫, O. 特普利茨   著/左平   译)

16. 数学杂谈 (2018)
(高木贞治   著/高明芝   译)

17. Langlands 纲领和他的数学世界 (2018)
(R. 朗兰兹   著/季理真   选文/黎景辉   等译)

18. 数学与逻辑 (2020)
(M. 卡茨, S. M. 乌拉姆 著/王涛、阎晨光 译)
19.1. Gromov 的数学世界 (上册) (2020)
(M. 格罗莫夫 著/季理真 选文/梅加强、赵恩涛、马辉 译)
19.2. Gromov 的数学世界 (下册) (2020)
(M. 格罗莫夫 著/季理真 选文/梅加强、赵恩涛、马辉 译)
20. 近世数学史谈 (2020)
(高木贞治 著/高明芝 译)
21. KAM 的故事
(H. Scott Dumas 著/程健 译)

## 郑重声明

高等教育出版社依法对本书享有专有出版权。任何未经许可的复制、销售行为均违反《中华人民共和国著作权法》，其行为人将承担相应的民事责任和行政责任；构成犯罪的，将被依法追究刑事责任。为了维护市场秩序，保护读者的合法权益，避免读者误用盗版书造成不良后果，我社将配合行政执法部门和司法机关对违法犯罪的单位和个人进行严厉打击。社会各界人士如发现上述侵权行为，希望及时举报，本社将奖励举报有功人员。

反盗版举报电话 （010）58581999　58582371　58582488

反盗版举报传真 （010）82086060

反盗版举报邮箱 dd@hep.com.cn

通信地址 北京市西城区德外大街 4 号

　　　　　高等教育出版社法律事务与版权管理部

邮政编码 100120